*A mia moglie che mi sopporta da oltre 50 anni,
ai miei figli che sono il mio presente,
ai miei nipoti che sono il mio futuro*

Sergio Peppino Ratti

Introduzione
ai frattali in fisica

 Springer

Sergio Peppino Ratti
Dipartimento di Fisica Nucleare e Teorica
Università di Pavia

UNITEXT- Collana di Fisica e Astronomia
ISSN versione cartacea: 2038-5730   ISSN elettronico: 2038-5765

ISBN 978-88-470-1961-4   ISBN 978-88-470-1962-1 (eBook)
DOI 10.1007/978-88-470-1962-1

Springer Milan Dordrecht Heidelberg London New York

© Springer-Verlag Italia 2011

Questo libro è stampato su carta FSC amica delle foreste. Il logo FSC identifica prodotti che contengono carta proveniente da foreste gestite secondo i rigorosi standard ambientali, economici e sociali definiti dal Forest Stewardship Council

Quest'opera è protetta dalla legge sul diritto d'autore e la sua riproduzione è ammessa solo ed esclusivamente nei limiti stabiliti dalla stessa. Le fotocopie per uso personale possono essere effettuate nei limiti del 15% di ciascun volume dietro pagamento alla SIAE del compenso previsto dall'art.68. Le riproduzioni per uso non personale e/o oltre il limite del 15% potranno avvenire solo a seguito di specifica autorizzazione rilasciata da AIDRO, Corso di Porta Romana n.108, Milano 20122, e-mail segreteria@aidro.org e sito web www.aidro.org.
Tutti i diritti, in particolare quelli relativi alla traduzione, alla ristampa, all'utilizzo di illustrazioni e tabelle, alla citazione orale, alla trasmissione radiofonica o televisiva, alla registrazione su microfilm o in database, o alla riproduzione in qualsiasi altra forma (stampata o elettronica) rimangono riservati anche nel caso di utilizzo parziale. La violazione delle norme comporta le sanzioni previste dalla legge.
L'utilizzo in questa pubblicazione di denominazioni generiche, nomi commerciali, marchi registrati, ecc. anche se non specificatamente identificati, non implica che tali denominazioni o marchi non siano protetti dalle relative leggi e regolamenti.
L'editore è a disposizione degli aventi diritto per quanto riguarda le fonti che non è riuscito a contattare.

Copertina: Simona Colombo, Milano
Impaginazione: CompoMat S.r.l., Configni (RI)
Stampa: GECA Industrie Grafiche, Cesano Boscone (MI)

Springer-Verlag Italia S.r.l., Via Decembrio 28, I-20137 Milano
Springer fa parte di Springer Science + Business Media (www.springer.com)

Prefazione

Questa bella monografia sui frattali di Sergio Ratti esce a pochi mesi dalla scomparsa di Benoit Mandelbrot, colui che ha introdotto questo concetto nella matematica ma soprattutto ha argomentato in modo molto convincente che la natura ci fornisce moltissimi esempi di strutture complesse di questo tipo. Nel 1993 ha vinto il *Wolf Prize* per la fisica "per aver trasformato la nostra visione della natura". Questa motivazione chiarisce che il contributo di Mandelbrot va molto al di la della geometria e della matematica e riguarda, in qualche modo, tutte le scienze.

La geometria frattale permette di caratterizzare le strutture che godono della proprietà di invarianza di scala, questo significa che le stesse proprietà si ripetono a varie scale. Il termine "frattale" (dal latino *fractus* = rotto o frammentato) è stato introdotto solo nel 1975 da Mandelbrot (Mandelbrot, 1983). In pochi anni questo concetto è divenuto però molto popolare in diverse discipline come matematica, fisica, biologia ed economia. Questa nuova geometria, pur non usuale rispetto ai canoni matematici, rappresenta invece un concetto naturale e inevitabile per la descrizione di un gran numero di fenomeni, sia naturali sia sociali.

Da un punto di vista strettamente matematico i concetti di dimensione non intera e di autosomiglianza sono noti da molto tempo. Fin dal 1919 essi furono discussi da F. Hausorff in una forma simile a quella attuale e si possono trovare anche nei lavori di H. Poincaré del 1885. Anche Weiestrass, von Koch, Fatou, Julia e altri autori studiarono oggetti matematici con queste proprietà.

Per lungo tempo però questi concetti che descrivono le strutture fortemente irregolari sono stati relegati ai margini della matematica e quasi completamente ignorati nelle altre discipline. Il motivo è che la maggior parte dei metodi matematici e geometrici usuali sono basati sul concetto di regolarità o analiticità. L'autosomiglianza o invarianza di scala implica infatti una grande irregolarità che non è possibile descrivere con i metodi matematici tradizionali. è facile constatare comunque che in natura l'irregolarità è molto comune come dimostrano chiaramente le strutture di piante, montagne, nuvole fulmini etc.

È importante notare che il concetto di invarianza di scala non è nuovo nella fisica e si è sviluppato in modo parallelo ma indipendente dalla geometria frattale. Solo più tardi i due campi si sono in qualche modo unificati. Esso era ben noto nello studio delle proprietà critiche delle transizioni di fase ed è stato di cruciale importanza nella formulazione della teoria del gruppo di rinormalizzazione. Nel caso dei fenomeni critici però l'autosimilarità era considerata una peculiarità della competizione tra ordine e disordine alla temperatura critica per sistemi in equilibrio termodinamico. Le strutture frattali dimostrano invece che l'invarianza di scala è una proprietà ben più generale ed è presente in molti fenomeni di non equilibrio in cui questa proprietà risulta da un processo di auto-organizzazione. Questa visione permette di capire perché le strutture con tali caratteristiche sono in realtà molto comuni e non dovute a situazioni peculiari come il punto critico dell'equilibrio termodinamico.

Una peculiarità dei frattali è il ruolo che ha avuto il calcolatore. Nel caso di problemi di tipo tradizionale il suo uso ha permesso di ottenere soluzioni accurate di problemi complicati. Nel caso delle strutture frattali e, in genere complesse, il suo ruolo è stato molto più fondamentale. I modelli matematici in questo campo sono di carattere iterativo e quindi specialmente adatti a essere programmati. Si è così scoperto che alcuni sistemi iterativi all'apparenza molto semplici possono generare strutture di grande complessità. Queste simulazioni al calcolatore rappresentano pertanto una sorta di esperimenti numerici per l'esplorazione e lo studio di queste strutture. In tal senso la geometria frattale ha reintrodotto elementi estetici nel campo scientifico che erano stati essenzialmente eliminati dall'avvento delle equazioni differenziali.

Rendersi conto che certe strutture in natura hanno proprietà frattali non spiega perché questo accada, ma è fondamentale per formulare le domande appropriate. Così dopo l'introduzione della geometria frattale si è sviluppata una grande attività per definire dei modelli fisici per sistemi che mostrano proprietà frattali e di auto-organizzazione. Il fatto che molti fisici avessero lavorato sui fenomeni critici è stato fondamentale per lo sviluppo di questi modelli e per il grande impatto che la geometria frattale ha avuto nella fisica. I metodi matematici dei fenomeni critici, come ad esempio il gruppo di rinormalizzazione, risultarono però inadeguati a questo nuovo campo per vari motivi. I principali sono che i modelli di crescita frattale sono basati su una dinamica irreversibile per la quale non è possibile utilizzare l'ipotesi ergodica. Inoltre il fatto che sono il prodotto di un processo di auto-organizzazione critica e non corrispondono ad alcun equilibrio termodinamico ha posto problemi concettuali molto difficili e ancora in gran parte aperti. Questi modelli sono basati su una probabilità di crescita definita dalle soluzioni dell'equazione di Laplace e pertanto hanno validità molto generale anche per fenomeni apparentemente diversi.

Un aspetto molto peculiare dell'attività scientifica di Mandelbrot è la mancanza di una certa sistematicità, almeno nel senso che si usa dare a questo termine. Mandelbrot infatti si è sempre considerato un rivoluzionario e non ortodosso rispetto alla cultura scientifica dominante. Forse anche per questo ha avuto moltissimi ammiratori e seguaci ma non ha creato una scuola scientifica con allievi diretti. Questa situazione si è in qualche modo riflessa anche nella letteratura del campo e nei vari libri che sono apparsi sui frattali.

Uno dei grandi meriti di questo volume è proprio di colmare questa lacuna con una monografia sistematica che fornisce degli strumenti operativi molto utili per uno studente che si accinga a intraprendere un'attività scientifica nel campo. La prospettiva generale è rivolta alle applicazioni concrete dei concetti frattali alla fisica e ad altre discipline e traspare chiaramente la fascinazione e l'entusiasmo contagioso dell'autore per questo soggetto. Nei primi nove capitoli si descrivono gli aspetti generali e metodologici in modo da fornire una base tecnica operativa per le successive applicazioni. Negli ultimi tre si considerano alcuni esempi particolarmente importanti come i sistemi dinamici, la struttura a larga scala dell'universo, i principi della matematica economica per finire con applicazioni alla descrizione di due disastri ecologici: l'incidente chimico di Seveso e quello nucleare di Chernobyl.

Complessivamente si tratta di un volume veramente ben fatto e che fornisce metodi ed esempi estremamente utili e abbastanza rari nell'attuale letteratura del campo.

Roma, gennaio 2011

Luciano Pietronero
Istituto dei sistemi Complessi - CNR,
Università di Roma La Sapienza

Indice

Prefazione v

1 I frattali e il nostro mondo 1
    1.1   Considerazioni iniziali 1
    1.2   Nomen est Numen..................................... 1
    1.3   Jean Perrin – 1906.................................... 3
    1.4   I frattali naturali e non 7
    1.5   I frattali e la fisica 7
    1.6   Lo sviluppo del presente volume 9
    1.7   Ringraziamenti 11

2 I frattali geometrici... 13
    2.1   Introduzione 13
    2.2   Dimensione di Hausdorff-Besicovitch 13
          2.2.1   La curva di Peano 15
          2.2.2   Dimensione frattale di box counting 16
          2.2.3   Le coste della Norvegia e di altri Paesi 17
          2.2.4   La codimensione frattale 19
    2.3   La curva triadica di Koch 20
    2.4   L'insieme triadico di Cantor............................. 22
    2.5   Curdling, trema e whey................................. 23
    2.6   Dimensione di somiglianza: affinità 24
    2.7   La dimensione frattale di cluster 27
    2.8   Cantor e Koch "generalizzati" 30
    2.9   Frattali autoinversi.................................... 32
    2.10 Insiemi di Mandelbrot-Given e di Sierpinski 33
    2.11 Frattali veri: automobili ad idrogeno 36
          2.11.1 Un'audace proposta 37
          2.11.2 I supercondensatori frattali 38

2.11.3 I supercondensatori nelle auto ad idrogeno 40
2.11.4 Il test su strada 40
2.12 Un volo ardito nell'evoluzione 41

3 Le funzioni frattali 43
3.1 Introduzione 43
3.2 Linee e funzioni, aree ed integrali 43
3.3 Il paradosso di Schwarz 47
3.4 Lo scaling delle funzioni frattali 50
3.5 La funzione di Weierstrass 51
3.6 La funzione di Weierstrass-Mandelbrot 52
3.7 Funzioni di W-M deterministiche 53
3.8 Funzioni di W-M stocastiche 57

4 Random Walks e Frattali 59
4.1 Introduzione 59
4.2 Il moto browniano di Einstein 60
4.3 Random walks mono-dimensionali 64
4.4 Proprietà di scaling 65
4.5 Il moto browniano frazionale 68
4.5.1 Definizione di moto browniano frazionale 70
4.5.2 Simulazione del moto browniano frazionale 72
4.6 L'analisi range-varianza 75

5 Misure di insiemi frattali 77
5.1 Introduzione 77
5.2 Barra di Cantor e scale diaboliche 79
5.3 Il processo moltiplicativo binomiale 81
5.4 Sottoinsiemi frattali 85
5.5 Esponente di Lipschitz-Hölder e $f(\alpha)$ 87
5.6 Gli esponenti di massa 91
5.7 La relazione tra $\tau(q)$ e $f(\alpha)$ 93

6 Frattali stocastici semplici 97
6.1 Introduzione 97
6.2 Evidenza empirica dello scaling 99
6.3 Il rapporto area perimetro 102
6.4 I voli di Lévy 106
6.5 Le serie temporali di pioggia 107
6.6 FSP monodimensionali 110
6.7 Simulazione di FSP in una dimensione 112
6.8 La FSP in due dimensioni 113

7 I multifrattali stocastici ... 115
- 7.1 Introduzione ... 115
- 7.2 Importanza della codimensione ... 116
- 7.3 Cascate e processi moltiplicativi ... 119
- 7.4 I modelli moltiplicativi ... 119
  - 7.4.1 Il modello β ... 119
  - 7.4.2 Il modello α ... 121
- 7.5 Scaling multiplo delle distribuzioni ... 122
- 7.6 Proprietà della funzione $c(\gamma)$ ... 124
- 7.7 Dimensione stocastica del campione ... 127
- 7.8 Scaling dei momenti statistici ... 129
- 7.9 Proprietà della funzione $K(q)$ ... 130
- 7.10 La codimensione duale dei momenti ... 133
- 7.11 Prima classificazione di Multifrattali ... 134
- 7.12 Proprietà bare e dressed: il flusso ... 136
- 7.13 I *trace moments* o momenti di traccia ... 138
- 7.14 Classificazione di fluttuazioni e di processi ... 139
- 7.15 Modello α e momenti statistici ... 141

8 Multifrattali universali ... 145
- 8.1 Introduzione ... 145
- 8.2 Multifrattali universali conservativi ... 147
- 8.3 Multifrattali non conservativi ... 151
- 8.4 I momenti a doppia traccia: DTM ... 152
- 8.5 Conclusioni ... 154

9 Il caos e gli attrattori strani ... 155
- 9.1 Introduzione ... 155
- 9.2 Introduzione ai sistemi dinamici ... 156
  - 9.2.1 Relazione tra mappe e flussi ... 159
  - 9.2.2 Sistemi conservativi e dissipativi ... 159
  - 9.2.3 Stabilità di un sistema dinamico ... 160
  - 9.2.4 Insiemi invarianti ed attrattori ... 161
- 9.3 Rappresentazione delle soluzioni ... 163
- 9.4 Il caos deterministico ... 166
  - 9.4.1 Lo shift di Bernoulli ... 168
  - 9.4.2 Gli esponenti di Liapunov ... 170
- 9.5 Le equazioni di Lorenz ... 172
- 9.6 Derivazione delle equazioni di Lorenz ... 172
  - 9.6.1 Semplificazioni e approssimazioni ... 174
- 9.7 Considerazioni generali ... 181
- 9.8 Studio comparato traiettorie-fluido ... 184
  - 9.8.1 Risultati numerici ... 185
- 9.9 Caos e ordine ... 189
- 9.10 Esponenti di Liapunov ed equazioni di Lorenz ... 190

9.11 L'attrattore strano di Lorenz 196
    9.11.1 Dimensione frattale dell'attrattore strano 199
    9.11.2 La congettura di Kaplan e Yorke 200
9.12 Criticalità auto-organizzata 201
9.13 Conclusioni 203

10 La materia dell'Universo 205
10.1 Introduzione 205
10.2 I cataloghi astronomici 206
10.3 Analisi tramite la funzione $\xi(r)$ 210
10.4 La probabilità condizionata 216
10.5 Validazione delle funzioni usate 218
10.6 Analisi comparativa del catalogo CfA 223
10.7 Analisi multifrattale 224
10.8 Conseguenze dei risultati ottenuti 227

11 Multifrattali ed economia 229
11.1 Introduzione 229
11.2 Multifrattali e listino di Borsa 230
11.3 Modelli stocastici 235
    11.3.1 Processi di Wiener e fenomeni di diffusione 235
    11.3.2 Processi di Wiener generalizzati e processi di Ito 239
    11.3.3 Il lemma di Ito e sue conseguenze 241
11.4 Comportamento empirico dei prezzi 243
11.5 Conclusioni 246

12 I casi di Seveso e Chernobyl 247
12.1 Introduzione 247
12.2 Seveso: 10 luglio, 1976 247
12.3 Simulazione monofrattale 249
12.4 Analisi con i multifrattali universali 251
12.5 Chernobyl: 27 aprile, 1986 252
12.6 Provenienza e selezione dei dati 253
12.7 La simulazione frattale 255
12.8 Concentrazione in aria: curve di arrivo 255
12.9 Simulazione per il Nord Italia 256
    12.9.1 Risultati finali per il Nord Italia 258
12.10 Deposizione al suolo di ^{137}Cs in Europa 258

Appendice Richiami di statistica 261
A.1 Introduzione 261
    A.1.1 Distribuzione binomiale di Bernoulli 262
    A.1.2 Distribuzione di Poisson 262
    A.1.3 Distribuzione di DeMoivre-Gauss 264
    A.1.4 Teorema del limite centrale 264
    A.1.5 La distribuzione multinomiale 265

	A.1.6	Alcune osservazioni 267
A.2	Altre distribuzioni di probabilità 267	
	A.2.1	Distribuzione rettangolare 268
	A.2.2	Distribuzione di Boltzmann........................... 269
	A.2.3	Distribuzioni di Fermi-Dirac e Bose-Einstein 271
	A.2.4	Distribuzione esponenziale 275
	A.2.5	Distribuzione di Breit-Wigner o di Cauchy 277
	A.2.6	Altri estimatori di dispersione: il quantile 278
	A.2.7	Variabili, parametri e voli di Lévy 278
A.3	Le distribuzioni log-normali................................. 280	
A.4	Le funzioni caratteristiche 282	
A.5	Affidabilità delle stime 285	
A.6	Distribuzioni bivariate gaussiane 286	
A.7	Funzioni e integrali di correlazione 290	
A.8	Funzioni generatrici 294	
A.9	Conclusioni 295	

Bibliografia 297

Indice analitico 303

1
I frattali e il nostro mondo

1.1 Considerazioni iniziali

La natura si è sempre divertita a giocare brutti scherzi agli esseri umani. Snoopy scriverebbe: "...era una notte buia e tempestosa": dopo che grossi nuvoloni si sono addensati nel cielo, all'improvviso scoppiano tuoni e fulmini; luminosi lampi e gelide saette disegnano cammini impazziti su uno sfondo cupo. Eppure quelle saette sembrano avere qualcosa in comune. Le felci, gli abeti, le specie degli alberi e dei fiori, i monti ... sembrano mostrare certamente qualcosa in comune tra loro ma non per questo ci appaiono come tra loro identici. Altissimo è il numero degli oggetti e delle figure che la natura ci mostra e che, se da un lato ci fanno percepire la netta sensazione di una componente assolutamente caotica, dall'altro ci fanno intuire l'esistenza sfuggevole di una sostanziale uguaglianza e di un imperscrutabile ordine che vorremmo poter capire ed interpretare e di fronte al quale ci sentiamo troppe volte disarmati. Per come Euclide ci ha tramandato i suoi insegnamenti, la geometria non sembra in grado di rendere conto delle troppe figure e dei troppi oggetti naturali le cui forme sono, seppur bellissime, incomprensibili e indescrivibili. Alla base di queste sensazioni sta una atavica mistificazione alla quale siamo costantemente soggetti come esseri umani e come individui: il senso comune.

Albert Einstein definiva il senso comune quell'insieme di pregiudizi con i quali siamo cresciuti e che costituiscono tutto il bagaglio di false conoscenze della nostra adolescenza.

1.2 Nomen est Numen

Il nostro senso comune ci fa inconsciamente associare al concetto di *geometria* il concetto di ordine, di simmetria, di ... bellezza. Perché? Il nome *geometria* ci fa tornare alla mente per lo più figure regolari come quelle della sfera, del cubo, del parallelepipedo. Siamo talmente condizionati da questo pregiudizio per cui, nel lin-

Fig. 1.1 Un cavolfiore minareto

guaggio comune, si arriva all'eretica affermazione che, in senso figurato, un discorso è *geometrico* per dire che è chiaro, ordinato, calligrafico. Per non parlare della stortura, che mi ha sempre procurato dolori palpatamente fisici, contenuta nell'affermazione politica delle *convergenze parallele*!

La geometria, soprattutto quella euclidea, condizionata da un malinteso senso comune, appare arida fintanto che si limita a trattare delle figure semplici, quando per contro la natura ci pone di fronte a dei tratti talmente irregolari e spesso frammentati da proporci un *diverso livello di complessità*. La presenza di figure complesse o di oggetti che nella concezione euclidea sarebbero privi di forma come una nube, uno schizzo di vernice, una frattura nella roccia, ha portato Benoit Mandelbrot ad investigare *la morfologia dell'amorfo*. Mandelbrot ha raccolto la sfida della Natura e, a partire dal 1975, si è proposto di sviluppare una nuova geometria della complessità, cercando le regolarità più recondite che si possono intravvedere nelle forme più irregolari: la geometria frattale. Egli ha identificato una famiglia di *forme* che chiama *frattali*. *Nomen est numen*: il nome frattale deriva dall'aggettivo latino *fractus* o dal verbo *frangere* che vuole dire *rompere*, per creare dei pezzi, dei frammenti irregolari e contorti. Nell'introduzione al suo volume *The Fractal Geometry of Nature* [1] Mandelbrot si dilunga in una analisi dei possibili neologismi e dei possibili significati contrapposti. Al latino *frangere*, si rifà il termine *rifrazione*, fenomeno ottico che *spezza* il cammino ottico della luce quando passa da un mezzo rifrangente ad un altro; al latino *fractus* si rifà il termine scientifico *frammento* che richiama un oggetto irregolare.

Pertanto frattale deve essere assunto anche come sinonimo di *irregolare*. Così, mentre un insieme frattale avrà una sua definizione nel Capitolo 2, per *frattale naturale* deve intendersi una figura o una forma altamente frastagliata, irregolare, come il profilo di una montagna, la foglia di una felce o la forma di un cavolfiore, la forma geometrica dei confini di uno Stato. Per contro, *algebra* proviene dall'arabo *jabara* che significa *legare insieme*; pertanto *frattale* ed *algebra* vanno considerati come due concetti etimologicamente opposti. I frattali più utili implicano anche eventi casuali cosicché sia le regolarità che le irregolarità vanno intese in senso statistico: tendono a mostrare proprietà e caratteristiche che si ripetono a diverse scale di ingrandimento, che Mandelbrot chiama *proprietà di scaling*.

In Fisica, il moto browniano è quanto di più caotico e disordinato si possa immaginare; la traiettoria descritta da una particella soggetta al moto browniano è estremamente tortuosa e statisticamente imprevedibile. Tuttavia, nonostante la Natura ci proponga continuamente situazioni dominate da condizioni altamente caotiche ed aleatorie, i nostri condizionamenti provenienti dal *senso comune* e dall'indiscusso dominio culturale della matematica sul mondo scientifico, hanno fatto di tutto per portarci fuori strada, imponendo quasi di forza soltanto lo studio di quanto si manifesta come regolare e continuo.

1.3 Jean Perrin – 1906

Mandelbrot richiama, nel volume già citato [1], un lungo discorso fatto nel 1906 dal fisico francese Jean Perrin [2], premio Nobel per la Fisica nel 1926, che è per molti versi illuminante. Ne riproduco qui una traduzione molto libera e personale.

> È ben noto che un buon insegnante, prima di dare una definizione rigorosa di continuità matematica, tenta di convincere gli scolari che essi posseggono già l'idea che sta alla base del concetto. Disegna con cura una curva ben definita e, usando un righello dice: "Vedete bene che esiste la tangente in questo punto". È anche ben noto che un buon insegnante di fisica, per illustrare il concetto di velocità istantanea di un oggetto in movimento, in un punto preciso della sua traiettoria dice: "Vedete bene, naturalmente, che la velocità media tra due posizioni vicine non varia in modo apprezzabile, tanto meno quanto più le due posizioni si avvicinano tra di loro". I matematici, per contro, sono ben consci della fragilità di una tale impostazione, che inevitabilmente tende a far prematuramente concludere che ogni funzione continua ammette derivata. Sebbene le funzioni differenziabili siano le funzioni più semplici e più facili da manipolare, esse sono comunque del tutto eccezionali. Le curve che non ammettono la tangente in ogni punto sono la regola, mentre l'eccezione è costituita dalle rette, dalle circonferenze, dalle ellissi: curve interessanti ma molto speciali. Appare quindi che la matematica propone dei casi generali – che in realtà sono una eccezione – i quali costituiscono un esercizio intellettuale molto ingegnoso ma pur sempre artificioso ed artificiale, nell'intento di raggiungere una assoluta accuratezza descrittiva. Lo studente, quando sente citare in un'aula universitaria curve che non ammettono tangente e funzioni che non ammettono derivata in alcun punto, è portato a pensare che la natura sia incapace di tante e tali atrocità. Invece è vero il contrario.

Anche nel campo della fisica spesso alcune osservazioni possono portare a valutazioni sbagliate.
Continua sempre Perrin:

> ... consideriamo per esempio uno dei piccoli grumi bianchi che si formano quando si aggiunge del sale ad una soluzione saponata. Osservati da una certa distanza, i suoi contorni sembrano netti e definiti; da lontanissimo ogni

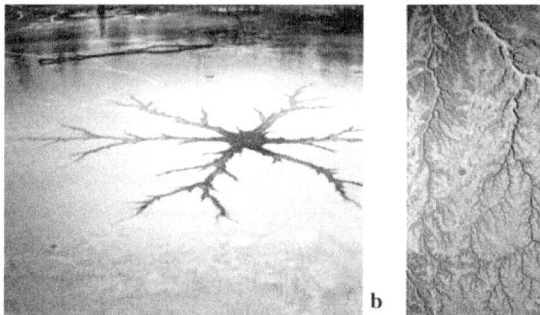

Fig. 1.2 (a) Struttura frattale formata da un laghetto ghiacciato a temperatura molto al di sotto dello zero. (b) Fotografia satellitare del bacino idrografico di un fiume dello Yemen del Sud

oggetto sembra un punto; da lontano ogni oggetto sembra un cerchietto ma quando li osserviamo da minore distanza, i contorni netti sembrano scomparire al punto che ad occhio è impossibile tracciare una tangente in ogni punto del contorno. Una retta che a prima vista potrebbe apparire come una tangente soddisfacente, vista più da vicino, appare addirittura perpendicolare o perlomeno obliqua. L'uso di una lente d'ingrandimento o di un microscopio non ci è di alcun aiuto: tutte le volte che aumentiamo l'ingrandimento nella speranza di cogliere un migliore dettaglio, appaiono nuove irregolarità e non riusciremo mai ad avere una visione neppure lontanamente analoga a quella che ci appare quando osserviamo con sempre maggiore ingrandimento un dischetto di acciaio[1]. Pertanto, se adottiamo la sferetta d'acciaio come un esempio per illustrare la classica forma continua, il grumo di sale nella soluzione saponata ci suggerisce, su base logica equivalente, una nozione più generale di funzione continua che non ammette derivata in alcun punto.

Continua poi Perrin:

> ... dobbiamo tener ben presente che l'incertezza sulla posizione nella quale valutare la tangente in un punto del contorno del grumo di sale non è affatto la stessa incertezza che si ha nell'osservare la mappa dei confini dell'Inghilterra. Seppure il risultato dipenda dalla scala con cui è stata disegnata la mappa dell'isola inglese, si trova sempre una tangente, perché la mappa è una rappresentazione convenzionale ma contraffatta. Al contrario, nel caso reale del grumo di sale la cosa non è così. Una caratteristica essenziale sia del problema del grumo di sale sia delle reali coste inglesi risiede in un sospetto che ci sorge spontaneo. Nei casi reali, senza che noi li vediamo chiaramente, sospettiamo che ad ogni maggiore ingrandimento intervengano sempre ulteriori dettagli che rendono impossibile definire una tangente in un punto. Siamo an-

---

[1] Qualcosa di analogo – ma che non ha nulla a che vedere con i frattali – avviene nel campo dell'ottica quando cerchiamo di ingrandire i bordi di un ostacolo: guardando sempre più da vicino, con una lente di ingrandimento, ad un certo punto compare il fenomeno della diffrazione e noi ci troviamo nella impossibilità di localizzare la posizione del contorno dell'ostacolo.

cora immersi nelle incertezze della realtà sperimentale allorché osserviamo al microscopio il moto browniano che agita le piccole particelle di Clarkia pulchella sospese nel liquido: la direzione dei trattini rettilinei che congiungono le posizioni occupate in due istanti successivi molto vicini nel tempo, varia in modo del tutto irregolare, casuale ed imprevedibile, anche quando i due istanti di osservazione si avvicinano indefinitamente. Un osservatore obbiettivo dovrebbe concludere che si trova di fronte ad una traiettoria che non ammette tangente e ad una legge oraria che non ammette derivata.

Va detto, ad onor del vero, che sebbene l'osservazione di un oggetto con ingrandimenti sempre maggiori metta in evidenza imperfezioni e strutture altamente irregolari, il senso comune tende ad approssimare, con un apparente notevole vantaggio, la descrizione delle sue proprietà mediante funzioni continue e derivabili. In parole molto semplici, a certe scale d'ingrandimento e per certi metodi di descrizione, molti fenomeni possono essere rappresentati da funzioni continue e regolari in senso matematico, così come si può pensare di avvolgere una spugna in un contenitore di sottilissima plastica e approssimare la descrizione della sua forma geometrica senza seguire nei dettagli il suo complicatissimo contorno.

Se, per spingere ancora più a fondo le argomentazioni, attribuiamo alla materia la sua intima struttura granulare che è insita nelle teorie atomiche, svanisce presto la nostra pretesa di applicare il concetto rigoroso della continuità matematica alla descrizione della realtà fisica.

Consideriamo ancora, per esempio, il modo in cui viene definita la densità di un gas in un determinato punto ed istante. Prendiamo una sfera di volume V, centrata in quel punto, che racchiuda una determinata massa M di gas: il quoziente M/V è la densità media all'interno della sfera ed assumiamo come densità "vera" il valore limite di questo quoziente per il volume V tendente a zero. Ma le cose si complicano terribilmente. Questa nozione, infatti, implica che, ad un dato istante, la densità media sia praticamente costante, anche per sfere di volume al di sotto di determinati valori. In verità, il valore medio della densità di un gas, per valori estremamente piccoli del volume, subisce delle fluttuazioni che, invece di diventare trascurabili, aumentano considerevolmente. Alle dimensioni di scala alle quali i moti browniani si manifestano apertamente, le fluttuazioni statistiche possono raggiungeree valori di 1 parte su 1000 e diventare addirittura dell'ordine di 1 parte su 5 quando il raggio dell'ipotetico volumetto diventa dell'ordine di un centesimo di micron. Un passo ancora e si arriva al di sotto delle dimensioni di una singola molecola. Il punto può così trovarsi localizzato con grandissima probabilità nello spazio intermolecolare dove la densità media si annulla e, con essa, si annulla anche la densità vera. Tuttavia, con una probabilità di circa 1 parte su 1000, il centro del volumetto può giacere entro una molecola ed il valore medio della densità diventa in tal caso circa 1000 volte superiore al valore medio ottenuto per volumetti abbastanza grandi, cioè 1000 volte superiore a quello pensato per la densità vera del gas.

Ma non possiamo fermarci qui. Scrive sempre Perrin:

> ... lasciamo che la nostra sfera diventi sempre più piccola: molto presto, salvo eccezionali circostanze, il volumetto sarà sempre vuoto e rimarrà vuoto fin-

tanto che il punto verrà scelto negli spazi interatomici. La densità "vera" sarà quindi nulla in tutti i punti, quasi dappertutto, tranne che in un numero finito di punti isolati – tanti quanto è il numero delle molecole di gas presenti nel sistema – punti nei quali assume un valore elevatissimo. La funzione che rappresenta una qualsiasi proprietà fisica forma in uno spazio intermateriale un continuo vuoto con un numero infinito di punti singolari. Una materia infinitamente discontinua ed un etere continuo costellato di minuscole stelle appare anche nell'universo cosmico. In verità, alla stessa conclusione alla quale siamo arrivati nel caso del gas, possiamo arrivare immaginando di prendere una sfera sempre più grande che abbraccia la Terra, poi i pianeti, il sistema solare, le nebulose. Permettetemi quindi un'ipotesi che è sì arbitraria ma almeno non auto-contraddittoria. Si potrebbero incontrare delle circostanze nelle quali l'uso di una funzione non derivabile potrebbe essere più semplice che non l'uso di una funzione completamente differenziabile. Quando questo avverrà, lo studio matematico delle irregolarità avrà dimostrato tutto il suo valore di applicazione pratica. Tuttavia, questa speranza non è altro che un sogno ad occhi aperti, almeno per il momento.

Questo nel 1906. Oggi il sogno è diventato, almeno in parte, realtà.

Le parole di Jean Perrin, che vinse il Premio Nobel per i suoi studi sul moto browniano, sottolineano già dall'inizio del XX secolo il pericolo al quale il senso comune ci porta, quando non è soggetto ad una aspra e costante critica logica dei concetti e delle definizioni adottate per interpretare le osservazioni sperimentali.

Il concetto di scaling nei fenomeni di turbolenza fu per la prima volta introdotto nell'ambito delle scienze da Lewis F. Richardson negli anni venti del Novecento. L'origine corretta della interpretazione giunse al fallimento dal tentativo di *formalizzare* matematicamente la descrizione del fenomeno. Mandelbrot ha resuscitato vecchie idee e, prendendo spunto da queste, ha sviluppato una nuova geometria di contenuto più ampio. Esulando dalle dimensioni intere ed entrando nel mondo delle dimensioni non intere, ha reso più potente la geometria e, di converso, la matematica. Se un tempo di fronte ad una funzione non integrabile ci si doveva fermare, oggi si può proporre una risposta: tramite la conoscenza della sua dimensione frattale, si può fornire automaticamente il valore di quell'integrale nota che sia l'approssimazione con la quale si vuole sapere quel valore e noto che sia il passo di approssimazione con cui si esegue la misura.

All'opera di Mandelbrot si associano quelle di altri matematici che sono usciti dall'ambito della geometria ed hanno affrontato il problema dei frattali stocastici, nel qual caso, le proprietà degli insiemi frattali non sono attribuite a forme geometriche (e di converso a funzioni rappresentabili sotto forma geometrica), bensì a distribuzioni di probabilità che dominano indubbiamente moltissimi fenomeni fisici soggetti inevitabilmente ad una buona dose di aleatorietà.

1.4 I frattali naturali e non

La natura ci offre molti esempi di frattali naturali,: le felci, i lampi, le nubi, i cavolfiori, i profili delle montagne e chi più ne ha più ne metta.

In questo capitolo abbiamo inserito alcune figure di frattali naturali. Un broccolo minareto, in Fig. 1.1; la frattura in un laghetto ghiacciato in Fig. 1.2a; il bacino idrografico di un fiume nello Yemen del Sud in Fig. 1.2b.

Nella Fig. 1.1 è stato fotografato un cavolfiore *minareto* per la sua forma a guglie. La struttura morfologia di questo ortaggio della famiglia delle crocifere, mostra caratteristiche frattali, soprattutto di autosomiglianza (una parte simile al tutto).

Nelle Figg. 1.3 sono riportati gli effetti provocati da agenti chimici (Fig. 1.3a) o da agenti fortemente ionizzanti (Fig. 1.3b) sulle proprietà di trasparenza dei materiali. Gli effetti sono ingenti: l'effetto chimico di corrosione (Fig. 1.3a) si propaga lungo tragitti difficilmente prevedibili e tende ad invadere lentamente tutto il volume di materiale plastico che trova a propria disposizione. L'effetto di interazione elettromagnetica di un intenso fascio di elettroni estratto da un acceleratore di particelle di alta energia (Fig. 1.3b), spacca i legami molecolari del materiale che perde localmente le proprie proprietà di trasparenza. Insieme con le proprietà ottico-elettriche cambiano anche le proprietà meccaniche.

1.5 I frattali e la fisica

Nel 1989 è stato pubblicato a un volume dal titolo *Fractals in Physics* [3] nel quale viene coperto un ampio campo di ricerche fisiche: dalla distribuzione della materia nell'universo e nelle galassie, alla trasmissione delle tensioni in un aggregato; dalla formazione dei vasi sanguigni nella retina dell'uomo, alla percolazione di liquidi nei mezzi porosi; dalla conducibilità dei materiali disordinati, alle transizioni di fase

Fig. 1.3 (a) Struttura frattale indotta da un agente chimico su un pezzo di materiale trasparente. (b) Struttura frattale indotta da un evento elettromagnetico: un pezzo di plexiglass esposto ad un fascio intenso di elettroni prodotti da un sincrotrone

dei polimeri. Una serie di contributi che mettono in piena evidenza la potenza del metodo.

Ritengo importante citare qui le parole di esordio di un contributo di L. Pietronero [3]b. Nel lavoro si pone il problema di capire – almeno preliminarmente – perché la Natura produce e dà luogo a strutture frattali. Per tentare una risposta occorre formulare modelli mediante i quali si possa descrivere la crescita di strutture frattali in base a fenomeni fisici e, conseguentemente, si possa capire la loro struttura matematica, nello stesso modo in cui il gruppo di rinormalizzazione ha permesso di comprendere tutti i modelli di tipo di Ising [4] che tanta importanza hanno nell'ambito della fisica. I modelli di aggregazione a diffusione limitata e, più in generale, i modelli di cedimento delle proprietà dielettriche, basati su processi iterativi governati dall'equazione di Laplace e da un campo stocastico, hanno un preciso significato fisico ed evolvono con molta naturalezza verso strutture frattali casuali di grande complessità. Nel suo lavoro Pietronero, entro una nuova cornice interpretativa teorica di grande spessore, chiarifica l'origine delle strutture frattali nei modelli di aggregazione e propone un metodo sistematico per la misura della dimensione frattale e delle proprietà multifrattali della distribuzione fisica. Un lavoro molto impegnativo cui il lettore si potrà rivolgere solo alla fine del volume e dopo un ulteriore approfondimento degli aspetti matematici del problema.

Le sue parole – liberamente tradotte – sono:

... la geometria frattale è uno di quei concetti che, a prima vista, generano incredulità ma che in un secondo momento diventano così naturali talché uno si domanda come mai sia stato sviluppato soltanto in tempi così recenti. Queste parole, usate da M. Berry [5] nella recensione del libro di Mandelbrot citato [1], spiegano perché la geometria frattale stia esercitando una grande ed importante influenza su tutte le discipline scientifiche, in modo particolare sulla fisica. Un concetto così importante mancava per la descrizione delle strutture complesse della natura. Introducendolo, Mandelbrot ha fornito alla Scienza una formidabile palestra nella quale potersi cimentare per affrontare i nuovi problemi riguardanti le proprietà basilari dei fenomeni naturali. Molti di questi problemi erano stati lasciati ai margini della speculazione scientifica in quanto risultavano impossibili a causa dell'inadeguatezza dei metodi matematici basati sull'analiticità. Dal punto di vista della geometria frattale, ora questi problemi si possono porre ed affrontare in modo corretto.

Questo nuovo approccio ha profonde conseguenze anche su problemi che sono stati in passato affrontati con metodi tradizionali. Un esempio interessante è il problema delle proprietà statistiche della distribuzione su larga scala della materia nell'Universo. Solo recentemente è stata completata una mappatura tridimensionale delle galassie – in un certo intervallo di luminosità – in volumi sufficientemente grandi su scala cosmica; è quindi possibile procedere ad una analisi statistica delle distribuzioni ottenute. Ciò è stato fatto (da Davis e Peebles [6]) impiegando metodi matematici che assumono a priori una "omogeneità" della materia su larga scala. Le ragioni di questa assunzione sono prevalentemente storiche e basate sul seguente argomento: il Principio Cosmologico implica una isotropia locale; tale fatto, insieme con l'ipotesi di analiticità, conduce all'assunzione di omogeneità. L'ipotesi di lavoro è discussa ampiamente in un trattato di Steven Weinberg [7] universalmente accettato, non fosse altro che per la statura del proponente, premio Nobel per la Fisica nel 1979. In assenza di un qualsiasi quadro di riferimento alternativo, la analiticità non era mai stata considerata una proprietà da controllare e verificare con i dati sperimentali, bensì era in qualche modo automaticamente inclusa nello stesso Principio Cosmologico. La geometria frattale, invece, chiarisce molto bene come l'isotropia locale non debba essere necessariamente associata all'omogeneità della distribuzione della materia nell'Universo.

La rinuncia a questa ipotesi arbitraria ha portato a risultati sorprendenti: contrariamente a quanto concluso nel lavoro di Davis e Peebles, la distribuzione delle galassie non mostra alcuna tendenza ad omogeneizzarsi nello spazio portando alla conclusione che l'implicita assunzione di analiticità non può considerarsi corretta. La nuova analisi di Pietronero [9] conduce piuttosto a considerare la possibilità che la distribuzione su larga scala della materia nell'Universo sia frattale ad ogni scala osservabile. Tale conclusione risulta in accordo anche con l'osservazione di ampi vuoti e con la presenza di "superclusters", situazioni entrambe inconciliabili con le assunzioni di analiticità ed omogeneità. Recentemente Y. Barishev e P. Teerikorpi [8] hanno raccolto in un interessante volume la storia della scoperta dei ... frattali cosmici.

1.6 Lo sviluppo del presente volume

Dovendo giungere alle applicazioni delle idee frattali alla fisica, mi sono dovuto imporre una scelta. Per passare dalla matematica (o dalla geometria che fa lo stesso) alla fisica ho dovuto affrontare due problemi: fornire gli strumenti operativi per applicare i concetti frattali ai casi particolari e limitare il numero delle applicazioni ad alcuni casi soltanto, tra cui quelli ai quali mi sono dedicato in modo particolare.

Pertanto il presente volume, dedicato ad una introduzione elementare, pedagogica e minimale all'uso delle tecniche frattali, è organizzato in modo da portare il lettore alla possibilità di affrontare un'analisi frattale di molti diversi fenomeni. Esso trae vantaggio dallo studio dell'opera di Jens Feder [10], soprattutto dei Capitoli 2 e 5 e per il permesso di usare molte sue figure.

Il Capitolo 1 è chiaramente introduttivo e dovrebbe essere leggibile da parte di qualsiasi persona adulta che abbia una cultura media ed una educazione a livello post liceale.

Il Capitolo 2 è dedicato alla introduzione dei concetti fondamentali di frattale geometrico e di dimensione frattale, partendo dalla definizione di dimensione di un insieme secondo Hausdorff e Besicovitch.

Il Capitolo 3 mette in relazione la geometria frattale con le funzioni frattali. Viene descritto ed illustrato il paradosso di Schwartz che mette in luce i limiti nella impostazione dei processi di integrazione. Spesso la geometria serve per illustrare il significato degli enunciati mentre le funzioni matematiche frattali hanno una più immediata utilità applicativa.

Nel Capitolo 4 viene affrontato il problema del *random walk* ed in particolare è trattato il problema del moto browniano, partendo dalla descrizione originale di Einstein, per passare a quello classico ed arrivare infine al moto browniano frazionale, fornendo anche qualche indicazione per procedere ad una sua simulazione al computer.

Il Capitolo 5 è dedicato alle prime definizioni degli insiemi multifrattali ed ai parametri – quali il parametro di Lipschitz e Hölder – atti a caratterizzarne le proprietà. Vengono illustrate la barra di Cantor e le scale diaboliche; viene proposto un primo processo di cascata moltiplicativa particolarmente semplice – quella binomiale – mostrandone le proprietà. Infine viene definito il coefficiente di massa che ha trovato applicazione in diversi campi.

Nel Capitolo 6 vengono introdotti i concetti fondamentali concernenti i frattali stocastici semplici, partendo dalla osservazione sperimentale che alcune proprietà fondamentali di *scaling* sono proprie di molti fenomeni naturali quali la caduta della pioggia e la formazione delle nubi. Nel capitolo viene anche introdotto il semplice modello detto della somma frattale di impulsi (monodimensionali) alla base di moltissime procedure di simulazione.

Il Capitolo 7 è dedicato ai multifrattali stocastici ed alla loro caratterizzazione. Particolare rilievo è dedicato ai modelli a cascata moltiplicativa con i quali risulta naturale costruire distribuzioni statistiche che godono delle proprietà multifrattali; al significato dello scaling multiplo delle distribuzioni di probabilità; alle proprietà della funzione codimensione nonché alla dimensione statistica di un campione limitato. Viene affrontato il problema dello scaling dei momenti statistici, procedendo infine ad una prima classificazione dei multifrattali stocastici.

Il Capitolo 8 introduce i multifrattali universali: la formulazione più moderna ed avanzata dei multifrattali stocastici che tenta di universalizzare le funzioni di probabilità cercando in tal modo di razionalizzare la individuazione della codimensione, che sta alla base del fenomeno che si studia. La lettura di questo capitolo richiede almeno una scorsa all'Appendice.

Da qui in poi, ci si muove essenzialmente verso l'applicazione delle idee multifrattali alla Fisica, all'Astrofisica, alla Econofisica, alle reti complesse ed alla connessione con gli studi della complessità e dei processi caotici.

Prima di buttarsi sulle applicazioni, il Capitolo 9 è dedicato ad un approccio alternativo di trattare il moto caotico in Meccanica Classica, secondo i dettami della Meccanica Statistica. Caos e frattali sono intimamente legati tra loro. Mentre da un lato, utilizzando semplici regole si possono costruire figure o insiemi molto complessi, dall'altro sistemi meccanici relativamente semplici, definiti da pochi parametri possono sfociare in un comportamento estremamente complesso e non deterministicamente prevedibile se non per un periodo di tempo molto limitato. Come i frattali nascono applicando i metodi della geometria, il caos nasce applicando i metodi della meccanica razionale. Questi argomenti possono facilmente essere trattati in volumi di molte pagine ed in corsi universitari interi. In questo libro ci limitiamo a giungere alla definizione dell'attrattore strano e della sua dimensione frattale.

Il Capitolo 10 tratta degli aspetti frattali legati all'astrofisica, alla cosmologia ed alla descrizione della materia nell'Universo.

Il Capitolo 11, invece, applica i concetti di fisica e di geometria frattale alla trattazione dei mercati finanziari, mettendo in luce come le leggi dei sistemi dinamici si adattano molto bene allo studio della fluttuazione dei prezzi dei valori azionari e dei mercati, fatto che ha dato origine ad una nuova disciplina detta Econofisica.

Il Capitolo 12 è dedicato alla descrizione di due fenomeni studiati personalmente dall'autore usando *anche* le tecniche frattali: la distribuzione del contaminante diossina sparso sul suolo attorno alla città di Seveso in seguito ad un incidente chimico accaduto nel lontano 1976 seguito dallo studio della concentrazione in aria ed al suolo di diversi radionuclidi (in particolare ^{137}Cs, ^{134}Cs, ^{131}I e ^{132}I) in alta Italia ed in Europa[2] causati dall'incidente di Chernobyl nel 1986.

L'Appendice, che apparentemente non ha nulla a che vedere con i frattali, è dedicata al richiamo di una serie di nozioni fondamentali di statistica e oltre ad essere propedeutica – almeno – al Capitolo 8, permette di introdurre concetti che non sono molto familiari alla gran parte degli studenti. Nei corsi di esercitazioni di fisica la statistica è presentata prevalentemente in funzione della sua applicazione alla teoria degli errori. La fisica tradizionale è per lo più dominata dalle distribuzioni binomiali, poissoniane e gaussiane, mentre l'estrema variabilità connessa con i principi fondamentali insiti nel concetto di frattale richiede di ricorrere ad una più vasta gamma di possibilità. Le variabili di Lévy sono introdotte per poter definire il parametro *grado di multifrattalità* α che dal matematico francese prende il nome ed i voli di Levy, concetto poco noto.

1.7 Ringraziamenti

Devo ai miei studenti ampio merito se questo volume ha visto la luce. Molti mi hanno aiutato a redigere pezzi di capitolo, a verificare dimostrazioni, a svolgere calcoli per stimare soluzioni, a scrivere programmi per la generazione di frattali. Alcuni hanno cacciato su internet figure di frattali naturali. Paolo Vitulo e Marco Merlo sono stati miei maestri nell'uso dei programmi Latex e Photopaint e nella trasformazione delle figure da un formato all'altro. Giovanni Bacchetta mi ha aiutato nella costruzione esplicita delle funzioni di Mandelbrot-Weiestrass. Gabriele Gianini ha collaborato a diverse parti sui richiami di statistica classica. Gabriele Sani ha fornito una revisione critica dei primi quattro capitoli ed ha provveduto alla regolarizzazione di molte notazioni. Luca Celardo ha contribuito all'aggiunta del Capitolo 9 che connette l'approccio di Edward Lorenz al caos deterministico ed ai processi non lineari nonché il linguaggio degli attrattori con il concetto di dimensione frattale. Armando Manzali ha curato il capitolo sulla distribuzione della materia nell'Universo; Pablo Genova il capitolo sull'Econofisica. Simone D'Angelo mi ha fatto "pe-

---

[2] Per esclusive ragioni di spazio, non viene trattato il questo volume il fenomeno della intermittenza osservato nello studio della produzione di molte particelle nelle interazioni tra particelle elementari di altissima energia, nel quale compaiono evidentissime proprietà frattali.

nare" sulle poche inesattezze del libro di Jens Feder, con il quale è intercorsa una proficua corrispondenza. Guido Montagna (con i suoi giovani Moreni, Bormetti, Carloni Calame) ha reperito la trattazione originale di Einstein del moto browniano. Alla prof. Maria Giuseppina Bruno della LUISS, devo la lettura critica del capitolo sulla Econofisica con il quale ho invaso il campo insidioso della Economia moderna. Alberto Arneri e Gianluca Romani hanno curato la produzione del capitolo sulla analisi dei dati legati agli incidenti di Seveso e di Chernobyl. Non posso dimenticare che il mio "vecchio" laureando e dottorando di matematica Gianfausto Salvadori, ha fornito, con le sue due tesi, numerose dimostrazioni, conché materiale utile per razionalizzare alcune argomentazioni. Il disegnatore signor Giovanni Bestiani infine, ha prodotto al CAD molti disegni necessari per l'illustrazione di diverse situazioni.

2
I frattali geometrici

2.1 Introduzione

Una definizione matematica chiara ed esaustiva di frattale che sia universalmente accettata non esiste ancora. Lo stesso Mandelbrot, da tutti considerato il padre dei frattali, nel corso degli anni ha proposto almeno tre definizioni:

- una forma o una figura frammentata, spezzata, fortemente discontinua (1978);
- un insieme per il quale la dimensione secondo Hausdorff e Besicovitch eccede rigorosamente la dimensione topologica (1982);
- una forma fatta di parti che sono in qualche modo simili al tutto (1986).

La prima definizione è sicuramente valida intuitivamente ma troppo ingenua, qualitativa e *non matematica* per un personaggio come Mandelbrot; la seconda è troppo limitata e restrittiva non comprendendo alcuni dei frattali usati in fisica, mentre la terza è decisamente astratta e oscura. Definire un frattale non è semplice e nemmeno facile.

2.2 Dimensione di Hausdorff-Besicovitch

Per meglio capire il concetto di frattale occorre rifarsi alla definizione operativa di misura o copertura di un insieme. Supponiamo di voler *misurare* (secondo Hausdorff e Besicovitch) un insieme di punti, siano essi una linea, una superficie o un volume. Dividiamo lo spazio in *cubetti* di lato δ (o sferette di raggio $\delta/2$) e contiamo il numero $N(\delta)$ di cubetti necessari a ricoprire l'insieme. Chiamiamo δ il nostro passo di approssimazione in quanto non contiamo le frazioni di δ che costituiscono "il resto" e che eventualmente restano fuori dal conteggio. La procedura è molto semplice: si moltiplica il valore del passo (δ oppure δ^2 oppure δ^3) per il numero di passi necessari per coprire l'insieme. La *misura* in approssimazione δ, $S_\delta = N(\delta) \cdot \delta$ tende ad un valore S_0 per $\delta \to 0$. Se S_0 è un numero finito, S_0 è la misura dell'insieme.

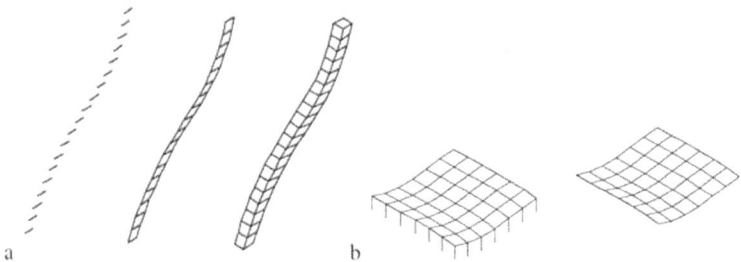

Fig. 2.1 Copertura di una linea (a) e un piano (b) con linee, superfici e volumi

Facciamo un esempio illustrativo e semplice considerando una curva di lunghezza L_0 (vedi Fig. 2.1a). La "misura eseguita con passo d'approssimazione (o in unità) δ" è quindi $L_\delta = N_l(\delta) \cdot \delta$. La misura L_0 è quindi:

$$L_0 = \lim_{\delta \to 0} N_l(\delta) \cdot \delta. \qquad (2.1)$$

Per convenienza chiamiamo L una misura ottenuta contando $N_l(\delta)$ boxes ed usando come passo di approssimazione δ; A una misura ottenuta contando $N_a(\delta)$ boxes ed usando come passo δ^2 e V una misura ottenuta contando $N_v(\delta)$ boxes ed usando come passo δ^3. In linea di principio, nulla vieta di usare quadratini o cubetti per ricoprire una linea. La situazione è schematicamente illustrata in Fig. 2.1a.

Pertanto, se invece di usare segmenti usassimo quadrati o cubi per eseguire la misura della lunghezza di una linea, invece che la (2.1) otterremmo:

$$\begin{aligned} A_0 &= \lim_{\delta \to 0} [N_l(\delta) \cdot \delta] \cdot \delta = 0 \\ V_0 &= \lim_{\delta \to 0} [N_l(\delta) \cdot \delta] \cdot \delta^2 = 0. \end{aligned} \qquad (2.2)$$

Lo stesso ragionamento si può seguire per ricoprire una superficie di area A_0 (cfr. Fig. 2.1b).

Se quindi usiamo: o segmentini di lato δ, o quadratini di area δ^2, o volumetti di volume δ^3 per misurare un'area, otteniamo:

$$\begin{aligned} A_0 &= \lim_{\delta \to 0} [N_a(\delta) \cdot \delta^2] \\ L_0 &= \lim_{\delta \to 0} \frac{[N_a(\delta) \cdot \delta^2]}{\delta} = \infty \\ V_0 &= \lim_{\delta \to 0} [N_a(\delta) \cdot \delta^2] \cdot \delta = 0. \end{aligned} \qquad (2.3)$$

Infine, per misurare un volume otteniamo:

$$V_0 = \lim_{\delta \to 0} N(\delta) \cdot \delta^3$$
$$L_0 = \lim_{\delta \to 0} \frac{[N(\delta) \cdot \delta^3]}{\delta^2} = \infty \qquad (2.4)$$
$$A_0 = \lim_{\delta \to 0} \frac{[N(\delta) \cdot \delta^3]}{\delta} = \infty.$$

Ancora una volta, applicando rigorosamente la definizione operativa di misura secondo Hausdorff e Besocovitch, nulla vieta di usare segmenti δ per ricoprire una superficie. Così facendo otteniamo:

$$L_\delta \to (A_0/\delta^2) \cdot \delta = A_0 \cdot \delta^{-1}. \qquad (2.5)$$

Questa misura diverge quando $\delta \to 0$.

Secondo Hausdorff e Besicovitch quindi, la dimensione di un insieme è il numero critico D per cui la misura:

$$M_d = \sum \gamma(d) \delta^d = \gamma(d) \cdot N(\delta) \cdot \delta^d \qquad (2.6)$$

varia da 0 a ∞; avremo cioè $M_d \to 0$ per $d > D$ e $M_d \to \infty$ per $d < D$. La funzione $\gamma(d)$ è una funzione numerica che omogeneizza l'unità (il passo) con l'insieme (per esempio se si usano cerchi per ricoprire una superficie compare un fattore π; se si usano sfere compare un fattore $4/3\ \pi$ e via dicendo).

Risulta evidente che la sola misura utile per una curva è la lunghezza ($D = 1$), che la sola misura utile per una superficie è l'area ($D = 2$), come del resto la sola misura utile per un insieme tridimensionale è il volume ($D = 3$).

2.2.1 La curva di Peano

Questa definizione di Hausdorff e Besicovitch risale al 1918 [11] e non mancano casi molto curiosi. Consideriamo infatti, per esempio, un caso molto particolare: una superficie piana quadrata con all'interno iscritti dei cerchi collegati tra loro (Fig. 2.2). Il perimetro dell'insieme dei cerchi è la somma delle circonferenze più la somma dei trattini di collegamento. Se facciamo tendere il raggio dei cerchi a zero il perimetro viene a coincidere con l'area. Si ottiene cioè un paradosso (*paradosso di Peano* – 1890!): una curva con dimensione 2.

Aristotele, riguardo alle dimensioni delle grandezze, scrisse:

> ... delle grandezze, quella che ha una dimensione è linea, quella che ne ha due è superficie, quella che ne ha tre è corpo, e al di fuori di queste non si hanno altre grandezze[1].

---

[1] Si dovrebbe oggi aggiungere: "...quella che ne ha quattro è lo spazio-tempo di Minkowski."

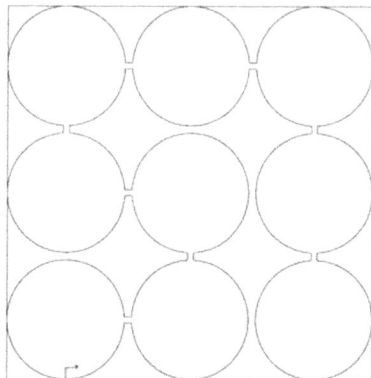

Fig. 2.2 Curva di Peano

A questa filosofia si rifece Euclide nel fondare la propria geometria. Facciamo ora alcuni commenti alla definizione di Hausdorff e Besicovitch. Nello spazio euclideo per una linea $N(\delta) \div \delta^{-1}$, per una superficie $N(\delta) \div \delta^{-2}$ e per un volume $N(\delta) \div \delta^{-3}$. Questa osservazione, unita alla definizione data da Hausdorff e Besicovitch non implica automaticamente che D debba essere un numero intero. Possono esistere figure geometriche per le quali D non è intero? Se questo fosse vero la geometria si arricchirebbe di un numero infinito di spazi non euclidei a dimensioni non intere. La definizione operativa di copertura ci lascia la libertà di scegliere il passo δ. Vedremo che ci sono casi molto concreti per i quali $N(\delta) \div \delta^{-D}$ con $D \neq 1, 2, 3 \ldots$ infatti per una curva frattale D può essere anche un numero non intero. Pertanto la geometria frattale permette l'esistenza di grandezze caratterizzate da dimensioni D frattali non intere.

2.2.2 Dimensione frattale di box counting

Per come la misura viene operativamente eseguita, D viene chiamata *box counting fractal dimension* o anche *dimensione frattale secondo Hausdorff e Besicovitch*.

La relazione che possiamo ricavare facilmente dalla (2.6):

$$M_D(\delta) \div N(\delta) \cdot \delta^D \qquad (2.7)$$

ci fornisce immediatamente un modo operativo per ricavare la dimensione frattale di un insieme tutte le volte che possiamo (operativamente) eseguire la sua copertura (la sua misura)[2] con diversi passi δ. Occorre *forzare un poco* la (2.7). Prendendo il

---

[2] Ricordiamo dai corsi di Laboratorio di Fisica e dall'ottica che se δ è l'unità usata (rivelabile) $\lambda = 1/\delta$ è detta risoluzione: minore l'unità misurabile δ, maggiore la risoluzione λ.

logaritmo dei due membri della (2.7) si scrive:

$$\log M_D(\delta) \doteq \log N(\delta) + D \log \delta. \tag{2.8}$$

Nel piano $\log N(\delta)$ in funzione di $\log \delta$, $\log M_D(\delta)$ è una intercetta e la pendenza della retta è esattamente D.

Per δ piccoli, nella regione asintotica $\delta \to 0$ possiamo scrivere:

$$D \approx -\frac{\log N(\delta)}{\log \delta} = \frac{\log N(\delta)}{\log \lambda}. \tag{2.9}$$

In un grafico doppio logaritmico si riporta il logaritmo del conteggio (*counting*) dei segmenti (o *box*) necessari per ricoprire l'insieme con passo δ, per diverse risoluzioni $1/\delta$ e ricavare la pendenza della curva risultante. Passo d'approssimazione δ grande, pochi conteggi, passo δ piccolo, molti conteggi; la sequenza dei punti è decrescente sul grafico, il che è conseguenza del segno negativo nella (2.9).

2.2.3 Le coste della Norvegia e di altri Paesi

Per chiarire le idee utilizziamo un esempio classico proveniente dal libro di Jens Feder [10]: la misura delle coste della Norvegia, eseguito con il metodo illustrato (che è poi quello utilizzato in pratica).

La lunghezza delle coste della Norvegia, misurate con un passo δ: $L_{\text{Norv.}} = N(\delta) \cdot \delta$ – dove δ è il lato degli $N(\delta)$ quadrati necessari a ricoprire l'intero perimetro costiero (Fig. 2.3) – dipende in modo determinante dalla risoluzione $\lambda = 1/\delta$.

È bene ricordare, facendo riferimento anche alla Fig. 2.1, che è del tutto indifferente ricoprire le coste con segmentini δ o con quadratini δ^2, al fine della valutazione di $N(\delta)$. Infatti tutti i quadratini che *non contengono* punti del contorno della figura non vengono comunque contati (lo sarebbero invece se si trattasse di ricoprire l'area della figura!). Quando i quadrati sono grandi si possono osservare grosse fluttuazioni, ma quando i quadratini diventano sufficientemente piccoli, il conteggio coincide con quello che si avrebbe ricoprendo con segmentini.

Difficile stabilire un passo δ che sia convincente per tutti. Un δ troppo grande è insensibile ai piccoli fiordi e alle piccole insenature. D'altra parte un δ troppo piccolo è sensibile anche ai piccoli sassi o all'andirivieni della bassa marea sulle spiagge. Se però si costruisce un grafico bilogaritmico con in ordinata la lunghezza e in ascissa la lunghezza del passo si ottiene una retta di pendenza 1.52 (Fig. 2.4). Poiché sulle ordinate si riporta la lunghezza e non il numero $N(\delta)$, questa pendenza è 1 meno la dimensione frattale D precedentemente citata [infatti sulle ascisse della Fig. 2.4 viene riportato $L = N(\delta)\delta$ e non $N(\delta)$ che entra nella definizione (2.9) $D = -\log N(\delta)/\log \delta$].

Dai dati riportati nel grafico bilogaritmico (Fig. 2.4), possiamo dire che le coste della Norvegia hanno una dimensione frattale pari a 1.52. Questo valore dà una misura quantitativa di quanto le coste siano frastagliate. La relazione tra la

Fig. 2.3 Misurazione delle coste della Norvegia: ogni quadrato ha un lato di $\delta = 50$ km

lunghezza e la lunghezza del passo è data dalla seguente espressione [si noti che $L(\delta) = N(\delta) \cdot \delta$]:
$$L(\delta) = a \cdot \delta^{1-D}. \tag{2.10}$$
Studi simili sono stati fatti sui confini di molti stati (vedi Fig. 2.5). Per esempio sappiamo che le coste del Sudafrica hanno una dimensione frattale vicina a 1 e cioè

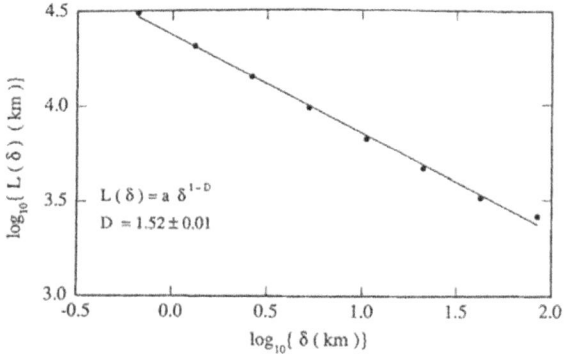

Fig. 2.4 Grafico doppio logaritmico per le coste della Norvegia

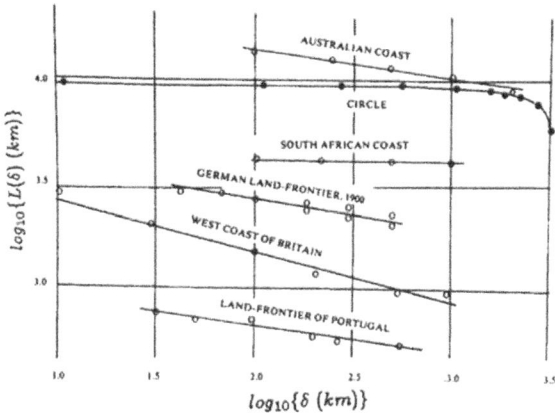

Fig. 2.5 La lunghezza delle coste per diverse nazioni in funzione del passo di approssimazione δ

che sono molto meno frastagliate rispetto a quelle della Norvegia. Possiamo dire che la dimensione frattale è *una misura quantitativa della irregolarità (... della frattalità)* di una linea geometrica.

La Fig. 2.5 riporta i grafici bilogaritmici per le coste o i confini di diversi Paesi; grafici che risalgono a ben prima della invenzione dei frattali, ma che costituivano curve empiriche usate dai cartografi per stimare la lunghezza delle coste.

In Fig. 2.5 è riportato anche il caso di una circonferenza, come confine di un cerchio. Per questa linea euclidea è $D = 1.0$, per cui dalla (2.10), la pendenza è nulla (riprenderemo questo discorso più avanti nel § 2.6). In ultima analisi, la lunghezza di una costa (o di un confine) non ammette misura. Se ne può dare il valore "a risoluzione assegnata".

2.2.4 La codimensione frattale

Si definisce codimensione frattale di un insieme S di dimensione frattale D contenuto in uno spazio di immersione S_0 di dimensione euclidea E il valore:

$$C = E - D. \qquad (2.11)$$

Per una spezzata piana, per esempio è $C = 2 - D$. Il concetto di codimensione verrà ripreso in maggior dettaglio critico nel Capitolo 7.

La dimensione frattale in molti casi dipende da uno o più parametri. Se consideriamo il contorno di una montagna dobbiamo specificare a quale altitudine vogliamo misurarne il perimetro. In questo caso la dimensione frattale del perimetro di una montagna dipende dalla quota $h[D(h)]$. La dimensione D diventa così facilmente una **funzione multifrattale**.

Un altro esempio di multifrattale è la misurazione del perimetro delle nubi. Anche in questo caso la dimensione frattale è una funzione che dipende dalla quota alla quale si esegue idealmente una sezione della nube.

2.3 La curva triadica di Koch

La Fig. 2.6 mostra la costruzione della curva triadica di Koch, uno dei classici esempi di curva con dimensione $D > 1$.

La costruzione della curva inizia con segmento di retta $[0,1]$ di lunghezza $L(1) = 1$. Questa forma di partenza (che potrebbe essere anche un triangolo equilatero, un quadrato o qualsiasi altro poligono) è chiamata *iniziatore* e coincide anche con la curva di Koch della generazione 0. Si divide l'iniziatore (o seme) in 3 parti uguali: il trattino lungo $1/3$ è detto copia. La prima generazione si costruisce usando 4 copie per ricoprire l'iniziatore $[0,1]$, ottenendo così il generatore mostrato in Fig. 2.6 alla posizione $n = 1$, producendo così la curva della prima generazione che è un insieme di 4 segmenti di lunghezza $1/3$. La lunghezza della curva è ora $L(1/3) = 4/3$. La successiva generazione viene ottenuta sostituendo ogni segmento della curva alla posizione $n = 1$ con il generatore scalato di un terzo, cioè 16 segmenti di lunghezza $1/9$. La nuova lunghezza è ora $L(1/9) = (16/9) = (4/3)^2$. Ogni passo successivo viene ottenuto con la sostituzione di un segmento con il generatore ridotto in maniera appropriata. Dopo n passi la lunghezza della curva è di

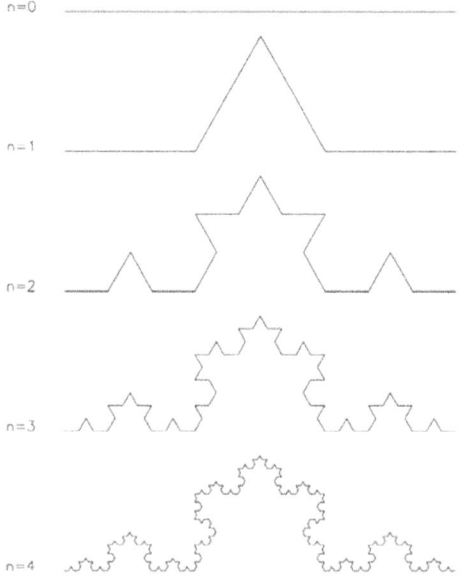

Fig. 2.6 Costruzione della curva triadica di Koch. $n = 0$: iniziatore; $n = 1$: generatore

2.3 La curva triadica di Koch

$L(\delta) = (4/3)^n$ mentre la lunghezza di ogni segmento è di $\delta = 3^{-n}$, quindi:

$$n = -\log \delta / \log 3. \qquad (2.12)$$

Ricaviamo ora la dimensione frattale D a partire dalla definizione di misura dell'insieme secondo Hausdorff e Besicovitch [cfr. la (2.6)]:

$$M_d = \sum \gamma(d)\delta^d = \gamma(d) \cdot N(\delta) \cdot \delta^d = \sum \delta^d = 4^n \left(\frac{1}{3}\right)^{nd} \qquad (2.13)$$

con $\gamma = 1$.

Usando la (2.12) la (2.13) diventa:

$$\begin{aligned}M_d &= e^{\log[4^n(\frac{1}{3})^{nd}]} = e^{n\log 4 - nd\log 3} = e^{n(\log 4 - d\log 3)} = \\ &= e^{-\frac{\log \delta}{\log 3}(\log 4 - d\log 3)} = e^{\log \delta \left(d - \frac{\log 4}{\log 3}\right)} = \delta^{d - \frac{\log 4}{\log 3}}.\end{aligned} \qquad (2.14)$$

Verifichiamo ora il comportamento del limite per $\delta \to 0$ per i diversi valori di d onde ricavare il valore critico D.

Se $d > \frac{\log 4}{\log 3}$ allora $M_d(\delta) \to 0$ quando $\delta \to 0$.

Se $d < \frac{\log 4}{\log 3}$ allora $M_d(\delta) \to \infty$ quando $\delta \to 0$.

Quando finalmente $d = \frac{\log 4}{\log 3}$ allora $M_d(\delta) = 1$ per $\delta \to 0$ in quanto δ^0 vale 1. Questo quindi significa che la lunghezza può essere espressa nel seguente modo:

$$\begin{aligned}L(\delta) &= (4/3)^n = e^{[n(\log 4 - \log 3)]} = \\ &= \delta^{1-D}\end{aligned} \qquad (2.15)$$

dove:

$$D = \frac{\log 4}{\log 3}. \qquad (2.16)$$

Se confrontiamo la (2.15) con la (2.10) ci accorgiamo che la curva di Koch ha una dimensione frattale $D = \log 4/\log 3 \sim 1.2628$.

Le curve di generazione n, con n finito, sono chiamate da Mandelbrot curve *prefrattali* e possono essere per così dire stirate per formare una linea retta. Questo significa che lo spazio di immersione ha dimensione topologica $D_F = 1$. Il fatto che la dimensione secondo Hausdorff-Besicovitch sia maggiore della dimensione euclidea dello spazio topologico di immersione è un'altra prova che la curva di Koch è un insieme frattale. Molti sono gli esempi di curve frattali che vengono costruite analogamente alla curva di Koch. In Fig. 2.7 vengono mostrati alcuni esempi.

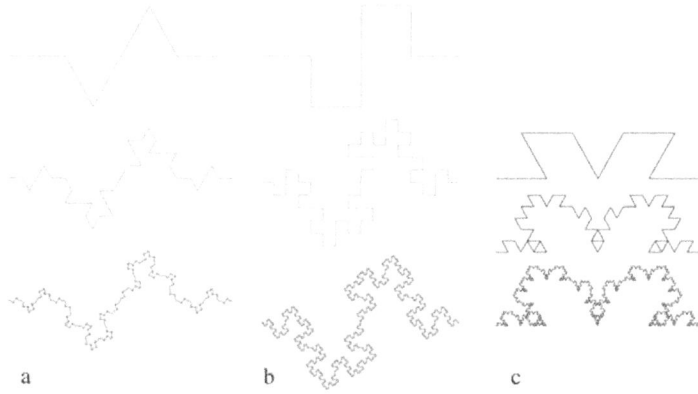

Fig. 2.7 Esempi di curve frattali

2.4 L'insieme triadico di Cantor

La costruzione di un frattale con dimensione $D < 1$ è dovuta a Cantor. L'insieme triadico di Cantor S è, in un certo senso complementare all'insieme (curva) triadico di Koch. L'iniziatore è ancora un segmento di retta $[0,1]$ di lunghezza $L(1) = 1$. La costruzione dell'insieme consiste ancora nel dividere l'*iniziatore* $[0,1]$ in tre parti uguali di lunghezza $1/3$. Il *generatore* ora si ottiene eliminando il terzo centrale del segmento, cosicché il generatore è costituito da due segmentini di lunghezza $1/3$ separati da un "vuoto" lungo $1/3$ (vedi Fig. 2.8).

La "misura" $L(1/3)$ dell'insieme è ora $L(1/3) = 2/3$. La seconda generazione si ottiene sostituendo ogni segmento dell'insieme con il generatore scalato di $1/3$. La nuova lunghezza è $L(1/9) = (2/3)^2 = 4/9$. Anche in questo caso, ogni passo successivo si ottiene sostituendo i segmenti sopravvissuti con il generatore ridotto in maniera appropriata. Dopo n passi la misura dell'insieme è $L(\delta) = (2/3)^n$ mentre la lunghezza di ogni segmento è $\delta = 3^{-n}$ (da cui $n = -\log\delta/\log 3$). Applichiamo ora la definizione (2.6) di dimensione D secondo Hausdorff e Besicovitch alla costruzione appena descritta dell'insieme noto con il nome di *insieme triadico di Cantor*:

$$M_d = \sum \delta^d = 2^n \left(\frac{1}{3}\right)^{nd} = \gamma(d)N(\delta)\delta^d \tag{2.17}$$

Fig. 2.8 Insieme triadico di Cantor

(infatti ci vogliono 2^n trattini, ciascuno lungo $\delta = (1/3)^n$ per ottenere la lunghezza totale dei segmentini della n-esima generazione di Fig. 2.8). Qui, trattandosi di segmentini rettilinei, $\gamma(d) = 1$.

Se $d = D$, dalla (2.10) si può scrivere:

$$M_d = \delta^{1-D}. \tag{2.18}$$

D'altro canto, sappiamo che la misura dell'insieme S, a risoluzione $\lambda = 1/\delta$, è $L(\delta) = (2/3)^n$ mentre $n = -\log\delta/\log 3$. Possiamo pertanto scrivere:

$$L(\delta) = \left(\frac{2}{3}\right)^n = e^{\log\left(\frac{2}{3}\right)^n} = e^{[n(\log 2 - \log 3)]} =$$
$$= e^{\left[-\frac{\log\delta(\log 2 - \log 3)}{\log 3}\right]}. \tag{2.19}$$

Confrontando la (2.19) con la (2.10) possiamo scrivere:

$$L(\delta) = \delta^{1-D} = e^{\log\delta(1-D)} = e^{-\log\delta\frac{\log 2 - \log 3}{\log 3}} \tag{2.20}$$

da cui:

$$(1-D) = -\frac{\log 2 - \log 3}{\log 3} \Rightarrow$$
$$D = 1 + \frac{\log 2 - \log 3}{\log 3} = \frac{\log 2}{\log 3}. \tag{2.21}$$

Appare chiaro che l'iniziatore può essere segmentato in più di 3 parti uguali e sottrarne più di una nel generatore. Quindi si possono costruire polveri di Cantor con qualsiasi dimensione D nell'intervallo $0 < D < 1$.

2.5 Curdling, trema e whey

Le procedure di Koch e di Cantor per generare semplici figure geometriche frattali hanno portato Mandelbrot ad introdurre una nomenclatura specifica che è bene ricordare brevemente.

La procedura di Cantor è *una cascata*, così come è una cascata la procedura di costruzione delle curve di Koch. Il fisico Lewis Richardson, cui Mandelbrot si rifà, usò questo termine nella descrizione dei fenomeni di turbolenza per dire che un vortice di aria è costruito mediante la composizione di moltissimi piccoli vortici che si moltiplicano.

Il *terzo vuoto* del segmento unitario di Cantor si chiama il **trema generatore** dell'insieme. Il neologismo, trovato da Mandelbrot, proviene dal greco $\tau\rho\eta\mu\alpha$ che significa *buco* e che ha come parente latino la parola **termes**: termiti, gli animaletti che fanno un sacco di buchini.

Il senso è che un *qualcosa* originariamente distribuito uniformemente in una data regione – nella fattispecie, lungo un segmento unitario – è soggetto ad un *vortice centrifugo* che lo deforma e che, nel caso specifico dell'insieme di Cantor, lo spinge nei due *terzi* di segmento adiacenti. E questo processo si ripete indefinitamente: a cascata. Il primo passo della procedura configura così un insieme di (due) segmentini pieni detti *precurd*, mentre l'insieme finale degli intervallini pieni è detto *curd*.

Nel contesto specifico del frattale di Cantor, i trema coincidono con i vuoti dell'insieme. Tuttavia, nel contesto generale, trema sta a significare non necessariamente un *vuoto* bensì l'elemento generatore essenziale della procedura che porta alla costruzione dell'insieme frattale.

Mandelbrot propone anche di chiamare *whey* l'insieme dei punti che rimangono dal trattino iniziale, dopo la sottrazione dell'insieme di Cantor: cioè lo spazio esterno al *curd*. Nella terminologia di Mandelbrot, *curdling* sta a significare una qualsiasi cascata di instabilità risultante delle *contrazioni* e *curd* di volume entro il quale una caratteristica fisica diventa sempre più concentrata come risultato del processo di *curdling*.

Etimologicamente, il termine proviene dall'inglese antico: *to curdan* significa *premere*, *spingere forte*. Mandelbrot lo ha adottato mentre lavorava al problema della descrizione delle galassie pensando alle concentrazioni di masse stellari in termini di *curdling* galattico.

2.6 Dimensione di somiglianza: affinità

Una retta euclidea è un insieme speciale di punti nello spazio; infatti è invariante rispetto alla traslazione e al cambiamento di scala. Si dice che la retta è *autosomigliante* o *self similar*. Lo stesso vale per un piano e per lo spazio a tre dimensioni. Una circonferenza ha proprietà più deboli; è invariante per rotazione, ma non lo è per traslazione.

Consideriamo ora un tratto finito di retta S. Possiamo cambiarne la lunghezza scalandolo di un fattore r e generare un nuovo insieme $S' = r(S)$ che è un pezzo del segmento iniziale. Con una scelta opportuna di r possiamo ricoprire il tratto originale con N segmenti S' non sovrapposti. Possiamo cioè dire che l'insieme S è *autosomigliante* per il rapporto di scala r. È chiaro che possiamo scegliere $r(N) = 1/N$ con N intero per un segmento, oppure $r(N) = (1/N)^2$ per un rettangolo[3] ed in generale:

$$r(N) = (1/N)^{1/D_s}. \qquad (2.22)$$

La grandezza D_s viene detta *dimensione di similarità* e coincide con la dimensione frattale D, infatti:

$$\log r(N) = \frac{1}{D_s} \log(1/N) = -\frac{1}{D_s} \log N$$

---

[3] Vedere per esempio la Fig. 2.3.

Fig. 2.9 Costruzione della curva quadrica di Koch

da cui
$$D_s = -\frac{\log N}{\log r(N)}. \qquad (2.23)$$

La dimensione secondo Hausdorff-Besicovitch coincide con la dimensione di *self similarity* o viceversa, ed in generale entrambe le due dimensioni vengono quindi indicate con la stessa lettera D.

È facile determinare la dimensione frattale di similarità per i frattali costruiti con tutte le varianti degli insiemi di Koch; non solo quelle illustrate in Fig. 2.7 ma anche quelle che si possono ottenere partendo da un generatore rappresentato, invece che da un segmento unitario, da due segmenti perpendicolari, da un triangolo equilatero, da un quadrato o, in generale, da una spezzata ovvero da una poligonale qualsivoglia.

Un esempio tipico è la *curva quadrica* di Koch (Fig. 2.9) che parte da un prefrattale costruito mediante un segmento unitario diviso in quattro parti uguali mentre per ricoprire l'iniziatore se ne utilizzano otto (di lunghezza $r = 1/4$). Applicando n volte la procedura, si ottiene una curva di dimensione frattale $D = -\log 8/\log(1/4) = 3/2$.

Ogni pezzo della figura è autosomigliante, se scaliamo l'intera figura di un fattore r, otteniamo una versione ridotta dell'originale, l'originale *non* può quindi essere coperto usando la versione *globale* ridotta. L'originale è riproducibile mediante le versioni ridotte del *lato* unitario dell'iniziatore.

Il problema dello *scaling* verrà affrontato nel § 2.7. Qui ci limitiamo ad osservare che, in senso stretto, lo scaling è una proprietà *locale*.

Agli insiemi di Koch si possono introdurre moltissime variazioni.

- Si prenda un segmento unitario estratto per esempio da un poligono regolare di n lati (per esempio $n = 5$); lo si riduca di un fattore r (per esempio $r = 0.98$). Si ricostruisca il poligono accostando (con angolo $\theta = 2\pi/n + \varepsilon$ dove con ε si intende un valore costante, piccolo ed arbitrario) i segmenti sempre più corti. Si ottiene una spirale frattale come quella illustrata in Fig. 2.10.
- È possibile costruire un insieme di Koch che tende a ricoprire *alla Peano* un intero triangolo rettangolo isoscele.

L'iniziatore è il solito segmento unitario. Si usano due segmenti ridotti di un fattore $r = 1/\sqrt{2}$ (un piccolo errore nell'ultimo passo mostrato nella Fig. 2.11 è stato introdotto per evidenziare l'evoluzione della curva e per evitare la sovrapposizione rigorosa dei diversi segmenti). Per ricoprire l'iniziatore, si ottiene un *precurd* che è

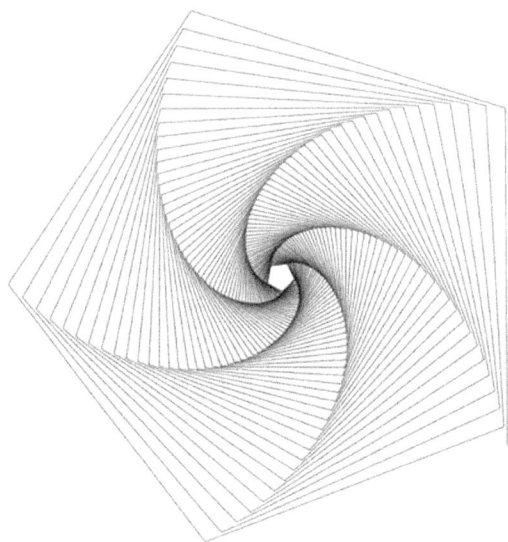

Fig. 2.10 Costruzione di una spirale frattale

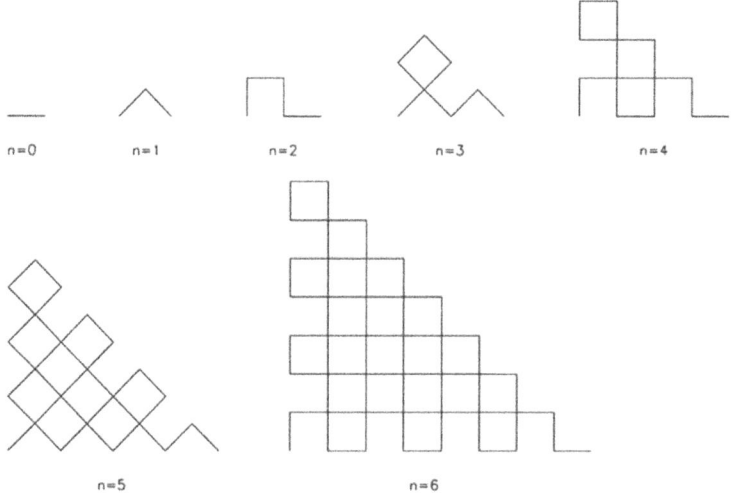

Fig. 2.11 Costruzione di un insieme triangolare di Peano

un triangolo rettangolo isoscele cui manca la base (vedi parte in alto a sinistra della Fig. 2.11).

Si stabilisca *da che lato* si costruisce il triangolo – parte in alto a sinistra della Fig. 2.11. La costruzione si complica molto presto. Il secondo passo porta ad una figura a forma di *uncino rovesciato* ottenuto con 4 segmenti ad angolo retto, risultato della copertura dei due lati del triangolo con le spezzate di 2 segmenti. Si noti che si è assunta una regola specifica per la ricopertura dell'iniziatore: percorrendo la figura, i lati del triangolo giacciono alternativamente sulla sinistra o sulla destra. Come si può notare dalla figura, questo alternarsi destra-sinistra avviene sia all'interno del singolo passo n, sia nell'applicare il generatore al primo segmento del passo $n-1$. In tal modo, già al quinto passo è facile notare che l'insieme tende a ricoprire un triangolo retto isoscele appoggiato su un cateto.

Al fine di seguire meglio la costruzione, in Fig. 2.11 la lunghezza dell'iniziatore è mantenuta costante e viene ingrandito il risultato di ogni passo successivo. Grazie al fattore di riduzione introdotto, nella parte bassa della figura non vi dovrebbero essere punti doppi. La curva è continua, costituita da una successione di triangolini. L'insieme frattale finale ha una dimensione $D = -\log 2/\log(1/\sqrt{2}) = 2$: quindi è un insieme di Peano di dimensione $D = 2$.

2.7 La dimensione frattale di cluster

Nella definizione operativa di dimensione di Hausdorff e Besicovich si fa uso del *passo di approssimazione* δ e si deve farlo tendere a zero.

Nei sistemi fisici, invece, esiste sempre una lunghezza minima al di sotto della quale non ha senso andare a meno di non entrare in rotta di collisione con le considerazioni di Jean Perrin che abbiamo segnalato nel § 1.3. Ci riferiamo tipicamente al raggio r_0 di un atomo o di una molecola.

Le idee frattali elaborate fin qui possono pertanto applicarsi ai sistemi fisici usando qualche precauzione. Per esempio, i monomeri, costituiti da una *collana* di atomi adiacenti (Fig. 2.12), possono sostituire una linea geometrica; gli aggregati molecolari possono sostituirsi alle superfici (Fig. 2.12a) o i conglomerati di atomi (Fig. 2.12b) ai volumi.

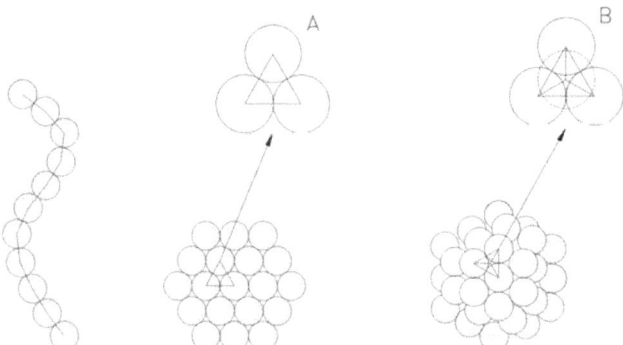

Fig. 2.12 Esempi di monomeri, aggregati e conglomerati. Gli inserti A e B ingrandiscono le configurazioni di 3 e di 4 sfere contigue

Invece di usare come *passo di approssimazione* una lunghezza, possiamo usare come *indice di approssimazione* il numero di atomi -per semplicità sferici – considerati nello specifico caso.

Il numero di sfere di raggio R_0 con cui è costituito il monomero lungo $L = 2R$ (*Cluster* monodimensionale) è ovviamente:

$$N = \left(\frac{R}{R_0}\right)^1.$$

Il numero di sfere di raggio R_0 con cui è costituito un aggregato iscritto in un disco di raggio R (*Cluster* bidimensionale) è:

$$N = \rho \left(\frac{R}{R_0}\right)^2.$$

Il numero di sfere di raggio r_0 con cui è costituito un aggregato iscritto in una sfera di raggio R (*Cluster* tridimensionale) è:

$$N = \rho \left(\frac{R}{R_0}\right)^3$$

dove ρ è una funzione adimensionale che ovviamente dipende dalla forma della superficie.

Dalle Fig. 2.12a-c, appare evidente che le molecoline sferiche, mentre possono coprire una linea, toccandosi alle estremità del loro diametro, non possono coprire completamente una superficie o riempire completamente un volume. In dettaglio: $\rho = \pi/4$ per un quadrato; $\rho = \pi/2\sqrt{3}$ per un cerchio e $\rho = \pi/3\sqrt{2}$ per una sfera.

In queste condizioni, non ha significato fare tendere a zero il *passo di approssimazione* quanto piuttosto fare tendere all'infinito il numero N. Possiamo allora generalizzare la relazione tra il numero di particelle contenute nel cluster di raggio R e la estensione del cluster stesso, misurato ricoprendolo con le particelle di raggio r_0 nel modo seguente:

$$N = \rho \left(\frac{R}{R_0}\right)^{D_c} \quad N \to \infty. \tag{2.24}$$

Il parametro D_c è detto *dimensione frattale di cluster*.

Poiché in moltissime applicazioni fisiche ogni monomero possiede la stessa massa, nei modelli N assume il significato di massa del sistema e ρ quello di densità. Pertanto D_c definita nel contesto dei clusters assume anche il nome di *mass dimension* o dimensione di massa.

I valori della densità ρ elencati in questo paragrafo si ottengono supponendo di riempire il cluster con particelle accatastate casualmente. Chiaramente, se cambia la forma del cluster, cambia il valore di ρ. Per un ellissoide di rotazione di rapporto b/a, e per un riempimento casuale è $\rho = b/a\pi3\sqrt{2}$. Va sottolineato che la dimensione di cluster non dipende peraltro dalla particolare forma del cluster o dalle modalità eventualmente utilizzate per il riempimento del cluster. Inutile ribadire

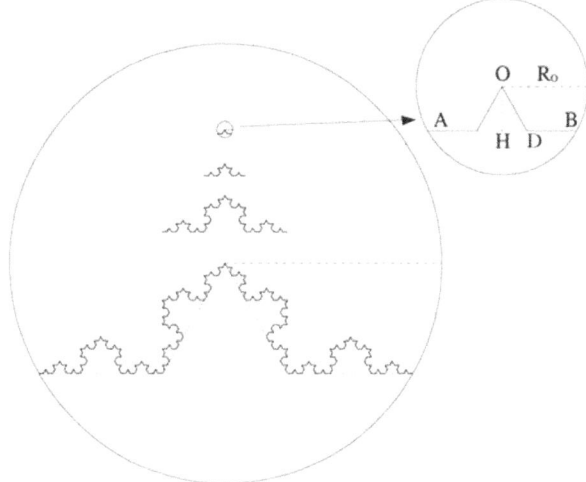

Fig. 2.13 Costruzione di un cluster triadico di Koch

che la dimensione D_c di un insieme di particelle di un cluster frattale deve essere *non intera*.

Per illustrare questo punto particolare, ritorniamo alla curva triadica di Koch e *costruiamo* la dimensione di cluster di una tale curva: prendiamo cioè un monomero che contenga il generatore della curva di Koch, riempiamo un cerchio e determiniamo D_c. Abbiamo detto che D_c non dipende dalle *modalità* seguite per il riempimento del cluster. La curva triadica di Koch è costruita ricoprendo un trattino unitario mediante 4 trattini lunghi 1/3. Costruiamo allora il monomero racchiudendo il prefrattale usato prima in un cerchietto di raggio R_0 e sviluppiamo l'insieme di Koch secondo la procedura là illustrata, fino a riempire il cluster di raggio R come illustrato in Fig. 2.13. Invece di *rimpicciolire i trattini*, qui ingrandiamo la figura facendo crescere un aggregato di monomeri.

Il raggio del monomero è $R_0 = 1/\sqrt{3}$;[4] contiene 4 trattini lunghi 1/3 e costituisce un tutt'uno; il monomero è il *cluster minimo* o, se vogliamo la particella di partenza per far crescere l'aggregato di monomeri fino a costruire il cluster di raggio generico R. Il prossimo insieme è racchiuso in un cerchio di raggio $R = 3R_0$ e contiene 4 *monomeri*; nella generazione successiva vi sono $N = 4^2$ monomeri in un cluster di raggio $R = 3^2 R_0$. Nella n-esima generazione vi sono $N = 4^n$ monomeri in un cluster di raggio $R = 3^n R_0$, da cui segue immediatamente che la cluster dimension D_c coincide con la dimensione frattale di Hausdorff e Besicovich.

Ancora una volta non si usa il simbolo D_c, ma si indica semplicemente con D anche la cluster dimension o dimensione di massa.

---

[4] Dal generatore (cerchio ingrandito in Fig. 2.13) si ricavano due triangoli rettangoli OHD e OHB. Ora: $HD = 1/6$ e $DB = 1/3$ per cui $BH = 1/2$. Dal triangolino OHB, $OH = \sqrt{3}/6$. Dal teorema di Pitagora: $R_0^2 = OB^2 = OH^2 + BH^2 = 3/36 + 1/4 = 12/36$; $R_0 = 1/\sqrt{3}$.

30 2 I frattali geometrici

La dimensione frattale di massa o di cluster fornisce pertanto una misura di *come* il cluster riempie lo spazio che occupa. È molto usato nello studio di *processi di aggregazione a diffusione limitata* (in inglese DLA) nei quali monomeri possono diffondere in modo casuale con processi di random walk. Tipici studi sono stati condotti nel campo della crescita di strati metallici nella elettrodeposizione di zinco all'interfaccia tra soluzione acquose di solfato di zinco e *n*-butil acetato [19], nel campo delle soluzioni colloidali di oro e silicio.

2.8 Cantor e Koch "generalizzati"

Nel § 2.4 abbiamo visto cosa è e come si può costruire l'insieme triadico di Cantor. Appare chiaro che l'iniziatore può essere segmentato in più di tre parti uguali e sottrarne più di una dal generatore. Quindi si possono costruire polveri di Cantor con qualsiasi dimensione D nell'intervallo $0 < D < 1$. Come esempio vengono mostrate in Fig. 2.14 due differenti costruzioni che hanno entrambe $D = 1/2$.

I due insiemi "sembrano" differenti nonostante abbiano la stessa dimensione frattale; essi hanno una differente *lacunarità*[5]. Vediamo ora cosa accade se i due segmenti nel generatore triadico di Cantor non sono più identici. In Fig. 2.15 abbiamo disegnato la barra di Cantor che si ottiene quando la prima sezione ha lunghezza $1/4$ mentre la seconda ha lunghezza $2/5$. Valutiamo la dimensione frattale di questo semplice insieme di Cantor S. L'insieme frattale S può essere ricoperto da un certo numero N di segmenti disgiunti $S_1, S_2, \ldots, S_N$. Sia la lunghezza euclidea (diametro) dell'i-esimo insieme l_i cosicché S_i si inserisca in un (iper)cubo di lato l_i. Scegliendo una partizione tale che $l_i \leq \delta$ la dimensione D secondo Hausdorff e Besicovitch è:

$$M_d = \sum_{i=1}^{N} l_i^d \xrightarrow{\delta \to 0} \begin{cases} 0, & d > D; \\ \infty, & d < D. \end{cases} \quad (2.25)$$

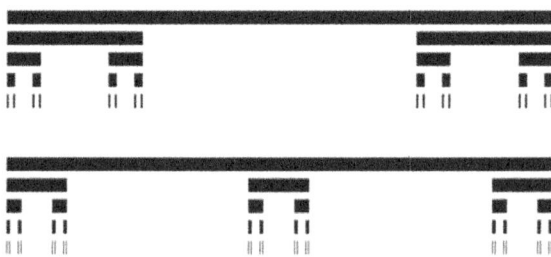

Fig. 2.14 Due costruzioni dell'insieme di Cantor con $D = \frac{1}{2}$. Nella figura in alto si è usato $N = 2$ e $r = 1/4$, mentre per quella in basso $N = 3$ ed $r = 1/9$

---

[5] La definizione è di Mandelbrot (1982).

2.8 Cantor e Koch "generalizzati"

Fig. 2.15 Costruzione di un insieme di Cantor generalizzato

La dimensione critica $d = D$ ottenuta nel limite in cui $\delta \to 0$ rappresenta la dimensione frattale dell'insieme. Notiamo che questa coincide con la dimensione di scaling la cui definizione è stata data da Mandelbrot per le curve di Koch. La dimensione di similarità D_s per un insieme di questo tipo soddisfa anche:

$$\sum_{i=1}^{N} r_i^{D_s} = 1. \tag{2.26}$$

A titolo di esempio si consideri l'insieme di Cantor costruito come nella n-esima generazione dove ci sono $N = 2^n$ segmenti. Il segmento più corto ha una lunghezza $l_1^n = (1/4)^n$ ed il più lungo ha lunghezza $l_2^n = (2/5)^n$. Ci sono in generale $\binom{n}{k} = n!/k!(n-k)!$ segmenti con una lunghezza $l_1^k l_2^{n-k}$, con $k = 0, 1, \ldots, n$. Nella n-esima generazione la misura M_d è data da:

$$M_d = \sum_{i=1}^{N} l_i^d = \sum_{k=0}^{n} \binom{n}{k} l_1^{kd} l_2^{(n-k)d} = (l_1^d + l_2^d)^n. \tag{2.27}$$

Quindi se n crescesse all'infinito di modo che $\delta = l_2^n$ tenda a 0, M_d rimarrebbe finita se e solo se $d = D$, dove D soddisfa l'equazione $(l_1^D + l_2^D) = 1$. Una soluzione necessariamente numerica di questa equazione con i valori di cui sopra è stata calcolata essere $D = 0.6110$ (vedi Fig. 2.16).

Analogamente è altresì possibile generalizzare le curve di Koch ed ottenere quindi frattali di una qualsiasi dimensione superiore ad 1. Per costruire il generatore ci si deve ora avvalere di un numero di segmenti superiore a quello ottenuto frammentando il generatore. Questa procedura è già stata usata per la costruzione della curva quadratica di Koch (cfr. 2.6 e Fig. 2.9). È importante notare che, analogamente a quanto detto riguardo alle polveri di Cantor, la dimensione frattale non basta a definire univocamente una curva in quanto gli stessi segmenti possono essere combinati fra loro fino ad ottenere generatori – e quindi frattali – molto diversi gli uni dagli altri. A titolo di esempio si confronti Fig. 2.9 con Fig. 2.17 costruita con gli stessi segmenti ed orientandoli in maniera differente.

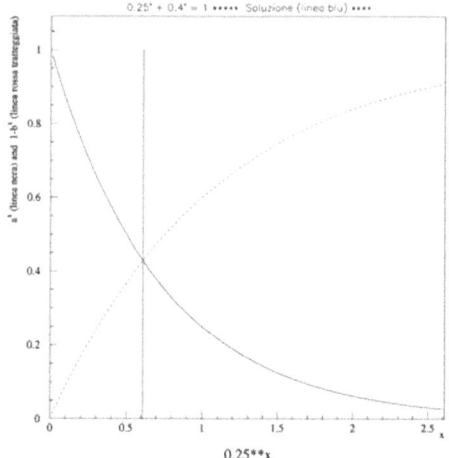

Fig. 2.16 Soluzione numerica di $(l_1^D + l_2^D) = 1$

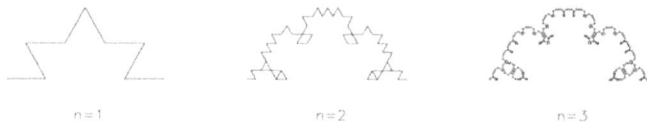

Fig. 2.17 Curva di Koch generalizzata di dimensione $3/2$

2.9 Frattali autoinversi

Le considerazioni riguardanti i frattali più semplici possono far pensare a due limitazioni concettuali:

- che i frattali debbano ridursi ad obbedire rigidamente sia alle proprietà di autosomiglianza che alle proprietà di scaling;
- che i frattali debbano tendere ad occupare tutto il volume a disposizione.

Invece non è così. I frattali hanno ben più ampie possibilità; il fatto è che per comprenderne compiutamente il concetto occorre – in un certo senso – contrastare decisamente il concetto di linea retta e giungere a proporre, come contraltare, il concetto di *frattale lineare*. Inoltre, si possono immaginare moltissimi modi per inventare un insieme frattale.

Facendo mente locale, le trasformazioni lineari lasciano invariati i frattali che godono della proprietà dello scaling; tuttavia, per generarli occorre non solo specificare il trema generatore ma anche diverse altre regole (il lettore veda la costruzione delle curve di Koch, § 2.8). Per contro, il fatto che un frattale sia generabile da una trasformazione non lineare può a volte essere sufficiente a specificare, e quindi a generare, la forma di una figura. In aggiunta, come vedremo, molti insiemi frattali non lineari risultano limitati geometricamente in una area – o iperarea – $\Omega < \infty$.

Si possono, per esempio, inventare frattali che siano invarianti, non per similitudine, bensì per inversione geometrica e per quadratura.

I primi frattali autoinversi furono introdotti da Henri Poincaré e Felix Klein [20] attorno al 1880 poco dopo la scoperta fatta da Weierstrass della funzione dovunque continua ma mai differenziabile (di cui tratteremo ampiamente nel § 3.5), quasi contemporaneamente alla scoperta dell'insieme di Cantor e ben prima delle scoperte di Peano e di Koch. Per ironia della sorte – dice Mandelbrot – gli *scaling fractals* furono sempre considerati come stranezze e mostri matematici, mentre i frattali autoinversi godettero, per un certo periodo di tempo nell'Ottocento, della attenzione dei matematici nell'ambito delle teorie delle funzioni automorfe.

La forma più semplice della geometria euclidea, dopo la linea è indubbiamente il cerchio; le sue proprietà sono conservate non soltanto sotto una trasformazione di similitudine, ma anche sotto una trasformazione di inversione.

Richiamiamo pertanto la definizione di un'inversione geometrica:

DEF: dato un cerchio C di origine O e raggio R, l'inversione rispetto a C trasforma ogni punto P in un punto P' tale che:

- i due punti P e P' giacciono sulla medesima semiretta uscente da O;
- le distanze $|OP|$ ed $|OP'|$ soddisfano alla relazione:

$$|OP||OP'| = R^2$$

(da cui l'idea della inversione $|OP'| = R^2/|OP|$).

Data questa definizione, un secondo cerchio Q la cui circonferenza di bordo contiene O viene *invertito* in una retta che *non* contiene O (vedi Fig. 2.18). Cerchi interni a C ma non contenenti O vengono mappati in altri cerchi disgiunti da C e viceversa (Fig. 2.18b) mentre cerchi interni a C e contenenti O vengono invertiti in cerchi che contengono C e viceversa (Fig. 2.18c). Analogamente cerchi intersecanti la circonferenza di bordo di C verranno invertiti in altri cerchi intersecanti (Fig. 2.18d). Infine cerchi *ortogonali* (cioè con tangente nei punti di intersezione perpendicolare alla tangente del cerchio di inversione C) e rette passanti per O risultano invarianti per inversioni rispetto a C (Fig. 2.18e,f).

2.10 Insiemi di Mandelbrot-Given e di Sierpinski

Il concetto di autosomiglianza o autosimilarità non può applicarsi in modo rigoroso ad un solo segmento. Infatti, se il segmento S' ottenuto da quello originale S viene traslato, esso non coincide più con il segmento originale. A rigore si dovrebbe parlare di "autoaffinità". Tuttavia questa è una questione semantica. Qui autosomiglianza sta a significare che una curva costruita con i segmentini S' è "sostanzialmente identica" all'insieme S ed il concetto si mostra molto utile.

Anche per l'insieme di Cantor occorre estrapolare la procedura seguita estendendo l'insieme a coprire l'insieme $[0, 3]$ di un generatore mediante 2 insiemi di Cantor

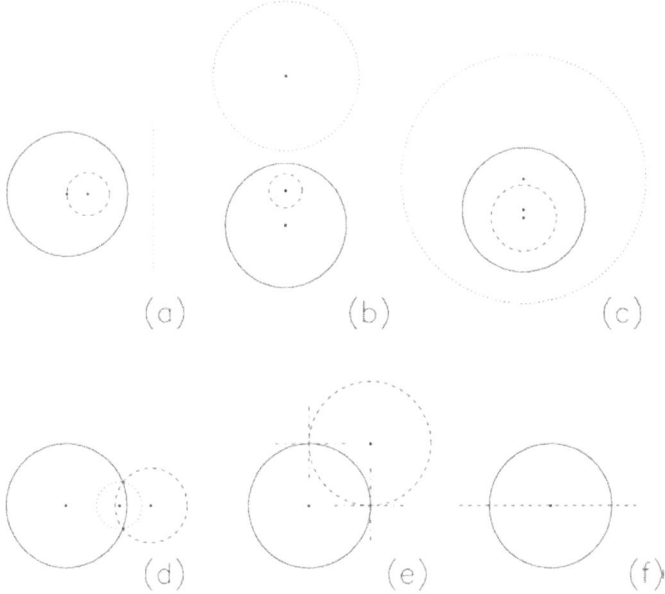

Fig. 2.18 Esempi di autoinversioni di cerchi

che coprano gli intervalli $[0,1]$ e $[2,3]$. Ripetendo la procedura si può generare un insieme autosomigliante sulla semiretta $[0,\infty]$. Il fattore di scala è anche in questo caso $p = 1/3$ e ci servono $N = 2$ segmenti per coprire l'insieme originale. Questa dimensione di similarità è facile da determinare per diversi frattali ottenuti come varianti della costruzione di Koch. Consideriamo per esempio la curva di Fig. 2.19, detta curva di Mandelbrot-Given. Il generatore per questa curva divide il segmento iniziatore in 3 pezzi di lunghezza $r = 1/3$ e aggiunge un *loop* fatto di tre pezzi, a cui vengono aggiunti due rami (si noti che, per chiarezza di figura, i segmenti componenti il generatore di Fig. 2.19 non sono tutti di lunghezza uguale).

Quello in Fig. 2.19 è solo un esempio di base, poiché è possibile considerare *loops* e rami di qualsiasi dimensione e tipo. Gli stessi possono essere corredati di ulteriori *loops* e rami. Nel nostro caso, ad ogni generazione, ogni segmento viene sostituito con $N = 8$ segmenti scalati di un rapporto $r = 1/3$ rispetto alla generazione precedente. Usando l'espressione (2.23) per la dimensione di simila-

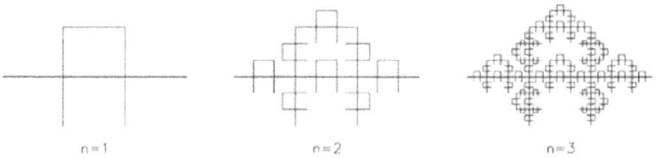

Fig. 2.19 La curva di Mandelbrot-Given

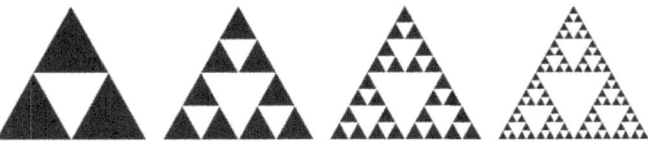

Fig. 2.20 Triangolo di Sierpinski

rità possiamo concludere che la dimensione della curva di Mandelbrot-Given è di $D = \log(8)/\log(3) = 1.89$.

Supponiamo ora che la curva sia fatta di un materiale elettricamente conduttore in modo che la corrente possa fluire da un capo all'altro da sinistra a destra. Chiaramente non ci sarebbe nessun passaggio di corrente nelle ramificazioni ottenute dai due rami del generatore. La dimensione frattale di questa curva è $D_B = \log(6)/\log(3) = 1.63$ dal momento che il generatore rimpiazza ogni segmento con $N = 6$ segmenti scalati di un fattore $r = 1/3$.

La curva di Mandelbrot-Given contiene molte caratteristiche geometriche interessanti che non si colgono dalla sua dimensione frattale. Infatti da essa possono essere derivati molti sottoinsiemi altrettanto frattali. Il concetto di sottoinsieme frattale verrà affrontato più esaurientemente più avanti.

Un'altra costruzione che crea curve con *loops* di tutte le dimensioni è il cosiddetto *triangolo di Sierpinski* mostrato in Fig. 2.20 ([12] e [13]).

Ad ogni applicazione del generatore un triangolo viene riempito con 3 triangoli scalati di un fattore $r = 1/2$ e quindi la (2.23) ci dice che la dimensione frattale della curva è $D = \log 3/\log 2 = 1.58$. Una curva simile, per costruzione, alla precedente è il tappeto di Sierpinski mostrato in Fig. 2.21.

Le curve di Sierpinski sono state usate come modello per molti fenomeni fisici. Nel 1980 Gefen e altri [14] hanno eseguito il primo studio sistematico dei fenomeni critici che avvengono in prossimità della transizione di fase nei sistemi di spin con reticoli di frattali autosimilari. In un interessante esperimento Gordon et al. [15] hanno misurato la temperatura $T_c(H)$ della transizione di fase superconduttività-normalità in funzione del campo magnetico H applicato su di un film di alluminio con la struttura di decima generazione della curva di Sierpinski. La temperatura $T_c(H)$ limite è una curva frattale autosimile e l'accordo con le previsioni teoriche è ottimo.

  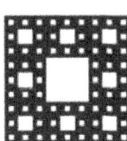 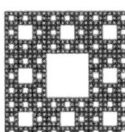

Fig. 2.21 Tappeto di Sierpinski

2.11 Frattali veri: automobili ad idrogeno

I frattali non sono un'astratta geometria senza applicazioni pratiche. Una applicazione sorprendente avviene nel mondo dei motori.

Alcuni costruttori mondiali hanno dato il via negli ultimi anni a numerosi progetti finalizzati alla produzione di veicoli non inquinanti (Zero Emission Cars).

Una delle soluzioni più promettenti del momento è costituita dalle macchine ad idrogeno. Alcuni ostacoli ne stanno però rallentando la diffusione: gli elevati costi di esercizio, il peso ed il volume eccessivi delle celle ad idrogeno, la mancanza di una capillare rete di distribuzione di questo combustibile e i problemi di sicurezza legati al suo uso sono le principali questioni da risolvere.

Un modo per superare tali impedimenti potrebbe essere quello di costruire macchine leggere e compatte che richiedano al più 20 kilowatt di potenza. Tuttavia, una vettura di questo tipo, dal peso ipotetico di una tonnellata, pur potendo raggiungere comodamente una velocità massima di 120 km/h, impiegherebbe almeno 30 secondi per passare da 0 a 100 km/h, cosa chiaramente inaccettabile nel traffico extraurbano.

Le prestazioni dei veicoli ad idrogeno possono, teoricamente, essere migliorate, sempre rispettando l'ambiente, mediante l'uso di supercondensatori (electrochemical double layer capacitors, ELDC) in grado di agire come riserva di potenza da sfruttare nel momento del bisogno. Così facendo, per esempio, invece di dover costruire un motore ad idrogeno costretto ad erogare una potenza massima di 73 kW (100 CV), valore adeguato per velocità ed accelerazioni soddisfacenti, ci si potrebbe limitare ad una potenza media di 20 kW con i supercondensatori che contribuiscono, per periodi limitati di tempo, a fornire i rimanenti 53 kW. Si noti che una ipotetica fornitura di 53 kW per 15 secondi comporterebbe un assorbimento di energia in fase di ricarica (dei supercondensatori) di soli 220 Wh per un costo non superiore ad alcuni centesimi di euro. Ci si può chiedere se le batterie al piombo potrebbero essere usate al posto dei supercondensatori. Da un punto di vista puramente teorico la risposta sarebbe affermativa, tuttavia due notevoli limitazioni ne impediscono l'uso pratico. In primo luogo, sebbene una normale batteria da 12V e 60 A sia in grado di immagazzinare un'energia di 720 Wh, la corrente non supererebbe mai i 150 A limitando la potenza disponibile a soli 1,8 kW, molto minori dei 53 kW richiesti. In secondo luogo, pur essendo le reazioni chimiche nella batteria idealmente reversibili, si assiste dopo alcune centinaia di cicli di carica-scarica ad una diminuzione delle prestazioni dell'accumulatore a seguito del progressivo degradamento dell'elettrodo di $PbSO_4$.

Nei condensatori normali l'energia è immagazzinata mediante un processo puramente fisico che non coinvolge trasformazioni chimiche, per cui il numero dei cicli di carica-scarica non influisce sulla durata della loro vita. Il valore della loro capacità è però troppo basso; si va dai 10^{-12}F dei condensatori per tecnologie di alta frequenza (TV, Radio, PC) ai $10^{-9}/10^{-6}$F dei condensatori per applicazioni di bassa frequenza ai $10^{-3}/1$ F di quelli usati negli alimentatori in tensione continua. Ricordando ora che, per un generico condensatore piano, la capacità C (F) e l'energia immagazzinata E (Ws) sono fornite dalle note relazioni[6]:

$$C = \varepsilon_0 \varepsilon_r \frac{A}{d}$$

$$E = \frac{1}{2} C \Delta V^2$$

nel caso di un condensatore elettrolitico da 2 F la massima energia immagazzinabile è di circa 4 Ws (0.001 Wh). Pesando ogni elemento di questo tipo circa 20 grammi, sarebbero necessarie ben 4 tonnellate di condensatori per ottenere 220 Wh.

2.11.1 Un'audace proposta

Nel 2001, al Paul Scherrer Institute di Villigen (Zurigo), Rudiger Kotz ed il suo gruppo di ricerca [21] hanno sviluppato, analizzandone le proprietà frattali, un nuovo tipo di elettrodo il cui uso ha permesso la costruzione di supercondensatori da 1600 F con tensioni massime applicate pari a 2.5 Volts. Tali elementi, pur pesando solo 320 g e presentando una lunghezza ed un diametro di soli 14 cm e 5 cm, rispettivamente, possono immagazzinare ben 5000 J cioè 1.4 Wh. Per assorbire 220 Wh sono necessari 160 elementi per un peso complessivo di soli 50 kg, pari a due normali valigie. In realtà, a causa delle elevate correnti alle basse tensioni, il supercondensatore viene fatto operare a tensioni comprese tra il 50% ed il 100% della tensione massima applicabile. Ciò comporta una diminuzione dell'energia immagazzinabile a circa il 75% del valore massimo e la necessità di usare non più solo 160 ma 250 elementi. Conseguentemente il peso aumenta da 50 kg a 100 kg, valore tuttavia ancora ampiamente accettabile.

Come è noto dall'elettrostatica, la capacità di un condensatore è determinata dalle sue dimensioni geometriche e dalla costante dielettrica del materiale posto tra gli elettrodi. Per aumentare la componente geometrica si può accrescere l'area della superficie degli elettrodi arrotolando, su se stesse, lunghe lamine di materiale conduttore e diminuendo, il più possibile, lo spessore del materiale isolante (ad alto ε_r) interposto tra di essi. I condensatori cilindrici di questo tipo presentano capacità di circa 1 μF che consentono, in presenza di una tensione di 1000 V, di assorbire al più 0.05 Ws di energia.

Un'altra possibilità per aumentare la capacità è quella di rimpiazzare uno dei due elettrodi con un elettrolita liquido (pasta conduttiva) al fine di ottenere un contatto diretto (su scala atomica) con la superficie dell'altro. Un sottilissimo strato di ossido sulla superficie di questo ultimo funge da isolatore ingenerando una separazione tra elettrodo metallico e gel conduttivo dell'ordine del *micron*. Caratterizzati da una capacità di circa 1 mF, questi condensatori, detti elettrolitici, possono immagazzinare alcuni *Wattsec* per tensioni variabili tra i 20 V e i 40 V.

---

[6] A = superficie degli elettrodi (m^2), d = distanza tra gli elettrodi (m), ΔV = tensione applicata (Volt), ε_0 = costante dielettrica del vuoto = $8.85 \times 10^{-12} \frac{F}{m}$, ε_r = costante dielettrica relativa.

2.11.2 I supercondensatori frattali

L'ulteriore impossibilità di aumentare l'area degli elettrodi e diminuire la separazione tra essi sembrò, nei primi anni '90, porre un limite invalicabile alla costruzione di condensatori compatti con capacità superiori ai 10/20 F. La geometria frattale ha invece aperto, in questi ultimi anni, scenari del tutto inaspettati. Sfruttando la possibilità, da essa fornita, di generare superfici compatte ma centomila volte più grandi, sono stati costruiti condensatori elettrolitici compatti e relativamente maneggevoli con capacità di 1000-1500 F.

La spinta a tale successo è venuta dalla misura della dimensione frattale della superficie degli elettrodi usati, fino a quel momento, nei condensatori tradizionali. Qui vogliamo illustrare brevemente il metodo ed i risultati. La superficie degli elettrodi viene messa in rilievo ponendo minuscole particelle di fuliggine (carbone) a contatto diretto con la loro sottile lamina metallica. Effettuando una microfotografia di una sezione trasversale dell'elettrodo, come quella riportata in Fig. 2.22, si nota che le particelle di carbone generano, da entrambi i lati della lamina metallica una complessa figura frattale. La figura frattale ottenuta viene analizzata mediante box-counting. In Fig. 2.23 è illustrata una ricopertura dell'area mediante 128 quadrati. Per ricoprire il bordo della figura sono necessari $M = 58$ quadrati la lunghezza del lato di ciascuno dei quali risulta $N = 11.3$ (radice quadrata di 128) volte minore della scala di lunghezza dell'intera figura. Ripetendo al computer la procedura di box-counting per differenti valori di N si ottiene la retta presentata in Fig. 2.24, il cui coefficiente angolare è pari alla dimensione frattale D del bordo della figura frattale precedentemente ottenuta. L'utilizzo di una formula topologica più generale porta ad un valore della dimensione frattale complessiva della superficie elettrodica pari a $D \approx 2.6$.

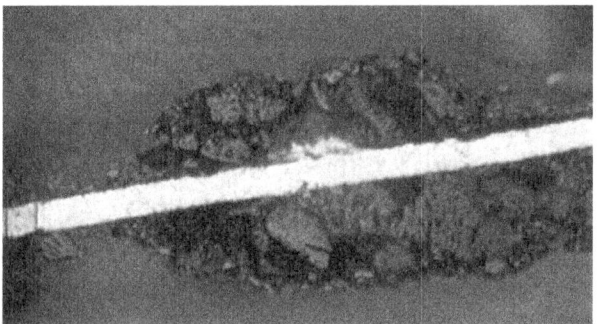

Fig. 2.22 Microfotografia della sezione trasversale dell'elettrodo di un supercondesatore dopo trattamento con particelle di carbone. La regione di colore bianco è solamente una parte della sezione del sottile elettrodo metallico spesso 30 micron, largo 0.1 m e lungo 2 m. Le regioni al di sopra e al di sotto della lamina, non interessate dalle particelle di carbone e normalmente riservate all'elettrolita, sono invece in questa fase riempite con una speciale resina al fine di mantenere fissa la struttura di carbonio durante il taglio della sezione e migliorare il contrasto in fase di fotografia

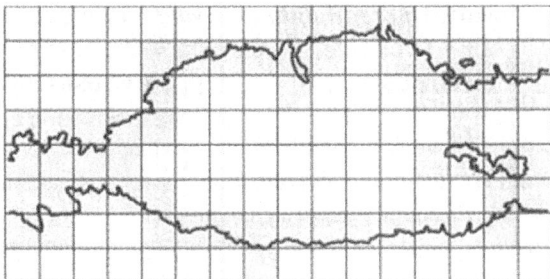

Fig. 2.23 Box-counting della figura frattale: ricopertura della figura con 128 quadratini

Ricordando ora che l'autosomiglianza di un oggetto fisico è valida solamente per un intervallo limitato di ordini di grandezza tra scala macroscopica (m) e microscopica (nm), e assumendo che ciò valga pure per l'elettrodo in questione, la superficie di questo risulta moltiplicata per $10^{8\times(2.6-2)} = 60000$ volte[7] rispetto alla normale superficie di 0.2 m^2 in due dimensioni. Combinando questo valore di superficie con un doppio strato elettrochimico di 1 nm tra gli elettrodi si possono ottenere capacità superiori a 1500 F.

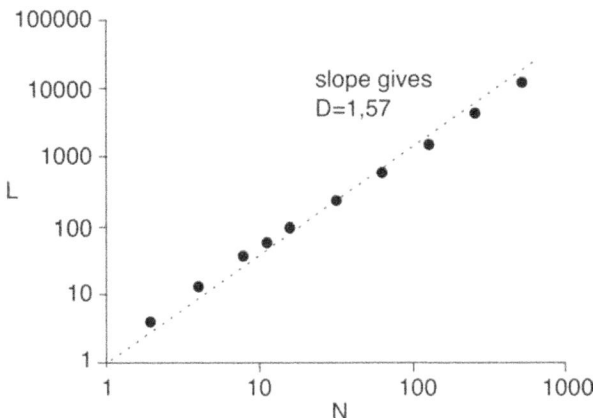

Fig. 2.24 Valutazione della dimensione frattale D del bordo della figura ottenuta mediante sezione trasversale dell'elettrodo di un supercondensatore. Approssimando i punti sperimentali tramite una retta si ricava $D \approx 1.6$

---

[7] 8 = numero di ordini di grandezza per cui vale l'autosomiglianza; 2.6 = dimensione frattale complessiva per la superficie elettrodica; 2 = dimensione tradizionale della superficie elettrodica.

2.11.3 I supercondensatori nelle auto ad idrogeno

Nell'ambito di una collaborazione tra il Paul Scherrer Institute e la ditta Montena SA (Rossens, Svizzera) sono stati costruiti, nel 2000, due moduli composti, rispettivamente, da 140 e 142 supercondensatori. I 282 elementi sono stati collegati, a due a due, in parallelo e le varie coppie risultanti in serie generando una tensione complessiva tra 175 V e i 350 V con ogni elemento operante tra i 1.25 V e 2.5 V.

Partendo con i supercondensatori completamente carichi, la corrente è risultata pari a 150 A con una potenza fornita di 50 kW. A causa della connessione in parallelo tra i supercondensatori di ogni coppia fluisce, attraverso ciascun suo elemento, solo metà della corrente disponibile. La tensione compresa tra 175 V e 350 V ha permesso l'utilizzo di un trasformatore DC/DC sviluppato dall'ETH[8] di Zurigo in grado di convertire la tensione variabile precedente ad un valore costante.

La connessione in serie di un elevato numero di coppie di condensatori comporta un serio problema: differenze, seppur minime, nelle caratteristiche dei vari singoli elementi potrebbero portare a differenti velocità di autoscarica degli stessi con una sempre crescente asimmetria tra le tensioni delle varie coppie di supercondensatori. Non dovendosi superare i 2.5 V per ogni elemento, la carica in eccesso su ogni condensatore deve essere redistribuita tra le varie coppie vicine. Questo inconveniente è stato risolto dall'ETH di Losanna mediante una scheda elettronica appositamente studiata.

Il tassello ancora mancante al completamento del progetto è la realizzazione di un sistema atto a gestire il flusso di potenza dal motore alle ruote sia in fase di accelerazione che di frenata. La soluzione è venuta da Paul Rodatz (ETH di Zurigo) in termini di un regolatore di potenza in grado di tramutare la richiesta della medesima (sulla base della posizione reciproca di acceleratore e freno) in un flusso di energia diretto al comparto di trazione e proveniente o dalle celle a combustibile o dai supercondensatori o da entrambi i sistemi contemporaneamente. Il regolatore è predisposto anche per indurre la ricarica dei supercondensatori mediante energia proveniente dal motore operante come generatore durante i periodi frenamento.

La tensione di ciascun supercondensatore veniva regolata in base alla strategia adottata nelle varie situazioni di guida. A basse velocità i supercondensatori sono pressoché totalmente carichi e pronti a fornire energia per l'accelerazione mentre a velocità elevate la loro tensione viene mantenuta bassa al fine di offrire una capacità sufficiente a recuperare energia durante la frenata.

2.11.4 Il test su strada

La traduzione in pratica del progetto è avvenuta nell'estate del 2001 quando è stato realizzato il primo prototipo di vettura, chiamata **HyPower**, utilizzando la scocca di una Wolkswagen Bora. Dei 48 kW di potenza massima erogabili da un modu-

---

[8] Swiss Federal Institute of Technology.

lo contenente 6 celle a combustibile di tipo *Pem* (Polymer Electrolyte Membrane), circa il 20% veniva utilizzato per i vari apparati ausiliari il più importante dei quali era un compressore d'aria in grado di garantire un adeguato flusso di ossigeno alla superficie di uno dei due elettrodi di ciascuna cella. All'altro veniva convogliato l'idrogeno precedentemente immagazzinato alla pressione di 350 bar in due serbatoi, da 26 litri ciascuno, riposti nel baule della vettura. La reazione di cella era:

$$OSSIGENO + IDROGENO \to ACQUA$$

con vapore acqueo quale unica emissione.

Da simulazioni teoriche si riteneva che con 1.1 kg di idrogeno la **HyPower** avrebbe percorso circa 50/100 km a seconda della difficoltà del percorso. La mattina del 16 Gennaio 2002 la **HyPower** ha raggiunto i 2005 metri s.l.m. del Passo del Sempione in presenza di una temperatura esterna $t = -9\,°C$.

2.12 Un volo ardito nell'evoluzione

Lo studio della evoluzione naturale della specie umana è molto lontana dalle tematiche che di solito si affrontano nel campo della fisica. Non possiamo pertanto dedicare a questo campo troppo spazio per non esulare dai confini del presente libro che l'autore si è prefissato. Vale tuttavia la pena di accennare ad un caso paradigmatico che mostra come l'uso dei frattali nelle scienze più disparate sia ormai estremamente diffuso.

Richard Dawkins [22] affronta il problema dell'evoluzione con una simulazione frattale estremamente semplice. Sebbene quella di Dawkins non pretenda di essere una spiegazione frattale dell'origine della specie, è interessante soffermarsi su questo approccio per considerare l'ampio spettro di applicabilità dei concetti frattali, rinviando tuttavia al libro di Dawkins per una descrizione dettagliata del metodo usato.

In estrema sintesi Dawkins costruisce delle figure geometriche molto simili allo scheletro di animaletti o a oggetti di comune uso, mediante un processo a cascata "riduci-duplica-incolla" partendo da un semplice segmento. Un segmento ampliato con due sue copie ridotte, incollate ad una estremità e formanti un angolo, diventa una Y o una fionda. Continuando a ridurre duplicare-incollare si genera una figura monofrattale. A questo punto introduce delle variazioni casuali: può variare l'angolo tra i due corti bracci della Y; può usare fattori di riduzione diversi per i due segmentini; può richiedere che i segmenti orientati verso l'alto siano più lunghi o più corti di quelli orientati verso il basso. Assume 8 regole diverse: le chiama "geni" e ad essi ne aggiunge un nono: "uccidi la cascata". Ad ogni passo della cascata esegue una scelta a caso ed il processo di cascata è guidato da un metodo detto "algoritmo genetico": l'intera sequenza dei passi cumulativi costituisce infatti qualcosa di diverso da un evento rigorosamente casuale grazie all'uso dell'algoritmo genetico che guida il processo verso soluzioni verosimili (cfr. [23] per i dovuti approfondimenti).

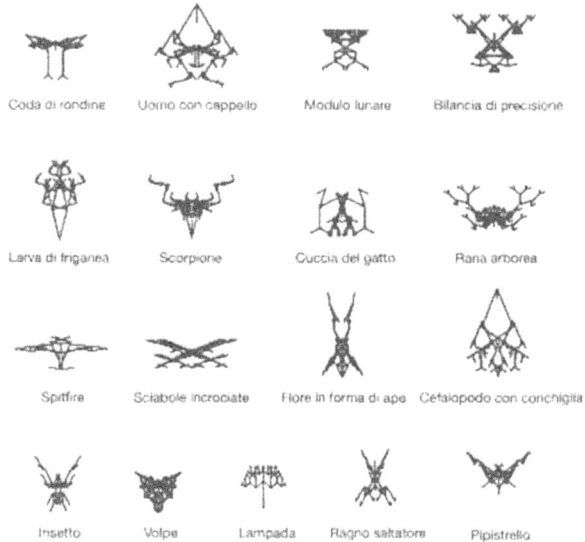

Fig. 2.25 Scelta ragionata di alcuni tra i biomorfi che si sono generati applicando 29 mutazioni nel semplice programma "Riproduzione". I biomorfi giungono a configurare le forme più disparate che potrebbero rappresentare anche forme simili ad animali semplici

Il fatto sorprendente è che bastano 29 scelte a caso – ma ragionate – fatte dal computer, comandato da un programma detto *Riproduzione*, tra i diversi geni per raggiungere a disegnare biomorfi tuttaffatto diversi illustrati in Fig. 2.25.

Ci accontentiamo di aver mostrato come, con regole veramente semplici e relativamente limitate in numero, da strutture fondamentali molto elementari, si possano generare figure e strutture molto complesse. Il modello sviluppato non è certamente giusto, è sostanzialmente un giochino informatico ma è sicuramente ben pensato. Che l'evoluzione segua (o abbia seguito) un percorso casuale "guidato" simile a quello illustrato non è certo dimostrabile. Ma qualcosa di analogo avrebbe potuto portare a strutture del tipo di quelle illustrate in Fig. 2.25.

Lasciando all'evoluzionismo qualcosa come qualche decina di miliardi di anni per far procedere il suo programma *Riproduzione*... chissà!

3
Le funzioni frattali

3.1 Introduzione

Come è noto vi è uno strettissimo legame tra figure geometriche e funzioni di una o più variabili. I matematici ci hanno insegnato, almeno per molte figure euclidee, come sia possibile fornirne una descrizione analitica.

Rette, circonferenze, cerchi, parabole sono ben descritte nel campo della geometria analitica.

È facile quindi intuire che anche gli insiemi geometrici frattali possano dare vita a delle funzioni frattali e che alcuni concetti tipicamente della geometria frattale sono di grande utilità quando applicati a funzioni matematiche.

Particolarmente importante è il nuovo atteggiamento che si può assumere di fronte a funzioni non differenziabili e non integrabili.

Mentre per la matematica classica, di fronte ad una funzione non integrabile, uno si sente totalmente disarmato, mediante concetti frattali è possibile trovare una risposta approssimata del tipo: *dammi la risoluzione con cui vuoi eseguire l'integrale ed io ti fornirò immediatamente il valore corrispondente.*

Se una funzione rappresenta una figura (linea, superficie o quant'altro) frattale di data dimensione D, è possibile fornire il valore numerico della sua *misura* nota che sia la risoluzione. Infatti adottando una procedura che porti alla misura della dimensione frattale, per esempio di box counting, è immediato fornire la dipendenza della misura dal passo di approssimazione [cfr. § 2.2]. In questo capitolo ci occupiamo di funzioni non derivabili in alcun punto e di alcuni usi operativi di concetti frattali nella manipolazione di funzioni di una variabile.

3.2 Linee e funzioni, aree ed integrali

È necessario qui sottolineare l'importanza che assumono le due definizioni operative di dimensione frattale di box counting (2.9) e di similarità (2.23).

44   3 Le funzioni frattali

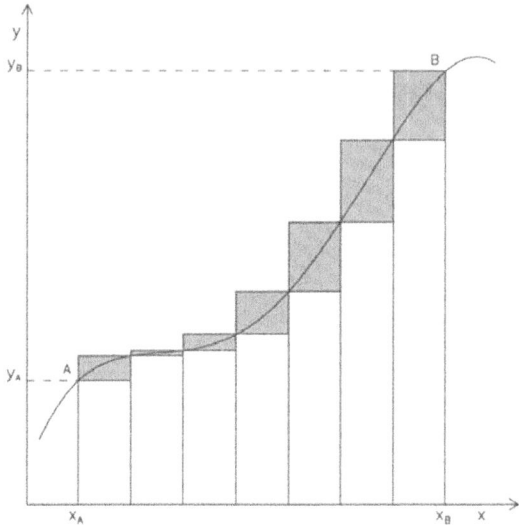

Fig. 3.1 Approssimazione da sopra e da sotto dell'integrale della curva

Alle definizioni citate si è arrivati comunque nel tentativo di ricoprire l'insieme iniziale mediante dei tratti δ ottenuti spezzando in parti il tratto originario di linea L ovvero riducendolo di un fattore $r(N)$ simile a L.

Ora, sappiamo che una linea – per ora euclidea – è descrivibile da una funzione $f(x)$ come illustrato in Fig. 3.1.

Riflettiamo quindi per un momento sul significato operativo di integrale secondo Weierstrass (ma chi si ricorda poi *secondo chi* è stata definita l'operazione di integrazione nel momento in cui la si applica e la si esegue?), per ottenere l'area contenuta dalla curva $\overparen{AB}$ di Fig. 3.1 e dai segmenti $\overline{Ax_A}, \overline{x_a x_B}, \overline{x_B B}$. L'area S della superficie racchiusa è data da:

$$S = \int_{x_a}^{x_b} f(x)dx. \qquad (3.1)$$

Ci hanno insegnato che $f(x)$ è il valore della funzione in un punto *qualsivoglia* del trattino Δx e che il simbolo di integrale traduce quello di sommatoria dei rettangoli $f(x_i)\Delta x_i$ quando Δx_i tende a zero. Noi, pertanto – come indicato in Fig. 3.1 – sappiamo calcolare sia una *approssimazione dal basso* S_{bottom} prendendo per $f(x_i)$ il valore minimo di $f(x)$ nell'intervallo Δx_i, sia una *approssimazione dall'alto* S_{top} prendendo il valore massimo di $f(x)$ nell'intervallo Δx_i. La teoria degli integrali ci garantisce che, per funzioni regolari ed integrabili:

$$\lim_{\Delta x \to 0} S_{\text{bottom}} = \lim_{\Delta x \to 0} S_{\text{top}} = S = \int_{x_a}^{x_b} f(x)dx. \qquad (3.2)$$

Fig. 3.2 Approssimazione di una curva integrabile a tratti mediante dischi

È bene osservare che la linea $\widehat{AB}$ (cioè la funzione $f(x)$ per $x_a < x < x_b$) risulta *ricoperta* (tipo box counting) da un numero N di rettangoli, ovvero racchiusa in un'area definita dall'approssimazione dall'alto meno quella definita dall'approssimazione dal basso.

Operativamente quindi possiamo chiederci come poter procedere in presenza di un tratto di curva L_F fratta, frattale. Nella Fig. 3.2 è rappresentata per necessità e per semplicità una curva integrabile a tratti invece che un frattale completamente sviluppato.

Ciò è sufficiente per i nostri scopi.

Vale la pena ricordare in primo luogo che non è necessario *ricoprire* un insieme S mediante quadratini. È del tutto lecito per esempio ricoprire l'insieme con dei dischi di raggio R_i nel modo seguente (illustrato in Fig. 3.2). Fissato un dato raggio R_1:

- approssimiamo *dal basso* la linea L_F con $N_{b,1}$ dischi tra loro tangenti. Otteniamo una spezzata – congiungente i centri dei dischi – che approssima *dal basso* la linea L_F;
- approssimiamo *dall'alto* il tratto di linea L_F con $N_{t,1}$ dischi tra loro tangenti. Otteniamo una spezzata – congiungente i centri dei dischi – che approssima dall'alto la linea L_F. In generale $N_{b,1} \neq N_{t,1}$;
- la linea L_F risulta racchiusa nell'area indicata in Fig. 3.2.

Fissato un altro valore del raggio $R_2 < R_1$ ripetiamo le stesse operazioni. Otteniamo una situazione delineata in Fig. 3.2 con due numeri diversi tra loro $N_{b,2} \neq N_{t,2}$.

Il rapporto $k_i = N_{b,i}/N_{t,i}$ detto insieme di misura è un rapporto di scala in quanto, in modo diverso, approssima la medesima curva. N_t e N_b individuano l'area che *copre* l'insieme L_F da misurare ed è ovvio che per una curva euclidea regolare $k \to 1$ quando $R \to 0$.

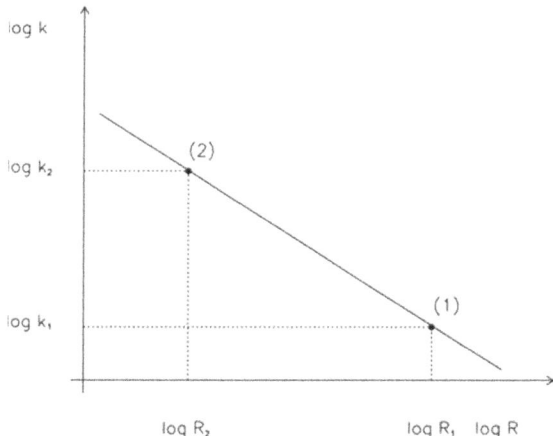

Fig. 3.3 Grafico atto a valutare la dimensione frattale della curva

Il rapporto di scala può pertanto essere scelto in modo analogo alla (2.22):

$$k = A_0 R^{-D}. \qquad (3.3)$$

Pertanto, come per la (2.10), la lunghezza del segmento di linea L_F soddisfa alla relazione:

$$L_F = Rk = A_0 R^{1-D}. \qquad (3.4)$$

Dal che segue immediatamente che la dimensione frattale D del segmento di linea L_F si ottiene costruendo il grafico di Fig. 3.3,
per diversi valori R_i del raggio R, raggio di misura:

$$\log L_F = (1-D)\log R + \log A_0. \qquad (3.5)$$

Detti $y = \log L_F$ e $x = \log R$, la (3.5) si scrive nella forma più generale come:

$$y = (E - D)x + \text{cost} \qquad (3.6)$$

dove E è la dimensione euclidea dello spazio di immersione.

La Fig. 3.4 riassume qualitativamente i concetti esposti in questo paragrafo.

In essa è rappresentato un insieme regolare euclideo da misurare. Esso può rappresentare sia una circonferenza, sia un cerchio, sia infine una sfera, tutte di raggio R_0.

Per $x \ll \log R_0$, le analoghe della curva di Fig. 3.3 sono tali che tendono ad un comportamento parallelo all'asse x per $x \to -\infty$.

Il comportamento della curva diventa piatto [pendenza $(E - D) = 0$] in tutti e tre i casi. I valori numerici degli asintoti orizzontali per $x \to -\infty$ sono irrilevanti al fine dei nostri scopi e, nel caso specifico, sono: $y(-\infty) = \log(2\pi R_0)$ per la circonferenza; $y(-\infty) = \log(\pi R_0^2)$ per il cerchio e $y(-\infty) = \log(\frac{4}{3}\pi R_0^3)$ per la sfera.

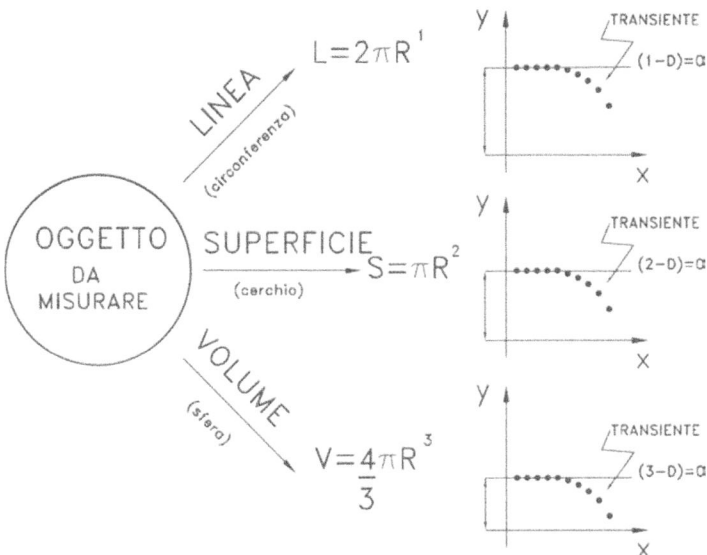

Fig. 3.4 Misura della dimensione di un insieme euclideo

Il lettore può riprendere la Fig. 2.5 che riporta il comportamento del grafico di Fig. 3.3 nel caso del metodo di box counting e nel caso della circonferenza.

3.3 Il paradosso di Schwarz

I pregiudizi dei matematici spesso condizionano il modo di pensare e possono indurre a semplificare problemi che semplici non sono. Anche con figure semplici e lisce potremmo trovarci in un grosso imbarazzo.

Confessiamo candidamente che, a livello operativo ed applicativo non interessa molto se la definizione di integrale è stata data da Lebesgue o da Riemann; quello che interessa è come applicare la macchinetta che, data una funzione, estragga il valore del suo integrale definito o, meglio ancora, la forma del suo integrale indefinito. L'introduzione del pacchetto software *Mathematica* facilita il compito ma tende inesorabilmente a fare abbassare il livello di guardia dal punto di vista concettuale.

A proposito di superfici esiste un celebre paradosso dovuto a Schwarz che, apparentemente era innamorato dei triangoli e doveva odiare i rettangoli.

Come accade per la misura di una lunghezza, anche con la misura di un'area possiamo trovarci in grande imbarazzo. Consideriamo infatti la superficie laterale di un cilindro di raggio R e altezza H e di area $A = 2\pi RH$.

Se proviamo a misurare la superficie con un righello, chiaramente il compito non è facile o, per lo meno, non è facile giungere ad un risultato. Il nostro condizionamento matematico ci suggerisce di prendere *base per altezza*. Ma se siamo un po'

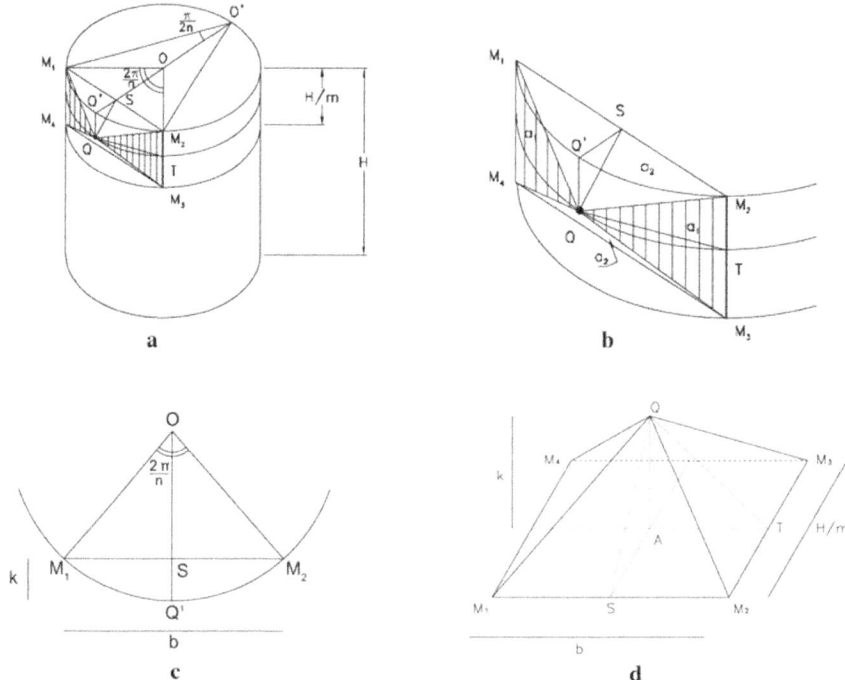

Fig. 3.5 Il paradosso di Schwarz: (a) triangolazione della superficie di un cilindro; (b) definizione della piramide di base; (c) proiezione dall'alto; (d) piramide di base

capoccioni, possiamo porci il problema di *triangolare* la superficie in qualche modo, come mostrato in Fig. 3.5a. Triangolarla letteralmente: usando triangoli e non rettangoli. Dividiamo per esempio la superficie in m strisce e n settori circolari e calcoliamo l'area A_Δ sommando le aree di tutti i piccoli triangoli.

Rendendo la divisione sempre più fine, cioè facendo in modo che $m \to \infty$ e $n \to \infty$ ci aspettiamo che $A_\Delta \to A$. Ma usando i triangoli troviamo delle sorprese.

Vi sono due tipi di triangoli, in Fig. 3.5b: quelli, indicati come a_1, che hanno un lato in comune con la superficie cilindrica; quelli, indicati come a_2, che posseggono soltanto i tre vertici in comune con la superficie.

Per ricoprire la superficie laterale del cilindro occorre quindi partire da una piccola *piramide di base* ($QM_1M_2M_3M_4$), riprodotta ingrandita in Fig. 3.5d costruita con una coppia di triangoli di tipo a_1 ed una coppia di triangoli del tipo a_2. Occorre notare che, per costruzione, tutte le *piramidi di base* risultano all'interno della superficie cilindrica per cui *approssimiamo dall'interno*. In Fig. 3.5c è disegnata una proiezione dall'alto del cilindro in modo da evidenziare il raggio R, la sagitta $k = SQ'$, la corda $b = M_1M_2$ e l'angolo di apertura che sottende la piramide che vale $2\pi/n$. In aggiunta, vale ricordare che l'altezza H del cilindro di Fig. 3.5a è stata suddivisa in m parti.

Dalla Fig. 3.5c si ricava immediatamente che la sagitta SQ' vale $k = [R(1 - \cos(\pi/n)]$.

Se ricordiamo le formule trigonometriche:

$$1 - \cos(\pi/n) = 2\sin^2(\pi/2n)$$

$$\sin\left(\frac{\pi}{2n} + \frac{\pi}{2n}\right) = 2\sin\frac{\pi}{2n}\cos\frac{\pi}{2n},$$

si deriva facilmente, guardando il triangolo OSM_1 in Fig. 3.5c, che:

$$k = 2R\sin^2\frac{\pi}{2n}; \tag{3.7}$$

ed inoltre che:

$$\frac{b}{2} = R\sin\frac{\pi}{n} = 2R\sin\frac{\pi}{2n}\cos\frac{\pi}{2n}. \tag{3.8}$$

Con questi elementi possiamo ora calcolare le altezze $\overline{QT}$ e $\overline{QS}$ necessarie a calcolare l'area della superficie laterale della piramide di base (vedi Fig. 3.5d).

L'altezza $\overline{QT}$ si ricava immediatamente dal triangolo QTA (dove A è la proiezione di Q sul piano $M_1M_2M_3$, cioè la base della piramide):

$$\overline{QT} = \sqrt{k^2 + \left(\frac{b}{2}\right)^2} = 2R\sqrt{\sin^4\frac{\pi}{2n} + \sin^2\frac{\pi}{2n}\cos^2\frac{\pi}{2n}}. \tag{3.9}$$

L'altezza $\overline{QS}$ si ricava partendo dal triangolo QSA nel quale si individuano le distanze $\overline{AS} = H/2m$ e $\overline{QA} = k$, per cui:

$$\overline{QS} = \sqrt{\frac{H^2}{4m^2} + 4R^2\sin^4\frac{\pi}{2n}} = \frac{H}{2m}\sqrt{1 + \left(\frac{R}{H}\right)^2 16m^2\sin^4\frac{\pi}{2n}}. \tag{3.10}$$

È utile qui esplicitare una forma del tipo $\sin x/x$ per i limiti e le approssimazioni che faremo più avanti e riscrivere l'altezza $\overline{QS}$ come:

$$\overline{QS} = \frac{H}{2m}\sqrt{1 + \left(\frac{R\pi^2}{H}\right)^2 \frac{m^2}{n^4}\left[\frac{2n}{\pi}\sin\frac{\pi}{2n}\right]^4}. \tag{3.11}$$

Utilizzando questi risultati si può ricavare la superficie laterale della piramide di base composta da due triangoli a_1 e due triangoli a_2:

$$S_{\text{pir}} = 2A_1 + 2A_2 = 2\frac{1}{2}\overline{QT}\frac{H}{m} + 2\frac{1}{2}\overline{QS}b =$$

$$= \frac{RH}{m}\sqrt{\sin^4\frac{\pi}{2n} + \sin^2\frac{\pi}{2n}\cos^2\frac{\pi}{2n}} + \tag{3.12}$$

$$+ \frac{2RH}{m}\sin\frac{\pi}{2n}\cos\frac{\pi}{2n}\sqrt{1 + 16\left(\frac{R}{H}\right)^2\sin^4\frac{\pi}{2n}}.$$

50   3 Le funzioni frattali

La somma delle aree delle piramidine che approssimano la figura può essere scritta nel seguente modo:

$$A_\Delta = nmS_{\text{pir}} =$$

$$= \pi R H \left\{ \sqrt{\left(\frac{\pi}{2n}\right)^2 \left[\frac{2n}{\pi}\sin\frac{\pi}{2n}\right]^4 + \left[\frac{2n}{\pi}\sin\frac{\pi}{2n}\right]^2 \cos^2\frac{\pi}{2n}} + \right.$$

$$\left. + \left[\frac{2n}{\pi}\sin\frac{\pi}{2n}\right]^2 \cos\frac{\pi}{2n} \sqrt{1 + 16m^2 R^2 \left(\frac{\pi}{2n}\right)^4 \left[\frac{2n}{\pi}\sin\frac{\pi}{2n}\right]^4} \right\} = \quad (3.13)$$

$$\xrightarrow{n \to \infty} \pi R H \left\{ 1 + \sqrt{1 + \left(\frac{\pi^2 R}{H}\right)^2 \left[\frac{m}{n^2}\right]^2} \right\}.$$

Si nota che se $m/n^2 \to 0$ al crescere di m e n allora l'area A_Δ tende al valore desiderato. Tuttavia se scegliessimo $m = \lambda n^2$ troveremmo $A_\Delta > A$ e potremmo quindi ottenere valori di A_Δ arbitrariamente elevati. Se invece scegliessimo $m = n^\beta$ troveremmo $A_\Delta \sim n^{\beta-2}$ per $\beta > 2$. L'area in questione diverge al diminuire della dimensione dei triangoli con cui cerchiamo di ricoprire l'area del cilindro di partenza. Invece di ottenere una migliore approssimazione riducendo la dimensione dei triangoli si ottiene il risultato opposto. Questo problema è conosciuto come **paradosso di Schwarz**.

Diminuendo le dimensioni dei triangoli accade che l'area A_Δ diventa sempre più corrugata al crescere del rapporto m/n^2. Qualcuno potrebbe obiettare che ci si mette nei guai solo nel caso di una cattiva scelta di triangolazione. Tuttavia come è possibile scegliere una buona triangolazione nel caso di una superficie complessa e rugosa? Il concetto di frattale ci viene in aiuto perché è applicabile sia ai casi semplici che a quelli complicati di curve, superfici o volumi corrugati e difficili.

3.4 Lo scaling delle funzioni frattali

Consideriamo la curva di Koch di Fig. 2.6 di Capitolo 2 come il grafico di una funzione $f(t)$. Il grafico è un insieme di punti (x_1, x_2) del piano dati dalla relazione $(x_1, x_2) = [t, f(t)]$. Se usiamo un rapporto di scala $\lambda = r = (1/3)^n$ con $n = 0, 1, 2, \ldots$ è chiaro che la curva triadica di Koch ha la proprietà:

$$f(\lambda t) = \lambda^\alpha f(t) \quad (3.14)$$

con l'esponente di scala $\alpha = 1$. La relazione di scala espressa dalla (3.14) è valida per tutti i punti dell'insieme. Lo stesso tipo di costruzione può essere usata e definita su tutti i numeri reali positivi. Per esempio la funzione della legge di potenza $f(t) = bt^\alpha$ soddisfa la relazione di *omogeneità* espressa dalla (3.14) per tutti i valori positivi del fattore di scala λ. Le funzioni che soddisfano ad una relazione di questo tipo godono della proprietà di *scaling*. Le funzioni omogenee sono molto importanti nella descrizione delle transizioni di fase in termodinamica. Molti dei progressi effettuati negli ultimi anni nella comprensione dei fenomeni critici vicini alle transizioni di fase del secondo ordine possono essere riassunti dicendo che parte della energia libera F di questi fenomeni soddisfa alla relazione:

$$F_c(\lambda t) = \lambda^{2-\alpha} F_c(t) \tag{3.15}$$

dove $t = |T_c - T|/T_c$ è la temperatura relativa misurata dalla temperatura della transizione di fase T_c e α è l'esponente critico del calore specifico. Se scegliamo λ in modo che $\lambda t = 1$ otteniamo $F_c(\lambda t) t^{2-\alpha} = F_c(t)$ e pertanto $F_c(t) = t^{2-\alpha} F_c(1)$. Usando la definizione termodinamica del calore specifico

$$C = -T \frac{\partial^2 F}{\partial T^2} \tag{3.16}$$

si ottiene che per $t \to 0$ il calore specifico si comporta come $C \sim t^{-\alpha}$, il che è consistente con i risultati sperimentali. La moderna teoria dei gruppi di rinormalizzazione dei fenomeni critici spiega perché l'energia gode della proprietà di scaling ed è possibile calcolare gli esponenti critici.

Le funzioni che soddisfano la (3.14) – cioè che scalano – non sono curve necessariamente frattali. Tutte le dipendenze iperboliche e/o di potenza della forma $y = x^a$ godono della proprietà di scaling. Tuttavia i frattali che scalano (*scaling fractals*) hanno utili proprietà di simmetria e molti dei frattali discussi da Mandelbrot scalano in qualche modo.

3.5 La funzione di Weierstrass

La funzione di Weierstrass è stata per la prima volta proposta nel 1872 come esempio di funzione continua ma non differenziabile in alcun punto. Una forma della funzione [24] è:

$$w(t) = \sum_{n=0}^{\infty} \beta^n \cos(\alpha^n t) \tag{3.17}$$

con le condizioni:

$$\alpha > 1 \quad 0 < \beta < 1. \tag{3.18}$$

Si dimostra che la (3.17) possiede la proprietà di essere ovunque continua, essendo una serie uniformemente convergente di funzioni continue, ma non è derivabile in alcun punto se vale la condizione ulteriore:

$$\alpha\beta > 1. \tag{3.19}$$

Se chiamiamo $\alpha = b$ e $\beta = b^{D-2}$ la funzione di Weierstrass può anche essere riscritta nel seguente modo:

$$w(t) = \sum_{n=0}^{\infty} (b^{D-2})^n \cos(b^n t) \quad \text{Weierstrass} \tag{3.20}$$

e le condizioni da imporre diventano:

$$\begin{aligned} \alpha > 1 &\longrightarrow b > 1 \\ 0 < \beta < 1 &\longrightarrow D < 2 \\ \alpha\beta > 1 &\longrightarrow D > 1. \end{aligned} \tag{3.21}$$

La funzione di Weierstrass si rivela utile come punto di partenza per la costruzione di un prototipo di funzione frattale autoaffine: essa infatti è la somma di cosinusoidi di periodo sempre più piccolo che generano una linea fatta di un'infinità di increspature infinitesime. Il grafico della funzione ha dimensione di Hausdorff-Besicovitch che supera l'unità. La situazione è radicalmente diversa da una funzione derivabile: per il teorema di Taylor quest'ultima tende a diventare una linea retta quando viene ingrandita.

Tuttavia la funzione di Weierstrass presenta l'inconveniente di avere uno spettro di frequenze che pur essendo non limitato superiormente, è limitato inferiormente. Questo impedisce senz'altro che la funzione sia autoaffine. Se pensiamo di partire da una piccola zona del grafico della funzione si osserverebbero variazioni a scala più piccola (dovute ai cosinusoidi di alta frequenza) e a scala più grande (dovuti ai cosinusoidi di bassa frequenza). Ampliando la scala di osservazione, ad un certo punto si raggiungerebbe un limite in cui non si apprezzano più variazioni a grande scala: la funzione non ha la capacità di variare in periodi maggiori di $2\pi/b$. Occorrerebbe estendere la sommatoria anche a valori negativi di n, affinché entrino in gioco anche frequenze basse, al limite nulle.

3.6 La funzione di Weierstrass-Mandelbrot

Mandelbrot [12] nel 1977 ha proposto una generalizzazione della funzione di Weierstrass[1] in cui comparissero dei contributi anche a frequenze basse e tendenti a zero. Per far questo è necessario aggiungere alla (3.20) una serie di questo tipo:

$$w'(t) = \sum_{n=-\infty}^{0} (b^{D-2})^n [1 - \cos(b^n t)] = \sum_{n=-\infty}^{0} (b^{-(D-2)})^{-n} [1 - \cos(b^n t)] =$$
$$= \sum_{n'=0}^{\infty} (b^{-D+2})^{n'} [1 - \cos(b^{-n'} t)] \tag{3.22}$$

---

[1] Per irreperibilità dell'edizione francese del volume [12], quanto segue non è stato confrontato con il lavoro originale di Mandelbrot.

dove, per dominare la convergenza della serie, si è scelto di inserire un termine costante.

Affinché le serie (3.20) e (3.22) siano sommabili in un'unica formula, è necessario aggiungere un analogo termine unitario anche alla (3.20). La funzione che risulta dalla somma di queste due serie è la parte reale di una particolare funzione di Weierstrass-Mandelbrot:

$$C(t) = \sum_{n=-\infty}^{\infty} \frac{1 - \cos(b^n t)}{(b^{2-D})^n}. \tag{3.23}$$

Essa esibisce uno spettro di frequenze che si estende da zero ad infinito in progressione geometrica, cioè il cosiddetto "spettro di Weierstrass".

La funzione di Weierstrass-Mandelbrot vera e propria è un estensione al campo complesso di quest'ultima:

$$W(t) = \sum_{n=-\infty}^{\infty} \frac{(1 - e^{ib^n t}) e^{i\phi_n}}{(b^{2-D})^n} \qquad \text{Weierstrass-Mandelbrot} \tag{3.24}$$

con le condizioni (3.21). L'insieme dei numeri $\{\phi_n\}$ può essere scelto secondo una regola deterministica, cioè come funzione lineare di n, oppure può essere semplicemente un insieme di numeri casuali.

La funzione di Weierstrass-Mandelbrot può essere utilizzata come modello per il moto browniano nel caso in cui $D = 1.5$, per il rumore $1/f$ per il caso $D = 2$ (caso in cui il grafico della funzione ricopre quasi interamente il piano) e per altre modellizzazioni[2].

Non esiste tuttora una dimostrazione che la funzione di Weierstrass-Mandelbrot [12][3] abbia dimensione D.

3.7 Funzioni di *W-M* deterministiche

Vengono denominate funzioni di Weierstrass-Mandelbrot deterministiche le funzioni ottenute dall'espressione generale della (3.24) ponendo come fattori di fase dei numeri che rispettano la legge lineare:

$$\phi_n = \mu n. \tag{3.25}$$

---

[2] Il rumore $1/f$ è presente nei circuiti elettronici con elementi a semiconduttori in cui le componenti a bassa frequenza danno un contributo molto elevato. È dovuto alle impurezze presenti nel silicio.

[3] Per ora si sa che questa dimensione deve soddisfare la disuguaglianza:

$$D - (B/b) \leq D(W_b) \leq D$$

con B sufficientemente grande in relazione a b [Cfr. Feder, *Fractals*, Plenum Press, pp. 27-30].

In questo caso, la $W(t)$ rispetta la legge di scaling:

$$W(bt) = e^{-i\mu}b^{2-D}W(t) \tag{3.26}$$

infatti:

$$\begin{aligned}
W(bt) &= \sum_{n=-\infty}^{\infty} \frac{(1-e^{ib^{(n+1)}t})e^{i\mu n}}{(b^{2-D})^n} = \\
&= e^{-i\mu}(b^{2-D}) \sum_{n=-\infty}^{\infty} \frac{(1-e^{ib^{(n+1)}t})e^{i\mu(n+1)}}{(b^{2-D})^{(n+1)}} = \\
&= e^{-i\mu}(b^{2-D})W(t).
\end{aligned} \tag{3.27}$$

Per avere un'idea di come venga a formarsi la funzione, pensiamola come una relazione che determina la posizione di un vettore sul piano complesso espressa in funzione del tempo. Una rapida analisi conduce a concludere che un singolo termine della sommatoria corrisponde ad un vettore di raggio $(b^{2-D})^{-n}$ (progressione geometrica negativa) rotante in senso antiorario con pulsazione b^n (progressione geometrica) intorno ad un centro che varia di posizione (vedi Fig. 3.6). Dalla somma dei soli primi tre termini risulta un grafico piuttosto complicato (Fig. 3.7a). La dipendenza dal tempo si può apprezzare meglio facendo un grafico della parte reale della funzione (Fig. 3.7b).

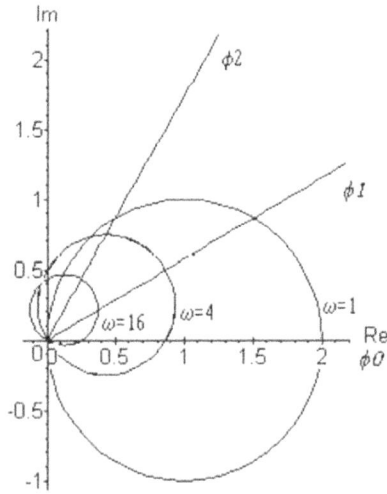

Fig. 3.6 Primi tre termini distinti ($n = 0, 1, 2$) della funzione $W(t)$ deterministica con parametri $b = 4, D = 1.5, \mu = \frac{\pi}{6}$. Sono in evidenza gli angoli di fase

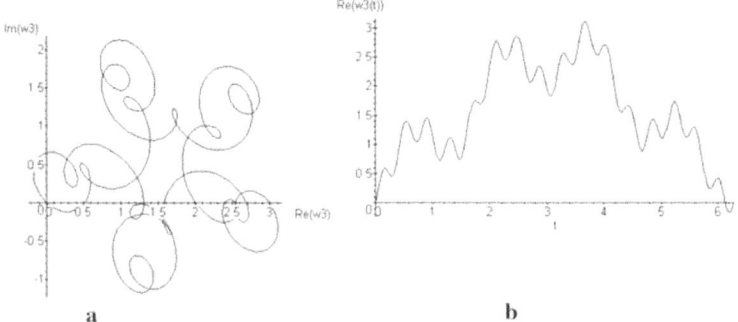

Fig. 3.7 (a) Somma dei primi tre termini della funzione $W(t)$; (b) Parte reale della somma dei primi tre termini della funzione $W(t)$

Due particolari esempi della $W(t)$ si ottengono ponendo nella legge di assegnazione delle fasi $\mu = 0$ (come se la funzione dovesse essere moltiplicata per uno), oppure $\mu = \pi$ (che equivale a moltiplicare la funzione alternatamente per $+1$ e -1). Selezionando nel primo caso la parte reale $\Re(W(t))$ della funzione e nel secondo caso la parte immaginaria $\Im(W(t))$, otteniamo due funzioni reali di variabile reale, di cui è possibile fare un grafico, allo scopo di comprendere meglio alcune loro caratteristiche:

$$C(t) = \Re W(t)|_{\mu=0} \sum_{n=-\infty}^{\infty} \frac{1 - \cos(b^n t)}{(b^{2-D})^n} \tag{3.28}$$

$$A(t) = \Im W(t)|_{\mu=\pi} \sum_{n=-\infty}^{\infty} \frac{(-1)^n \sin(f^n t)}{(b^{2-D})^n}. \tag{3.29}$$

Concentriamo la nostra attenzione sulla funzione $C(t)$ e vediamo dei grafici che illustrano la funzione per un valore del parametro $b = 1.5$ e per diversi valori di D (vedi Fig. 3.8a,b).

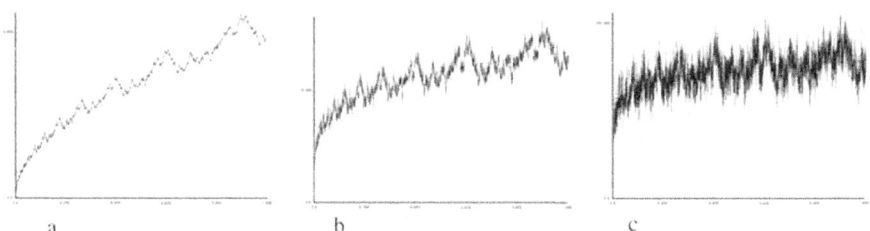

Fig. 3.8 (a) Funzione $C(t)$ con parametri $b = 1.2$ e $D = 1.5$; (b) $D = 1.8$.; (c) $b = 1.2$ e $D = 1.99$

56   3 Le funzioni frattali

Si nota molto bene dai grafici che il parametro D influisce nettamente sulla tortuosità della linea, indicando visivamente come questo sia ragionevolmente qualificabile come la dimensione frattale della funzione.

La funzione $C(t)$ gode delle seguenti proprietà:

- non è mai negativa;
- è continua in ogni punto;
- non è derivabile in alcun punto;
- obbedisce alla legge di scaling.

$$C(bt) = b^{2-D}C(t). \tag{3.30}$$

Quest'ultima proprietà è verificabile direttamente per via grafica nella figura seguente. La Fig. 3.9a rappresenta la $C(t)$ nell'intervallo $[0,1]$. In Fig. 3.9b la scala orizzontale è stata ampliata di $b^4 \approx 1.97$, e la scala verticale è stata ampliata di $b^{4(2-D)} \approx 1,38$: come doveva verificarsi, il grafico ottenuto è identico a quello di partenza. Ciò dimostra visivamente l'autoaffinità della funzione $C(t)$.

È possibile apprezzare quale sia l'effetto della variazione di b sul grafico della $C(t)$ come mostrato in Fig. 3.10.

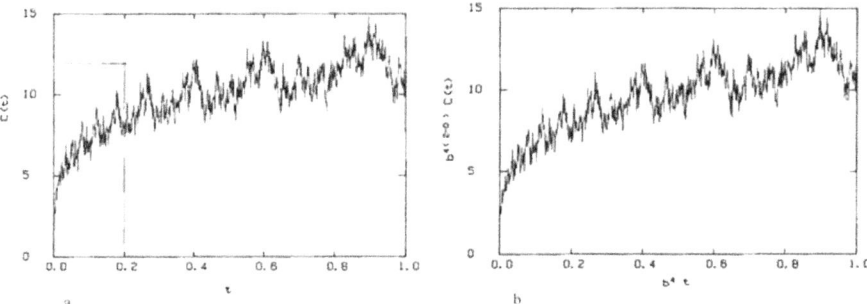

Fig. 3.9 Funzione $C(t)$ con parametri $D = 1.8$ e $b = 1.5$; (a) funzione originale, (b) funzione riscalata

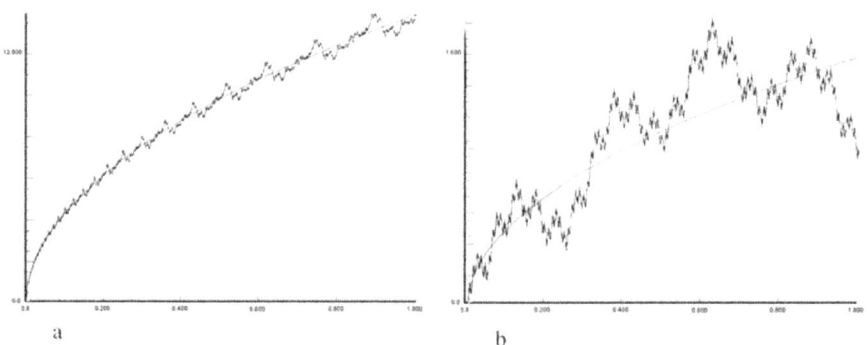

Fig. 3.10 (a) Funzione $C(t)$ con parametri $D = 1.5$ e $b = 1.2$; (b) $b = 5$

Le oscillazioni a grande scala aumentano di ampiezza, ma un ingrandimento dell'immagine rivela che la curva non cambia molto a piccola scala. La variazione di b non sembra avere effetto sulla frattalità della funzione.

3.8 Funzioni di *W-M* stocastiche

Le funzioni di Weierstrass-Mandelbrot stocastiche si costruiscono assegnando le fasi $\{\phi_n\}$ scegliendo numeri a caso compresi tra 0 e 2π.

Le funzioni di Weierstrass-Mandelbrot stocastiche non rispettano più una rigorosa legge di scaling, tuttavia è nuovamente sorprendente la somiglianza che può avere un ingrandimento con la funzione originale. In generale è impossibile stabilire quale sia un ingrandimento e quale no. Possiamo fare il grafico della parte reale di tali funzioni (vedi Fig. 3.11a,b,c). Si può dire che ogni funzione di Weierstrass-Mandelbrot stocastica è un elemento dell'insieme di tutte le funzioni generate da ogni possibile insieme di numeri casuali. Le funzioni deterministiche rientrano tra queste come sottoinsieme di misura nulla. Le caratteristiche delle funzioni di Weierstrass-Mandelbrot stocastiche vanno studiate statisticamente, introducendo il concetto di media d'insieme ("ensemble average"), cioè il valor medio calcolato su tutte le possibili funzioni dell'insieme. Ad esempio, il valor medio degli incrementi è nullo:

$$\langle [W(t'') - W(t')] \rangle_e = 0. \tag{3.31}$$

Questa volta non valgono le considerazioni fatte a riguardo dell'andamento generale delle funzioni di Weierstrass-Mandelbrot deterministiche. Tuttavia, è facile notare che generalmente la funzione oscillerà intorno ad un valor medio nullo, indicando che il trend generale segue semplicemente l'asse orizzontale.

È possibile sostituire la media di insieme con la media temporale. Ciò può essere spiegato in questo modo. Iniziamo a considerare un numero finito N di termini della serie di Weierstrass-Mandelbrot. In questo caso le fasi ϕ_n rappresentano delle coordinate su un toro N-dimensionale (le ϕ_n sono tutte ortogonali tra loro e variano tutte da 0 a 2π). Ogni punto del toro è associato perciò ad una particolare funzione di Weierstrass-Mandelbrot stocastica. Eseguire la media di insieme corrisponde a

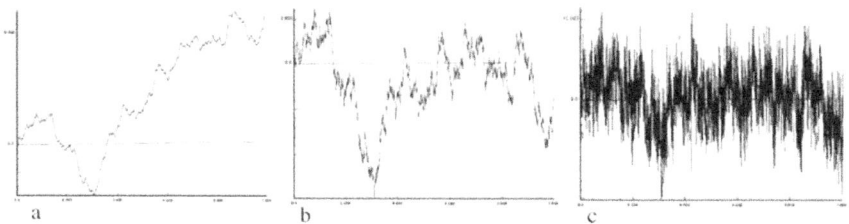

Fig. 3.11 Esempio di funzione di Weierstrass-Mandelbrot stocastica; (a) $\Re W(t)$, con parametri $b = 1.5$ e $D = 1.2$; (b) $D = 1.5$; (c) $D = 1.99$

mediare su tutti i punti del toro. Invece, mediare su *t* corrisponde a fissare un punto del toro e quindi mediare lungo una traiettoria definita dall'equazione:

$$\phi'_n(\tau) = \phi_n + b^n \tau \tag{3.32}$$

cioè lungo una curva che si avvolge sul toro con una frequenza angolare b^n.

La media fatta su questa traiettoria equivale a quella di insieme se e solo se la traiettoria stessa passa per ogni punto del toro. Il teorema ergodico per i tori garantisce questa condizione se b è irrazionale. Quindi tra tutte le funzioni di Weierstrass-Mandelbrot, le uniche eccezioni a questa regola formano un sottoinsieme di misura nulla. Tuttavia dall'analisi grafica sembra emergere che non ci sia alcuna netta differenza tra i grafici delle funzioni per due valori b irrazionali e razionali. Questo fatto dà una giustificazione "semiempirica" al processo di scambio delle medie di insieme e delle medie temporali.

Questa proprietà delle equazioni di Weierstrass-Mandelbrot stocastiche permette tra l'altro di dimostrare che la loro dimensione frattale sia proprio indipendente dal parametro b e coincida invece con il parametro D, come ci si aspettava dai grafici.

4
Random Walks e Frattali

4.1 Introduzione

L'aleatorietà e la casualità sono proprietà caratteristiche di moltissimi se non di tutti i fenomeni naturali; in misura più o meno marcata l'aspetto casuale condiziona i fenomeni fisici. Anche il più perfetto dei diamanti o dei cristalli ha numerose impurità e/o difetti dislocati a caso al suo interno. La luce dei diamanti non sarebbe tale se il cristallo fosse perfettamente e rigorosamente cubico. Non fosse altro che per una semplicissima ragione: anche il cristallo più perfetto ha *tutti* i suoi atomi al loro giusto posto solo in media, perché gli atomi sono sempre in agitazione termica, con microscopiche oscillazioni attorno ai centri cristallini.

Ora si dà il caso che molti fenomeni naturali siano molto ben descritti dai frattali, ma per comprendere questa fondamentale scoperta sperimentale è necessario sviluppare il concetto di frattale aleatorio (*random fractal*). A questo proposito il moto browniano costituisce un esempio fisico, chimico e biologico di straordinaria importanza di un processo casuale con proprietà frattali ben definite.

Il concetto di processo stocastico, infatti, è una scoperta del XX secolo che trae origine dagli studi di Robert Brown. Einstein, nella sua tesi di dottorato, riuscì a formalizzare ciò che era noto con il nome generico di *moto browniano*. Nel XX secolo, Christian Wiener elaborò il concetto matematico di processo stocastico che permise di inquadrare correttamente non solo il moto browniano ma anche moltissimi altri fenomeni, non escluso l'andamento dei prezzi delle Borsa (cfr. Capitolo 11).

Come al solito, cominceremo dal caso particolarmente semplice del moto browniano unidimensionale senza però estenderlo al caso di *random walks* multidimensionali[1]. Più avanti arriveremo alla generalizzazione del moto browniano frazionale introdotto da Mandelbrot. Una accurata analisi dovuta a Hurst [26] indica che la statistica di molti fenomeni naturali è rappresentata al meglio da funzioni del tipo moto browniano frazionale.

---

[1] I *voli di Levy* saranno introdotti nel Capitolo 6 ed usati nel Capitolo 12.

4.2 Il moto browniano di Einstein

Robert Brown (1773-1858), un botanico inglese, nel 1827-28 fu il primo a scoprire, mediante l'osservazione con un microscopio appositamente costruito, alcuni moti a zig-zag di sospensioni di polline di *Clarkia pulchella* (egli riportò osservazioni di F.W. von Gleichen di 60 anni prima). La tentazione fu quella di attribuire tale movimento ad una sorta di *movimento vitale* intrinseco delle cellule gamete maschili (punto di vista sostenuto da molti scienziati dell'epoca che pretendevano di avere in tal modo individuato la sorgente della vita). Ma il pragmatismo del botanico inglese lo portò a concludere un suo scritto con le parole: "la mia ipotesi sugli organi maschili è da abbandonare".

Continuando i suoi studi usando particelle sicuramente inorganiche, osservò che:

> Quelle particelle di materia solida estremamente piccole, se poste in sospensione di acqua pura o di altri fluidi acquosi, mostrano moti che io non sono in grado di giustificare e le cui irregolarità ed apparente indipendenza ricordano in massima parte il tipico moto poco rapido di alcuni semplici microbi delle infusioni.

Né Brown né gli scienziati che per settant'anni lo seguirono, riuscirono a decifrare il meccanismo mediante il quale l'interazione particelle-fluido potesse generare il *moto browniano*.

Il moto non era di origine biologica (forma primordiale di vita) bensì di origine fisica.

Einstein scrisse:

> ... in accordo con la teoria molecolare cinetica del calore, corpi di dimensioni osservabili microscopicamente, sospesi in un liquido, possono compiere movimenti di ampiezza tale da poter essere osservati al microscopio. È possibile che tali movimenti coincidano con il cosiddetto moto molecolare browniano; comunque le informazioni riguardo a quest'ultimo, di cui sono in possesso, sono così poco precise da non permettermi di esprimere un giudizio in merito. Se il moto che discuterò potrà essere realmente osservato, allora la termodinamica classica non potrà più essere considerata come non applicabile con precisione ai corpi anche di dimensioni osservabili al microscopio. Per contro, se la previsione di tale movimento dovesse risultare non corretta, ciò sarebbe un pesante argomento contro la concezione cinetico-molecolare del calore [25].

L'interpretazione di Einstein è quindi che le particelle in sospensione presentano dei movimenti irregolari a causa del moto di agitazione termica delle molecole del fluido.

Come sappiamo oggi, ogni macrosistema costituito da una miriade di microsistemi è continuamente in agitazione termica ed ogni corpuscolo subisce continuamente collisioni con gli elementi vicini a causa della energia di agitazione termica. Data una particella browniana sospesa in un un sistema monoatomico a temperatura T,

4.2 Il moto browniano di Einstein

essa possiede in media una energia cinetica $K = 3/2\, kT$ (con k costante di Boltzmann). Einstein, nel 1905, ha mostrato che ciò è vero indipendentemente dalle dimensioni della particella microscopica ed assumendo che:

> ... i movimenti di una stessa particella dopo differenti intervalli di tempo debbano essere considerati processi mutuamente indipendenti, fintanto che questi intervalli di tempo non sono troppo piccoli.

Generalmente ogni urto della particella con le molecole del fluido produce dei semplici *spostamenti* a causa dell'attrito viscoso che incontra in quanto la variazione di velocità prodotta dall'urto viene riassorbita dalla viscosità. Questa semplice osservazione è in sostanza una definizione primordiale di *random walk*: un corpo può *saltare* da un punto ad un altro dello spazio con determinate probabilità.

È pertanto dallo studio dettagliato del moto browniano che si può imparare come l'equilibrio si raggiunge e perché. Il moto browniano, visto al microscopio, appare quindi come un insieme di spostamenti casuali (*random walks*) in direzioni casuali. Una assunzione di Einstein, banale ma profonda, è quella che nel moto browniano:

> ... non è la posizione del corpuscolo al tempo t ad essere indipendente dalla posizione del corpuscolo ad intervallo di tempo $t^* \neq t$, ma è lo spostamento del corpuscolo in un intervallo di tempo Δt ad essere indipendente dallo spostamento del corpuscolo in un intervallo di tempo Δt^* diverso.

Consideriamo quindi n particelle sospese in un liquido *monodimensionale* al tempo t. Ogni particella, in un tempo τ piccolo (ma comunque grande rispetto al tempo medio che intercorre tra due urti successivi, così da rendere impossibile la previsione deterministica della sua nuova posizione) si sia spostata di un tratto ξ. Sia $p(\xi, \tau)$ la probabilità di uno spostamento ξ. Sia inoltre, ovviamente:

$$\int_{-\infty}^{+\infty} p(\xi, \tau) d\xi = 1. \qquad (4.1)$$

Si può a questo punto introdurre l'ipotesi che la situazione sia stazionaria e che pertanto $p(\xi, \tau)$ dipenda solo da ξ e non da τ e scrivere, per il numero di particelle che hanno subito uno spostamento dal punto x ad un punto compreso nell'intervallo $[(x+\xi), (x+\xi+d\xi)]$:

$$dn = np(\xi)d\xi.$$

Si assuma ancora che la situazione sia perfettamente simmetrica e che il segno degli spostamenti non sia preferenziale, cioè che:

$$p(-\xi) = p(\xi).$$

Si calcoli ora il numero $\frac{dn}{dx} = f(x, t+\tau)$ di particelle per unità di volume (monodimensionale) che si trovano nella posizione x al tempo $t + \tau$. Esso è dato dalla somma di tutte le particelle che, al tempo t si trovano in $x + \xi$ e che hanno subito uno spostamento $-\xi$ (per correttezza sostituiamo la somma con un integrale in quanto ogni punto dell'asse reale rappresenta una posizione occupabile):

$$f(x,t+\tau) = dx \int_{-\infty}^{+\infty} f(x+\xi,t)p(\xi)d\xi. \tag{4.2}$$

Essendo τ piccolo, il primo termine della (7.53) può essere sviluppata in serie ottenendo:

$$f(x,t+\tau) \approx f(x,t) + \tau \frac{\partial f(x,t)}{\partial t}. \tag{4.3}$$

Questa equazione introduce l'ipotesi che le transizioni a grande ξ sono poco probabili. Possiamo anche sviluppare in serie la funzione contenuta nel secondo membro della (4.3), questa volta fino al secondo termine in x e scriverla pertanto come:

$$f(x+t,\tau) = f(x,t) + \xi \frac{\partial f(x,t)}{\partial x} + \frac{\xi^2}{2!} \frac{\partial^2 f(x,t)}{\partial x^2} + \ldots \tag{4.4}$$

In definitiva, la (4.4) diventa:

$$f(x,t) + \tau \frac{\partial f(x,t)}{\partial t} \approx$$
$$\approx \int_{-\infty}^{+\infty} \left[f(x,t) + \xi \frac{\partial f(x,t)}{\partial x} + \frac{\xi^2}{2!} \frac{\partial^2 f(x,t)}{\partial x^2} \right] p(\xi)d\xi. \tag{4.5}$$

La (4.4) si può allora scrivere finalmente, facendo la somma degli integrali:

$$f(x,t) + \tau \frac{\partial f(x,t)}{\partial t} \approx f(x,t) \int_{-\infty}^{+\infty} p(\xi)d\xi +$$
$$+ \frac{\partial f(x,t)}{\partial x} \int_{-\infty}^{+\infty} \xi p(\xi)d\xi + \frac{\partial^2 f(x,t)}{\partial x^2} \int_{-\infty}^{+\infty} \frac{\xi^2}{2!} p(\xi)d\xi. \tag{4.6}$$

Ora, i primi due integrali a destra valgono 1 per la (4.1); il secondo addendo pertanto si riduce alla derivata parziale.

Per esplicitare il terzo addendo, conviene introdurre, con Einstein, un coefficiente di diffusione Θ che caratterizza una *densità di corrente intrinseca di diffusione*, per definizione legata al flusso di particelle j_Θ che attraversano, nell'unità di tempo, una superficie unitaria immersa nel fluido. La densità di corrente di diffusione viene pertanto definita come:

$$j_\Theta = -\frac{\Theta}{2} \frac{\partial f(x,t)}{\partial x}; \tag{4.7}$$

Θ viene allora valutato come spostamento quadratico medio, cioè (il fattore 2 è un semplice artificio):

$$\Theta = \frac{2}{\tau} \int_{-\infty}^{+\infty} \frac{\xi^2}{2!} p(\xi)d\xi; \tag{4.8}$$

dal che la varianza della distribuzione è:

$$\sigma^2 = \langle \xi^2 \rangle = \Theta\, t. \tag{4.9}$$

Detto quanto sopra, la densità di probabilità $p(x)$ soddisfa l'equazione[2] di evoluzione:

$$\frac{\partial}{\partial t} p(x,t) = \frac{\Theta}{2} \frac{\partial^2}{\partial^2 x} p(x,t) \qquad \text{Fokker Planck staz.} \qquad (4.10)$$

La (4.10) è la tipica equazione di Fokker Plank della diffusione stazionaria che si studia nella termodinamica statistica la quale, nel caso di n particelle in sospensione, una volta imposta, per qualsiasi t positivo, la conservazione di n: $\int_{-\infty}^{+\infty} p(x,t) dt = n$ e la condizione iniziale $x_0 = x(0) = 0$, ammette la soluzione gaussiana:

$$p(x,t) = \frac{n}{\sqrt{2\pi\Theta t}} \exp \frac{(x-x_0)}{2\Theta t}. \qquad (4.11)$$

Chiamando $\xi = x - x_0$ si può finalmente scrivere:

$$p(\xi,t) = \frac{n}{\sqrt{2\pi\Theta t}} \exp \frac{\xi}{2\Theta t}. \qquad (4.12)$$

Il coefficiente di diffusione di Einstein Θ si ottiene dall'analisi macroscopica del moto di una particella di raggio r immersa in un fluido di viscosità η, sottoposta alla legge di Stokes. Ovverosia: detta F la forza esterna e v la velocità della sferetta di raggio r:

$$v = \frac{F}{6\pi\eta r}. \qquad (4.13)$$

In condizioni di equilibrio, quando la forza esterna e le correnti di diffusione statisticamente si bilanciano, la distribuzione di probabilità è data dalla distribuzione di Boltzmann[3]:

$$g(\xi,T) = A \exp F\xi/kT \qquad (4.14)$$

con A costante di normalizzazione, k costante di Bolzmann e T temperatura.

Dalla legge di Stokes si può dedurre che la densità di corrente di diffusione può essere scritta anche come:

$$j_\Theta = \frac{g(\xi,T)F}{6\pi\eta r}$$

con il che si può ricavare j_θ dalla (4.7) e scrivere:

$$-\frac{\Theta}{2} \frac{\partial g(\xi,T)}{\partial \xi} - \frac{g(\xi,T)F}{6\pi\eta r}. \qquad (4.15)$$

Derivando la distribuzione di Boltzmann e inserendo il risultato nella (4.15) si ricavano immediatamente due possibili formule per j_Θ:

$$j_\Theta = \frac{g(\xi,T)F}{3\pi\eta r} \ ; \quad j_\Theta = \frac{R}{N_0} \frac{1}{3\pi\eta r} \qquad (4.16)$$

---

[2] Ritroveremo questa equazione anche nel Capitolo 11. I primi lavori nei quali compare tale equazione risalgono ad Einstein, Langevin, Fokker e Planck.

[3] Questa equazione viene ricavata (A.20) nell'Appendice.

che permette di esprimere j_Θ sia in termini della temperatura T, sia in termini della costante dei gas perfetti R e del numero di Avogadro (oltre che della viscosità e del raggio delle sferette)[4].

Per quanto riguarda le proprietà del moto browniano, esaminando la (4.14) ci si accorge che, aumentando la risoluzione del microscopio usato per l'osservazione del fenomeno, si produce un *random walk* autosimile; in altre parole il moto browniano gode della proprietà di autosimilarità. Se si considera invece *anche* il tempo, la funzione $p(\xi,t)$ non è autosimile ma *autoaffine*[5].

4.3 Random walks mono-dimensionali

Consideriamo un moto browniano monodimensionale e siano, nell'intervallo di tempo τ, $+\xi$ e $-\xi$ gli incrementi lungo l'asse x. Operativamente possiamo pensare a ξ dell'ordine della dimensione media del corpuscolo in esame e τ dell'ordine di diverse unità maggiore del tempo medio di collisione. Naturalmente ξ non è zero. Assumiamo allora, come nel § 4.2, una distribuzione gaussiana:

$$p(\xi,\tau) = \frac{1}{\sqrt{\Theta\tau}\sqrt{2\pi}} \exp\left(-\frac{\xi^2}{2\Theta\tau}\right). \qquad (4.17)$$

Questa formula contiene informazioni importantissime. Immaginiamo il processo di *random walk* su scala microscopica come segue: scegliamo ξ a caso (passo ξ_i) ad intervalli di tempo regolari τ; la probabilità di trovare ξ tra ξ e $\xi + d\xi$ è data dalla funzione densità di probabilità $p(\xi,\tau)$ definita dalla (4.17); una sequenza di spostamenti $\{\xi_i\}$ è un insieme di variabili aleatorie, gaussiane per definizione, e quindi la varianza del processo è quella data dalla (4.9): $\sigma^2 = \langle \xi^2 \rangle = \Theta\tau$.

La gaussiana normalizzata si ottiene mediante un cambiamento di variabile nella (4.17) e successiva normalizzazione. La sostituzione da operare è: $\frac{\xi}{\sqrt{\Theta\tau}} \to \varepsilon$ e $\frac{d\xi}{\Theta\tau} \to d\varepsilon$ in modo da avere spostamenti ε con valore medio $\langle \varepsilon \rangle = 0$ e varianza $\langle \varepsilon^2 \rangle = 1$.

La funzione che descrive la posizione $X(t = n\tau) = \sum_1^n \xi_i$ in funzione del tempo t a partire da una posizione iniziale $X(0) = 0$ tende ad una funzione aleatoria per $\tau \to 0$ e $\xi \to 0$. Mandelbrot chiama $X(t)$ funzione di Brown. In Fig. 4.1 vengono riportati gli spostamenti e la funzione posizione di una tale distribuzione per 2500 passi successivi.

---

[4] Vale la pena di sottolineare che, all'inizio del XX secolo, queste misure venivano eseguite nella speranza di poter stimare le dimensioni molecolari.

[5] Rivedremo meglio il significato di questo termine nel § 4.4.

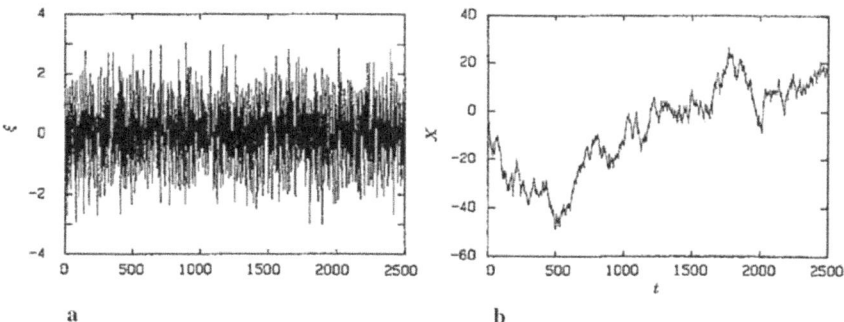

Fig. 4.1 Una sequenza di Gaussiane indipendenti: (a) incrementi casuali; (b) posizione della particella

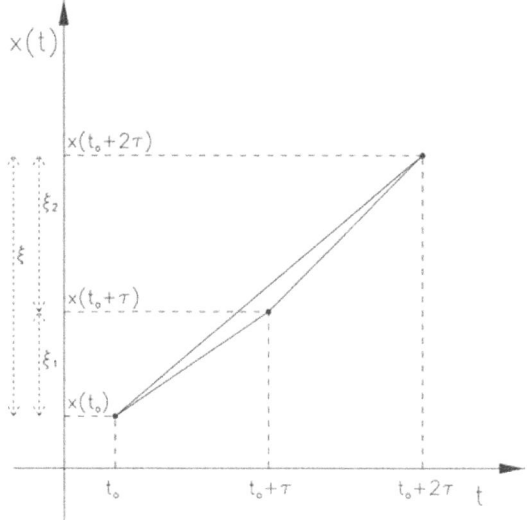

Fig. 4.2 L'incremento ξ nella posizione di una particella browniana al tempo 2τ come somma di due incrementi indipendenti ξ' e ξ''

4.4 Proprietà di scaling

Dobbiamo fare ora qualche considerazione concreta. Non osserviamo il moto browniano con evoluzione infinita, ma cerchiamo di vedere cosa succede se osserviamo il fenomeno non ogni τ, ma ogni $b\tau$ con b arbitrario. Per esempio prendiamo $b=2$. L'incremento ξ è la somma di due incrementi indipendenti ξ' e ξ'' come è possibile vedere in Fig. 4.2.

La probabilità congiunta $p(\xi';\xi'',\tau)d\xi'd\xi''$ che il primo incremento sia compreso tra ξ' e $\xi'+d\xi'$ e che il secondo sia compreso tra ξ'' e $\xi''+d\xi''$ è data

da:
$$p(\xi';\xi'',\tau) = p(\xi',\tau) \cdot p(\xi'',\tau). \tag{4.18}$$

Abbiamo assunto che la probabilità composta non è condizionata perché i due incrementi sono indipendenti statisticamente. I due incrementi devono sommarsi per dare ξ (possiamo perciò chiamare $\xi'' = \xi - \xi'$) per cui sommando (integrando) su tutte le possibili combinazioni di ξ' e ξ'', la densità di probabilità per l'incremento ξ è data da:

$$p(\xi, 2\tau) = \int_{-\infty}^{+\infty} d\xi' p(\xi - \xi', \tau) p(\xi', \tau) = \frac{1}{\sqrt{4\pi\Theta 2\tau}} e^{(-\frac{\xi^2}{4\Theta 2\tau})}. \tag{4.19}$$

Che significato ha questa equazione?

Se osserviamo il moto browniano con risoluzione temporale dimezzata (2τ), l'incremento nella posizione (monodimensionale!) del corpuscolo è ancora gaussiana attorno a $\langle \xi \rangle = 0$, ma adesso la varianza è diventata $\langle \xi^2 \rangle = 4\Theta\tau = 2\Theta(2\tau)$ e non $\langle \xi^2 \rangle = 2\Theta\tau$. Potremmo ripetere il discorso variando il valore del parametro b ed arriveremmo alla conclusione seguente: qualunque sia il numero b di tempi microscopici dopo i quali eseguiamo le osservazioni, troviamo che gli incrementi ξ della posizione del corpuscolo costituiscono un processo gaussiano aleatorio con $\langle \xi \rangle = 0$, ma con varianza $\langle \xi^2 \rangle = 2\Theta t$ con $t = b\tau$.

Questa conclusione che scaturisce dalla legge di Einstein è fondamentale:

$$\langle \xi^2 \rangle = \sum_1^n \xi_j^2 = 2\Theta \, n \, \tau. \tag{4.20}$$

Aumentando il numero degli addendi[6] la deviazione standard totale non aumenta come $\sqrt{n}$, ma come n.

La Fig. 4.3 descrive le osservazioni del moto browniano con risoluzione temporale 4τ. Si nota che, nonostante gli incrementi siano la somma di 4 ξ_i indipendenti,

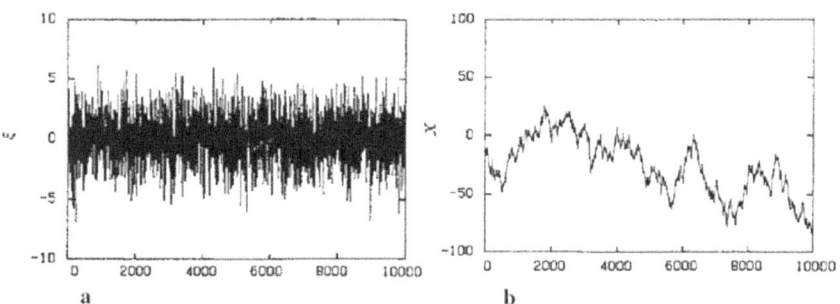

Fig. 4.3 Una sequenza di variabili gaussiane indipendenti osservata ogni 4τ: (a) incrementi casuali; (b) posizione della particella

---

[6] Si tenga presente questo fatto nell'Appendice.

è difficile rilevare la differenza con la Fig. 4.1, salvo la scala degli incrementi che adesso sono due volte più ampi. Anche $X(t)$ limitatamente a $t < 2500$ è statisticamente simile a quella del primo caso. Tuttavia nella singola realizzazione stocastica le due funzioni $X(t)$ sono differenti localmente e la scala verticale (che indica le deviazioni standard) non cambia del fattore $\sqrt{b}$ che ci si aspetterebbe. Il risultato che la funzione di Brown $X(t)$ sembra non cambiare al cambiare della risoluzione si chiama **invarianza di scala** della funzione browniana $X(t)$. Le proprietà di scaling del moto browniano si possono esprimere esplicitamente mediante le sostituzioni $\xi^0 \to \sqrt{b}\xi$, $\tau^0 \to b\tau$ nell'equazione (4.17) ottenendo:

$$p(\sqrt{b}\xi, b\tau) = \frac{1}{\sqrt{\Theta b\tau}\sqrt{2\pi}} \exp\left(-\frac{b\xi^2}{2\Theta\, b\tau}\right). \quad (4.21)$$

Ciò equivale a cambiare in Fig. 4.1 la scala del tempo di un fattore b e la scala delle lunghezze di un fattore $\sqrt{b}$. Come risultato di questa sostituzione si ottiene una relazione di scala delle funzioni di densità di probabilità:

$$p(\xi^0) = \sqrt{b}\xi, \tau^0 = b\tau) = \frac{1}{\sqrt{b}} p(\xi, \tau). \quad (4.22)$$

Il fattore $\sqrt{b}$ verifica che le due funzioni densità di probabilità sono normalizzate. L'equazione (4.22) mostra che il processo aleatorio browniano è invariante (nelle distribuzioni densità di probabilità) per una trasformazione di scala dei tempi $b\tau \to \tau^*$ e delle lunghezze $\sqrt{b}\xi \to \xi^*$. Una trasformazione nella quale i fattori di scala dei due assi sono diversi si chiama *trasformazione affine* e non autosomigliante o autosimilare. Le curve che si riproducono sotto una trasformazione affine si chiamano **curve autoaffini**. In preparazione alla trattazione successiva, del moto browniano frazionario (frattale), deduciamo anche la forma della distribuzione di densità per la funzione di Brown $X(t)$:

$$p[X(t) - X(t_0)] = \frac{1}{\sqrt{4\pi\Theta|t-t_0|}} \exp\left(-\frac{[X(t)-X(t_0)]^2}{4\Theta|t-t_0|}\right) \quad (4.23)$$

la quale soddisfa alla relazione di scala:

$$p(\sqrt{b}[X(t)-X(t_0)]) = \frac{1}{\sqrt{b}} p[X(t)-X(t_0)]. \quad (4.24)$$

Con queste distribuzioni di probabilità per la posizione del corpuscolo si ottengono il valore medio e la varianza associate:

$$\langle X(t)-X(t_0)\rangle = \int_{-\infty}^{+\infty} \Delta X p(\Delta X, t-t_0) d\Delta x = 0 \quad (4.25)$$

$$\langle [X(t)-X(t_0)]^2\rangle = \int_{-\infty}^{+\infty} \Delta X^2 p(\Delta X, t-t_0) d\Delta X = 2\Theta|t-t_0|. \quad (4.26)$$

La funzione $X(t)$ (monodimensionale) è una funzione aleatoria del tempo.

Nel 1923 Weiner ha dato la seguente elegante descrizione della funzione browniana $X(t)$: consideriamo un processo aleatorio gaussiano indipendente $\{\Xi\}$ e siano gli incrementi Δ nella posizione del corpuscolo browniano dati in modo del tutto generale:

$$\Delta = X(t) - X(t_0) = \xi |t - t_0|^H \qquad (4.27)$$

per $t \geq t_0$ e per una qualsiasi coppia di valori t e t_0. H è un parametro arbitrario introdotto analogamente a quanto fatto in precedenza per Θ per indicare la dimensione frattale. La (4.27) definisce una funzione aleatoria e vale per ogni istante iniziale t_0, sia nota oppure ignota la funzione $X(t)$ per $t < t_0$. Con la definizione (4.27) si ottiene la posizione $X(t)$ una volta data la funzione $X(t_0)$, scegliendo un numero a caso ξ da una distribuzione gaussiana, moltiplicandolo per l'incremento temporale $\Delta t = |t - t_0|^H$ e aggiungendo il valore trovato alla funzione $X(t_0)$. Lo stesso si può fare anche per $t < t_0$. La funzione ottenuta è continua ma non è derivabile. Essa ha la distribuzione di probabilità (4.23). La variabile ridotta ε si definisce quindi come:

$$\varepsilon = \frac{X(t) - X(t_0)}{\sqrt{2\Theta\tau} \, |\frac{t-t_0}{\tau}|^H} \qquad (4.28)$$

con la quale si ottiene, ponendo $H = 1/2$:

$$p(\varepsilon) = \frac{1}{\sqrt{2\pi}} \exp\left(-\frac{\varepsilon^2}{2}\right) \qquad (4.29)$$

che è la forma ridotta di una distribuzione gaussiana.

Arrivati a questo punto, abbiamo studiato il moto browniano tradizionale che ha una serie di proprietà tra cui sono rilevanti le seguenti:

- proprietà di scaling-affinità;
- proporzionalità delle varianze alle variabili;
- linearità nella somma delle deviazioni standard.

4.5 Il moto browniano frazionale

Abbiamo visto che i fattori di scala per i quali il processo aleatorio browniano classico risulta invariante sono:

$$\sqrt{b}\xi \to \xi^*, \quad b\tau \to \tau^*. \qquad (4.30)$$

Fin dal 1968 Mandelbrot e Van Ness [13, 27] hanno introdotto il concetto di moto browniano frazionale per definire la generalizzazione della funzione browniana $X(t)$. Come Mandelbrot faccia ciò lo possiamo immaginare sulla base di quanto detto nel Capitolo 2 per ottenere la dimensione frattale di un insieme. Abbiamo visto che per il moto browniano Weiner nel 1923 aveva dato una elegante descrizione della funzione browniana $X(t)$ assumendo gli incrementi Δ nella posizione del corpuscolo soggetto a moto browniano dati in modo del tutto generale dall'espressione:

$$\Delta = X(t) - X(t_0) = \xi |t - t_0|^H. \tag{4.31}$$

Usando la sostituzione (4.30) nella (4.31) si ottiene $H = 1/2$. Mandelbrot ipotizza che H possa assumere qualsiasi valore nell'intervallo $0 < H < 1$. H è noto con il nome di *esponente di Hurst*.

Per $H = 1/2$ si ha quindi il caso speciale di incrementi stocasticamente indipendenti (per il moto browniano classico).

Per $H \neq 1/2$ si ha il caso generale di incrementi frazionali di variabili aleatorie stocasticamente non indipendenti e quindi di moto browniano frazionale. Sostituiamo quindi $X(t) \leftrightarrow B_H(t)$ [chiaro che nel caso classico $x(t) = B_{1/2}(t)$] e ridefiniamo quindi le caratteristiche del moto browniano:

- in un processo browniano frazionale l'incremento medio è nullo:

$$\langle B_H(t) - B_H(t_0) \rangle = 0; \tag{4.32}$$

- la varianza degli incrementi $V(t - t_0)$ è data generalizzando l'espressione di Weiner:

$$V(t - t_0) = \langle [B_H(t) - B_H(t_0)]^2 \rangle = 2\Theta\tau \left|\frac{t - t_0}{\tau}\right|^{2H}. \tag{4.33}$$

È importante sottolineare che nel moto browniano frazionario le varianze divergono all'aumentare del tempo di osservazione. La relazione (4.33) del moto browniano introduce una correlazione *a lungo range in t*. In particolare gli incrementi passati ($t < 0$) risultano correlati agli incrementi futuri ($t > 0$).

Per comodità assumiamo ora $t = 1$, $B_H(0) = 0$, e, per esempio, $\tau = 1$; $2\Theta\tau = 1$.

Ricordiamo che il fattore di correlazione di una funzione aleatoria $f(x,y)$ con $\sigma_x^2 = \sigma_y^2$ è:

$$\rho = \frac{\sigma_{xy}}{\sigma_x^2} = \frac{\langle xy \rangle}{\langle x \rangle \langle y \rangle} \tag{4.34}$$

per cui nel nostro caso il fattore di correlazione in funzione del tempo è:

$$c(t) = \frac{\langle [B_H(0) - B_H(-t)][B_H(t) - B_H(0)] \rangle}{\langle [B_H(t) - B_H(0)]^2 \rangle} =$$
$$= \upsilon^? - \Delta. \tag{4.35}$$

Alla luce della (4.33) dobbiamo considerare, al denominatore, al posto di τ un intervallo di tempo $\Delta = |\delta t|^2 + |-\delta t|^2 = 2$, che è la somma di due intervallini (unitari): δt per i tempi positivi e $-\delta t$ per i tempi negativi; inoltre: $\sigma^2 = 2^{2H}$ [come dalla (4.33)] e quindi:

$$c(t) = 2[2^{2H-1} - 1]. \tag{4.36}$$

Per $H = 1/2$ risulta che $c = 0$ e quindi gli incrementi sono indipendenti, mentre se $H \neq 1/2$ $c \neq 0$ indipendentemente da t. Dalla (4.36) si possono dedurre i comportamenti di:

- **persistenza**: se $H > 1/2$, se per $t < 0$ si è avuta una serie di incrementi positivi, si ha una media di incrementi positivi per il futuro;
- **antipersistenza**: se $H < 1/2$, se per $t < 0$ si è avuta una serie di incrementi positivi si ha una media di incrementi negativi per il futuro.

Tutto questo rimane vero per qualunque t.

Occorre rimarcare con forza che un comportamento di questo tipo per la funzione evolutiva $B_H(t)$ è in chiaro conflitto con quanto si assume nella statistica tradizionale applicata ai sistemi fisici. Per la fisica statistica tradizionale l'ipotesi a volte tacitamente fatta è che ci possono essere correlazioni a corto range (per piccoli Δt) ma che gli eventi diventano completamente scorrelati per $\Delta t \to \infty$ (o per $\Delta \to \infty$). Questa indipendenza statistica a grandi distanze o a grandi differenze temporali è un ingrediente indispensabile per formalizzare il concetto di equilibrio termico, ma ci sono eccezioni ben note!

Il punto critico di un fluido, essendo un punto di transizione di fase del 2^0 ordine, è tale che quando il sistema gli si avvicina nello spazio delle fasi, le funzioni di correlazione di densità molecolare sviluppano una componente che non ha una intrinseca scala né per le lunghezze né per i tempi. Per conseguenza l'energia libera F possiede una parte cruciale e critica che mostra le proprietà di scala della (4.28). Questo avviene per tutti i fenomeni (o le condizioni) di transizione di fase del 2^0 ordine. In quelle condizioni il comportamento secondo leggi di potenza diventa una regola e non l'eccezione (es: sviluppi di stelle in certe condizioni, produzione multipla di adroni alle alte energie, sviluppi di tornado, ecc...). Il moto browniano frazionale è molto utile per modellare le serie temporali dei fenomeni che possono mostrare lunghi periodi di persistenza (effetto Noè, effetto Giuseppe)[7].

4.5.1 Definizione di moto browniano frazionale

Un modo per capire le proprietà del processo aleatorio browniano frazionale è quello di preparare una simulazione con computer per generare i risultati che abbiamo mostrato nelle figure del moto browniano. La funzione browniana di Mandelbrot e Van Ness deve essere una funzione casuale:

$$B_H(t) = \frac{1}{\Gamma(H+\frac{1}{2})} \int_{-\infty}^{t} (t-t')^{H-1/2} dB_H(t'). \quad (4.37)$$

$B_H(t)$ è una distribuzione frazionale browniana, Γ è la funzione di Eulero, $(t-t')^{H-1/2}$ è una modifica introdotta da Mandelbrot e Van Ness, $dB_H(t')$ è un incremento del processo gaussiano di base e il valore medio $\langle B_H(t) \rangle$ è nullo. Le notazioni diventano chiare quando si discretizza per l'uso di un calcolatore. In generale la funzione $k(t-t') = (t-t')^{H-1/2}$ è detta *kernel* (nucleo) dell'equazione (4.37).

Scegliamo ora una unità di tempo per cui t sia intero. Dividiamo questo intervallo di tempo in n parti (*steps*), al fine di simulare l'integrale.

---
[7] Mandelbrot, *The Fractal Geometry of Nature*, Freeman, pp. 248-249.

4.5 Il moto browniano frazionale

Possiamo così scrivere il tempo t' di integrazione come $t' = \frac{i}{n}$ con $i = -\infty, \ldots,$ $-nt, -(n-1)t, \ldots, -2, -1, 0, 1, 2, \ldots, (n-1)t, nt$. Invece dell'incremento $dB_H(t')$ del processo gaussiano si può scrivere come discretizzazione $dB_H(t') \to \frac{1}{\sqrt{n}}\xi_i$ dove ξ_i è una variabile gaussiana discreta con media nulla e varianza $\sigma^2 = 1$. Il termine $\frac{1}{\sqrt{n}}$ è il termine di scala (si ricordi il fattore $b^{-1/2}$) che riscala gli incrementi gaussiani browniani col diminuire del tempo di osservazione; cioè approssimativamente:

$$B_H(t) \simeq \frac{1}{\Gamma(H+\frac{1}{2})} \sum_{i=-\infty}^{nt} \left(t - \frac{i}{n}\right)^{H-1/2} n^{-1/2} \xi_i. \quad (4.38)$$

Chiaramente questa serie non converge, così come l'integrale (4.37) diverge per $t' \to -\infty$. Per evitare la divergenza occorre usare un artificio matematico, o meglio, una funzione più precisa di Mandelbrot e Van Ness e cioè:

$$B_H(t) = \frac{1}{\Gamma(H+\frac{1}{2})} \int_{-\infty}^{t} k(t-t') dB_H(t') \quad (4.39)$$

dove il kernel $k(t - t')$ è un po' più complicato della semplice legge di potenza inserita nella (4.37). In particolare Mandelbrot e Van Ness usano:

$$k(t-t') = \begin{cases} (t-t')^{H-1/2} & \text{per } 0 \leq t' \leq t \\ [(t-t')^{H-1/2} - (-t')^{H-1/2}] & \text{per } t' < 0. \end{cases}$$

Questo kernel va a 0 abbastanza rapidamente ed assicura la convergenza, vuoi dell'integrale vuoi della sommatoria per la quale il kernel assume la forma:

$$k\left(t - \frac{i}{n}\right) = \begin{cases} \left(t - \frac{i}{n}\right)^{H-1/2} & \text{per } 0 \leq i \leq nt \\ \left[\left(t - \frac{i}{n}\right)^{H-1/2} - \left(-\frac{i}{n}\right)^{H-1/2}\right] & \text{per } i < 0. \end{cases}$$

In ogni caso, quella usata è una deformazione legittima della variabile gaussiana di incrementi indipendenti. L'equazione di Mandelbrot-Van Ness ha la forma di una generica curva di risposta lineare (per esempio di un circuito elettronico lineare). Questa equazione dice che l'incremento gaussiano $dB_H(t')$ di ampiezza unitaria al tempo t' dà un contributo alla posizione frattale browniana $B_H(t)$ ad un istante posteriore t determinato dalla funzione lineare di risposta $k(t - t')$. La caratteristica del kernel sta nella forma di legge di potenza la quale non ha una scala intrinseca dei tempi o una unità di misura.

Lo scaling della forma dell'equazione si vede cambiando la scala dei tempi di un fattore b (ricordiamo: $\hat{\xi} \to \sqrt{b}\xi$ e $\hat{\tau} \to b\tau$):

$$B_H(bt) - B_H(0) = \frac{1}{\Gamma(H+\frac{1}{2})} \int_{-\infty}^{bt} k(bt - bt') dB_H(t') \quad (4.40)$$

dove $t' = b\hat{t}$. Ma $dB(t')$ è una distribuzione aleatoria browniana gaussiana e pertanto $dB(b\hat{t}) = \sqrt{b}dB_H(\hat{t})$.

D'altro canto il kernel $k(bt - b\hat{t}) = b^{H-1/2}k(t - \hat{t})$ per cui:

$$B_H(bt) - B_H(0) = b^{H-1/2+1/2}[B_H(t) - B_H(0)] =$$
$$= b^H[B_H(t) - B_H(0)]$$

e questa relazione di scala è valida per ogni b.

Per ricondurci all'inizio ed alle equazioni già scritte nei paragrafi precedenti prendiamo $t = 1$ e $\Delta t = bt$. Otteniamo che l'incremento frazionale browniano è proporzionale a $|\Delta t|^H$. Ne consegue che la varianza degli incrementi risulta (prendendo $t_0 = 0$ e $\Delta t = t - t_0$):

$$V(t - t_0) = \langle [B_H(t) - B_H(0)]^2 \rangle = 2\Theta \, \tau \left| \frac{\Delta t}{\tau} \right|^{2H} \sim |\Delta t|^{2H}. \qquad (4.41)$$

La (4.41) rappresenta una legge di potenza e dimostra che l'equazione di Mandelbrot-Van Ness è una buona scelta che generalizza il moto browniano gaussiano.

4.5.2 Simulazione del moto browniano frazionale

Per una simulazione con computer occorre procedere all'introduzione del kernel nella funzione discreta di Mandelbrot-Van Ness per rendere convergente la sommatoria.

È però chiaro che in pratica un calcolo di B_H può usare solo un numero finito di termini e pertanto la sommatoria può coprire un intervallo finito M di tempi t (interi per assunzione, $\max(t) = M$). L'equazione approssimata è dovuta a Mandelbrot e Wallis e si scrive legando B_H ai tempi t e $t - 1$ come nella (4.38):

$$B_H(t) - B_H(t-1) = \frac{1}{\Gamma(H + \frac{1}{2})} \sum_{i=-n(t-M)}^{nt} k\left(t - \frac{i}{n}\right) n^{-1/2} \xi_i. \qquad (4.42)$$

In questa formula $\{\xi_i\}$ è un vettore di variabili aleatorie gaussiane per $i = 1, 2, \ldots M$ con media nulla e varianza unitaria.

Introducendo il kernel (t interi):

$$k\left(t - \frac{i}{n}\right) = \begin{cases} \left(t - \frac{i}{n}\right)^{H-1/2} & \text{per } 0 \leq i \leq M \\ \left[\left(t - \frac{i}{n}\right)^{H-1/2} - \left(-\frac{i}{n}\right)^{H-1/2}\right] & \text{per } i < 0 \end{cases}$$

si ottiene il risultato. La procedura è un poco laboriosa: occorre cambiare l'indice di sommatoria, evidenziare che c'è un n^{-H} in ogni termine, riarrangiare gli addendi, ecc... ma alla fine si ottiene l'equazione di Mandelbrot-Wallis nella forma:

$$B_H(t) - B_H(t-1) =$$
$$= \frac{n^{-H}}{\Gamma(H+\frac{1}{2})} \left\{ \sum_{i=1}^{n} (i)^{H-1/2} \xi_{[1+n(M+t)-i]} + \right.$$
$$\left. + \sum_{i=1}^{n(M-1)} \left[(n+i)^{H-1/2} - (i)^{H-1/2} \right] \xi_{[1+n(M-1+t)-i]} \right\} \quad (4.43)$$

dove $i = n(t-M) \to [1+n(M+t)-i] = t$ e $[1+n(M-1+t)-i] = t-1$.

L'equazione di Mandelbrot-Wallis permette di ottenere una sequenza di incrementi browniani frazionali partendo da una sequenza di incrementi browniani gaussiani cioè da una sequenza di variabili casuali gaussiane. Ciò porta a mediare il processo gaussiano con una funzione peso data da una legge di potenza (che è caratteristica dei processi frattali!).

Un'importantissima osservazione si impone a questo punto. Poiché M è intero e limitato, nella sommatoria si includono solo M termini. Quindi per $t \gg M$ gli incrementi diventano contributi di un processo aleatorio gaussiano indipendente.

L'algoritmo dato dalla procedura di Mandelbrot-Wallis è poco efficiente perché occorre valutare la somma di $n \cdot M$ termini per determinare ogni incremento di B_H; Mandelbrot [28] ha migliorato l'algoritmo dal punto di vista applicativo (ma ciò non è importante qui).

L'effetto introdotto dall'aumentare n (dunque lo *step time*) è quello di fornire una approssimazione più precisa per la derivazione di $B_H(t)$ su intervalli di tempo Δt brevi. Nella Fig. 4.4 è stato assunto $n = 8$. Queste figure costituiscono delle distribuzioni di rumore. Per $H = 0.5$ il rumore gaussiano è detto rumore bianco (*white noise*), mentre per gli altri valori di H si chiama *fractal noise*. Si osserva che

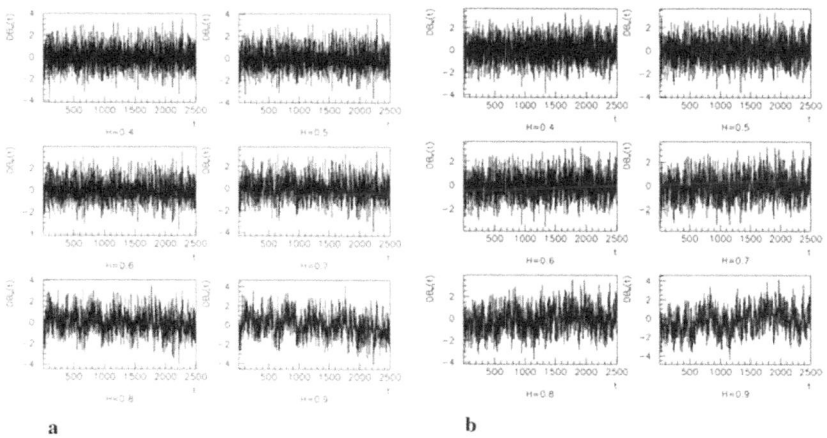

Fig. 4.4 (a) Incrementi della funzione Browniana B_H simulati con $M = 700$ e $n = 8$. Metodo con il teorema del limite centrale; (b) metodo con subroutine del CERN

74   4 Random Walks e Frattali

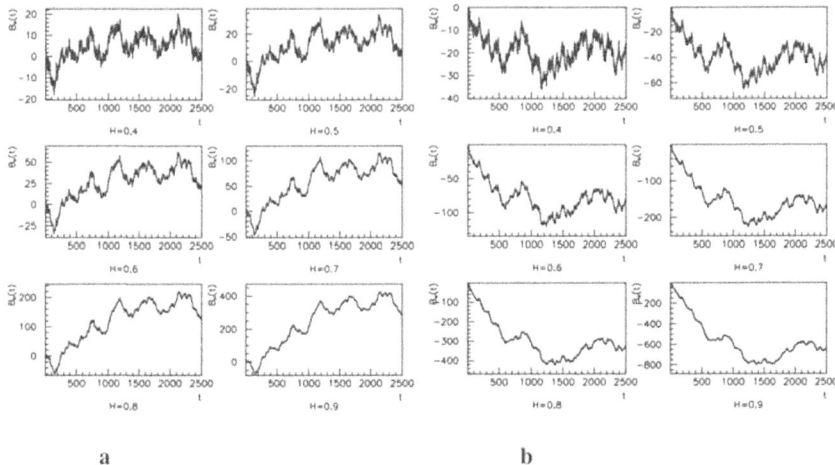

a   b

Fig. 4.5 La funzione Browniana B_H simulata con $M = 700$ e $n = 8$; (a) metodo con il teorema del limite centrale; (b) metodo con subroutine del CERN

all'aumentare di H diminuisce il rumore ad alta frequenza, facendo prevalere così le basse frequenze.

Nelle Fig. 4.4a,b e Fig. 4.5a,b, sono tracciate le funzioni browniane in funzione del tempo, cioè l'evoluzione temporale della posizione di una particella soggetta ad un moto browniano frazionale unidimensionale lungo l'asse delle x, che parte dalla posizione $x = 0$ per $t = 0$, posizione ottenuta usando gli incrementi della Fig. 4.6.

Con l'aumentare dell'esponente di Hurst H cosa succede? Succede che aumenta il valore massimo delle elongazioni dello spostamento dall'origine ed il rumore si riduce proporzionalmente. In confronto con il moto browniano gaussiano il moto browniano frazionale o frattale permette degli allontanamenti anomali più marcati, cioè permette fluttuazioni più ampie di quelle gaussiane. Il moto frattale browniano ha in-

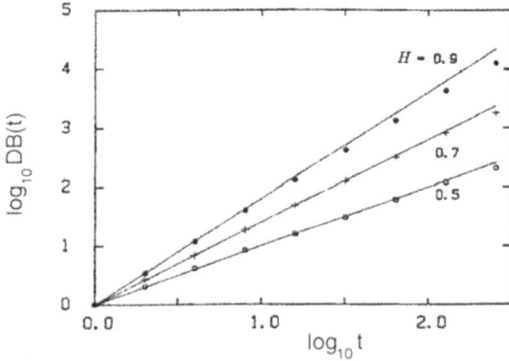

Fig. 4.6 La correlazione degli incrementi della funzione B_H per $M = 700$ e $n = 8$

fatti una varianza (nella posizione) data dalla (4.41). Usando la relazione di Einstein $\Theta = \frac{\xi^2}{2\tau}$ si può definire un parametro detto **diffusibilità anomala** la quale assume una grande importanza nei fenomeni di trasporto frattale. Se $\langle X(t)^2 \rangle = 2\Theta \ \tau |\frac{t}{\tau}|^{2H}$ si definisce Θ_H legato alla variazione della varianza col tempo; cioè (per $\tau = 1$):

$$\Theta_H = \frac{d}{dt}\left(\frac{1}{2}\langle x(t)^2\rangle\right) = \Theta |t|^{(2H-1)}. \tag{4.44}$$

Questo parametro compare nei fenomeni lontani dall'equilibrio, per esempio la conducibilità elettrica di sistemi casuali (fulmini, aurore boreali, ecc...). Vale sottolineare che il carattere anomalo di Θ_H deriva dalla natura frattale del *random walk* nello spazio euclideo. Se chiamiamo t il tempo di adattamento di un sistema caotico alla situazione osservabile all'istante t, la varianza degli incrementi, invece che gaussiana si può scrivere, causa la normalizzazione:

$$V(t) = \frac{\langle [B_H(t) - B_H(0)]^2 \rangle}{\langle B_H(t)^2 \rangle} = |t|^{2H} \tag{4.45}$$

e verificare che, ricavando $B_H(t)$ dalla Fig. 4.4, questa relazione è ben rispettata.

Tuttavia abbiamo detto che per $t \gg M$ le fluttuazioni tendono a diventare gaussiane (processi incrementali casuali indipendenti). Le riportiamo nel grafico di Fig. 4.6 dove $\log_{10} V(t) = 2H \log_{10} |t|$ e chiamiamo t il tempo di adattamento. Tutte le pendenze tendono per $t \gg M$ ($t \sim 35M$) a far sì che $2H = 1$. Quando $t \gg M$ il rumore frattale tende a scomparire ed a ridursi al rumore bianco. Per estendere la regione temporale interessata dal rumore frattale basta aumentare M.

4.6 L'analisi range-varianza

Lo scaling della equazione $B_H(bt) - B_H(0) = b^H[B_H(t) - B_H(0)]$ ha portato alla conseguenza che la funzione casuale è proporzionale a $|\Delta t|^H$, cioè $B_H(\Delta t) \propto |\Delta t|^H$. Ciò implica anche che il range R (cioè l'elongazione-posizione al tempo di adattamento τ) è una funzione casuale che gode della proprietà:

$$R(\tau) \simeq \tau^H. \tag{4.46}$$

Ora, poiché la varianza vera $\sigma^2 = 1$ e la varianza del campione usato è ≈ 1 si può definire un range riscalato $R(\tau)/\sigma$ che anche gode della proprietà $R(\tau)/\sigma^2 \simeq \tau^H$. Con il che scopriamo che l'esponente di Hurst si può sperimentalmente stimare prendendo:

$$\log_{10} \frac{R(\tau)}{\sigma^2} \simeq H \log_{10} \tau \tag{4.47}$$

e facendo un fit dei risultanti ottenuti dalla simulazione. Qui si può fare una verifica sui dati simulati dall'equazione di Mandelbrot-Wallis tenendo conto che essa è una espressione approssimata; si può cioè interpolare la curva:

$$\log_{10} \frac{R(\tau)}{\sigma^2} = H \log_{10}(a\tau) = H[\log_{10} a + \log_{10} \tau]. \qquad (4.48)$$

Interpolando la distribuzione dei dati simulati da un processo browniano gaussiano con la (4.46) si ottiene $H = 0.510 \pm 0.008$; cioè si verifica l'ipotesi $H = 0.5$ con una incertezza del 2%. Interpolando la curva $H[\log_{10} a + \log_{10} \tau]$ si trova anche $a = 1.1 \pm 0.1$.

Per la funzione $B_{0.9}(t)$ di un processo browniano frattale con $H_{\text{gen}} = 0.9$ le cose vanno diversamente. La curva è molto diversa da quella del processo gaussiano. L'esponente di Hurst è riprodotto solo approssimativamente: $H_{\text{out}} = 0.81 \pm 0.02$, valore che è inferiore del 10% rispetto ad H_{gen}. Va sottolineato che usiamo solo una memoria finita, limitata a $(M = 700)$ e una risoluzione finita ($n = 8$); infatti $H_{\text{out}} < H_{\text{gen}}$ perché per $\tau > 700$ $H \to 0.5$. Per ottenere un valore di H_{out} più vicino ad H_{gen} occorre aumentare il valore di M; per esempio $M \simeq 2500$.

Per semplificare gli algoritmi utilizzati la formula è stata spezzata in termini calcolati separatamente.

5
Misure di insiemi frattali

5.1 Introduzione

Un'introduzione ai multifrattali più impegnata, rispetto a quella intuitiva di considerarli come insiemi dipendenti da un parametro cosicché una misura dell'insieme può avere dimensione $D = D(h)$ funzione del parametro h (per esempio l'altitudine), richiede di procedere secondo una metodica più rigorosa, e nello stesso tempo una breve introduzione illustrativa.

L'invarianza di scala (o *scaling*), che è contenuta nella terza definizione di frattale data da Mandelbrot nel Capitolo 2, è la proprietà per cui una relazione matematica risulta invariata se variamo la scala con cui esprimiamo le grandezze in essa contenute:

$$f(\lambda x) = \lambda^\alpha f(x) \tag{5.1}$$

dove λ è detto fattore di scala e α esponente di scala[1]. Nella seconda delle definizioni proposte da Mandelbrot, che si rifà alla misura di Hausdorff e Besicovitch di un insieme, l'invarianza è espressa volontariamente in una forma vaga, in modo che possa comprendere la più grande gamma possibile di fenomeni che presentino tale proprietà. In particolare essa può comprendere i casi in cui le proprietà di scaling si sono ritrovate nelle distribuzione di probabilità di una certa grandezza misurabile; in tal caso l'invarianza è solo di tipo statistico. Proprio questo aspetto è per noi importantissimo perché in fisica è quello più facilmente riscontrato ad esempio in fenomeni quali la turbolenza, la pioggia, il moto browniano, le piene dei fiumi, gli sciami adronici ecc. Frattali perfettamente autosimili come la curva triadica di Koch sono in natura delle idealizzazioni; esse giocano il ruolo di esempi principe per la definizione del concetto di frattale, ma sono spesso svianti. Essi sono innaturali quanto potevano esserlo le curve lisce usate in precedenza per descrivere le forme della natura. Il moto browniano invece, è un moto fisico del tutto speciale: la tra-

---

[1] Purtroppo, in troppe occasioni i parametri vengono chiamati α. Accade anche in questo volume. Tuttavia, si fa affidamento sul buon senso e sulla elasticità mentale dei lettori per capire che il significato è diverso nelle diverse circostanze. La scelta favorisce invece il confronto con i lavori originali e con i simboli usati nella letteratura specialistica.

iettoria di una particella soggetta a moto browniano nel piano ha sia la dimensione topologica che quella di Hausdorff uguale a 2; infatti la traiettoria passa per qualsiasi punto dello spazio delle fasi (Teorema di Liouville della meccanica statistica). In senso stretto non sarebbe considerato un frattale. Tuttavia abbiamo visto che si arricchisce la possibilità descrittiva generalizzando il parametro di Hurst come abbiamo fatto nel Capitolo 2.

I **multifrattali** sono oggetti o insiemi che posseggono più di una dimensione frattale. Ne possono esistere sia di geometrici che di stocastici. In questi ultimi le proprietà di scaling sono presenti nelle distribuzioni di probabilità e pertanto sono molto più importanti di quelli geometrici per lo studio dei fenomeni naturali. Un esempio tipico di multifrattale geometrico è una montagna o meglio l'insieme delle sue sezioni orizzontali individuate, su di una cartina, dalle isoipse. Tali sezioni hanno dimensione frattale diversa a seconda della quota alla quale sono eseguite, così che abbiamo una funzione di dimensione frattale che dipende da un parametro continuo (l'altitudine). Tale nozione di dipendenza da un parametro è tipica di tutti i fenomeni multifrattali. Altri tipi di multifrattali sorgono in modo naturale da fenomeni generati da cascate moltiplicative (come vedremo più avanti).

Pensiamo ad una popolazione fatta di membri-costituenti distribuiti in un volume di dimensione lineare L, cioè in un volume L^E (dove E è la dimensione dello spazio di immersione). Per intenderci la popolazione potrebbe essere:

- la popolazione umana distribuita sulla superficie terrestre;
- la posizione delle stazioni meteorologiche nel mondo (che sono distribuite in modo molto disuniforme nei diversi continenti);
- la dissipazione di energia nello spazio (importante in tutti i fenomeni di turbolenza);
- le fluttuazioni del rumore in una linea di trasmissione (esempio di distribuzione ad una dimensione);
- la distribuzione di impurità sulla superficie o dentro la massa di un corpo (molto comune in molti fenomeni fisici);
- i momenti magnetici all'interno di un magnete (i magneti non si magnetizzano uniformemente).

Molte variabili fisiche possono fluttuare in modo selvaggio nello spazio. L'oro, per esempio, si trova in concentrazioni abbondanti soltanto in pochissime zone, ma in concentrazioni molto molto basse in moltissime parti.

La potenza della descrizione multifrattale è quella di essere valida a qualunque scala (km, m, μm). Una misura multifrattale è legata allo studio di una distribuzione di grandezze fisiche (o di altre quantità) in un supporto geometrico ($\Rightarrow$ multifrattali geometrici). Il supporto può essere euclideo (linea, superficie, volume) o potrebbe essere a sua volta un insieme frattale di dimensione D non intera, ma inferiore alla dimensione E dello spazio di immersione. Alla enunciazione dei concetti fondamentali sui multifrattali hanno contribuito i seguenti lavori: Mandelbrot nel 1972/74 nella descrizione dei fenomeni di turbolenza [30], Mandelbrot nel 1982 estendendo la trattazione a molti altri contesti [12], Frisch e Parisi nel 1985 sviluppando ulteriormente l'applicazione alla turbolenza [36]b, Katzen e Procaccia [38] nel 1987 interpretando la non analiticità delle dimensioni di insiemi multifrattali di interesse fisico come le transizioni di fase.

L'idea che una misura frattale si possa rappresentare in termini di sottoinsiemi frattali tra loro intrecciati e intercorrelati che hanno esponenti di scala diversi apre una nuova vasta gamma di opportunità per l'applicazione della geometria frattale ai sistemi fisici. In questo capitolo pertanto vogliamo discutere alcune idee di base ed illustrare qualche esempio significativo.

5.2 Barra di Cantor e scale diaboliche

Cerchiamo di migliorare il significato primordiale dell'insieme di Cantor. L'iniziatore dell'insieme non è più l'intervallo unitario bensì una barra di un materiale di densità lineare $\rho_o = 1$ e di lunghezza originaria $l_o = 1$ e quindi di massa $m_o = 1$. Invece che applicare il generatore usato nel Capitolo 2, dividiamo la barra in due pezzi uguali di massa $m_1 = m_2 = 0.5$ e *martelliamo i due pezzi* fino a farli diventare di lunghezza $l_1 = l_2 = 1/3$. La densità aumenta da $\rho_o = 1$ a $\rho = \frac{m_1+m_2}{l_1+l_2} = \frac{3}{2}$. Ripetendo n volte l'applicazione del nuovo generatore (l'operazione di taglio e martellamento), alla generazione n ci troviamo con $M = 2^n$ barrette di lunghezza $l_n = 3^{-n}$ e di massa $m_n = 2^{-n}$. Abbiamo fatto in modo che il processo conservi la massa, cioè che:

$$\sum_{i=1}^{n} m_i = 1. \qquad (5.2)$$

Mandelbrot chiamò questo processo rattrappimento (*curdling*), cioè la trasformazione di una barra omogenea in un insieme a macchia di leopardo, fortemente disomogeneo con concentrazioni di alta densità in regioni sempre più piccole. Cosa consegue da quanto sopra? Che per $l_i \leq \delta$ (dove $\lambda = 1/\delta$ è la risoluzione al passo n-esimo) la massa di un segmento l_i è:

$$m_i = l_i^{\frac{\log 2}{\log 3}} = l_i^{\alpha} \qquad (5.3)$$

con $\alpha = \frac{\log 2}{\log 3} < 1$. La densità del segmento l_i è invece:

$$\rho_i = \frac{m_i}{l_i} = l_i^{\alpha-1}.$$

L'esponente α viene detto **esponente di Lipschitz-Hölder** e controlla la singolarità della densità ρ_i; α si chiama pertanto anche **esponente della singolarità**. Possiamo quindi costruire una curva triadica di Cantor (Fig. 5.1) nella quale in ordinata rappresentiamo la densità ρ proporzionale all'altezza dei segmenti.

La nostra modifica impone di specificare α per sapere come aumenta la densità al decrescere di l_i. Questo insieme di supporto della massa è un frattale di dimensioni $D = \frac{\log 2}{\log 3}$. Possiamo pertanto dire che le singolarità di esponente α hanno un supporto di dimensione frattale D.

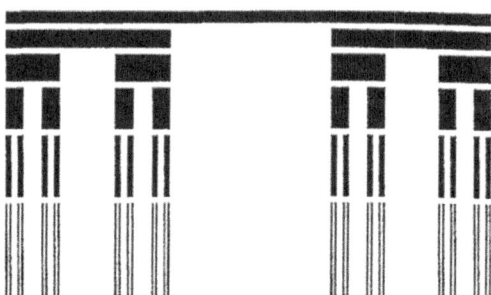

Fig. 5.1 La barra triadica di Cantor

Abbiamo supposto che m_i rappresentasse la massa di una barra di Cantor; avremmo indifferentemente potuto immaginare che m fosse la carica elettrica, il momento magnetico, la vorticità idrodinamica o anche la probabilità di qualche fenomeno, visto che abbiamo assicurato la unitarietà ($\sum m_i = 1$). Pertanto m può *misurare* qualunque quantità *appoggiata* ad un insieme geometrico. Possiamo inoltre usare un iniziatore diverso ed un generatore diverso.

Partendo dalla barra di Cantor possiamo fare una interessante costruzione. Poniamo $x = 0$ all'inizio di sinistra della barra e calcoliamo la massa contenuta nel segmento $[0,x]$:

$$M(x) = \int_0^x \rho(t)dt = \int_0^x dm(t).$$

Qui la densità $\rho(t)$ è zero in tutte le zone *bianche* e diventa ∞ in tutte le zone *nere* della Fig. 5.1, quando l'insieme di Cantor diventa una polvere di punti.

La massa subisce dei salti nei punti in cui un bianco è seguito da un nero, ed è costante nei tratti bianchi. Se si ragionasse secondo Lebesgue, si potrebbe ragionare approssimativamente come segue: la massa rimane costante nei tratti che corrispondono ai buchi, ma la lunghezza dei buchi è 1, cioè la lunghezza della sbarra. Poiché la densità è zero nei buchi e i buchi sono in tutto lunghi 1, la massa è zero.

Chiaramente un ragionamento di questo genere è sbagliato. La massa subisce dei salti infinitesimi in corrispondenza di ciascun punto dell'insieme di Cantor e tutti i contributi fanno sì che:

$$M(1) = \int_0^1 dm = 1.$$

$M(x)$, rappresentata in Fig. 5.2 e chiamata *scala del diavolo*, è quasi dovunque orizzontale e la curva è autoaffine [31].

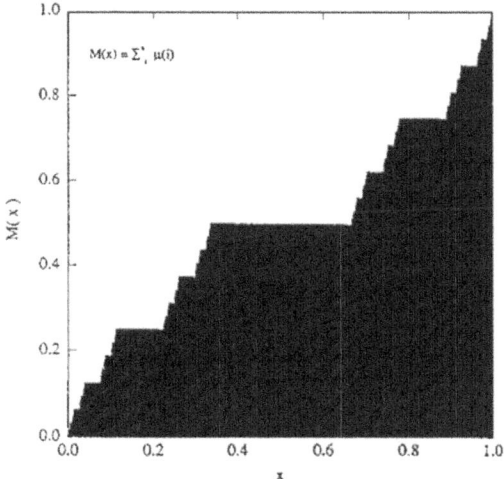

Fig. 5.2 La distribuzione di massa della barra triadica di Cantor

5.3 Il processo moltiplicativo binomiale

In generale i processi moltiplicativi hanno la capacità di generare grosse fluttuazioni locali. Popolazioni o distribuzioni generate da processi moltiplicativi hanno molte applicazioni e godono di proprietà relativamente semplici (nell'Appendice). Consideriamo qui, per ora, il processo moltiplicativo binomiale.

Sia una popolazione di N_{tot} membri distribuiti su un segmento $S = [0, 1]$. Nel limite $N_{tot} \to \infty$, N_{tot} è un campione dell'intera popolazione. Dividiamo il segmento in celle di lunghezza $\delta = 2^{-n}$ cosicché servono $N = 2^n$ celle per ricoprire l'insieme S (n=numero di generazioni nella suddivisione binaria di S). La distribuzione di popolazione su S, alla risoluzione $\lambda = 1/\delta = 2^n$, è specificata dai numeri N_i di membri della cella i-esima. Una misura utile del contenuto della cella i-esima è $\eta_i = \frac{N_i}{N_{tot}}$. L'insieme M dato dal vettore:

$$M = \{\eta_i\}_{i=0}^{N-1} \tag{5.4}$$

descrive completamente la distribuzione. Prendiamo ora un sottoinsieme L di S e definiamo con N_L l'insieme degli indici delle celle necessarie per ricoprire L. La misura $M(L)$ del sottoinsieme L è $M(L) = \sum_{i \in N_L} \eta_i$. Questa di solito è la fine della storia: occorre conoscere M per conoscere la distribuzione dei membri su $L(S)$ con una risoluzione λ, la migliore possibile. Tuttavia se M possiede proprietà di *scaling* si può dire molto di più sulla distribuzione. Consideriamo il processo moltiplicativo di Besicovitch [13] in grado di fornire una misura sull'intervallo unitario $S = [0, 1]$.

Costruiamo ora una distribuzione speciale suddividendo S in due parti di uguale lunghezza $\delta = 2^{-1}$. Alla prima appartenga una frazione p della popolazione, alla seconda appartenga una frazione $1-p$ della popolazione. La misura del primo segmento è $\mu_o = p$, mentre quella del secondo è $\mu_1 = 1-p$. Aumentiamo la suddivisione a $\delta = 2^{-2}$ (risoluzione $\lambda = 2^2$). Il processo moltiplicativo divide la popolazione in 4 frazioni e si possono avere le misure:

$$M_2 = \{\eta_i\}_{i=0}^{2^2-1} = \mu_o\mu_o,\ \mu_o\mu_1,\ \mu_1\mu_o,\ \mu_1\mu_1.$$

Alla terza generazione il segmento è diviso in celle di lunghezza $\delta = 2^{-3}$ e l'insieme M è dato dalla lista delle misure:

$$\begin{aligned}M_3 = \{\eta_i\}_{i=0}^{2^3-1} = &\ \mu_o\mu_o\mu_o,\ \mu_o\mu_o\mu_1,\ \mu_o\mu_1\mu_o,\ \mu_o\mu_1\mu_1 \\ &\ \mu_1\mu_o\mu_o,\ \mu_1\mu_o\mu_1,\ \mu_1\mu_1\mu_o,\ \mu_1\mu_1\mu_1.\end{aligned} \quad (5.5)$$

Il processo produce segmenti sempre più corti (e sempre più vuoti) che contengono una porzione sempre più piccola della misura.

Definendo $x = i\delta = i2^{-n}$ come la misura del segmento $L = [0,x]$, secondo la definizione, $M(x) = \sum_{i=0}^{x \cdot 2^n} \eta_i$ [che proviene dalla (5.4)]. Questo significa che $M(x)$ scala!

Osserviamo infatti che, al passo zero della generazione dell'insieme, $\delta = 1$, $M(0) = 0$ e $M(1) = 1$ e questo deve sempre essere vero. Al primo passo $\delta = 1/2$; il primo intervallo pesa p ed il secondo pesa $1-p$. La variabile x può assumere i valori $x = 0; 1/2; 1$, cioè i valori iniziali e/o finali degli intervalli. Le condizioni iniziali restano soddisfatte. Pertanto: $M(0) = 0$ ancora; $M(1) = p + (1-p) = 1$ ed ora anche $M(1/2) = p$ il che si può anche scrivere $M(1/2) = pM(1)$ dove $M(1)$ è il peso dell'intervallo nel passo precedente. Ora, nel passo successivo si giunge ad un intervallo $\delta = 1/4$ per cui $M(1/4) = pM(1/2)$; $M(1/8) = pM(1/4)$, ecc.

Generalizzando quindi possiamo scrivere, per $n = 1, 2, \ldots$:

$$M(\delta^n) = pM(\delta^{n-1}).$$

Ora, poiché si può scrivere:

$$\delta^{n-1} = \frac{\delta^n}{\delta},$$

per $\delta = 1/2$ e ponendo $y = \delta^{n-1}$ e $x = \delta^n$ si ha che $y = 2x$ per $0 \leq x \leq \frac{1}{2}$. Ciò per gli intervallini tra 0 ed $1/2$.
Infatti:

$$M(\lambda \delta^{n-1}) = \lambda^\alpha M(\delta^{n-1}).$$

Ponendo $\lambda = \delta$, allora:

$$M(\lambda \delta^{n-1}) = \lambda^\alpha M(\delta^{n-1}) = pM(\delta^{n-1})$$

e $\delta^\alpha = p$, ovvero $\alpha = \frac{\log(p)}{\log(\delta)}$.

5.3 Il processo moltiplicativo binomiale

Prendiamo ora in considerazione l'intervallo $\frac{1}{2} \leq x \leq 1$. Dobbiamo misurare $M(1/2+\delta^n)$, cioè la misura dell'insieme che copre tutto il tratto fino a $x = 1/2+\delta^n$, dove δ^n corrisponde al primo intervallino dopo la metà.

In questo caso, al secondo passo, $M(3/4) = p + (1-p)M(1/2)$. Al terzo passo $M(5/8) = p + (1-p)M(1/4)$, ecc.

Generalizzando quindi:

$$M(1/2 + \delta^n) = p + M(\delta^{n-1})(1-p).$$

Ora, poiché si può scrivere:

$$\delta^{n-1} = [(1/2+\delta^n) - 1/2]\frac{1}{\delta} = (1/2+\delta^n)\frac{1}{\delta} - \frac{1}{2\delta}.$$

Per $\delta = 1/2$, ponendo $y = \delta^{n-1}$ e $x = 1/2 + \delta^n$ e notando che $\frac{1}{2\delta} = 1$, si ha che $y = 2x - 1$ per $\frac{1}{2} \leq x \leq 1$. Ciò per gli intervallini tra $1/2$ ed 1.

Da queste generalizzazioni si ottiene pertanto il sistema:

$$\begin{cases} M(x) = pM(2x) & \text{per } 0 \leq x \leq 1/2 \\ M(x) = p + (1-p)M(2x-1) & \text{per } 1/2 \leq x \leq 1. \end{cases} \quad (5.6)$$

La (5.6) viene chiamata **trasformazione affine** di $M(x)$.

In Fig. 5.3a è rappresentata la undicesima generazione di un processo binario moltiplicativo con $p = 0.25$, mentre in Fig. 5.3b è rappresentata la misura dell'insieme $M(x)$. Si pensi ora di tracciare una retta verticale passante per $x = 0.5$ ed una retta orizzontale per $M(x) = 0.25$ che dividono in quattro parti la Fig. 5.3b. La figura in alto a destra (R) si ottiene dalla figura in basso a sinistra (L) moltiplicando per 1 l'asse delle x e moltiplicando per 3 l'asse delle $M(x)$. La trasformazione della figura si dice autoaffine perché i fattori di scala dei due assi sono diversi.

Il sistema di equazioni (5.6) rappresenta l'invarianza della misura $M(x)$ sotto le trasformazioni affini di coordinate:

$$\begin{cases} L : (x,y) \to & (\frac{1}{2}x, py) \\ R : (x,y) \to & (\frac{1}{2}, p) + (\frac{1}{2}x, (1-p)y). \end{cases} \quad (5.7)$$

Queste trasformazioni riconducono la curva $y = M(x)$ in se stessa per cui la curva è autoaffine.

Ritorniamo ora alla generazione n-esima. Ci sono n celle di misura $\mu = (1-p)^{n-1}$.

In generale se $k = 0, 1, 2, ...n$ e $\xi = k/n$, abbiamo $N_n(\xi)$ celle ciascuna di misura $\mu_\xi = \Delta^n(\xi)$ dove $N_n(\xi)$ è l'espressione della binomiale (cfr. Appendice):

$$N_n(\xi) = \frac{n!}{(\xi n)!((1-\xi)n)!}$$

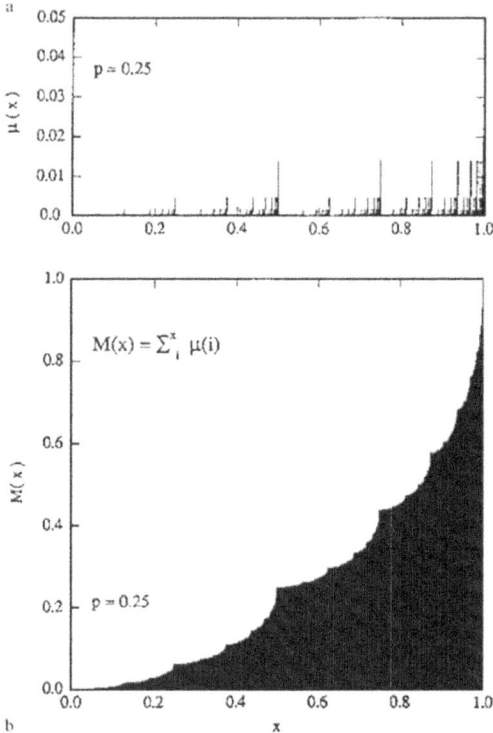

Fig. 5.3 Misura $M(x)$ per un processo moltiplicativo binomiale alla 11-sima generazione: (a) misura del contenuto μ di ogni cella; (b) misura nell'intervallo [0,x]

e $\Delta(\xi)$ è:
$$\Delta(\xi) = \mu_o^{\xi} \mu_1^{(1-\xi)} = p^{\xi}(1-p)^{(1-\xi)}. \tag{5.8}$$

La (5.8) traduce un fattore di scala che fa variare ξ da 0 a 1 invece che k da 0 a n.

La misura totale dell'insieme $S[0,1]$ è quindi data da:

$$M(x=1) = \sum_{i=0}^{2^n-1} \mu_i = \sum_{\xi=0}^{1} N_n(\xi) \Delta^n(\xi) = (\mu_o + \mu_1)^n = 1.$$

Il processo moltiplicativo semplifica e razionalizza la descrizione della distribuzione.

I processi moltiplicativi sono molto importanti nella fisica delle particelle e nei frattali stocastici.

5.4 Sottoinsiemi frattali

Nella n-esima generazione del processo analizzato nel paragrafo precedente ci sono $N_n(\xi)$ segmenti di lunghezza $\delta_n = 2^{-n}$ e che hanno la stessa misura μ_ξ. Questi segmenti formano un sottoinsieme $S_n(\xi)$ dell'intervallo unitario $S = [0,1]$ che è un sottoinsieme "frattale" di punti. Per convincerci ricopriamo l'insieme con segmenti di lunghezza δ e facciamo la misura $M_d(S_\xi)$ secondo la prescrizione di Hausdorf-Besicovitch (vedi Capitolo 2) e determiniamo la dimensione frattale $D(\xi)$ studiando il comportamento di M_d per $\delta \to 0$.

Si ha:
$$M_d(S_\xi) = N_n(\xi)\delta^d \to_{(\delta \to 0)} \begin{Bmatrix} 0, & d > D(\xi) \\ \infty, & d < D(\xi) \end{Bmatrix}.$$

Usiamo la seconda formula di Stirling per approssimare $n!$:
$$n! = \sqrt{2\pi}n^{n+1/2}e^{-n}.$$

Ricordando che abbiamo posto: $\xi = \frac{k}{n}$ e, per costruzione, $n = -\frac{\log \delta}{\log 2}$:

$$\begin{aligned}
N_n(\xi) &= \frac{n!}{k!(n-k)!} \simeq \frac{n^{n+\frac{1}{2}}e^{-n}}{\sqrt{2\pi}k^{k+\frac{1}{2}}e^{-k}(n-k)^{n-k+\frac{1}{2}}e^{-(n-k)}} = \\
&= \frac{n^{n+\frac{1}{2}}e^{-n+k+n-k}}{\sqrt{2\pi k(n-k)}k^k(n-k)^{n-k}} = \\
&= \frac{n^{\frac{1}{2}}}{\sqrt{2\pi k(n-k)}}e^{n\log n - k\log k - (n-k)\log(n-k)}.
\end{aligned} \quad (5.9)$$

Essendo $k = \xi n$ e pertanto $n - k = n(1-\xi)$:

$$\begin{aligned}
N_n(\xi) &\simeq \frac{n^{n+1/2}}{\sqrt{2\pi\xi(1-\xi)n}}e^{-\xi n\log(\xi n) - n(1-\xi)\log n(1-\xi)} = \\
&= \frac{n^{n-1/2}}{\sqrt{2\pi\xi(1-\xi)}}e^{-n[\xi \log \xi + \xi \log n + (1-\xi)\log(1-\xi) + (1-\xi)\log n]} = \\
&= \frac{n^{n-1/2}}{\sqrt{2\pi\xi(1-\xi)}}e^{-n[\xi \log \xi + (1-\xi)\log(1-\xi) + \underline{\xi \log n} + \log n - \underline{\xi \log n}]} = \\
&= \frac{n^{n-1/2}}{\sqrt{2\pi\xi(1-\xi)}}e^{-n\log n}e^{-n[\xi \log \xi + (1-\xi)\log(1-\xi)]}.
\end{aligned} \quad (5.10)$$

Finalmente il numero di conteggi si riduce a:

$$N_n(\xi) = \binom{n}{\xi n} = \frac{n!}{k!(n-k)!} \simeq \frac{1}{\sqrt{2\pi n\xi(1-\xi)}}e^{-n[\xi \log \xi + (1-\xi)\log(1-\xi)]}.$$

86 5 Misure di insiemi frattali

Riprendendo la (2.6) del § 2.2, la misura $M_d(S_\xi)$ si può scrivere:

$$M_d(S_\xi, \delta) = N_n(\xi)\delta^d =$$
$$= \frac{1}{\sqrt{n}} \frac{1}{\sqrt{2\pi\xi(1-\xi)}} \delta^{-f(\xi)} \delta^d \to_{(\delta \to 0)} \begin{Bmatrix} 0, & d > D(\xi) \\ \infty, & d < D(\xi) \end{Bmatrix} \quad (5.11)$$

dove per comodità abbiamo posto:

$$f(\xi) = \frac{-[\xi \log(\xi) + (1-\xi)\log(1-\xi)]}{\log 2}. \quad (5.12)$$

La misura M_d dell'insieme S_ξ è definita secondo Hausdorff e Besicovitch, per $\delta \to 0$ e

$$d = f(\xi);$$

pertanto $f(\xi){=}D(\xi)$ è la dimensione frattale dell'insieme. Per la prima volta qui incontriamo esplicitamente una dimensione frattale che è una funzione. Ciò ci fa presagire che la flessibilità della geometria frattale aumenta enormemente con la introduzione della possibilità di operare con dimensioni frattali dipendenti da uno o più parametri. Per verificare che $d = f(\xi)$, basta esplicitare la dipendenza di n da δ nella (5.11):

$$M_d(S_\xi, \delta) = N_n(\xi)\delta^d = \sqrt{\frac{\log 2}{2\pi\xi(1-\xi)}} \frac{\delta^{d-f}}{\sqrt{-\log \delta}}. \quad (5.13)$$

Chiamando K il primo fattore indipendente da δ, consideriamo il limite notevole del tipo:

$$\lim_{x \to 0} -Kx^\beta \log(x) = 0 \text{ per } \beta > 0. \quad (5.14)$$

Elevando alla $1/2$ si ottiene:

$$\lim_{x \to 0} -K^{1/2} x^{\beta/2} (-\log x)^{1/2} = 0 \text{ per } \beta > 0. \quad (5.15)$$

Allora, se $d - f < 0$, $f - d > 0$ e la 5.11 diventa:

$$M_d(S_\xi, \delta) = N_n(\xi)\delta^d = K \frac{1}{\delta^{f-d}(-\log \delta)^{1/2}}. \quad (5.16)$$

Il denominatore tende a zero per cui, per $\beta = (f - d) > 0$, $M_d(S_\xi) \to \infty$. D'altro canto, se $d - f > 0$, $M_d(S_\xi) \to 0/\infty \to 0$. Infine, se $d - f = 0$:

$$M_d(S_\xi, \delta) = \frac{K}{(-\log \delta)^{1/2}} \to 0. \quad (5.17)$$

Pertanto l'insieme S_ξ ha misura nulla e dimensione frattale $D = f(\xi)$. In conclusione possiamo dire che la popolazione generata dal processo moltiplicativo binario

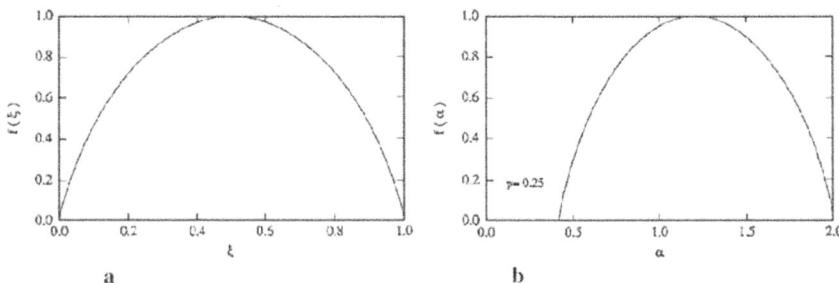

Fig. 5.4 Sottoinsiemi frattali: (a) dimensione frattale dei sottoinsiemi S_ξ in funzione di ξ; (b) dimensione frattale dei sottoinsiemi S_α in funzione di α, per $p = 0.25$

è distribuita sull'insieme dei punti del segmento unitario $S = [0, 1]$. Questo set è l'unione di sottoinsiemi S_ξ tali per cui $S = \bigcup_\xi S_\xi$.

Gli insiemi S_ξ sono frattali di dimensione $D = f(\xi)$ data dalla (5.12) e tale dimensione frattale dipende dal parametro $\xi = k/n$. In Fig. 5.4a è disegnato l'andamento di $f(\xi)$ in funzione di ξ secondo la (5.12).

La misura $M(x)$ della popolazione distribuita sull'intervallo unitario è completamente caratterizzata dall'unione di insiemi frattali. Ogni insieme frattale ha la sua dimensione frattale, diversa e distinta. Anche per questa ragione si usa il termine **multifrattale** per descrivere questi insiemi.

5.5 Esponente di Lipschitz-Hölder e $f(\alpha)$

Il parametro $\xi = k/n$ che è peculiare per le catene moltiplicative binarie ha un carattere più che altro pedagogico, ma non è di particolare utilità. Più utile è **l'esponente α di Lipschitz-Hölder**. Le singolarità della misura $M(x)$ sono caratterizzate da α (come nel caso della barra triadica di Cantor).

Consideriamo infatti ancora la misura generata dal processo moltiplicativo binario alla generazione n-esima.

Scegliamo un $x(\xi)$ che corrisponde ad un dato valore di ξ_i. Questo punto è un membro dell'insieme S_ξ. Scegliamo la misura $M(x)$ anche ad un punto $x(\xi) + \delta$ con $\delta = 2^{-n}$. L'incremento in $M(x)$ tra i due punti è μ_ξ e si ha:

$$\eta_\xi = M(x(\xi) + \delta) - M(x(\xi)). \tag{5.18}$$

Definiamo allora μ_ξ nel seguente modo:

$$\eta_\xi = \delta^\alpha \tag{5.19}$$

così come avevamo fatto a proposito della barra di Cantor con la (5.3).

5 Misure di insiemi frattali

Nei passi successivi viene generato un numero sempre maggiore di punti dell'insieme S_ξ e le equazioni (5.18) e (5.19) rimangono valide anche nel limite $n \to \infty$.

Se prendiamo:

$$\eta_\xi = \Delta^n(\xi) = [\mu_o^\xi \mu_1^{(1-\xi)}]^n = [p^\xi(1-p)^{1-\xi}]^n$$

e definiamo:

$$\eta_\xi = \delta^{\alpha(\xi)} \qquad (5.20)$$

ricordando che $\delta = 2^{-n}$, possiamo concludere che la misura per una popolazione moltiplicativa ha un esponente di Lipschitz-Hölder[2]:

$$\alpha(\xi) = \frac{\log(\eta_\xi)}{\log(\delta)} = \frac{-[\xi \log(p) + (1-\xi)\log(1-p)]}{\log 2}. \qquad (5.21)$$

Questo parametro α vale per i punti dell'insieme S_ξ ed è una funzione lineare di ξ; α è anche funzione del peso p con cui si suddivide l'intervallo unitario di partenza.

Si trova che, per $p \leq 1/2$, α varia tra due valori estremi:

$$\alpha_{Min} = -\frac{\log(1-p)}{\log 2} \quad \text{per} \quad \xi = 0 \, ; \qquad \alpha_{Max} = -\frac{\log(p)}{\log 2} \quad \text{per} \quad \xi = 1.$$

Vi è pertanto una corrispondenza biunivoca fra il parametro $\xi(=k/n)$ ed α. Di conseguenza il sottoinsieme frattale S_ξ si può anche indicare come S_α. La misura $M(x)$ è caratterizzata dall'insieme S_α che, unito a tutti i possibili insiemi, costituisce l'insieme unitario originale per cui:

$$S = \bigcup_\alpha S_\alpha \, .$$

La misura possiede delle singolarità di esponenti α di Lipschitz-Hölder sull'insieme frattale S_α che ha dimensione frattale $f(\alpha) = f(\xi(\alpha))$. La curva $f(\alpha)$ per la misura della popolazione generata da un processo moltiplicativo binario con $p = 0.25$ è mostrato in Fig. 5.4b. Lo sviluppo delle turbolenze [32] è ottimamente simulato da una curva $f(\alpha)$ con $p = 0.7$ che riproduce lo spettro multifrattale del campo dissipativo.

La curva $f(\alpha)$ di Fig. 5.4b gode di alcune caratteristiche particolari.

Calcoliamo infatti la derivata di $f(\alpha)$. Per far questo invertiamo la (5.21) e ricaviamo $\xi(\alpha)$ ottenendo:

$$\xi(\alpha) = \frac{\log[2^\alpha(1-p)]}{\log(1-p) - \log p}. \qquad (5.22)$$

---

[2] Ricordiamo che *log* sta per logaritmo neperiano e Log per logaritmo decimale.

Detto questo:

$$\frac{df(\alpha)}{d\alpha} = \frac{df}{d\xi}\frac{d\xi}{d\alpha} \tag{5.23}$$

per cui

$$\frac{d\xi}{d\alpha} = \frac{\log 2}{\log(1-p) - \log p} \tag{5.24}$$

mentre:

$$\frac{df}{d\xi} = \frac{\log \xi + 1 - \log(1-\xi) - 1}{\log 2}. \tag{5.25}$$

Da ciò segue immediatamente:

$$\frac{df(\alpha)}{d\alpha} = \frac{\log \xi - \log(1-\xi)}{\log p - \log(1-p)}.$$

Possiamo chiaramente vedere che il massimo della funzione si verifica nelle seguenti condizioni:

$$\begin{cases} \xi = \dfrac{1}{2} \\ f_{\max} = f(\alpha_o) = 1 \\ \alpha_o = -\dfrac{\log p + \log(1-p)}{2\log 2}. \end{cases} \tag{5.26}$$

Il fatto che il massimo valore della dimensione frattale del sottoinsieme S_α eguagli la dimensione frattale del supporto della misura, che nel nostro caso è 1 dal momento che la misura è definita su tutto l'intervallo unitario, è un risultato generale. Per misure definite su insiemi frattali con dimensione D si trova $f_{\max}(\alpha) = D$ (come nel nostro caso). Questo non garantisce che l'insieme copra tutto l'intervallo, ma piuttosto che S_{α_o} contenga una frazione dei punti dell'intervallo.

Il massimo si trova per $\alpha_o = 1.207$ quando $p = 0.25$. La funzione $M(x)$ ha derivata nulla nei punti dove $\alpha > 1$. Ma $M(x)$ è una funzione singolare perché i punti per cui $\alpha(\xi) \leq 1$ sono densi dovunque.

La discussione sulle proprietà della funzione $M(x)$ è in qualche modo delicata. Per esempio non è chiaro se i punti limite della sequenza di punti generati da un processo moltiplicativo debbano o meno essere inclusi [13] e [35]. Possiamo notare che la curva $M(x)$ ha derivata nulla quasi ovunque, ma cresce da 0 a 1 al crescere di x da 0 a 1. In altre parole si tratta di una *scala del diavolo*. La lunghezza della curva dal punto origine P(0,0) al punto finale Q(1,1) è uguale a 2. Il termine *quasi ovunque* usato precedentemente significa *in tutti i punti salvo un insieme di punti con misura nulla (secondo Lebesgue)*. Questi punti possono essere coperti da segmenti di lunghezza totale trascurabile.

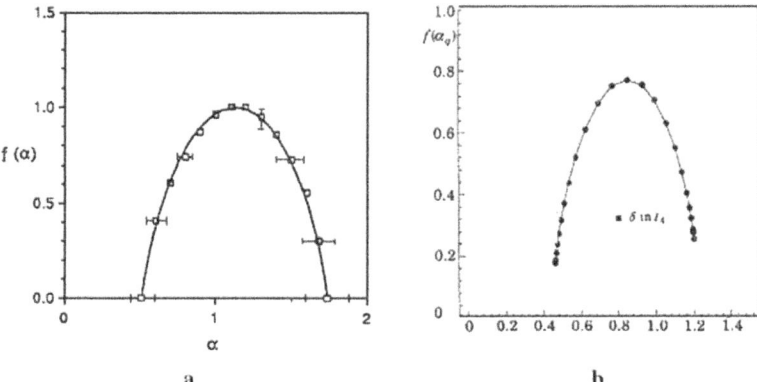

Fig. 5.5 (a) Lo spettro multifrattale per un processo mono dimensionale di turbolenza in un campo dissipativo con $p = 0.7$; (b) funzione $f(\alpha)$ calcolata per diversi intervalli di variabili cinematiche selezionati usando dati nella produzione multipla di particelle elementari

Un altro punto speciale della curva $f(\alpha)$ è il seguente:

$$\begin{cases} \dfrac{df(\alpha)}{d\alpha} = 1 \\ \xi = p \\ f(\alpha_s) = \alpha_s = S \\ S = -\dfrac{p\log(p) + (1-p)\log(1-p)}{\log 2}. \end{cases} \quad (5.27)$$

Questo è il punto dove una linea che passa per l'origine è tangente a $f(\alpha_s)$. La dimensione frattale dell'insieme S_{α_s} è S, conosciuta anche come *entropia* [13] del processo moltiplicativo binomiale. Nel processo moltiplicativo generale, in cui l'intervallo è suddiviso in b celle con peso p_o, p_1, p_{b-1}, si trova che $f(\alpha_s)$ è dato da:

$$S = -\sum_{\beta=0}^{b-1} p_\beta \log_b(p_\beta).$$

Sia fenomeni di turbolenza [32] che fenomeni di produzione multipla di particelle elementari in interazioni di alta energia [33] sono adeguatamente descritti da processi moltiplicativi binari. In Fig. 5.5a sono riportati dati sperimentali sulla turbolenza, confrontati con curve $f(\alpha)$ che riproducono lo spettro del campo dissipativo. In Fig. 5.5b sono riportati alcuni dati ottenuti in uno studio di interazione tra pioni, mesoni K o protoni contro protoni ad una energia di circa 150 Gigaelettronvolt di un esperimento svolto al Laboratorio Enrico Fermi di Chicago [33]. Entrambi gli andamenti sono perfettamente compatibili con quello di Fig. 5.4b.

5.6 Gli esponenti di massa

Le strutture frattali osservate sperimentalmente, per esempio le coste di un paese, possono anche essere riprodotte da simulazioni numeriche.

Sia le osservazioni sperimentali che i risultati delle simulazioni danno un insieme di punti S che sono rappresentati sotto forma di curve o figure. Forse il metodo più usato per lo studio di strutture di questo tipo è il metodo del *box-counting* mostrato in Fig. 2.3 di Capitolo 2. In questo metodo la dimensione E dello spazio delle osservazioni è suddiviso in iper-cubi di lato δ, e viene contato il numero $N(\delta)$ di cubi che contengono almeno un punto dell'insieme S. Chiaramente questa è una forma basilare e non dà nessuna informazione sulla struttura dell'insieme. Per esempio se le coste di un paese sono molto frastagliate, possono attraversare un singolo cubo un numero di volte n_i. Tuttavia il cubo contribuisce solo con uno al numero di cubi necessari a ricoprire l'insieme. Esiste un modo per dare un peso maggiore ai cubi con un alto numero n_i e un peso minore ai cubi con $n_i = 1$?

Una risposta a questa domanda è stata data da Mandelbrot nel 1974 [34], da Grassberger [36], Hentschel e Procaccia [29] negli anni successivi introducendo gli esponenti di massa.

Vediamo nei dettagli in cosa consiste il metodo degli esponenti di massa.

Consideriamo un insieme S costituito da N punti e sia N_i il numero di punti nella cella i-esima. Questi punti sono un sottoinsieme che dipende dalla misura in corso. Costruiamo il momento statistico di ordine q utilizzando la *massa* o probabilità $\mu_i = N_i/N$ nella cella i-esima:

$$M_d(q,\delta) = \sum_{i=1}^{N} \mu_i^q \delta^d = N(q,\delta)\delta^d \to_{(\delta \to 0)} \begin{cases} 0, & d > \tau(q) \\ \infty, & d < \tau(q). \end{cases} \quad (5.28)$$

Questa misura ha un *esponente di massa* $d = \tau(q)$ per il quale la misura non diverge e non si annulla per $\delta \to 0$. L'esponente di massa $\tau(q)$ dell'insieme dipende dall'ordine q del momento scelto. La misura è caratterizzata da tutta una serie di esponenti $\tau(q)$ che controlla come i momenti della probabilità $\{\mu_i\}$ scalano con δ. Dall'equazione (5.28) risulta che il numero di cubi pesato ha la forma:

$$N(q,\delta) = \sum_{i=1}^{N} \mu_i^q \div \delta^{-\tau(q)} \quad (5.29)$$

e l'esponente di massa è dato dalla:

$$\tau(q) = -\lim_{\delta \to 0} \frac{\log[N(q,\delta)]}{\log(\delta)}. \quad (5.30)$$

Possiamo subito notare che nel caso di scelta del momento $q = 0$, si ottiene $\mu_i^{q=0} = 1$, scoprendo che $N(q = 0, \delta) = N(\delta)$ è semplicemente il numero di cubi necessari a coprire l'insieme, e $\tau(0) = D$ coincide con la dimensione frattale dell'insieme. Le probabilità sono normalizzate: $\sum_i \mu_i = 1$ da cui segue dalla (5.30) che $\tau(1) = 0$.

Se invece scegliamo grandi valori di q, per esempio 10 o 100, dalla (5.29) risulta che i contributi dalle celle con alto μ_i sono favoriti. Infatti per $q \gg 1$ $\mu_i^q \gg \mu_j^q$ con $\mu_i > \mu_j$. Al contrario per $q \ll -1$ vengono favoriti i cubi con valori bassi della misura μ_i. Questi limiti sono più comprensibili se si considera la derivata di $\tau(q)$ fatta rispetto a q:

$$\frac{d\tau(q)}{dq} = -\lim_{\delta \to 0} \frac{\sum_i \mu_i^q \log(\mu_i)}{(\sum_i \mu_i^q) \log(\delta)}. \tag{5.31}$$

Se indichiamo con μ_- il minimo valore di μ_i nella somma possiamo scrivere:

$$\left.\frac{d\tau(q)}{dq}\right|_{q \to -\infty} = -\lim_{\delta \to 0} \frac{(\sum_i' \mu_-^q) \log(\mu_-)}{(\sum_i \mu_-^q) \log(\delta)} \tag{5.32}$$

dove l'apice sulla somma indica che solo le celle con $\mu_i = \mu_-$ contribuiscono alla sommatoria. L'espressione può anche essere riscritta nel seguente modo:

$$\left.\frac{d\tau(q)}{dq}\right|_{q \to -\infty} = -\lim_{\delta \to 0} \frac{\log(\mu_-)}{\log(\delta)} = -\alpha_{\max}$$

dove abbiamo utilizzato la definizione dell'esponente di Lipschitz-Hölder α. Con argomentazioni simili si può giungere alla conclusione che per $q \to \infty$ il valore minimo di α è dato da:

$$\left.\frac{d\tau(q)}{dq}\right|_{q \to +\infty} = -\lim_{\delta \to 0} \frac{\log(\mu_+)}{\log(\delta)} = -\alpha_{\min}$$

dove μ_+ è il più elevato valore di μ_i che determina il minor valore di α. Nel paragrafo successivo vedremo come questo risultato ($\alpha = d\tau/dq$) valga in maniera generale.

Per $q = 1$ la derivata $d\tau/dq$ assume un valore particolare:

$$\left.\frac{d\tau(q)}{dq}\right|_{q=1} = -\lim_{\delta \to 0} \frac{\sum_i \mu_i \log(\mu_i)}{\log(\delta)} = \lim_{\delta \to 0} \frac{S(\delta)}{\log(\delta)}$$

dove $S(\delta)$ è l'*entropia* della *partizione* della misura $M = \{\mu_i\}_{i=0}^{N-1}$ sui cubi di dimensione δ (cioè la partizione di massima probabilità), che può essere scritta nel seguente modo:

$$S(\delta) = -\sum_i \mu_i \log(\mu_i) \div -\alpha_1 \cdot \log(\delta).$$

L'esponente $\alpha_1 = -(d\tau/dq)|_{q=1} = f_S$ è anche la dimensione frattale dell'insieme in cui le misure si concentrano e descrive lo *scaling* in funzione della dimensione δ dei cubi della partizione entropia della misura. Possiamo notare che la partizione entropia $S(\delta)$ alla risoluzione δ è data in termini dell'entropia S della misura dalla relazione $S(\delta) = -S \log(\delta)$.

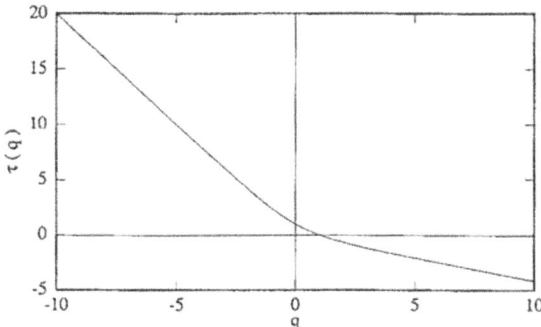

Fig. 5.6 La sequenza degli esponenti di massa in funzione di q per un processo moltiplicativo binomiale

Il comportamento generale della sequenza degli esponenti di massa $\tau(q)$ è visibile nella misura di un intervallo generato da un processo moltiplicativo binomiale. Per questo processo si ottiene:

$$N(q,\delta) = \sum_{k=0}^{n} \binom{n}{k} p^{qk}(1-p)^{q(n-k)} = [p^q + (1-p)^q]^n.$$

Alla n-esima generazione con $n = -\log(\delta)/\log(2)$ ed utilizzando la (5.30) abbiamo che:

$$\tau(q) = \frac{\log[p^q + (1-p)^q]}{\log(2)}. \tag{5.33}$$

La sequenza degli esponenti di massa risultante è mostrata in Fig. 5.6. Per $q = 0$ si ha che $\tau(0) = 1$, che è la dimensione del supporto, cioè, l'intervallo unitario.

5.7 La relazione tra $\tau(q)$ e $f(\alpha)$

La sequenza degli esponenti di massa è legata alla curva $f(\alpha)$ in un modo generale il che è molto utile in numerose applicazioni. Una misura multifrattale è supportata da un insieme S, che è l'unione di sottoinsiemi frattali S_α scelti nel *continuum* dei valori permessi:

$$S = \bigcup_\alpha S_\alpha.$$

Dal momento che l'insieme globale S è frattale con una dimensione frattale D, i sottoinsiemi frattali hanno dimensione frattale $f(\alpha) \leq D$. Per sottoinsiemi frattali, con dimensione frattale $f(\alpha)$, il numero $dN(q,\delta)$ di segmenti di lunghezza δ necessari a coprire l'insieme S_α con α nell'intervallo $[\alpha \, ; \, \alpha + d\alpha]$ è:

$$dN(\alpha, \delta) = \rho(\alpha) d\alpha \delta^{-f(\alpha)}.$$

Qui $\rho(\alpha)d\alpha$ è il numero di insiemi tra S_α e $S_{\alpha+d\alpha}$. Per questi insiemi la misura μ_α in un cubo qualsiasi di dimensione δ segue la legge di potenza dipendente da δ esprimibile nella forma $\mu_\alpha = \delta^\alpha$, di conseguenza la misura M per l'insieme S, data dall'equazione (5.28), può essere riscritta nel seguente modo:

$$M_d(q,\delta) = \int \rho(\alpha)d\alpha \delta^{-f(\alpha)} \delta^{q\alpha(q)} \delta^d = \int \rho(\alpha) d\alpha \delta^{q\alpha(q) - f(\alpha) + d}. \quad (5.34)$$

L'integrale della (5.34) è dominato dai termini dove l'integrando ha il suo massimo valore; in altre parole per:

$$\frac{d}{d\alpha}[q\alpha - f(\alpha)]|_{\alpha = \alpha(q)} = 0. \quad (5.35)$$

L'integrale della (5.34) è quindi asintoticamente dato da:

$$M_d(q,\delta) \sim \delta^{q\alpha(q) - f[\alpha(q)] + d}$$

Avremo allora che M_d rimane finita nel limite di $\delta \to 0$ se d è uguale all'esponente di massa $\tau(q)$ dato da:

$$\tau(q) = f[\alpha(q)] - q\alpha(q) \quad (5.36)$$

dove $\alpha(q)$ è la soluzione dell'equazione (5.35). Così l'esponente di massa è dato in termini dell'esponente di Lipschitz-Hölder $\alpha(q)$ e della dimensione frattale $f[\alpha(q)]$ dell'insieme che supporta questo esponente.

Possiamo d'altra parte, una volta conosciuti gli esponenti di massa $\tau(q)$, risalire all'esponente di Lipschitz-Hölder e a $f(\alpha)$ usando le equazioni (5.35) e (5.36):

$$\alpha(q) = -\frac{d}{dq}\tau(q)$$
$$f[\alpha(q)] = q\alpha(q) + \tau(q). \quad (5.37)$$

La (5.37) dà una rappresentazione parametrica della curva $f(\alpha)$, cioè della dimensione frattale del supporto delle *singolarità* nella misura con l'esponente α di Lipschitz-Hölder. La curva $f(\alpha)$ caratterizza la misura ed è equivalente alla sequenza degli esponenti di massa. La (5.37), così come la (5.36), in effetti non è altro che una trasformazione di Legendre [39] della coppia di variabili indipendenti τ e q a quella delle variabili indipendenti f e α. Usando la (5.37) nel caso semplice del processo moltiplicativo binomiale con $\tau(q)$ dato dalla (5.33) e riprodotta nella Fig. 5.6, si ricava la curva $f(\alpha)$ di Fig. 5.4b.

Il massimo della curva viene ottenuto quando $df(\alpha)/d\alpha = 0$. Dalla (5.35) si ottiene che $q = 0$ e, utilizzando la (5.37), possiamo concludere che $f_{max} = D$ dal momento che abbiamo già visto che $\tau(0) = D$, dove D è la dimensione frattale del supporto della misura. Uno schema delle relazioni tra la curva $f(\alpha)$ e la sequenza degli esponenti di massa è mostrato in Tabella 5.1.

Tabella 5.1 Schema generale per le relazioni tra la curva $f(\alpha)$ e la sequenza degli esponenti di massa $\tau(q)$

q	$\tau(q)$	$\alpha(q) = -d\tau(q)/dq$	$f = q\alpha(q) + \tau(q)$
$q \to -\infty$	$\sim -q\alpha_{max}$	$\to \alpha_{max} = \log(\mu_-)/\log(\delta)$	$\to 0$
$q = 0$	D	α_o	$f_{max} = 0$
$q = 1$	0	$\alpha_1 = -S(\delta)/\log(\delta)$	$f_S = \alpha_1 = S$
$q \to +\infty$	$\sim -q\alpha_{min}$	$\to \alpha_{min} = \log(\mu_+)/\log(\delta)$	$\to 0$

6
Frattali stocastici semplici

6.1 Introduzione

Abbiamo già commentato in apertura del Capitolo 4 come gli aspetti aleatori giochino un ruolo importante in molti fenomeni naturali.

In questo capitolo affrontiamo il problema di quanto aleatori possano essere certi comportamenti e quale possa essere il ruolo di comportamenti "molto aleatori". In particolare analizzeremo il fenomeno della pioggia.

Nel linguaggio comune, come sostiene il dizionario Pedrocchi (1897), si usa l'aggettivo "erratico" per indicare un comportamento fortemente irregolare nello spazio o nel tempo. Erratico è indubbiamente il moto browniano.

Un altro tipico esempio è costituito dalla caduta della pioggia che, nei suoi modi, può passare dalla pioggerellina di marzo, ai temporali ed acquazzoni estivi, infine alle piogge monsoniche tipiche dei tropici.

In fluidodinamica, l'analogo fenomeno di repentine transizioni da un regime ad un altro viene indicato con il nome di *intermittenza*.

Mandelbrot ha studiato sistematicamente il fenomeno dell'intermittenza in fluidodinamica, ha mostrato come questo sia strettamente legato al fenomeno dello scaling ed alle distribuzioni di probabilità iperboliche.

Nel 1986 Mandelbrot e Van Ness [40] hanno definito che una funzione casuale X(t) possiede proprietà di scaling *all'origine* se:

$$X(0) = 0, \qquad X(\lambda t) = \lambda^H X(t) \tag{6.1}$$

per qualsiasi valore di λ, H è un esponente di scala, per esempio il parametro di Hurst del Capitolo 4. Più generalmente, la funzione $X(t)$ possiede proprietà di scaling per ogni t (non necessariamente *all'origine*) se, per ogni coppia di valori t_1 e t_0:

$$\Delta t = t_1 - t_0; \quad \Delta X = X(t_1) - X(t_0); \quad t_2 = t_0 + \lambda(t_1 - t_0).$$

Una volta definita la quantità:

$$\Delta X(\lambda \Delta t) = X(t_1) - X(t_0)$$

vale la relazione:

$$\Delta X(\lambda \Delta t) = \lambda^H \Delta X(\Delta t). \tag{6.2}$$

Quando λ è grande la (6.2) collega una variazione $\Delta X(\lambda \Delta t)$ "a grande scala" su un lungo incremento temporale $\lambda \Delta t$, con una variazione "a piccola scala" $\Delta X(\Delta t)$ su un breve incremento temporale Δt.

L'avere adottato i simboli degli incrementi finiti, Δt e ΔX, indica con chiarezza – e sottolinea il fatto – che il fenomeno dello scaling si riferisce alle differenze dei valori della funzione in due punti ed alla sua "variazione" al variare dell'intervallo da Δt a $\lambda \Delta t$.

Le curve rappresentative delle funzioni casuali $X(t)$ che godono delle proprietà di scaling sono insiemi frattali caratterizzati da una dimensione frattale legata all'esponente di scala H.

Mandelbrot ha anche puntualmente definito che una *variabile casuale U*, che può assumere valori u, si dice iperbolica se la coda della probabilità $P_r(U > u)$ assume la forma:

$$P_r(U > u) \div u^{-\alpha} \tag{6.3}$$

con α numero reale positivo. Si noti che la distribuzione (6.3) è ben lungi dall'essere, per esempio, gaussiana o poissoniana.

Più piccolo è il valore di α e più grandi sono i possibili valori *estremi* di u (maggiore è la probabilità di trovare grandi valori di U).

Ci si può rendere conto facilmente di questo fatto calcolando il momento statistico

$$U^q = \langle U^q \rangle = \frac{1}{N} \int (u^{-\alpha})^q du \tag{6.4}$$

il momento U^q è finito se $q < \alpha$ ma diverge se $q \geq \alpha$.

Storicamente, questa semplice osservazione aveva emarginato le distribuzioni di probabilità iperboliche considerate strane ed anomale.

Poiché i momenti di un campione limitato (che chiameremo più semplicemente momenti campione) sono sempre finiti, era considerato inopportuno usare distribuzioni rappresentative teoriche con momenti statistici che potessero divergere per modellare un fenomeno del campione limitato in questione.

Infatti, la divergenza di un momento statistico (teorico) di ordine $|q|$ esprime semplicemente il fatto che il momento campione non converge ad alcun limite e può diventare grande a piacere (si veda il teorema del limite centrale della Statistica nell'Appendice).

Mandelbrot, per primo, ha invece mostrato che questo avviene in molte importanti fluttuazioni di fenomeni naturali. Non soltanto, quindi, variabili casuali iperboliche riproducono una grande varietà di dati sperimentali attinenti i fenomeni naturali più disparati, bensì campioni costruiti con variabili casuali iperboliche contengono una grande varietà di configurazioni veramente "esotiche ed estreme", tali che sembra difficile – erroneamente – credere che possano essere il frutto del "puro caso". Soltanto se il "puro caso" è costruito con variabili casuali poissoniane o binomiali o gaussiane non è permesso generare configurazioni estreme assolutamente diverse dalla configurazione media.

Il "puro caso" costruito con variabili casuali iperboliche generato da un "meccanismo frattale" molto semplice invece, riesce facilmente a creare configurazioni lontanissime dalla configurazione media o, se si vuole, riesce a creare campioni molto complessi grazie alla possibilità di sfruttare le proprietà di scaling.

6.2 Evidenza empirica dello scaling

Tutte le stazioni sciistiche tengono sotto osservazione le fluttuazioni nel flusso della neve durante il periodo invernale, per poter decantare le meraviglie di una vacanza sciistica. Anzi, sulla base di queste continue osservazioni, vengono organizzati avvenimenti sportivi di rilievo, come le olimpiadi invernali di Sierra Nevada in Spagna nel marzo 1995 (organizzate durante la settimana prevista come la più nevosa per decenni) che dovettero essere sospese e rimandate all'anno successivo perché i prati vennero trovati pieni di fiori.

Non avevano tenuto conto (e come mai si potrebbe? Vi è pur sempre la legge di Murphy in agguato!) delle configurazioni lontane dalla configurazione media, possibili in fenomeni naturali generati da variabili casuali iperboliche.

Nella Fig. 6.1 sono raccolti i dati di pioggia caduti nella città francese di Nimes in un periodo di circa 11 anni, dal 1978 al 1988, per un totale di 4096 giorni. Le ampie fluttuazioni che si osservano nelle rilevazioni giornaliere si stemperano quando le rivelazioni sono fatte mediando l'ammontare della pioggia caduta durante periodi aumentati ogni volta di un fattore 4. Il valore medio è ovviamente rappresentato nel grafico più basso nella figura mediato su ben 4096 giorni. Si vede bene che aumentando la risoluzione nelle osservazioni, le fluttuazioni diventano man mano più evidenti. Il loro studio porta a mettere in evidenza le proprietà di scaling del fenomeno in quanto le fluttuazioni seguono una legge di probabilità di tipo iperbolico. Le osservazioni sperimentali vanno però analizzate con cura al fine di scoprire quali sono le "proprietà" e le caratteristiche statistiche del fenomeno in studio: la caduta della pioggia.

S. Lovejoy [41] ha analizzato sistematicamente tali fluttuazioni a Montreal (città nella quale ora insegna alla McGill University) in Spagna e nell'Atlantico tropicale dalla nave Quadra, usando dati radar con una "segmentazione geometrica" di 4 km × 4 km e con una risoluzione "temporale" di 5 minuti primi, per verificare se, come e quando, questi campioni di dati possedessero delle proprietà di scaling ed avessero distribuzioni iperboliche.

Per loro natura, le aree di pioggia frequentemente si separano (*la nuvoletta di Fantozzi*) o si uniscono in un'unica area che cambia bruscamente ed improvvisamente di dimensione (intermittenza, erraticità, frattalità).

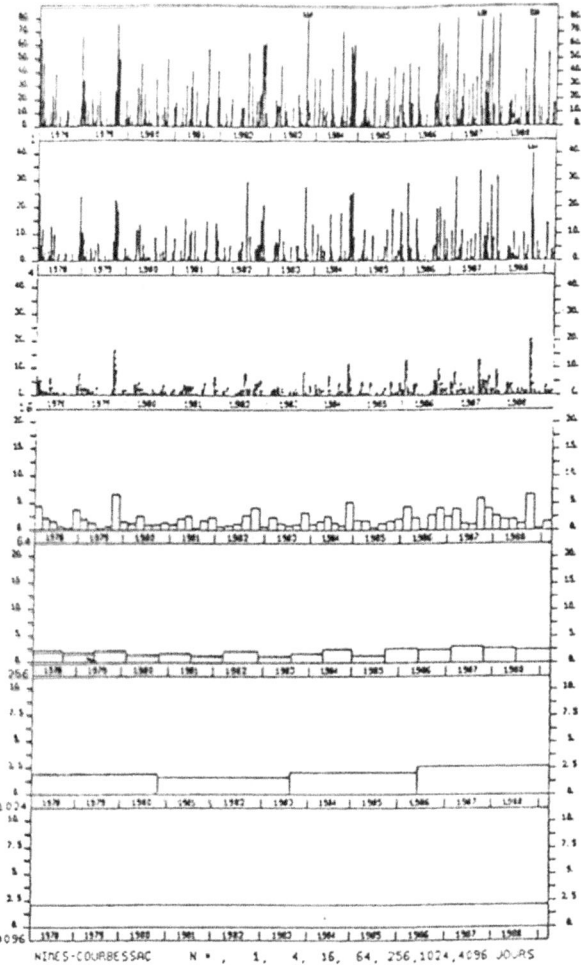

Fig. 6.1 Serie temporale di caduta della pioggia nella città francese di Nimes dal 1978 al 1988. Dall'alto verso il basso i valori sono stati mediati su: 1, 4, 16, 64, 256, 1024 e 4096 giorni

È inoltre necessario stabilire dei criteri di selezione ed enunciare delle definizioni precise la cui discussione dettagliata ci porterebbe troppo lontano dai nostri obbiettivi. Rimandiamo agli articoli originali [41].

Le Figg. 6.2a,b,c, mostrano, in scala bilogaritmica: sulle ascisse il modulo Δr della fluttuazione (positiva o negativa) del flusso di pioggia[1] in un intervallo di tempo Δt ($\Delta t = 5$ min, cerchietti vuoti; $\Delta t = 10$ min, cerchietti pieni; $\Delta t = 20$ min, triangoli vuoti; $\Delta t = 40$ min, triangoli pieni); in ordinata invece vengono riportate

---

[1] In linguaggio colloquiale diremmo variazione di intensità della pioggia ma la quantità fisica misurata è indubbiamente un "flusso di acqua" attraverso la superficie del recipiente di raccolta.

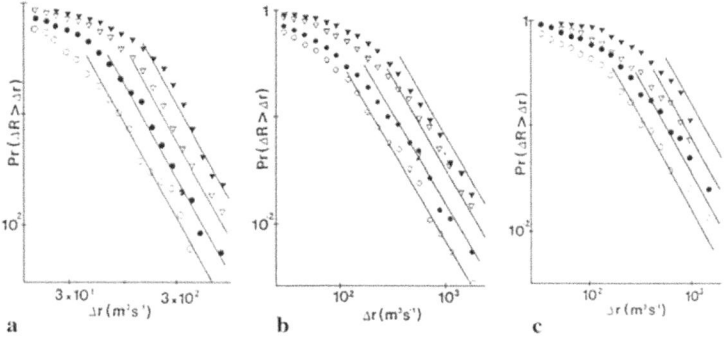

Fig. 6.2 Caduta della pioggia: (a) Spagna; (b) Atlantico; (c) Montreal

le probabilità $P_r(\Delta R > \Delta r)$ che il valore assoluto di una variazione (negativa per definizione in questo caso specifico) nel flusso di pioggia superi il valore Δr. La Fig. 6.2a mostra i dati relativi a due giornate di misure in Spagna in 21 diverse località (aree di pioggia). La Fig. 6.2b mostra i dati relativi a 29 tempeste nell'Atlantico tropicale raccolti nell'esperimento GATE durante 4 differenti giornate. La Fig. 6.2c mostra i dati di 7 temporali nella città di Montreal in un solo pomeriggio.

Le tre figure sono decisamente simili. Asintoticamente (eliminiamo le variazioni irrilevanti delle pioggerelline uniformi o degli acquazzoni costanti) i dati mostrano un comportamento iperbolico abbastanza netto indipendentemente dal fatto di osservare le variazioni in intervalli Δt diversi di un fattore 8 ($5 \times 8 = 40$) ed in località geografiche e climatiche diversissime: dalle 21 località spagnole osservate per 2 giorni, ai 29 temporali tropicali osservati per 4 giorni diversi, a 7 temporali in un pomeriggio a Montreal (estremamente poco probabile avere 7 temporali in un pomeriggio, ma non in una "primavera canadese").

Si può empiricamente osservare che la relazione:

$$P_r(\Delta R > \Delta r) \approx \Delta r^{-\alpha} \tag{6.5}$$

è ben verificata per le *code* delle distribuzioni. Il valore di α è sperimentalmente $\alpha = 1.66 \pm 0.05$, ovvero approssimativamente $\alpha \approx \frac{5}{3}$.

Le rette sono esplicitamente disegnate nelle Figg. 6.2a,b,c. Il comportamento iperbolico *non* può dipendere dai criteri di selezione. La relazione (6.5), applicata alla parte asintotica delle figure precedenti permette di parametrizzare i dati mediante la relazione di scala:

$$P_r(\Delta R > \Delta r) \approx \left(\frac{\Delta r}{\Delta^* r}\right)^{-\alpha}. \tag{6.6}$$

La quantità $\Delta^* r$ costituisce una "normalizzazione di scala" e misura la larghezza della distribuzione (di fatto ci si potrebbe rifare ad una "larghezza a metà altezza" ma non è il caso di fare una digressione non essenziale).

Ora, poiché $\Delta^* r$ è, per definizione, una normalizzazione delle fluttuazioni, in modulo, del flusso di pioggia, se le fluttuazioni posseggono proprietà di scala "temporale" deve valere la relazione:

$$\Delta^* r = -k(\Delta t)^{-\alpha}. \tag{6.7}$$

Nella (6.7) compare a moltiplicare il coefficiente di proporzionalità k che dipende dalle unità di misura assunte per r (millimetri a superfice fissa, cm^3, litri, ecc.) e per t (minuti, ore, giorni, ecc.).

Si vede allora che nelle figure precedenti, se si aumenta Δt la distribuzione di ΔR si allarga. In scala doppio logaritmica, raddoppiando Δt, la "larghezza" [cfr. la (6.2)] aumenta di $H \ln 2$. Si può quindi stimare dai dati il valore numerico del parametro H. E lo si può fare in almeno due modi abbastanza indipendenti e diversi:

- valutare le distanze (orizzontali) fra le 4 distribuzioni nelle Figg. 6.2a,b,c, per quote $P_r(\Delta R)$ costante. Per esempio, per due diversi valori di $P_r(\Delta R)$ della coda della distribuzione nell'intervallo $10^{-2} \leq P_r < 10^{-1}$, si trova $H = 0.69 \pm 0.06$;
- interpolare delle rette mediante un fit di minimi quadrati – o di χ^2 in presenza di errori – nella regione asintotica, come del resto indicato nelle figure precedenti, assumendo un determinato valore di α ($\frac{5}{3}$ o 1.66 ± 0.05).

Si ottiene:

$$\frac{1}{\alpha} \log P_r(\Delta R) = \log\left(\frac{\Delta r}{\Delta^* r}\right) \tag{6.8}$$

e si può ricavare $\Delta^* r(\Delta t)$ per quattro valori di Δt. Si può quindi verificare se:

$$\Delta^* r \approx (\Delta t)^H$$

graficando $\log \Delta^* r$ vs Δt.

Questo metodo porta al valore $H = 0.59$. Mandelbrot e Van Ness concludono semplicemente che $H = 0.64 \pm 0.05$ e che il fenomeno gode di proprietà di scaling sia stocastiche che temporali.

6.3 Il rapporto area perimetro

Una ulteriore evidenza delle proprietà di scaling proviene indirettamente dallo studio del rapporto tra area e perimetro delle nubi e delle aree di pioggia che descrivono il fenomeno limitatamente al suo comportamento esclusivamente geometrico.

Il fatto che le aree di pioggia e gli ammassi di nubi abbiano carattere frattale così come le coste di un'isola, viene posto in evidenza anche studiando la relazione che esiste tra l'area A di una figura frammentata ed il suo perimetro P. Il rapporto:

$$r = \frac{P}{\sqrt{A}} \tag{6.9}$$

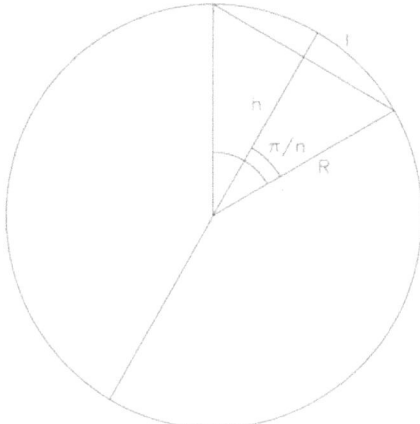

Fig. 6.3 Determinazione del rapporto r

per delle figure geometriche euclidee regolari è un numero puro indipendente dall'estensione della figura; esso rimane invariante per tutte le curve chiuse che abbiano la stessa forma. Per un cerchio il rapporto r vale $2\sqrt{\pi}$.

Per un poligono regolare iscritto in un cerchio di raggio R, il cui lato l è sotteso da un angolo $\frac{2\pi}{n}$, detta h l'altezza del triangolo, si ricava dalla Fig. 6.3:

$$\frac{l}{2} = R\sin\left(\frac{\pi}{n}\right) \ ; \quad h = R\cos\left(\frac{\pi}{n}\right) \ ; \quad A_\triangle = R\sin\left(\frac{\pi}{n}\right)R\cos\left(\frac{\pi}{n}\right)$$

ovvero:

$$P = 2nR\sin\left(\frac{\pi}{n}\right) \ ; \quad A_P = nA_\triangle = nR^2\sin\left(\frac{\pi}{n}\right)\cos\left(\frac{\pi}{n}\right)$$

dove $A_\triangle$ è l'area del triangolino ed A_P è l'area del poligono regolare iscritto nel cerchio della figura.

Pertanto il rapporto r vale:

$$r = \frac{2nR\sin(\frac{\pi}{n})}{\sqrt{n}R\sqrt{\sin(\frac{\pi}{n})\cos(\frac{\pi}{n})}} = 2\sqrt{n}\sqrt{\text{tg}\left(\frac{\pi}{n}\right)} \qquad (6.10)$$

indipendente da R. Nella Tabella 6.1, a titolo di esempio, sono riportati i valori del rapporto $P/\sqrt{A}$ per cerchio e triangolo equilatero.

Tabella 6.1 Valori del rapporto tra perimetro e radice dell'area per due casi molto semplici

figura	lunghezza fond.	P	A	$\sqrt{A}$	$P/\sqrt{A}$
○	R	$2\pi R$	πR^2	$\sqrt{\pi}R$	$2\sqrt{\pi}$
△	l	$3l$	$\frac{\sqrt{3}}{2}l^2$	$\frac{(\sqrt[4]{3})}{\sqrt{2}}l$	$\frac{6\sqrt{2}}{(\sqrt[4]{3})}$

Fig. 6.4 Coste dell'isola d'Elba

Per un'isola a coste frastagliate, il perimetro P dipende dall'unità δ con cui lo si misura e di cui conosciamo il comportamento per $\delta \to 0$. Seguendo la procedura suggerita da Mandelbrot, pertanto è bene generalizzare la (6.9) definendo il rapporto:

$$r_D = \frac{P^{\frac{1}{D}}}{\sqrt{A}} \qquad (6.11)$$

dove D è la dimensione frattale delle coste dell'isola. Il rapporto r_D è indipendente dall'estensione dell'isola ma dipende dalla risoluzione $\lambda = \frac{1}{\delta}$ con cui P ed A vengono misurati.

La relazione (6.11) deriva direttamente dalla definizione di dimensione secondo Hausdorff e Besicovitch.

Eseguiamo infatti una misura della dimensione D mediante box counting di P ed A dell'isola disegnata in Fig. 6.4, che per ragioni nazionalistiche riproduce l'isola d'Elba.

Scegliamo come lunghezza del regolo $\delta_i^* = \lambda \sqrt{A_i(\delta)}$ dove λ è un numero arbitrario molto piccolo che rende conto della risoluzione con cui si esegue il conteggio N_λ dei "boxes" e $A_i(\delta)$ è la misura dell'area eseguita "in unità δ".

La lunghezza $L(\delta)$ della costa è, per definizione:

$$L(\delta^*) = N_\lambda \delta^*. \qquad (6.12)$$

Dal Capitolo 2 la lunghezza $L(\delta)$ risulta (ponendo nella 2.10 $a = L_i^0$):

$$L(\delta) \approx L_i^0 \delta^{1-D}.$$

Cambiando la scala da δ a δ^* si può scrivere:

$$L(\delta) = L(\delta^*) \left(\frac{\delta}{\delta^*}\right)^{1-D}. \qquad (6.13)$$

Sostituendo la (6.12) nella (6.13) si ottiene:

$$L(\delta) = N_\lambda \delta^* \frac{\delta^{(1-D)}}{\delta^{*(1-D)}} = N_\lambda \delta^{1-D} \delta^{*D}. \qquad (6.14)$$

Ricordando che abbiamo scelto:

$$\delta_i^* = \lambda \sqrt{A_i(\delta)},$$

possiamo scrivere

$$L_i(\delta) = N_\lambda \lambda^D \delta^{(1-D)} \sqrt{A_i(\delta)}^D.$$

Ponendo

$$r_D(\delta) = N_\lambda \lambda^D \delta^{(1-D)}, \qquad (6.15)$$

si ottiene immediatamente la (6.11) che riscriviamo:

$$r_D(\delta) = \frac{[L_i(\delta)]^{1/D}}{[A_i(\delta)]^{D/2}} \qquad (6.16)$$

per ricordare che il perimetro P e l'area A e pertanto $r_D(\delta)$ dipendono dalla "unità δ" con cui sono misurati.

La (6.15) mostra inoltre che tale rapporto dipende dal fattore arbitrario λ usato per "stabilire la scala" e scegliere la unità δ^*.

La relazione area-perimetro si può allora scrivere, in definitiva, nella forma proposta da Mandelbrot:

$$P(\delta) = k\delta(\lambda)^{(1-D)} \sqrt{A(\delta)}^D \qquad (6.17)$$

dove $k(\lambda) = N_\lambda \lambda^D$ dipende dal parametro arbitrario λ.

La (6.17) è molto usata per determinare praticamente D in molti casi.

S. Lovejoy ha analizzato la relazione area-perimetro per eventi meteorologici. In Fig. 6.5 è riportato il valore delle aree di pioggia A misurate sulle mappe radar in funzione del loro perimetro P misurato sulle stesse mappe (cerchietti pieni) per le aree tropicali dell'Oceano Atlantico e dell'Oceano Indiano. Nella stessa figura sono riportati anche i valori delle aree A degli ammassi nuvolosi (cerchietti vuoti) misurati sulle immagini dei satelliti metereologici in funzione del loro perimetro P misurato sulle stesse immagini.

La retta disegnata in Fig. 6.5, ottenuta con una ottimizzazione dei minimi quadrati, ha una pendenza $D = 1.35 \pm 0.05$.

È importante sottolineare che la linearità, in scala bilogaritmica, si estende per circa quattro ordini di grandezza sulla scala dei perimetri (da qualche chilometro, a qualche centinaia di migliaia di chilometri) e per circa sei ordini di grandezza sulla scala delle aree (da qualche chilometro quadrato, a qualche milione di chilometri quadrati). Il valore di D è abbastanza ben rappresentato dal valore $4/3$ di una curva frattale del tipo di quelle costruite nel Capitolo 2.

Le osservazioni che derivano dalla Fig. 6.5 permettono di affermare che, nella formazione geometrica delle aree di pioggia e degli ammassi nuvolosi, non sono affatto privilegiate le fluttuazioni benigne di tipo gaussiano, bensì avvengono fluttuazioni erratiche e non benigne. Non sono pertanto rare fluttuazioni estreme lontane dal valore medio o serie di deviazioni persistenti dalla norma.

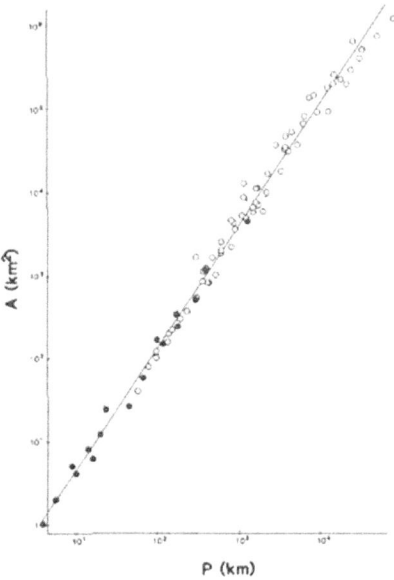

Fig. 6.5 Relazione area-perimetro

Hentschel e Procaccia [29] hanno sviluppato nel 1986 una opportuna teoria della diffusione turbolenta per spiegare che, nonostante le nubi cambiano di forma con il passare del tempo, esse esibiscono una struttura frattale che non dipende dalle condizioni iniziali per la loro formazione.

6.4 I voli di Lévy

Prima di discutere i modelli bidimensionali e tridimensionali delle somme frattali di impulsi – detto in inglese *Fractal Sum of Pulses* (FSP) – è necessario accennare ai voli di Lévy.

Sono dette **voli di Lévy** [45] tutte le estrazioni fatte da distribuzioni di probabilità $P(x)$ del tipo:

$$P(x) = \frac{c}{x^\alpha}; \quad x > 0; \quad 0 < \alpha < 2 \qquad (6.18)$$

con α **parametro di Lévy**[2]. I voly di Lévy sono soprattutto utilizzati in due dimensioni.

---

[2] Malauguratamente troppi parametri sono indicati con la lettera α e ciò avviene anche nel presente libro (troverete α usato con molti significati diversi). Tuttavia, occorre rimanere fedeli alla simbologia usata nelle letteratura al fine di non creare disorientamenti.

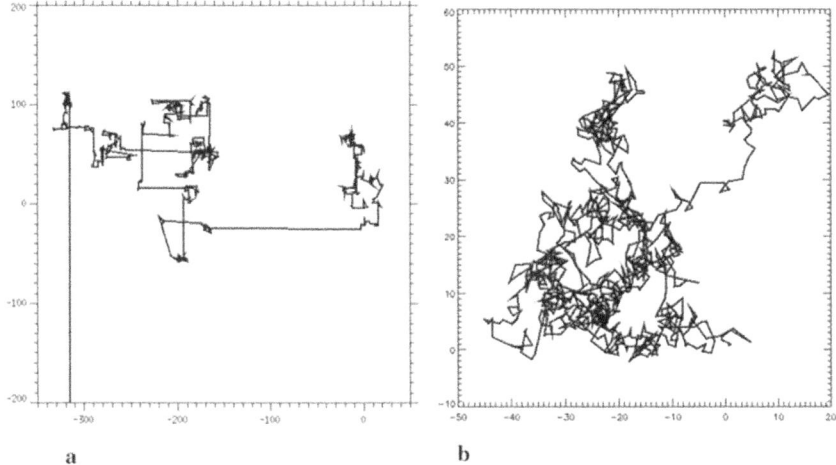

Fig. 6.6 Generazione di due voli di Lévy da 1000 passi ciascuno; (a) distribuzione di probabilità iperbolica con $\alpha = 1.2$; (b) $\alpha = 2.0$

È utile illustrare l'effetto prodotto dall'uso dei voli di Lévy con un esempio. Nelle Figg. 6.6a,b sono riportate due serie di 1000 passi di un volo di Lévy bidimensionale.

L'origine del moto del punto (x,y) rappresentativo è centrato alle coordinate $(0,0)$; le due componenti di ogni passo sono estratte indipendentemente e distribuite secondo una distribuzione simmetrica $P(z) = \frac{1}{z^{\alpha+1}}$ con $\alpha = 1.2$ (Fig. 6.6a), e con $\alpha = 2$ (Fig. 6.6b) corrispondente ad una distribuzione gaussiana. Si nota come in Fig. 6.6a sono presenti dei "salti" del tutto anormali che sono assenti nella Fig. 6.6b originata mediante estrazioni distribuite secondo una gaussiana molto più regolare.

È bene richiamare l'attenzione sul fatto che la Fig. 6.7 del prossimo paragrafo non rappresenta altro che un volo di Lévy in una dimensione.

6.5 Le serie temporali di pioggia

L'idea di simulare situazioni "fortemente non gaussiane" è di Mandelbrot. Come di consueto descriviamo, prima di discutere modelli bidimensionali e tridimensionali delle somme frattali di impulsi, un modellino propedeutico monodimensionale (peraltro usato con successo nelle scienze economiche[3]), applicato alle serie temporali dei dati di pioggia, con una facile simulazione di eventi straordinari di improvvisi nubifragi o di lunghi periodi di siccità.

Il modello è in grado di rivelare le caratteristiche basilari del fenomeno dell'intermittenza che si ritrovano anche nelle versioni più sofisticate.

---

[3] Cfr. Capitolo 11.

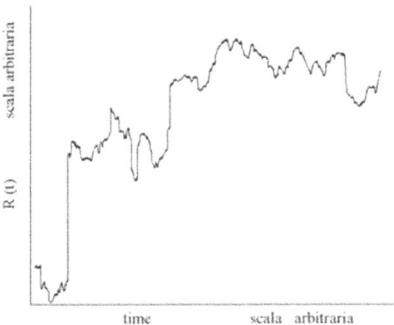

Fig. 6.7 Simulazione Montecarlo di una serie temporale di caduta di pioggia sommando 1300 variabili casuali dalla distribuzione (6.5) con $\alpha = \frac{5}{3}$

La Fig. 6.7 mostra una simulazione Montecarlo di una serie temporale di pioggia $R(t)$ costruita sommando 1300 variabili casuali Δr consecutive estratte dalla distribuzione iperbolica (6.5) con $\alpha = \frac{5}{3}$ (più intermittente che nel caso di $\alpha = \frac{4}{3}$ interpolato in Fig. 6.5). Cioè:

$$P(|\Delta R| > \Delta r) \div (\Delta r)^{-\frac{5}{3}} \qquad (6.19)$$

scegliendo a caso il segno positivo o negativo di ΔR con uguale probabilità. Arbitrariamente l'ascissa viene chiamata "tempo" e va da 1 a 1300 e

$$R(t) = \sum_{i=0}^{t} \Delta r_i \qquad (6.20)$$

($t = 1, 2, \ldots, 1300$).

Si nota come occasionalmente l'aumento di pioggia è dovuta ad un singolo salto, il che giustifica l'aggettivo "erratico" attribuito a questi fenomeni [42]. Una trattazione statistico-matematica accurata cui accenneremo nell'Appendice, dimostra che, per $\alpha < 2$, una generalizzazione del teorema del limite centrale implica che la somma di variabili casuali iperboliche distribuite identicamente converge ad una variabile statistica di Lévy iperbolica asintoticamente. Pertanto, se la relazione $P(\Delta R > \Delta r) \sim (\Delta r)^{-\alpha}$ è estesa a $\Delta r > 0$ il risultato gode delle proprietà di scaling. Riprenderemo questo aspetto matematico nell'Appendice. Poiché le fluttuazioni che si succedono in Fig. 6.7 sono indipendenti per costruzione, la miglior previsione per $t \to k$ grande è che non vi sia persistenza (cfr. Capitolo 4) ovverosia limitata variazione statistica del valor medio. Il modellino semplicissimo qui illustrato ed i dati di Fig. 6.7 mostrano molto bene una proprietà fondamentale delle funzioni stocastiche i cui incrementi sono distribuiti iperbolicamente con $\alpha < 2$.

È facile osservare che, *a priori*, gli incrementi sono identicamente distribuiti; *a posteriori* domina la somma nonostante il massimo incremento sia il più improbabile, essendo dello stesso ordine di grandezza della somma di tutti gli altri piccoli incrementi.

Basta osservare qualsiasi intervallo di Fig. 6.7; una larga frazione della "variazione totale" di $R(t)$ proviene da un singolo incremento anomalo. Questo effetto fu battezzato *effetto Noè* da Mandelbrot e Wallis [43] proprio per ricordare la fluttuazione di 40 giorni e 40 notti di pioggia del diluvio biblico così come i tratti con piccole variazioni $r(t)$ furono battezzati da Mandelbrot e Wallis "effetto Giuseppe" per ricordare il succedersi di periodi di grandi siccità dei biblici 7 anni di vacche grasse e 7 anni di vacche magre.

Va sottolineato il fatto che la situazione per cui una grossa fluttuazione singola può dominare tutte le altre è drasticamente differente dalle familiari circostanze previste dalle distribuzioni poissoniane, gaussiane o quasi gaussiane. In queste ultime le singole fluttuazioni "individuali" molto raramente superano qualche deviazione standard $[P(\Delta R > \Delta r) > 3\sigma \approx 10^{-4}]$. Non solo, ma anche la più grossa fluttuazione è trascurabile rispetto alla somma di tutte le fluttuazioni precedenti.

In Fig. 6.8 vengono confrontate le "code" di due distribuzioni di probabilità: una gaussiana di varianza unitaria con valore medio nullo:

$$P_r(\varepsilon > x^*) = \int_{x^*}^{\infty} \frac{1}{\sqrt{2\pi}} e^{\frac{-\varepsilon^2}{2}} d\varepsilon$$

ed una iperbolica:

$$P_r(\varepsilon > x^*) = \varepsilon^{-1.171}.$$

È questa proprietà che fornisce il criterio per la convergenza della somma di gaussiane a una gaussiana nel teorema del limite centrale nella statistica che affronteremo nell'Appendice.

Queste differenze tra variabili casuali iperboliche e variabili casuali gaussiane si accentuano nei modelli FSP che permettono una maggiore ricchezza di strutture

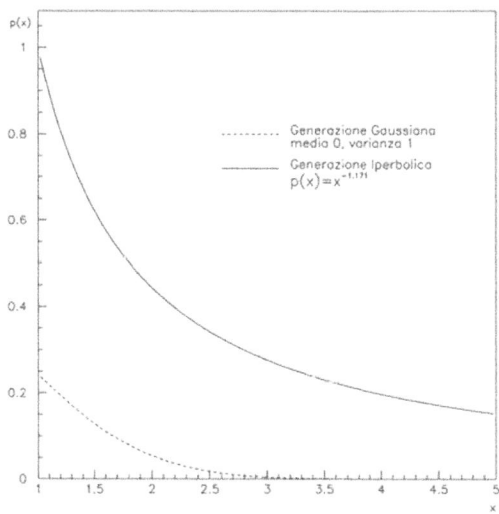

Fig. 6.8 Confronto tra valori generati con distribuzione gaussiana e iperbolica

6.6 FSP monodimensionali

Ancora una volta trattiamo in dettaglio per prima cosa un caso semplice, monodimensionale, per poi estrapolarlo a più dimensioni.

Consideriamo una funzione $R(t)$ che è la somma di impulsi rettangolari casuali, sia in altezza che in larghezza e posizione, come schematizzato in Fig. 6.9. Per restare nell'ambito del caso trattato nel § 6.3 pensiamo che gli impulsi rappresentino dei ΔR – variazioni di flusso di pioggia – e che la loro larghezza rappresenti la durata ρ dell'acquazzone (ΔR grosso) o della pioggerellina (ΔR piccolo). Assumiamo che l'inizio, o meglio il "centro" dell'intervallo ρ, sia distribuito come un processo poissoniano di frequenza ν.

Nell'ambito di un tradizionale processo stocastico si assume implicitamente – e non lo si dichiara affatto – che il valore di aspettazione per i valori medi $\bar{\rho}$ e $\overline{\Delta R}$ siano entrambi *finiti* e che forniscano i relativi valori di "scala" (sono cioè i valori rappresentativi di riferimento).

Con queste ipotesi assunte, la *somma* degli impulsi è un valore che dipende fortemente dalla scala. Le sue proprietà per $T \gg \bar{\rho}$ sono *completamente diverse* dalle sue proprietà per $T \ll \bar{\rho}$.

Mandelbrot [68] propone[4] diversi modi di assicurarsi che la somma goda delle proprietà di scaling. La scelta più semplice è che la probabilità che una durata

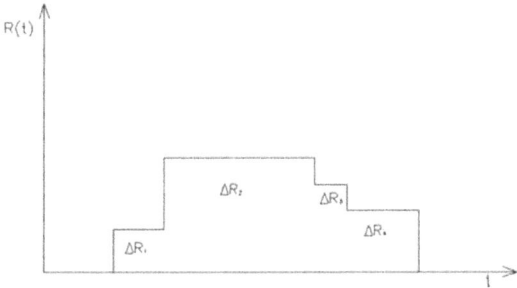

Fig. 6.9 Schematizzazione di una successione di impulsi rettangolari secondo le leggi descritte nel testo

---

[4] Nel lavoro originale di Lovejoy e Mandelbrot [68], la referenza bibliografica Mandelbrot (1984) apparentemente non esiste. Recita testualmente: B.B. Mandelbrot: *Fractal Sum of Pulses; new random variables and functions*, available from the author. Il presente autore ha richiesto per via epistolare l'informazione ma non ha ricevuto risposta.

casuale ρ' superi il valore ρ sia:

$$P_r(\rho > \rho') \doteq \frac{1}{\rho} \qquad (6.21)$$

e che l'intensità degli impulsi sia del tipo:

$$\Delta R = \pm \rho^{\frac{1}{\alpha}}. \qquad (6.22)$$

Mandelbrot definisce questo semplice impulso rettangolare "eco a futura cancellazione" in quanto l'impulso ΔR iniziale viene cancellato dopo un tempo ρ da un impulso di entità esattamente opposta. Le relazioni (6.21) e 6.22, o anche 6.19, assicurano automaticamente le proprietà di scaling. Si noti che per una distribuzione di probabilità del tipo (6.21) il *valor medio*, diverge, ma questo fa sì che la somma ΔR possa godere della proprietà di scaling.

Questo semplice modello scala con coefficiente $H = 1/\alpha$ perché aumentando la scala delle lunghezze di un fattore λ: $\rho^* = \lambda \rho$, gli incrementi ΔR variano come:

$$\Delta R = \lambda^{\frac{1}{\alpha}} \rho^{\frac{1}{\alpha}}$$

e scalano quindi di un fattore $\lambda^{\frac{1}{\alpha}}$.

Notiamo infatti che il numero di impulsi in un intervallo di tempo τ la cui durata è superiore a ρ' è:

$$\tau P_r(\rho > \rho') = \tau \rho^{-1}$$

che risulta invariante sotto le due trasformazioni di scala:

$$\tau^* \to \lambda \tau; \rho^* \to \lambda \rho. \qquad (6.23)$$

Per costruzione, gli incrementi ΔR del processo sono iperbolici di esponente α. Per quanto riguarda l'incremento ΔR durante l'intervallo τ, esso è sempre la somma di incrementi iperbolici e la "coda" della sua distribuzione è pure iperbolica.

Vale la pena di sottolineare che la proprietà di scaling continua a sussistere anche se gli impulsi non sono semplicemente rettangolari, essi possono assumere qualsiasi forma regolare (a campana, conici, ecc). Basta che la loro estensione "scali" come λ e la loro intensità "scali" come $\lambda^{1/\alpha}$.

Una forma di impulso spesso usata è:

$$R \doteq \exp^{-(\frac{u}{\rho})^{2s}}. \qquad (6.24)$$

Invece che $R = k_i$ come nel caso di Fig. 6.9, nella (6.24) u è la distanza dal centro di un "eco" (o da una sorgente di potenziale o quant'altro). Con questa scelta matematica, la "forma" della (6.24) può essere aggiustata a piacere facendo variare il parametro s. Per $s \to \infty$ la forma dell'impulso diventa rettangolare.

6.7 Simulazione di FSP in una dimensione

L'implementazione concreta di un programma per una simulazione monodimensionale è abbastanza semplice. Proponiamoci di fare una simulazione con risoluzione ρ.

Assumiamo che:

- la scala più piccola sia $\rho_m = 1$ pixel (intervallo minimo = risoluzione massima);
- la scala più grande sia $\rho = \rho_M$.

Modelliamo il processo localizzando a caso i pixels, distribuiti uniformemente su un intervallo $(0,T)$, con frequenza v per unità di tempo, con ampiezza temporale distribuita secondo la (6.21):

$$P_r(\rho' > \rho) \doteq \frac{1}{\rho} \quad \text{per} \quad \rho > 1, \quad \rho_m = 1 \text{ pixel}.$$

L'intensità degli impulsi possono variare semplicemente come:

$$\Delta R = \pm \rho'^{\frac{1}{\alpha}}.$$

I campioni generati in questo modo mostrano sicuramente degli effetti di bordo perché la probabilità di trovare un grande salto di intensità è minore ai confini dell'intervallo $(0,T)$ che non al centro (ciò è dovuto al fatto che il centro dell'eco della (6.22) per i "grossi salti" deve essere generalmente lontano dai bordi).

Tuttavia i centri di durata $\tau < T$ scalano con parametro di scala $H = 1/\alpha$ fino alla scala massima $\rho_M = v T_M$. Infatti, in media, questo è l'impulso più lungo che si può generare mediante il calcolatore con le assunzioni fatte.

Non vi sono limiti precisi da imporre a τ e T.

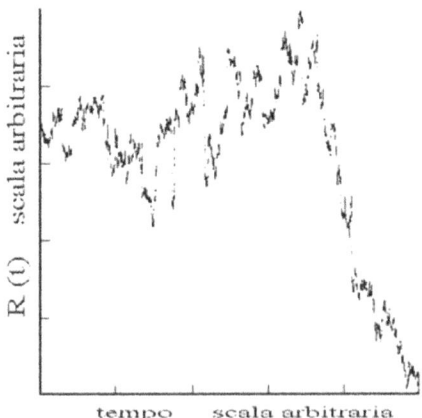

Fig. 6.10 Generazione di un campione

In Fig. 6.10 $\tau = 10000$; $T = 20000$; $\nu = 2.5$; $\alpha = 5/3$; $(H = 3/5)$ $\rho_M = 50000$ (ρ_M è preso abbastanza più grande di T per minimizzare gli effetti di bordo menzionati prima).

In sostanza si esegue la somma degli impulsi ΔR generati e ci si ferma dopo un certo numero di generazioni.

6.8 La FSP in due dimensioni

Nella generazione di somma frattale di impulsi bidimensionali si può incontrare una maggiore varietà di situazioni ed una maggiore flessibilità di simulazione.

Si tratta di avere "salti" o incrementi di una funzione che dipende da due parametri x, y: cioè $R(x, y)$.

La forma più semplice di un impulso bidimensionale è un cilindro di area di base A ed altezza ΔR.

In questo caso (ma anche nel caso in cui la forma non sia necessariamente cilindrica) *l'area di base A dell'impulso è distribuita iperbolicamente* come fatto nella equazione (6.21):

$$P_r(A > a) = a^{-1}.$$

L'altezza dell'impulso viene assunta: $\Delta R = \pm A^{1/\alpha}$, come fatto nella equazione (6.22).

È facile verificare che sezioni *monodimensionali* prese a caso di questi processi bidimensionali, esattamente come accade per il caso trattato nel § 6.6, sono processi FSP con impulsi di durata distribuita come ρ^{-1}.

I centri dei cerchi sono distribuiti uniformemente in un quadrato $L \times L$ di cui viene usata solo la parte interna $l \times l$ (con $l \ll L$), così come prima si usava $T \ll \rho_M$. Il campo così ottenuto non può essere "immediatamente" interpretato come campo di pioggia perché, aumentando le dimensioni, aumenta la probabilità di trovare valori di $R < 0$.

Occorre introdurre una "soglia" R_s e misurare le variazioni di intensità piovosa come differenza $R' = R - R_s$ ed occorre imporre $\Delta R = 0$ se $\Delta R < 0$.

Per il modello quindi: $R' = R - R_s$ se $R > R_s$, $R' = 0$ se $R \leq R_s$. Queste simulazioni sono ovviamente molto limitate: esse vengono curate con diversi artifici, che qui non conviene discutere in dettaglio. I modelli più usati sono:

1. Modello gradiente: si può assumere una forma di impulso:

$$\Delta R \div \exp^{-(\frac{u}{\rho})^{2s}}$$

    per cerchi di raggio ρ con u distanza dal centro dei cerchi.
2. Invece che impulsi circolari di qualche forma si possono assumere impulsi a forma di "annulo" di raggio esterno Λ e raggio interno Λ^* e area π.
   Cioè:

$$\Lambda^2 - \Lambda^{*2} = 1$$

da cui
$$\Lambda^* = \sqrt{\Lambda^2 - 1}.$$
Raggio medio: $\delta = \frac{1}{2}(\Lambda^* + \Lambda)$; spessore $\sigma = \frac{1}{2}(\Lambda^* - \Lambda)$.

3. Lovejoy e Mandelbrot hanno usato una forma di impulso del tipo:
$$\Delta \mathrm{Re} \left\{ \frac{-[\frac{u^2}{(\rho')^2} - \delta^2]}{\sigma^2} \right\}^{2s}.$$

Nel Capitolo 12 illustreremo l'applicazione del Modello FSP a due casi concreti:

i) la distribuzione di diossina intorno allo stabilimento dell'industria ICMESA di Meda dopo che nel 1976 scoppiò un reattore chimico produttore di diserbanti;
ii) la distribuzione di Cs^{137} nell'aria in Italia settentrionale conseguenza dell'incidente nucleare di Chernobyl del 1986.

7
I multifrattali stocastici

7.1 Introduzione

Il campo di applicazione dei concetti multifrattali si allarga enormemente con l'introduzione dei multifrattali stocastici.

Un frattale geometrico – la curva di Peano – le traiettorie del moto browniano e quant'altro, hanno dimensione minore o uguale alla dimensione E dello spazio di immersione. Un frattale stocastico, come vedremo in questo capitolo, non ha limiti. La sua dimensione può essere superiore a quella dello spazio di supporto. Il frattale stocastico non è una figura geometrica che al più può riempire tutto lo spazio geometrico che lo ospita; è una distribuzione di probabilità osservata per un determinato fenomeno naturale.

Verificatosi un fenomeno naturale, anche una sola volta, lo stesso può verificarsi n volte e non vi è, a priori, un limite al numero di volte che questo può avvenire, a meno che non vi siano limiti fisici intrinseci, come nel caso, ad esempio, dell'esplosione di buchi neri.

Si può pensare alla distribuzione della pioggia su tutta la Terra, giorno dopo giorno, si può pensare alla forma delle nubi su tutta la Terra, giorno dopo giorno. Non sempre piove ovunque, non sempre il tempo è nuvoloso ovunque. Ogni caduta di pioggia è una *realizzazione stocastica* del fenomeno pioggia; ogni nube è una *realizzazione stocastica* dell'oggetto nube. Nel Capitolo 2 abbiamo analizzato soltanto qualche aspetto di fenomeni la cui dimensione frattale non era necessariamente la stessa al variare di un semplice parametro quale *la quota* a cui disegnare i contorni della Norvegia o della Grecia. Ciononostante, abbiamo scoperto interessanti proprietà frattali.

In questo capitolo affrontiamo il problema in modo sufficientemente generale per arrivare a definire i multifrattali stocastici. Affrontiamo cioè il problema in modo alternativo: considerare campi comunque generici ε, definiti su uno spazio S di supporto fisico o geometrico, e studiare le fluttuazioni a cui ε può soggiacere, così liberandoci dai vincoli dei frattali strettamente geometrici.

Per capire come si possano realizzare configurazioni di ε sullo spazio S, occorre porre attenzione ai processi in grado di generare possibili configurazioni del campo ε nello spazio S.

Abbiamo già visto nel Capitolo 5 il processo moltiplicativo binomiale in grado di generare le cascate diaboliche definite su uno spazio "anche frattale" di dimensione D.

Dobbiamo tuttavia anteporre una serie di considerazioni sui concetti di dimensione e di codimensione di un insieme frattale.

7.2 Importanza della codimensione

La nozione di codimensione di un insieme frattale, ritenuta nel Capitolo 2 meno importante e significativa (o al più ugualmente significativa) di quella di dimensione nell'ambito dei multifrattali geometrici, si impone invece nel campo dei multifrattali stocastici, come proprietà fondamentale, perché, come si vedrà nel seguito, essa dipende dalle proprietà del campo, mentre la dimensione dipende *anche* dal modo con cui il campo viene analizzato.

Preoccupiamoci quindi di dare una definizione di codimensione in modo da non mettere in conflitto la definizione data nel campo dei frattali geometrici con quella che serve nel campo dei frattali stocastici. Apparirà infatti presto chiaro che la definizione introdotta per i frattali geometrici si dimostra inadeguata ad una descrizione *completa* delle proprietà multifrattali del fenomeno (o del campo ε).

La definizione geometrica di codimensione è sostanzialmente quella accennata preliminarmente nel Capitolo 2, nel caso lineare dei confini della Norvegia.

Sia A, contenuto in S, un insieme con dimensione frattale D_f, mentre $D < E$ sia la dimensione (anch'essa eventualmente frattale) dello spazio di supporto S a sua volta contenuto in E appartenente allo spazio euclideo di dimensione E. La codimensione c di A è definita come:

$$c = D - D_f \tag{7.1}$$

ed è chiaro quindi che essa è sempre $c \leq E$.

In analogia, la definizione stocastica della codimensione viene formulata nel modo seguente. Sia B_λ una *bolla* di diametro $\frac{\Delta}{\lambda}$, dove Δ è una lunghezza fissata sufficientemente grande e sia λ la risoluzione con la quale Δ è misurata. La codimensione c dell'insieme A, contenuto in S, di dimensione frattale D_f, definito in uno spazio di supporto S (a sua volta contenuto in E, appartenente allo spazio euclideo di dimensione E), è definita chiamando λ^{-c} la frazione di spazio occupato dall'insieme A nello spazio di supporto $S < E$ [1]. Cioè:

$$Pr(B_\lambda \cap A) \doteq \lambda^{-c}. \tag{7.2}$$

---

[1] Si noti ancora una volta che, a risoluzione λ, un *volumetto elementare di integrazione* ha come misura λ^{-D} in quanto, se L è l'estensione di un intervallo e λ è il numero di intervallini in cui $L(=1)$ è suddiviso, ogni intervallino è lungo $\delta = \frac{L}{\lambda} = \lambda^{-1}$.

7.2 Importanza della codimensione

In altre parole, c è l'esponente che misura la frazione di spazio occupato dall'insieme frattale A nello spazio di supporto $S < E$ usando come unità di misura la bolla B_λ.

Nel caso stocastico, lo spazio dei parametri può anche essere infinito dimensionale in quanto è possibile aumentare indefinitamente il numero delle realizzazione del processo o del fenomeno. È pertanto chiaro che c può assumere qualsiasi valore tra 0 e ∞.

Le due definizioni sono decisamente diverse per $c > D$, mentre coincidono quando $c < D$. Infatti basta scrivere esplicitamente la (7.2), ad una data risoluzione λ, come definizione operativa:

$$\lambda^{-c} \div Pr(B_\lambda \cap A) \div \frac{\text{Num}\, B_\lambda(A)}{\text{Num}\, B_\lambda(S)} \tag{7.3}$$

dove B_λ è la *misura dell'estensione della generica* bolla, a risoluzione λ, Num $B_\lambda(A)$ è in numero di *bolle* necessarie per ricoprire A e Num $B_\lambda(S)$ è il numero di *bolle* necessarie per ricoprire S.

Il rapporto: $\frac{\text{Num}\, B_\lambda(A)}{\text{Num}\, B_\lambda(S)}$, stimato con la tecnica del *box counting*, fornisce come risultato:

$$Pr(B_\lambda \cap A) = \frac{\lambda^{D_f}}{\lambda^D} = \lambda^{D_f - D} = K\lambda^{-c} \div \lambda^{-c} \tag{7.4}$$

(K costante) che è esattamente la definizione geometrica di codimensione.

Infatti: le misure degli insiemi A e S sono rispettivamente:

$$M_{D_f}(\delta) = \gamma(\delta) N_A(\delta) \delta^{D_f}$$

e

$$M_D(\delta) = \gamma(\delta) N_S(\delta) \delta^D.$$

Da queste si ricavano i due numeri $N_A(\delta) = \text{Num}\, B_\lambda(A)$ e $N_S(\delta) = \text{Num}\, B_\lambda(S)$. Ciò fatto, si sostituisce nella (7.3) e si ottiene la (7.4), dopo avere notato che, quando δ è molto piccolo, $M_{D_f}(\delta)/M_D(\delta) \approx K$ costante.

La definizione stocastica è importante per i frattali stocastici nei quali essa misura la sparsità di un fenomeno e la sua rivelabilità su un campione fissato di realizzazioni anche non necessariamente stocasticamente indipendenti. Se infatti un fenomeno ha codimensione c minore della dimensione D dello spazio di supporto (cioè la dimensione $D_f = D - c$ è definita), esso è abbastanza fitto da essere presente *quasi*[2] sicuramente in una realizzazione del processo stocastico. Se invece la codimensione c è maggiore della dimensione D dello spazio di immersione (con il che D_f, negativa, *non* è definita), il fenomeno è troppo sparso e raro e *quasi* sicuramente non è presente in una singola realizzazione del processo. Tuttavia, su più realizzazioni, si possono ritrovare anche fluttuazioni con c maggiore di D.

---

[2] Questo *quasi* può essere dotato di un preciso significato probabilistico.

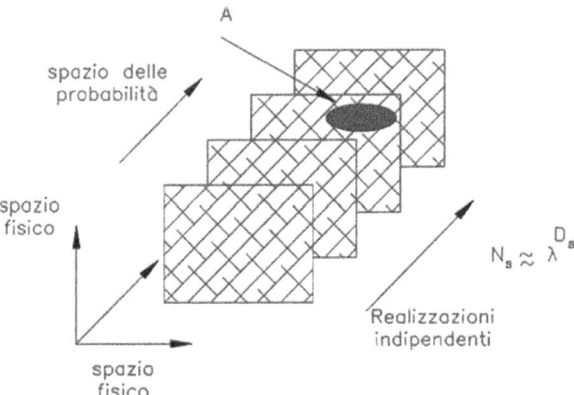

Fig. 7.1 Rappresentazione ideale di realizzazioni statistiche di fenomeni casuali. Viene idealizzato uno spazio fisico bidimensionale nel quale può verificarsi un fenomeno nella regione indicata esplicitamente nella terza realizzazione stocastica

Sia infatti N_s il numero di realizzazioni di un determinato processo stocastico, ognuna di esse definita su un supporto geometrico S di dimensione D. Se si osserva il fenomeno a risoluzione λ, detto $N = \lambda^D$ il numero di *pixels* in cui lo spazio S è stato suddiviso, si hanno $N \cdot N_s$ *pixels* da osservare ed analizzare. Si può inoltre definire per comodità un numero D_s tale che $N_s = \lambda^{D_s}$. Con ciò si ha che $N \cdot N_s = \lambda^{D+D_s}$. D_s si chiama *dimensione frattale del campione* di N_s realizzazioni[3].

Ora, il numero $D + D_s$ si comporta come se fosse una dimensione di un nuovo spazio di immersione S' comprendente tutti i campioni, nel senso che, se c è minore di $D + D_s$ il fenomeno è sufficientemente fitto da essere *quasi* sicuramente rappresentato in uno degli $N \cdot N_s$ pixels. La situazione è concettualmente illustrata in Fig. 7.1, nella quale lo spazio fisico/geometrico nel quale il fenomeno avviene, viene rappresentato da piani *ortogonali* allo spazio delle probabilità, lungo il quale vengono rappresentate le singole realizzazioni del fenomeno (descritto nello spazio fisico/geometrico mediante l'ellisse A). Riprenderemo più avanti il concetto della *sample dimension*. Si noti che, mentre D non dipende da λ, D_s, a fissato N_s, decresce al crescere di λ. Quindi, nel limite di $\lambda \gg 1$ (pessima risoluzione), praticamente solo i fenomeni con c minore di D sono generalmente presenti nel campione N_s, perché D_s tende a zero. Alternativamente, si può dire che, fissata la codimensione c del fenomeno che si vuole studiare, al crescere di λ deve crescere anche il numero dei campioni N_s perché si abbia una buona probabilità che il segnale del fenomeno da studiare sia presente in modo significativo nei dati sperimentali.

---

[3] s sta per l'inglese *sample*.

7.3 Cascate e processi moltiplicativi

Prendiamo un supporto generico S, come un segmento, un quadrato o un qualsiasi altro spazio, *non* frattale, e caratterizziamolo attraverso due parametri Δ e D: una *lunghezza caratteristica*[4] (Δ) e la dimensione (frattale o topologica) D. Abbiamo infatti visto nel Capitolo 3 che si può costruire un frattale su uno spazio di immersione che può essere sia un insieme euclideo di dimensione E, sia, a sua volta, un insieme frattale (per esempio la barra di Cantor) di dimensione $D < E$.

Su questo *spazio di supporto S* sia definita una funzione ε_0 a valore costante in ogni punto di S (questo è il livello *zero* di una cascata moltiplicativa).

Procediamo ora con un primo passo della cascata moltiplicativa: scegliamo un numero λ – la risoluzione – e dividiamo Δ in λ parti (ciascuno di lunghezza[5] $\delta = \frac{\Delta}{\lambda}$) ovvero dividiamo S in λ^D volumetti (ognuno con misura λ^{-D}). Per ognuno di questi volumetti si scelga un *fattore* μ_1 che moltiplichi la funzione ε_0 in modo da poter costruire una nuova funzione a gradini ε_1, costante su ogni volumetto (abbiamo applicato il primo passo di una cascata moltiplicativa).

Il passo successivo della cascata consiste nell'applicare la stessa procedura ad ogni volumetto del *livello* 1, scegliendo un nuovo *fattore* μ_2. Si ottengono così $(\lambda^D)^2$ volumetti, a risoluzione λ^2, su cui il campo ε_2 è costante.

Reiterando n volte il procedimento, raggiungiamo il livello n-esimo della cascata, in cui S risulta suddiviso in λ^{nD} volumetti, in ognuno dei quali la funzione ε_n risulta costante di valore $\varepsilon_n = \mu_n \varepsilon_{n-1}$. Il procedimento è idealmente schematizzato in Fig. 7.2, nella quale si è assunto $\lambda = 4$.

Abbiamo costruito una cascata moltiplicativa *discreta* (perché la risoluzione λ varia in modo discreto) a n stadi, del tutto generica in quanto non abbiamo per nulla specificato alcun vincolo sui fattori moltiplicativi μ_i ($i = 1, 2, \ldots, n$). Porre dei vincoli sui fattori μ_i introduce una classificazione delle cascate in varie classi.

Nel prossimo paragrafo analizziamo in modo specifico una cascata moltiplicativa detta *Modello* α molto utile per generare multifrattali stocastici.

7.4 I modelli moltiplicativi

7.4.1 Il modello β

Viene indicato con il nome di *modello* β un modello estremante nel quale la distribuzione di probabilità $\rho(x)$ in ciascuno degli intervallini di ampiezza δ è o zero (stato *morto, dead*) o k, una determinata, prefissata frazione di $\int_0^\Delta \rho(x)dx$ (stato *vivo,*

---

[4] La lunghezza caratteristica è una qualsiasi lunghezza che definisce a grandi linee l'estensione dello spazio S. Ad esempio, nel Capitolo 5, abbiamo assunto per un quadrato il lato, ma sarebbe potuta andare benissimo la diagonale; per un cerchio la lunghezza caratteristica è di solito il raggio, ma potrebbe andare benissimo anche la circonferenza o il diametro.

[5] È chiaro che se si assume, come fatto nei primi capitoli, per semplicità: $\Delta = 1$, $\delta = \frac{1}{\lambda}$.

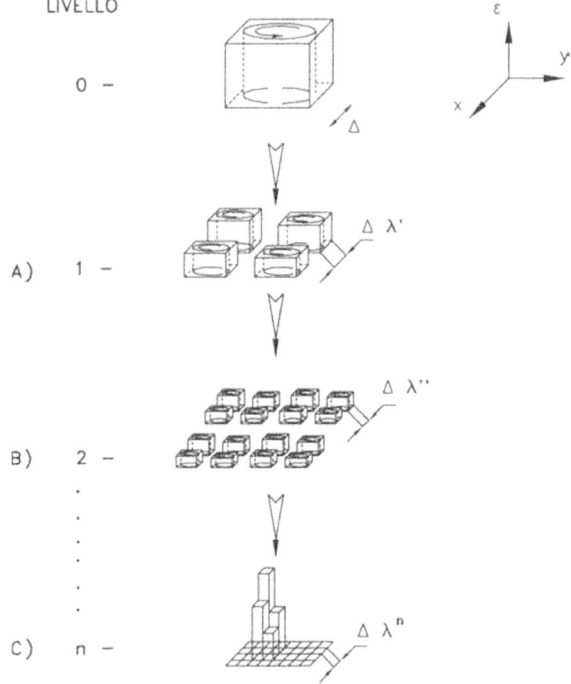

Fig. 7.2 Rappresentazione ideale di cascata moltiplicativa

alive). Per semplicità assumiamo $\rho(x)$ normalizzata a uno: $\mu(\Delta) = \int_0^\Delta \rho(x)dx = 1$. Il modello β presenta due stati:

$$Pr(\varepsilon = \lambda^{-c}) = \lambda^{-c} \qquad \text{stato vivo}$$
$$Pr(\varepsilon = 0) = 1 - \lambda^{-c} \qquad \text{stato morto}$$

dove $\lambda > 1$ è il fattore di scala; ε è una variabile aleatoria con distribuzione binomiale per la quale vale $\overline{\varepsilon} = 1$ (infatti è immediato vedere che: $\overline{\varepsilon} = \lambda^c \cdot \lambda^{-c} + 0 \cdot (1 - \lambda^{-c}) = 1 + 0 = 1$). Ad ogni passo successivo, gli stati sopravvissuti decrescono di un fattore $\beta = \lambda^{-c}$ (da cui il nome di *modello β*). Dopo n passi, il numero medio di stati vivi $\overline{N}$, a risoluzione $\Lambda = \lambda^n$, in uno spazio di immersione di dimensione D (che può anche essere frattale) è:

$$\overline{N(\Lambda)} = \Lambda^D \Lambda^{-c} = \Lambda^{D-c} = \Lambda^{D'}$$

dove $D' = (D - c)$ è la dimensione frattale degli stati vivi (basti ricordare l'insieme di Cantor) e c si conferma essere la codimensione frattale dello stesso insieme.

Il campo prodotto da un modello β è rappresentato da una serie di valori sempre più sparsi, pur mantenendo la proprietà $\overline{\varepsilon} = 1$. Il risultato mostra proprietà semplici per cui basta un solo parametro (β o c) per descriverne le proprietà di scaling.

7.4.2 *Il modello* α

Il *modello* α è più articolato e flessibile, anche se rimane ancora un modello pedagogico. La sua importanza scaturisce dalla considerazione delle cascate moltiplicative dominate da distribuzioni di probabilità iperboliche.

Possiamo generalizzare la distribuzione di probabilità iperbolica di Mandelbrot del Capitolo 5 al caso arbitrario per il quale, scelta una soglia ε_{th}, la probabilità che il generico campo ε, esaminato alla scala (o risoluzione) λ, segua una legge del tipo della (7.2):
$$Pr(\varepsilon \geq \varepsilon_{th}) \sim \lambda^{-c}$$
con c esponente di intermittenza, esponente di scala o, se si vuole, infine, codimensione frattale.

Per comodità assumiamo anche qui $\overline{\varepsilon} = 1$. È molto utile legare il valore della soglia alla risoluzione (o fattore di scala). Basta porre: $\varepsilon_{th} = \lambda^{\gamma}$, ovvero $\varepsilon_{th} = e^{\gamma \log \lambda}$. Si ottiene immediatamente:
$$\log \varepsilon_{th} = \gamma \log \lambda; \qquad \gamma = \frac{\log \varepsilon_{th}}{\log \lambda}. \tag{7.5}$$

Il fattore γ è detto **ordine o grado di singolarità**.

Con queste notazioni formuliamo un *modello* α per delle cascate moltiplicative in un modo più elaborato rispetto a quanto fatto nel paragrafo precedente.

Più precisamente, cerchiamo di generalizzare le considerazioni delle cascate monofrattali di Mandelbrot del Capitolo 5 al caso in cui la codimensione (o l'esponente di scala) possa cambiare con la soglia; o meglio – con la nostra nuova parametrizzazione – possa cambiare con l'ordine di singolarità. Per fare questo, cerchiamo di costruire una cascata nella quale γ possa cambiare ad ogni passo, cioè al variare di λ. Partiamo quindi da un caso semplice, approfittando della illustrazione schematica tracciata in Fig. 7.2 in cui una distribuzione *piatta* di probabilità ε ha un valore dato sul dominio S che è lo spazio di immersione. La distribuzione rappresenta il nostro *campo* di probabilità ε che, nello stato iniziale può pensarsi caratterizzato da un grado di singolarità γ^0.

Eseguiamo due passi consecutivi di una cascata moltiplicativa suddividendo il dominio S in 4 (2×2) sottoinsiemi raggiungibili mediante il seguente processo:

- vi siano due possibilità: (a) che il campo cresca e (b) che il campo decresca;
- indichiamo con γ^+ (fattore di crescita) un ordine di singolarità accresciuto rispetto a quello iniziale e con $-\gamma^-$ (fattore di decrescita) un ordine di singolarità diminuito rispetto a quello iniziale;
- valga la legge di scala:
$$Pr(\varepsilon > \lambda^{-\gamma}) \sim \lambda^{-c}; \tag{7.6}$$
- se la probabilità di crescita è $Pr(\varepsilon \geq \lambda^{\gamma^+}) \sim \lambda^{-c}$, la probabilità di decrescita, per la conservazione della probabilità è: $Pr(\varepsilon \geq \lambda^{-\gamma^-}) = (1 - \lambda^{-c})$.

Nel costruire i due passi cui si è accennato all'inizio, si hanno quattro possibilità: (a) due consecutivi fattori di crescita; (b) due consecutivi fattori di decrescita; (c) un fattore di crescita seguito da un fattore di crescita; (d) un fattore di decrescita seguito da un fattore di crescita. Le due ultime possibilità coincidono.

Si raggiungono quindi quattro configurazioni (di cui due identiche) di campo differente, come illustrato nella Fig. 7.2.

Le probabilità che si verifichino le diverse configurazioni in due passi consecutivi sono:

$$Pr(\varepsilon \geq \lambda^{2\gamma^+}) = \lambda^{-c}\lambda^{-c} = \lambda^{-2c};$$
$$Pr(\varepsilon \geq \lambda^{(\gamma^+-\gamma^-)}) = 2\lambda^{-c}(1-\lambda^{-c}) = 2\lambda^{-c} - 2\lambda^{-2c}; \quad (7.7)$$
$$Pr(\varepsilon \geq \lambda^{-2\gamma^-}) = (1-\lambda^{-c})^2 = 1 - 2\lambda^{-c} + \lambda^{-2c}.$$

Riscriviamo ora il processo come se fosse stato ottenuto raggiungendo la medesima situazione dei tre stati della (7.7) con un passo solo e quindi con un rapporto di scala $\Lambda = \lambda^2$.

Le tre probabilità si possono riscrivere per semplice sostituzione come:

$$Pr(\varepsilon \geq \Lambda^{\gamma^+}) = \Lambda^{-c};$$
$$Pr(\varepsilon \geq \Lambda^{\frac{\gamma^+-\gamma^-}{2}}) = 2(\Lambda^{-\frac{c}{2}} - \Lambda^{-c}); \quad (7.8)$$
$$Pr(\varepsilon \geq \Lambda^{-\gamma^-}) = 1 - 2\Lambda^{-\frac{c}{2}} + \Lambda^{-c}.$$

Queste ultime probabilità corrispondono evidentemente ad un processo ottenuto con un singolo passo di un modello α a tre stati con rapporto di scala Λ.

7.5 Scaling multiplo delle distribuzioni

Iterando la procedura n volte (stadio C di Fig. 7.2), chiamiamo per comodità γ_k il fattore risultante dalle applicazioni combinatorie di k fattori di crescita e di $(n-k)$ fattori di decrescita:

$$\gamma_k = \frac{k\gamma^+ - (n-k)\gamma^-}{n} \, ; \qquad (k=1,2,\cdots,n).$$

Dopo n passi, si ottiene facilmente la legge di scala del campo risultante come probabilità binomiale:

$$Pr(\varepsilon \geq \lambda^{\gamma_k}) = \binom{n}{k} \lambda^{-ck}(1-\lambda^{-c})^{(n-k)}. \quad (7.9)$$

La (7.9) non è altro che la distribuzione di probabilità del campo originale (situazione A di Fig. 7.2) analizzato *a risoluzione* λ^n (alla scala $\delta_n = \lambda^{-n}$) invece che a risoluzione λ^1 (alla scala $\delta = \lambda^{-1}$).

7.5 Scaling multiplo delle distribuzioni

Chiamiamo ancora:

$$\varepsilon_{\lambda^n} = \sum_{i=1}^{n} \varepsilon_i \qquad (7.10)$$

il campo *somma* dei diversi campi ε_i, ovvero il campo frattale alla scala $\delta_n = \lambda^{-n}$.
Possiamo scrivere la legge di scala per ε_{λ^n} come:

$$Pr(\varepsilon_{\lambda^n} \geq [\lambda^n]^{\gamma_i}) = \sum_j p_{ij}(\lambda^n)^{-c_{ij}}. \qquad (7.11)$$

I termini p_{ij} sono fattori di tipo binomiale e si chiamano *sottomolteplicità* ed i termini c_{ij} si chiamano *sub-codimensioni* relative alle diverse singolarità γ_i definite in precedenza. Notiamo che, a causa del vincolo di conservazione $\overline{\varepsilon} = 1$ a tutte le scale, i gradi di singolarità γ_i non possono avere tutti lo stesso segno; alcuni sono positivi ma altri debbono essere negativi; tuttavia, a causa del modo con cui sono stati introdotti i fattori γ^+ e $-\gamma^-$, il modello α ha gradi di singolarità intermedi: $-\gamma^- \leq \gamma_i \leq \gamma^+$.

Compresa la generalizzazione ad n passi del processo a cascata moltiplicativa, possiamo applicare lo schema di rinormalizzazione, invece che da λ a $\Lambda = \lambda^2$, da λ a λ^n, n volte, e sostituire così una cascata a n passi, due stati, rapporto di scala λ, con una cascata ad un passo singolo, $(n+1)$ stati, rapporto di scala λ^n.

Analizzando la (7.11), ci accorgiamo che, al crescere di n, il termine dominante della sommatoria di campo (7.10) è quello che corrisponde al valore minimo dei c_{ij}.

Introduciamo allora la notazione:

$$c(\gamma_i) = c_i = \min\{c_{ij}\} \qquad (7.12)$$

cosicché eliminiamo l'indice inessenziale j e lasciamo sopravvivere solo l'indice i che indica *il passo* intermedio (che va da 1 a n) usato per passare dalla scala λ alla scala λ^n. Possiamo allora approssimare la (7.11) con una nuova espressione valida per λ generico (cioè sostituendo un generico continuo λ ai valori discreti λ_n):

$$Pr(\varepsilon_{\lambda^n} \geq \lambda^{\gamma_i}) = p_i \lambda^{-c_i} \qquad (7.13)$$

dove p_i è un fattore moltiplicativo (detto pre-fattore) e c_i è la codimensione *corrispondente* alla singolarità γ_i.

Giunti a questo punto, passando decisamente al continuo, possiamo omettere qualsiasi dipendenza dagli indici, permettere che *l'ordine di singolarità* γ_i possa assumere qualunque valore finito γ. Ovviamente, anche i pre-fattori p_i diventano una funzione $p(\gamma)$ dell'ordine di singolarità e possiamo scrivere:

$$Pr(\varepsilon_\lambda \geq \lambda^\gamma) = p(\gamma)\lambda^{-c(\gamma)}. \qquad (7.14)$$

La funzione $c(\gamma)$ prende il nome di **funzione codimensione**. Così facendo, abbiamo generalizzato la legge di scaling ai multifrattali stocastici continui.

Trascurando il pre-fattore $p(\gamma)$, si può scrivere sinteticamente, senza perdere di generalità, la legge di **scaling multiplo** riferita ad un campo multifrattale che offre una (co)dimensione frattale variabile al variare del valore della soglia utilizzata per investigare il campo stesso (si ricordi, per esempio, la dimensione frattale non solo delle coste della Norvegia o della Grecia, bensì di qualsiasi *curva di livello*, qualsiasi isoipsa per ogni altitudine ε_{th} del campo *altitudine* del Paese da studiare).

Questa forma semplificata ed al tempo stesso più generale è dunque:

$$Pr(\varepsilon_\lambda \geq \lambda^\gamma) \propto \lambda^{-c(\gamma)} \tag{7.15}$$

che coincide formalmente con la legge di scaling per un monofrattale o per una cascata monofrattale "alla Mandelbrot" (vedi Capitolo 5).

La legge (7.15) si chiama **Probability Distribution Multiple Scaling** (PDMS): scaling multiplo delle distribuzioni di probabilità.

A rigore, γ prende il nome di *ordine di singolarità* soltanto per $\gamma > 0$, in quanto è solo per $\gamma > 0$ che si possono incontrare divergenze; ε_λ diverge per $\gamma \to \infty$, quando $\lambda \to 0$.

È importantissimo sottolineare che $c(\gamma)$ è definita come coefficiente statistico e pertanto in modo del tutto indipendente dalla dimensione D dello spazio (fisico o geometrico) sul quale viene definito il campo multifrattale in esame.

La (7.15) è la principale relazione che caratterizza i processi multifrattali a cascata, dominati dalla funzione codimensione $c(\gamma)$ che fornisce la distribuzione di probabilità di ε_λ e, allo stesso tempo, stabilisce una precisa relazione di *scaling multiplo* tra le intensità del campo ε_λ e la sua probabilità di essere osservato, in dipendenza dalla risoluzione con la quale viene indagato. La presenza di $c(\gamma)$ permette pertanto di pensare in modo naturale che le distribuzioni di probabilità possano essere diverse per le diverse soglie stabilite[6].

7.6 Proprietà della funzione $c(\gamma)$

Nel paragrafo precedente abbiamo raggiunto l'obiettivo massimo che si possa ottenere partendo da un semplice modello α. La funzione codimensione $c(\gamma)$ assume pertanto un ruolo importantissimo nell'intero campo dei multifrattali. È perciò necessario studiare (per quanto possibile) le proprietà geometrico-analitiche che la funzione $c(\gamma)$ possiede, ricordando che essa proviene dai parametri c_{ij} e dalla loro approssimazione attraverso la (7.12).

1. La prima proprietà è che la funzione cresce indefinitamente con γ, cioè che la sua derivata $c'(\gamma)$ è positiva. Ciò si può dedurre da come $c(\gamma)$ è stata costruita. Abbiamo infatti scelto nella (7.12) $c(\gamma_i)$ delle cascate discrete come il valore minimo dominante nella costruzione di un campo multifrattale, somma di campi frattali ε_i della (7.10). Il termine scelto è dominante sì, ma ad esso si aggiungono in realtà diversi altri contributi. Allora $c(\gamma)$ è una funzione crescente dell'ordine

---
[6] Ricordiamo che la (co)dimensione delle coste della Norvegia (altitudine $h = 0$) è completamente diversa dalla (co)dimensione frattale della isoipsa ad altitudine $h \neq 0$. Addirittura, per $h = h_{\max}$, altezza della più alta montagna norvegese, la isoipsa si riduce ad un punto di dimensione nulla.

7.6 Proprietà della funzione $c(\gamma)$

di singolarità. Questo esprime chiaramente il fatto che i valori più alti del campo ε_λ sono pur sempre i valori più rari.

2. Abbiamo normalizzato (per comodità) il campo ε_λ al suo valore medio assumendo $\overline{\varepsilon_\lambda} = 1$. Se chiamiamo γ_1 l'ordine di singolarità del campo medio, si ottiene che, per definizione è:

$$\overline{\varepsilon_\lambda} = \lambda^{\gamma_1} \cdot Pr(\varepsilon_\lambda = \lambda^{\gamma_1}) = \lambda^{\gamma_1} \lambda^{-c(\gamma_1)} = 1$$

ovverosia: $\lambda^{\gamma_1 - c(\gamma_1)} = 1$, da cui segue immediatamente: $\gamma_1 = c(\gamma_1)$. L'ordine di singolarità di campo medio $c(\gamma_1)$ viene indicato semplicemente con C_1. Esso rappresenta anche il grado di singolarità del momento statistico del primo ordine. Pertanto $c(\gamma)$ possiede un *punto fisso*:

$$c(C_1) = C_1 \tag{7.16}$$

e quindi C_1 è anche la codimensione del campo medio.

Una nota importante è la seguente: se studiamo il campo ε in uno spazio di dimensione secondo Hausdorff e Besicovitch $D < E$, C_1 non può eccedere $D < E$. Deve pertanto essere:

$$C_1 < D.$$

Ricordiamo infatti che la codimensione è, per la (7.1), per i frattali geometrici di Capitolo 2, il complemento alla dimensione, per cui, se fosse $C_1 = D < E$, la dimensione frattale del campo medio sarebbe nulla, il che implicherebbe che il campo è nullo ovunque (caso evidentemente degenere).

3. Al fine di studiare ulteriormente le proprietà di $c(\gamma)$, differenziamo la distribuzione di probabilità rispetto a γ. Posto cioè: $f(\gamma) = \lambda^{-c(\gamma)}$ otteniamo:

$$f'(\gamma) = \frac{d}{d\gamma}\left[\lambda^{-c(\gamma)}\right] = \log\left(\frac{1}{\lambda}\right) c'(\gamma) \lambda^{-c(\gamma)}.$$

Scopriamo così che $c(\gamma)$ è adatta a rappresentare *anche* la *densità di probabilità* del campo ε_λ. Infatti, riprendendo l'assunzione di comodo (7.5), possiamo sempre considerare:

$$\varepsilon_\lambda = \lambda^\gamma \tag{7.17}$$

per cui la *densità di probabilità*, a risoluzione λ, nella variabile γ, costituisce la *densità di probabilità* del campo ε_γ visto in *unità diverse*. La (7.17) ci suggerisce quindi che ogni valore del campo stesso ε_λ corrisponde ad una singolarità di ordine γ e di codimensione $c(\gamma)$.

Possiamo pertanto usare, per indicare il campo, indifferentemente sia ε_λ che λ^γ. La (7.17) ci permette di fare alcune importanti considerazioni: partendo dalla (7.17), è facile scrivere, in un punto x dello spazio di immersione:

$$\gamma_\lambda(x) = \frac{\log \varepsilon_\lambda(x)}{\log \lambda} \tag{7.18}$$

e possiamo chiamare $\gamma_\lambda(x)$ singolarità incipiente nel punto x. È chiaro che per $\lambda \to \infty$, $\varepsilon_\lambda(x)$ può divergere e $\gamma_\lambda(x)$ può seguire un cammino del tutto aleatorio senza ammettere un limite superiore $\gamma_\infty(x)$.

Ciò non può accadere per i multifrattali geometrici perché i valori delle singolarità sono assegnati a priori e quindi per assunzione non possono divergere.

4. La funzione $c(\gamma)$ è convessa. Per dimostrarlo sfruttiamo la definizione di convessità in un intervallo: $c(\gamma)$ è convessa in un intervallo I se, presi γ_1 e γ_2 qualsivoglia in I (si assuma che per comodità sia $\gamma_1 \leq \gamma_2$), e per ogni $z > 1$ si ha:

$$c[z\gamma_1 + (1-z)\gamma_2] \leq [zc(\gamma_1) + (1-z)c(\gamma_2)]. \tag{7.19}$$

Si vedrà nel § 7.8 che la $c(\gamma)$ può essere scritta [cfr. l'equazione (7.28)]:

$$c(\gamma) = \max_x \{\gamma x - f(x)\}, \tag{7.20}$$

e quindi il primo membro della (7.19) diventa:

$$\max_x \{z\gamma_1 x + (1-z)\gamma_2 x - f(x)\}. \tag{7.21}$$

Aggiungendo e sottraendo a quest'ultima $zf(x)$, otteniamo:

$$\max_x \{z\gamma_1 x - zf(x) + (1-z)\gamma_2 x - (1-z)f(x)\}. \tag{7.22}$$

A questo punto, sfruttando la (7.20) per riscrivere anche la (7.19), otteniamo la disuguaglianza:

$$\begin{aligned}\max_x \{z\gamma_1 x - zf(x) + (1-z)\gamma_2 x - (1-z)f(x)\} &\leq \\ \leq z \max_x \{\gamma_1 x - f(x)\} + (1-z)\max_x \{\gamma_2 x - f(x)\}&\end{aligned} \tag{7.23}$$

che è sicuramente vera per ogni z e per ogni γ_1, γ_2 appartenenti al dominio di definizione della $c(\gamma)$[7].

5. Esiste un'altra importante proprietà che non possiamo ancora discutere non avendo in mano tutti gli elementi. Essa è connessa con le proprietà dei momenti statistici che verranno discussi nel prossimo paragrafo.

La Fig. 7.3 illustra qualitativamente l'andamento tipico di una funzione codimensione $c(\gamma)$ al variare dell'ordine di singolarità γ.

Come si possano eccedere le dimensioni della spazio di supporto $D < E$, mediante processi casuali è illustrato qualitativamente nella Fig. 7.1 e verrà spiegato nel paragrafo seguente. L'analisi in termini di multifrattali stocastici viene effettuata nello spazio delle probabilità, mentre lo spazio fisico (o quello geometrico) di supporto è uno spazio del tutto indipendente. Per chiarezza, nella Fig. 7.1 è stato indicato, nello spazio fisico, un dominio A che è lo spazio di supporto del fenomeno,

---

[7] Analoga dimostrazione si può trovare in [46]. La stessa concavità si ritrova facilmente anche nel § 7.9.

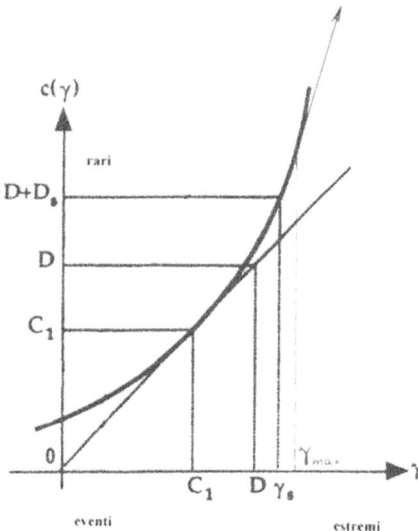

Fig. 7.3 Comportamento qualitativo della codimensione $c(\gamma)$ al variare dell'ordine di singolarità γ

mentre ortogonalmente è stata indicata la successione delle realizzazioni stocastiche. Lo spazio fisico ha dimensione euclidea ($E = 2$ nella figura), ma lo spazio delle probabilità si può estendere indefinitamente in ben altra direzione.

7.7 Dimensione stocastica del campione

Si può dare una interpretazione geometrica a $c(\gamma)$ quando $c(\gamma) < D$.

Definiamo, in accordo con la (7.1), una *funzione dimensione* $D(\gamma)$ come complemento alla dimensione di Hausdorff dello spazio di supporto (ed eventualmente anche $D = E$):

$$D(\gamma) = D - c(\gamma).$$

Una sola realizzazione (un evento) di dimensione D può esplorare soltanto singolarità γ con $D(\gamma) > 0$ e quindi anche con $c(\gamma) < D$. Queste singolarità, di codimensione minore delle dimensioni dello spazio di immersione si chiamano *calme*. Strutture casuali con $D(\gamma) < 0$, ovvero con $c(\gamma) > D$, dette *singolarità selvagge*, non sono raggiungibili con una sola realizzazione.

È allora lecito porsi la domanda di quale singolarità γ_s si possa raggiungere con un campione di N_s realizzazioni (come indicato qualitativamente nella Fig. 7.1 da una serie di piani paralleli rappresentanti ciascuno una realizzazione del fenomeno che avviene nello spazio fisico o geometrico).

Il massimo ordine di singolarità si ottiene stimando la probabilità massima $Pr(\varepsilon_\lambda \equiv \lambda^{\gamma_s})$. Ciò avviene se tutte le N_s realizzazioni cadono in un solo intervallo a risoluzione λ. Per questo, la probabilità è per definizione uguale a 1. Pertanto, l'unità è il prodotto di $Pr(\varepsilon_\lambda \equiv \lambda^{\gamma_s})$ per il numero delle realizzazioni N_s, per il volume λ^D dell'intervallino (nel quale tutte le realizzazioni cadono) nello spazio di immersione di dimensione $D \leq E$, a risoluzione λ (il volume di definizione è, per esempio, nello spazio fisico di dimensione E). Si ha cioè:

$$1 = Pr(\varepsilon_\lambda \equiv \lambda^{\gamma_s}) \cdot N_s \cdot \lambda^D.$$

Per la (7.15) è:

$$Pr(\varepsilon_\lambda \geq \lambda^\gamma) \approx \lambda^{-c(\gamma)}$$

per cui:

$$1 = N_s \cdot \lambda^D \cdot \lambda^{-c(\gamma_s)}.$$

Possiamo pertanto definire per comodità:

$$N_s = \lambda^{D_s} \qquad (7.24)$$

e chiamare D_s **sample dimension**, dimensione del campione, verificando immediatamente che la definizione è appropriata in quanto risulta:

$$D_s = \frac{\log N_s}{\log \lambda} \qquad (7.25)$$

che è formalmente identica alla (2.8) di Capitolo 2.

Si può quindi scrivere:

$$1 = \lambda^{D_s + D - c(\gamma_s)}; \qquad D_s + D - c(\gamma_s) = 0$$

da cui si ricava immediatamente:

$$c(\gamma_s) = D + D_s \qquad (7.26)$$

(questo valore è riportato nella Fig. 7.3) con il che si è mostrato come un campione di N_s realizzazioni stocasticamente indipendenti permette di eccedere le dimensioni topologiche E delle spazio euclideo nel quale è definito lo spazio di supporto del fenomeno. Questa possibilità è assolutamente inibita per i frattali geometrici per loro stessa natura e definizione.

Riprendiamo la proprietà 2) del paragrafo precedente $C_1 < D < E$. Nella Fig. 7.3 è stato indicato un punto $x(D,D)$ sulla tangente a $c(\gamma)$ nel punto C_1, con $\gamma > C_1$. Ora, se il valore della singolarità γ_s del campione statistico analizzato è $\gamma_s > D$, il valore di $c(\gamma) = D + D_s$ eccede la dimensione frattale dello spazio di supporto ed anche, eventualmente, la dimensione E dello spazio di immersione.

Nella Fig. 7.3 si possono quindi localizzare gli eventi "estremi" o "eccezionali", sull'asse delle ascisse, a grandi valori di γ, mentre gli eventi "rari" trovano collocazione sull'asse delle ordinate a grandi valori di $c(\gamma)$.

Noi possiamo riempire lo spazio delle probabilità con un numero arbitrario N_s di realizzazioni indipendenti. N_s, ad esempio, è il *campione statistico* di eventi di un certo tipo che rappresenta una popolazione infinita non accessibile ad una analisi dei dati.

7.8 Scaling dei momenti statistici

Dalla relazione (7.15) è possibile costruire e calcolare il momento statistico $\overline{\varepsilon_\lambda^q}$ di ordine q del campo ε_λ [8]:

$$\overline{\varepsilon_\lambda^q} = \int \varepsilon_\lambda^q dPr = \int_{-\infty}^{+\infty} \lambda^{q\gamma} \lambda^{-c(\gamma)} d\gamma$$
$$= \int e^{-\log\lambda[q\gamma - c(\gamma)]} d\gamma \qquad (7.27)$$

(qui abbiamo indicato semplicemente con dPr il differenziale $\rho(\varepsilon_\lambda)d\varepsilon_\lambda$ con $\rho(\varepsilon_\lambda)$ densità di probabilità del campo).

Esiste un metodo di integrazione detto *metodo del valico* [47] che permette di approssimare l'integrale per λ sufficientemente grande con l'espressione: $\lambda^{\max_\gamma[q\gamma-c(\gamma)]}$, cioè:

$$\overline{\varepsilon_\lambda^q} = \lambda^{\max_\gamma[q\gamma - c(\gamma)]}. \qquad (7.28)$$

Ponendo:

$$K(q) = \max_\gamma[q\gamma - c(\gamma)] \qquad (7.29)$$

si può scrivere la legge di scaling dei momenti statistici come:

$$\overline{\varepsilon_\lambda^q} = \lambda^{K(q)}; \qquad \text{per } \lambda \text{ grande.} \qquad (7.30)$$

Questa relazione permette di affermare empiricamente che anche i momenti statistici di qualsiasi ordine q scalano secondo una funzione $K(q)$ che prende il nome di **funzione di scaling dei momenti**.

Esiste un teorema matematico [48] dovuto a Legendre grazie al quale, data una funzione $J(x)$ e posto $p = \frac{dJ(x)}{dx}$, è possibile trovare una funzione $\Psi = \Psi(p)$, trasformata di Legendre della prima, che è equivalente a $J(x)$, nel senso che la stessa operazione $J \to \Psi$ può essere applicata a $\Psi = \Psi(p)$ per riprodurre $J(x)$. La (7.29) ci dice pertanto che $K(q)$ è la trasformata di Legendre della funzione codimensione $c(\gamma)$, dal che discende immediatamente, poiché la trasformazione di Legendre si può invertire:

$$c(\gamma) = \max_q[q\gamma - K(q)]. \qquad (7.31)$$

Esiste pertanto una corrispondenza biunivoca tra l'ordine delle singolarità γ e l'ordine dei momenti q.

Nel § 7.9 commenteremo sul significato delle trasformazioni di Legendre.

---

[8] Cfr. l'Appendice, interamente dedicata a richiami di statistica.

Possiamo ora finalmente discutere la proprietà della $c(\gamma)$ lasciata in sospeso nel § 7.6.

Chiamiamo γ_q il valore di γ che massimizza rispetto a γ la funzione:

$$f(q,\gamma) = q\gamma - c(\gamma). \tag{7.32}$$

Deve essere:

$$f'(q,\gamma_q) = \left[\frac{df}{d\gamma}\right]_{\gamma_q} = 0 = q - c'(\gamma_q)$$

da cui segue:

$$q = c'(\gamma_q) = \frac{dc(\gamma)}{d\gamma}. \tag{7.33}$$

Analogamente chiamiamo q_γ il valore di q che massimizza rispetto a q la funzione:

$$g(q,\gamma) = q\gamma - K(q) \tag{7.34}$$

trasformata di Legendre della equazione (7.32). Risulta analogamente:

$$g'(q_\gamma,\gamma) = \left[\frac{dg}{dq}\right]_{q_\gamma} = 0 = \gamma - K'(q_\gamma)$$

da cui segue:

$$\gamma = K'(q_\gamma) = \frac{dK(q)}{dq}. \tag{7.35}$$

Abbiamo inoltre visto, per la seconda proprietà studiata nel paragrafo precedente, che $c(\gamma_1) = \gamma_1$, per cui $C'_1 = c'(\gamma_1) = 1$.

Quindi $c(\gamma)$ è tangente alla bisettrice $c(\gamma) = \gamma$. In Fig. 7.3 abbiamo riportato la bisettrice tangente alla curva $c(\gamma)$ nel punto (C_1, C_1).

7.9 Proprietà della funzione $K(q)$

Studiamo ora, parallelamente a quanto fatto nel § 7.6, le proprietà della funzione di scaling dei momenti $K(q)$:

- anche $K(q)$ stabilisce una relazione di *scaling multiplo* per i momenti statistici. È immediato che $K(0) = 0$. Poiché abbiamo assunto per comodità $\overline{\varepsilon} = 1$, anche $K(1) = 0$;
- quando, come nel modello α, le singolarità sono limitate, esiste un valore γ_{max} per cui $\gamma < \gamma_{max}$. Quindi, poiché, per la (7.33) $q = c'(\gamma_q)$, si ha anche che esiste $q_{max} = c'(\gamma_{max})$ tale per cui $K(q)$ diventa lineare in q per $q > q_{max}$ come mostrato qualitativamente nella Fig. 7.4:

$$K(q) = q\gamma_{max} - c(\gamma_{max}) \qquad \text{per } q > q_{max};$$

7.9 Proprietà della funzione $K(q)$

- la funzione $K(q)$ è una funzione convessa. Basta dimostrare che la derivata seconda di $K(q)$ fatta rispetto a q è positiva. Derivando la (7.30) $\overline{\varepsilon_\lambda^q} = \lambda^{K(q)}$, segue immediatamente:

$$\frac{dK(q)}{dq} = \frac{1}{\log \lambda} \frac{d}{dq}\overline{(\varepsilon_\lambda^q)} \qquad (7.36)$$

e anche:

$$\frac{d^2K(q)}{dq^2} = \frac{1}{\log \lambda \, \overline{(\varepsilon_\lambda^q)}} \left[\frac{d^2\overline{(\varepsilon_\lambda^q)}}{dq^2} - \left(\log \lambda \frac{dK(q)}{dq}\right)^2 \overline{(\varepsilon_\lambda^q)} \right]. \qquad (7.37)$$

Ora la derivata prima di $\overline{\varepsilon_\lambda^q}$ è:

$$\frac{d\overline{(\varepsilon_\lambda^q)}}{dq} = \overline{(\varepsilon_\lambda^q \log \varepsilon_\lambda)}$$

per cui si ha:

$$\frac{d^2K(q)}{dq^2} = \frac{1}{\log \lambda} \left[\frac{\overline{(\varepsilon_\lambda^q)}\,\overline{(\varepsilon_\lambda^q \log^2 \varepsilon_\lambda)} - \overline{(\varepsilon_\lambda^q \log \varepsilon_\lambda)}^2}{\overline{(\varepsilon_\lambda^q)}^2} \right]. \qquad (7.38)$$

Dalla diseguaglianza di Schwartz:

$$\int f^2(x)dx \cdot \int g^2(x)dx \geq \left(\int f(x)g(x)dx\right)^2$$

segue che, nella (7.38):

$$\overline{(\varepsilon_\lambda^q)}\,\overline{(\varepsilon_\lambda^q \log^2 \varepsilon_\lambda)} \geq \overline{(\varepsilon_\lambda^q \log \varepsilon_\lambda)}^2.$$

Pertanto, poiché anche $\log \lambda$ è positivo, $\frac{d^2K(q)}{dq^2} \geq 0$.

Dalla convessità di $K(q)$ segue facilmente anche la convessità di $c(\gamma)$. Infatti, possiamo ricordare come la (7.33) ci dice che: $\frac{dc(\gamma)}{d\gamma} = q$ e la (7.35) dice che $\frac{dK(q)}{dq} = \gamma$; quindi:

$$\frac{d^2c(\gamma)}{d\gamma^2} = \frac{d}{d\gamma}\frac{dc(\gamma)}{d\gamma} = \frac{dq}{d\gamma} = \frac{dq}{d\left[\frac{dK(q)}{dq}\right]} \geq 0 \qquad (7.39)$$

in quanto $d\left[\frac{dK(q)}{dq}\right] = \frac{d^2K(q)}{dq^2}dq$.

La Fig. 7.4 illustra le proprietà più elementari di $K(q)$.

Al fine di comprendere meglio le proprietà appena descritte, conviene illustrare il significato delle trasformazioni di Legendre (7.32) e (7.34), aiutandoci con le Figg. 7.5a,b.

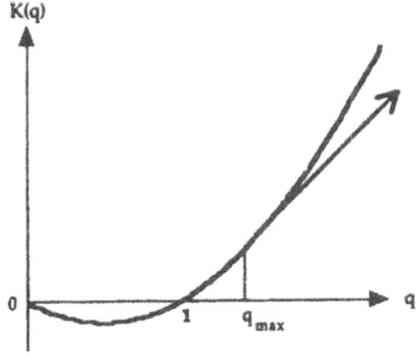

Fig. 7.4 Comportamento qualitativo della funzione di scaling dei momenti $K(q)$ al variare dell'ordine q del momento statistico

Mentre la Fig. 7.4a illustra i due punti $K(0) = K(1) = 0$ ed indica qualitativamente la posizione di un q_{max}, le Figg. 7.5a,b, indicano il significato geometrico delle trasformazioni di Legendre. L'equazione (7.32) ricerca la massima differenza (distanza verticale) tra la retta $c^*(\gamma) = q\gamma$ e la funzione $c(\gamma)$ disegnate in Fig. 7.5a, mentre la (7.34) ricerca la massima differenza (distanza verticale) tra la retta $K^*(q) = q\gamma$ e la funzione $K(q)$ disegnate nella Fig. 7.5b. Si noti che la pendenza della retta di Fig. 7.5a fornisce l'ordine q del momento statistico, mentre la pendenza della retta di Fig. 7.5b fornisce l'ordine di singolarità.

Facciamo ora una ulteriore considerazione che verrà ripresa nei capitoli successivi: ricordiamo la (7.26) di § 7, che ci permette di ricavare, mediante la Fig. 7.3, il massimo ordine di singolarità γ_s (singolarità del campione) per il quale $c(\gamma_s) = D + D_s$. Grazie a questa, siamo in grado di calcolare anche il massimo ordine del momento raggiungibile con un insieme di N_s eventi utilizzando la relazione (7.33)

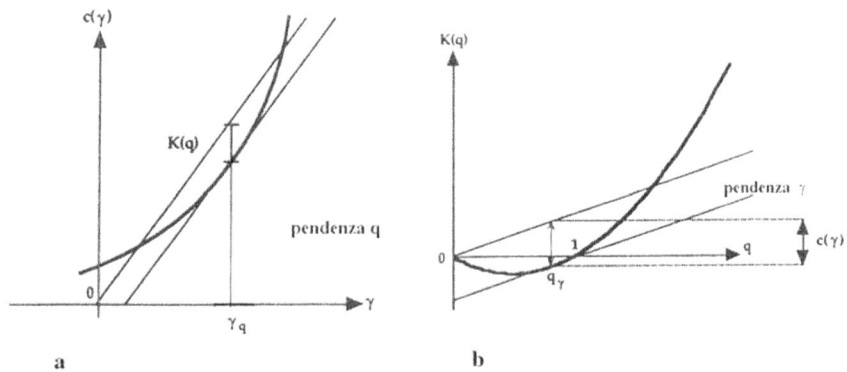

Fig. 7.5 La trasformazione di Legendre: (a) della funzione $c(\gamma)$ per il calcolo della funzione $K(q)$; (b) della funzione $K(q)$ per il calcolo della funzione $c(\gamma)$

$q_s = c'(\gamma_{q_s})$. Dal momento che il massimo valore di γ_s dipende dall'estensione del campione N_s, un calcolo di γ_s fornisce una stima del massimo ordine q_s. Questo rende conto solamente dell'effetto dell'insieme limitato, ma non è sufficiente. Per capire appieno il ruolo giocato dai momenti statistici nell'analisi multifrattale occorre discutere (e lo si farà nel § 11) di come l'integrazione, eseguita ad una risoluzione finita λ, sia influenzata dalle fluttuazioni *selvagge* che possono accadere a risoluzioni più fini non raggiungibili in una analisi. Esse determinano la divergenza dei momenti statistici di larga scala poiché sono troppo violente per essere eliminate dal processo di integrazione. Un semplice esempio chiarisce questo aspetto particolare: la produzione multipla di particelle elementari in collisioni tra quarks di altissima energia, avviene in tempi dell'ordine di $\simeq 10^{-23}$ secondi ed a distanze ben inferiori al fermi (10^{-15} m). Nessun esperimento è in grado nemmeno lontanamente di avvicinare risoluzioni spaziali di tale entità in quanto le risoluzioni spaziali non possono direttamente scendere – seppure molto ottimisticamente – al di sotto del centesimo di micron, ovvero di 10^{-8} m.

È particolarmente importante sottolineare che le proprietà statistiche di un campo multifrattale, ad una risoluzione finita λ, o equivalentemente il comportamento di $c(\gamma)$ o $K(q)$, dipendono in maniera molto critica dal *modo* con cui il campo è stato generato.

7.10 La codimensione duale dei momenti

Una funzione molto utile per la trattazione dei campi multifrattali si chiama **codimensione duale** dei momenti statistici $C(q)$ ed è definita per comodità come:

$$C(q) = \frac{K(q)}{q-1}. \tag{7.40}$$

Sappiamo che $K(0) = K(1) = 0$; pertanto se $(q-1)$ è la coordinata ordine dei momenti "dopo il primo", essa parte nella zona sicuramente positiva dei momenti (Fig. 7.4). Per definizione quindi (Fig. 7.4), $C(q)$ è la pendenza media di $K(q)$ nel tratto $(q-1)$.

A causa della convessità della funzione $K(q)$ quindi, $C(q)$ è una funzione sempre crescente di q. Se eseguiamo il limite per $q \to 1$ di $C(q)$, tenendo presenti le (7.35) e (7.16) otteniamo:

$$\lim_{q \to 1} C(q) = C(1) = K'(1) = \gamma_1 = C_1.$$

La relazione (7.40) è molto usata nelle applicazioni pratiche.

7.11 Prima classificazione di Multifrattali

Le considerazioni fatte sui multifrattali stocastici generati mediante cascate moltiplicative del tipo del modello α ci permettono di giungere ad una loro prima classificazione

È chiaro che anche la semplice scelta di una cascata moltiplicativa binaria con due *pesi statistici* μ_1 e μ_2 tali che $\mu_1 + \mu_2 = 1$ permette di raggiungere situazioni diverse, dopo n applicazioni della cascata binaria, in dipendenza delle *modalità* con cui i pesi vengono assegnati.

Dato ε, definito sul supporto Δ:

- se le operazioni di attribuzione si effettuano *deterministicamente*, sempre nello stesso ordine (il primo sotto-insieme che cresce crescerà sempre, ad esempio), si costruisce un *frattale geometrico*;
- se si sceglie a caso l'ordine con cui vengono usati i due pesi μ_1 e μ_2 (o γ^+ e γ^- usati nel § 4) ed entrambi i pesi sono utilizzati a ciascun passo (se cioè si sceglie una qualsiasi permutazione dei pesi), il multifrattale che si ottiene si dice *microcanonico* (nel senso che, a ciascun passo si conserva la probabilità $\mu_1 + \mu_2 = 1$) perché il campo medio è conservato ad ogni passo della cascata;
- se i due pesi vengono scelti del tutto indipendentemente, estraendo a caso ciascuno di essi dall'insieme $\{\mu_1, \mu_2\}$, così rendendo possibili più volte combinazioni $(\mu_1 \mu_1)$ e $(\mu_2 \mu_2)$ – come abbiamo fatto nel § 4 – il multifrattale che si ottiene si dice *canonico* in quanto il campo ε è conservato in media;
- si possono addirittura inventare scelte nelle quali il campo ε non è per nulla conservato (o meglio è conservato in modo molto approssimativo), nel qual caso il multifrattale si dice *macrocanonico* o *gran-canonico*.

In questo contesto i multifrattali geometrici, i quali ripetono esattamente uno schema, vengono detti *locali*. Sono stati introdotti da Parisi e Frisch [49] senza fare alcun riferimento a modelli a cascata. Essi sono sostanzialmente delle *funzioni matematiche* anche se non sempre ortodosse.

I multifrattali stocastici, microcanonici e/o canonici, al contrario, non sono funzioni bensì *densità di misure*. La misura del campo frattale ε_{λ_n} effettuata a risoluzione λ_n su una qualsiasi porzione del suo supporto, non ammette un limite definito; essa è soggetta ad un percorso aleatorio che ne impedisce la convergenza (delocalizzazione). La distinzione tra carattere microcanonico e canonico che può assumere un multifrattale stocastico risulta chiara se pensata in termini del campo nell'intervallo $\delta_n = \frac{\Delta}{\lambda_n}$, all'ennesimo passo di una cascata moltiplicativa.

Chiamiamo *contenuto* $\varepsilon \delta$ *del campo* il prodotto del valore del campo (ε) per l'ampiezza (δ) dell'intervallo cui esso appartiene e consideriamo cosa accade al *contenuto del campo* dell'intervallo δ quando quest'ultimo viene suddiviso in sotto-intervalli e, contemporaneamente, il campo viene moltiplicato per un fattore peso (come fatto nella costruzione della cascata moltiplicativa):

1. nel caso geometrico il contenuto viene semplicemente suddiviso tra i sotto-intervalli in cui δ viene suddiviso. La ripartizione segue sempre *esattamente* lo

stesso ordine. La somma dei contenuti dei sotto-intervalli è uguale al contenuto dell'intervallo iniziale:

$$\sum_i \varepsilon_i \delta_i = \varepsilon \delta. \qquad (7.41)$$

2. Nel caso microcanonico, il contenuto viene ancora ripartito tra i sotto-intervalli in cui δ viene suddiviso, ma ora la ripartizione segue un ordine casuale (legato alle due probabilità μ_1 e μ_2 nel caso della cascata binaria). La somma dei contenuti dei sotto-intervalli è uguale al contenuto dell'intervallo iniziale come in equazione (7.41).
3. Nel caso canonico, al contrario, sommando i contenuti dei sotto-intervalli – contenuti che sono stati generati indipendentemente – si possono ottenere valori maggiori o minori del contenuto dell'intervallo iniziale:

$$\sum_i \varepsilon_i \delta_i > \varepsilon \delta \quad \text{o} \quad \sum_i \varepsilon_i \delta_i < \varepsilon \delta. \qquad (7.42)$$

Infatti nel caso canonico il contenuto di un intervallo si conserva soltanto sulla media delle realizzazioni effettuate (*ensemble average*)[9].

La nomenclatura usata nel presente capitolo viene ampiamente mutuata dalla Meccanica Statistica. Dato un sistema di n particelle microscopiche che possegga una energia totale $E = \sum_{i=1}^n E_i$, è proprio della Meccanica Statistica considerare tre condizioni di conservazione: microcanonica, canonica e macrocanonica (o gran-canonica).

Nel caso *microcanonico* ciascun elemento dell'insieme statistico che costituisce il sistema conserva strettamente l'energia; in più, il numero delle particelle è rigorosamente conservato. Con il che il sistema fisico è isolato, completamente chiuso: una condizione molto restrittiva.

Nel caso *canonico* il numero delle particelle del sistema viene conservato ma il sistema, nelle diverse realizzazioni stocastiche, può scambiare energia con l'esterno (cederne una parte in una realizzazione, acquistarne una parte in un'altra realizzazione successiva) per cui l'energia risulta conservata in media nell'insieme delle realizzazioni.

Nel caso *gran-canonico o macrocanonico* un sistema fisico può scambiare con l'esterno, in ogni singola realizzazione, sia un certo numero di particelle, sia una certa quantità di energia. Con il che, il numero di particelle del sistema è conservato *in media* e l'energia è conservata *in media* sull'insieme di tutte le realizzazioni.

La situazione è schematicamente illustrata nelle Fig. 7.6a,b.

Sulla base di queste motivazioni la terminologia della Meccanica Statistica è stata mutuata dalla trattazione dei multifrattali stocastici per etichettare i diversi tipi di cascate moltiplicative.

Chiamiamo μ_i i pesi usati nel § 3 e sia $D < E$:

---

[9] La somma dei contenuti dei sotto-intervalli di un intervallo è l'esempio di una quantità che verrà illustrata più avanti: il *flusso* del campo attraverso l'intervallo δ.

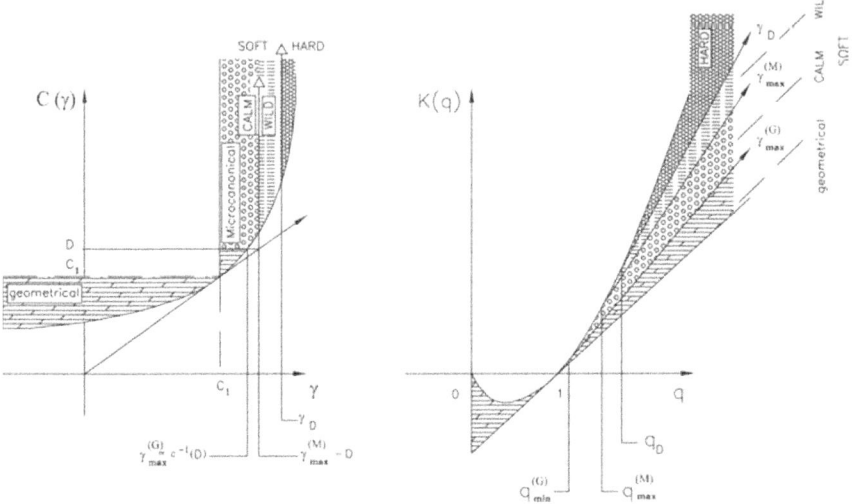

Fig. 7.6 Riclassificazione in chiave statistica delle fluttuazioni e dei processi stocastici: (a) in funzione dei valori dell'ordine di singolarità γ; (b) in funzione dei valori dell'ordine q dei momenti statistici

- sono chiamate cascate *microcanoniche* quelle per le quali esiste una esatta conservazione (ad ogni passo) del flusso $\varepsilon_n \delta_n$ e per le quali:

$$\sum_{i=1}^{\lambda^D} \mu_i = \lambda^D;$$

- sono chiamate cascate *canoniche* quelle per le quali il flusso si conserva *globalmente* come *ensamble average* del flusso $\varepsilon_n \delta_n$ e per le quali:

$$\overline{\sum_{i=1}^{\lambda^D} \mu_i} = \lambda^D;$$

- sono chiamate cascate *macrocanoniche o gran-canoniche* quelle per le quali la conservazione è globale, *non* su un fissato sottoinsieme del supporto, ma su un sottoinsieme "medio". Nel caso canonico la *ensamble average* del flusso è conservata per ogni sottoinsieme $\delta \in \Delta$; nel caso macrocanonico la *ensamble average* del flusso è conservata per un sottoinsieme δ medio.

7.12 Proprietà bare e dressed: il flusso

Se si esamina, ad una scala finita λ_k (con $\lambda < \infty$) un campo (fenomeno) multifrattale prodotto da un processo a cascata, sviluppata completamente, cioè fino a $\lambda \to \infty$, si

7.12 Proprietà bare e dressed: il flusso

è costretti ad *integrare* il campo su sottoinsiemi dello spazio di supporto che hanno una dimensione finita. Questa operazione (chiamata in fisica *resummation*) consiste infatti nell'aggregare in un tutt'uno i contributi di tutti gli intervallini $\delta = \frac{1}{\lambda}$, fino a che si conta il contributo del campo all'intervallo $\delta_k = \frac{1}{\lambda_k}$, con $\lambda_k < \lambda$, quindi con $\delta_k > \delta$.

Ora, non è detto che i valori che si ottengono mediante questo processo di risommazione della cascata coincidano con i valori che si sarebbero ottenuti se la cascata fosse stata fermata al passo k di risoluzione λ_k. Infatti, ad ogni passo, variano in modo aleatorio i pesi statistici della cascata e ci si potrebbe trovare nella situazione nella quale *tutti i sottoinsiemi dell'insieme λ_k vengano ad avere valori del campo sempre aumentati (o sempre diminuiti).*

Nella terminologia dei multifrattali stocastici si definiscono le seguenti quantità (o si attribuiscono i seguenti aggettivi ai processi):

- *quantità bare* (nuda): la quantità che è stata prodotta direttamente dalla cascata moltiplicativa, sia a risoluzione λ_k che a risoluzione $\lambda \to \infty$: cioè la quantità, il campo, nudo e crudo: quello che è;
- *quantità dressed* (vestita): ogni quantità che è stata ottenuta integrando ad una risoluzione finita λ_k il campo completamente sviluppato dalla cascata (fino a $\lambda \to \infty$);
- *quantità finitely dressed* (parzialmente vestite): ogni quantità ottenuta integrando ad una risoluzione finita λ_k il campo sviluppato fino ad una risoluzione $\lambda' > \lambda_k$ più fine, seppure sempre finita.

I termini *bare* e *dressed* sono mutuati dalla terminologia della Teoria dei Campi (elettrone "nudo" ed elettrone "vestito") e sono giustificati dal fatto che, anche qui, le quantità *bare* trascurano le interazioni a piccola scala ($< \lambda^{-1}$), mentre le quantità *dressed* ne tengono conto.

In definitiva, il comportamento delle quantità nude è condizionato soltanto dagli incrementi moltiplicativi propri del processo a cascata, solo alle scale meno "fini" (o alle risoluzioni minori) rispetto a quelle alle quali viene analizzato il campo. Il comportamento delle quantità vestite – o parzialmente vestite – invece, è influenzato anche dallo sviluppo della cascata a risoluzioni più fini rispetto a quella alla quale il campo viene analizzato.

L'avere a che fare con quantità nude o vestite dipende allora in pratica dalla scelta della grandezza che si adotta per analizzare il campo multifrattale.

L'esempio tipico di grandezza vestita è il *flusso* Φ del campo ε attraverso un sottoinsieme A_λ dello spazio A di supporto D-dimensionale (ed anche il supporto potrebbe essere a sua volta frattale). Poniamo $\lambda = \lambda_k$ per comodità e definiamo quindi:

$$\Phi_\infty(A_\lambda) = \Phi_D(A_\lambda) = \int_{A_\lambda} \varepsilon_\lambda d^D x \tag{7.43}$$

(se ci rifacciamo alla Fig. 7.1, lo spazio di supporto ha $D = 2$, A è rappresentato dall'ellisse disegnata; $d^D x = d^2 x$ è un quadratino; in A prendiamo – per esempio – un quadrato A_λ ed integriamo ε nella direzione ortogonale, lungo l'asse delle probabilità, sull'area A_λ).

La grandezza (7.43) è chiaramente influenzata dai valori che ε ha assunto a scale $\lambda \to \infty$ per cui è una quantità vestita per definizione.

È chiaramente possibile definire il flusso *parzialmente vestito* usando, per l'integrazione, i valori del campo $\varepsilon_{\lambda'}$ non sviluppato completamente, bensì soltanto fino ad una scala $\lambda' > \lambda$ finita:

$$\Phi_{D,\lambda'/\lambda}(A_\lambda) = \int_{A_\lambda} \varepsilon_{(\lambda')} d^D x.$$

7.13 I *trace moments* o momenti di traccia

Da quanto visto nel § 7.12, il flusso del campo (vestito o parzialmente vestito), è una grandezza che si ricorda del campo ε sviluppato a risoluzione più fina di quella adottata per osservare il campo.

Scriviamo il valore medio della q-esima potenza del flusso attraverso un sottoinsieme A' dello spazio A di supporto del campo ε:

$$\overline{\Phi^q(A')} = \overline{\left[\int_{A'} \varepsilon d^D x\right]^q}. \tag{7.44}$$

Quando $q \geq 1$ e D è intero, la (7.44) si scrive esplicitamente:

$$\overline{\left[\int_{A'} \varepsilon d^D x\right]^q} = \underbrace{\overline{\int_{A'} \int_{A'} \cdots \int_{A'}}}_{q \text{ volte}} \varepsilon(x_1)\varepsilon(x_2)\cdots\varepsilon(x_q) d^D x_1 \cdot d^D x_2 \cdots d^D x_q. \tag{7.45}$$

Il fatto che ε sia definito positivo suggerisce di introdurre il *trace moment* o *momento di traccia* definito prendendo $x_1 = x_2 = \cdots = x_q$, come flusso di $\overline{\varepsilon_\lambda^q}$ attraverso il sottoinsieme particolare A_λ di A costituito da "quadratini" presi lungo la bisettrice dello spazio di supporto. Con ciò:

$$d^D x_1 \cdot d^D x_2 \cdots d^D x_q = d^{qD} x. \tag{7.46}$$

Il dominio di integrazione A_λ deriva dall'insieme A a risoluzione λ ed il momento di traccia TM è, per definizione:

$$TM_{A_\lambda}(\varepsilon_\lambda^q) = \int_{A_\lambda} \overline{\varepsilon_\lambda^q} d^{qD} x. \tag{7.47}$$

Se sostituiamo l'integrale con una sommatoria, a risoluzione λ, e teniamo presente che, per la (7.30), $\overline{\varepsilon_\lambda^q} = \lambda^{K(q)}$ e che la areolina di integrazione $d^D x$, alla risoluzione λ, $\lambda = \frac{1}{\delta}$, diventa $d^D x = \lambda^{-D}$ e si può scrivere:

$$d^{qD} \to \delta^{qD} = \lambda^{-qD}$$

per cui otteniamo:

$$TM_{A_\lambda}(\varepsilon_\lambda^q) = \sum \overline{\varepsilon_\lambda^q} \delta^{qD} = \sum_{A_\lambda} \lambda^{K(q)} \lambda^{-qD}.$$

Per come è stato definito l'insieme di integrazione A_λ, $\sum_{A_\lambda}$ equivale a sommare λ^D addendi identici, per cui si ottiene:

$$TM_{A_\lambda}(\varepsilon_\lambda^q) = \lambda^D \cdot \lambda^{K(q)} \cdot \lambda^{-qD} = \lambda^{K(q)-(q-1)D}. \tag{7.48}$$

La (7.48) mostra che i momenti di traccia scalano e che quindi possono a buon diritto essere usati per caratterizzare le proprietà del campo ε.

I momenti di traccia sono definiti per $q > 0$. Se si considera che $(\sum x^q)^{\frac{1}{q}}$ è una funzione decrescente di q, si può affermare che i momenti di traccia:

- risultano *maggioranti* dei momenti statistici di ordine q se $q > 1$;
- risultano *minoranti* dei momenti statistici di ordine q se $q < 1$;

cioè:

$$TM(\varepsilon_\lambda^q > \overline{\varepsilon_\lambda^q}) \text{ per } q < 1;$$
$$TM(\varepsilon_\lambda^q < \overline{\varepsilon_\lambda^q}) \text{ per } q > 1.$$

7.14 Classificazione di fluttuazioni e di processi

La legge di scala dei momenti di traccia (7.48) è molto istruttiva in quanto ci permette di puntualizzare meglio la differenza tra grandezze *bare* e *dressed*. Analizziamo infatti il comportamento del termine di scala nella (7.48): esso diverge se $K(q) \geq (q-1)D$. Ricordiamo la definizione (7.40) della codimensione duale dei momenti:

$$C(q) = \frac{K(q)}{q-1}$$

e riscriviamo la (7.48) come:

$$TM_{A_\lambda}(\varepsilon_\lambda^q) = \lambda^{(q-1)[C(q)-D]}. \tag{7.49}$$

Si vede immediatamente che i momenti di traccia *convergono* se $C(q) > D$, per $q > 1$, mentre *divergono* se $C(q) < D$ per $q < 1$.

Ne consegue, per $q > 1$, che se divergono i momenti di traccia, a maggior ragione divergono i momenti statistici.

Si può pertanto definire un *valore critico* q_D mediante l'equazione:

$$C(q_D) = D \tag{7.50}$$

per individuare i valori di $q > q_D > 1$ per i quali i momenti statistici divergono.

Poiché $K(q)$ cresce con q più che linearmente, per $q > 1$ anche $C(q)$ cresce con q. Pertanto anche q_D cresce con D, il che significa che maggiore è la dimensione dello spazio di supporto D e più alto è il numero di momenti statistici che *non* divergono.

Se la codimensione duale non ammette limite superiore, cioè se $C(\infty) = +\infty$, per quanto grande si prenda D, esiste sempre un valore q_D al di sopra del quale i momenti statistici divergono. I multifrattali stocastici che presentano questa caratteristica si chiamano *incondiotionally hard*.

Se invece la codimensione duale ammette limite superiore $C(\infty)$ finito, le divergenze avvengono solamente se $D < C(\infty)$. I multifrattali che presentano questa caratteristica si chiamano *conditionally hard*.

Se la codimensione duale ammette limite superiore $C(\infty)$ finito ed è inoltre $C(\infty) < D < \infty$, non ci sono singolarità e tutti i momenti statistici convergono (se, beninteso, $D > C(\infty)$). I multifrattali che presentano questa caratteristica si chiamano *conditionally soft*.

Infine, i multifrattali stocastici per i quali *non* si ha divergenza dei momenti statistici per alcun valore positivo di q, indipendentemente dalla dimensione D dello spazio di supporto, si chiamano *incondiotionally soft*.

Per questi ultimi e per tutti i multifrattali stocastici, quando $q < q_D$, le grandezze *bare* e *dressed* coincidono tra loro.

Il modello α che abbiamo illustrato nel § 7.4.2 genera quindi un multifrattale *conditionally soft/hard*.

È chiaro che una grandezza (o un estimatore statistico) *bare* non è in grado di inferire se un processo è *hard*, cioè caratterizzato da momenti statistici che divergono per ordine maggiore di un dato valore q_D. È ora anche chiaro che l'origine della divergenza dei momenti statistici risiede nelle singolarità di ordine γ superiori alla dimensione (di Hausdorff e Besicovitch) dello spazio di definizione delle variabili dalle quali dipende il campo multifrattale stocastico ε. Si arricchisce quindi il parco delle osservazioni sulle caratteristiche della funzione $c(\gamma)$ che abbiamo studiato nel § 7.6.

Riprendiamo allora la (7.50) che definisce l'ordine critico q_D dei momenti e ricordiamo quanto fatto nel § 7.8, discutendo le relazioni che esistono tra $c(\gamma)$ e $K(q)$; in particolare le (7.33) e (7.35)

$$q = c'(\gamma_q); \qquad \gamma = K'(q_\gamma).$$

Se abbiamo definito q_D, possiamo anche definire:

$$\gamma_D = K'(q_D) = \left.\frac{dK(q)}{dq}\right]_{q_D} \tag{7.51}$$

che prende il nome di *ordine critico di singolarità*. Usando la codimensione duale (7.40) scritta come:

$$K(q) = C(q)(q-1)$$

ed introdottala nella (7.51), si ottiene:

$$K'(q) = C(q) + (q-1)C'(q).$$

Ma poiché, per la (7.50), $C(q_D) = D$, la (7.51) diventa:

$$\gamma_D = D + (q-1)C'(q_D). \tag{7.52}$$

Nelle Fig. 7.6a,b possiamo quindi riclassificare un processo multifrattale in funzione dei valori che può assumere l'ordine di singolarità γ o l'ordine dei momenti q. Nella Fig. 7.6a viene ripresa la vecchia Fig. 7.3. Il grado di singolarità γ^g dei multifrattali geometrici non può superare $C_1 = \gamma^g_{\max}$. Quindi, qualsiasi punto della curva c(γ), con $\gamma \leq C_1$ e con $c(\gamma) \leq C_1$ rappresenta frattali geometrici.

Per il punto fisso $\{C_1, C_1\}$ passa la bisettrice $c(\gamma) = \gamma$ che è tangente a c(γ) in C_1.

Sull'asse delle ascisse è indicato il massimo valore di γ^m dei multifrattali microcanonici (per il quale $c(\gamma) = D$); i punti della curva, con $C_1 \leq \gamma \leq D$ rappresentano processi microcanonici soggetti a fluttuazioni *calme*.

Sull'asse delle ascisse è indicato il valore γ_D dato dalla (7.51) e dalla (7.52); i punti della curva, con $D \leq \gamma \leq \gamma_D$ rappresentano processi microcanonici soggetti a fluttuazioni *selvagge*; i punti della curva, con $\gamma < \gamma_D$ rappresentano processi *soft*, mentre quelli con $\gamma > \gamma_D$ rappresentano processi *hard*.

Analogamente in Fig. 7.6b riclassifichiamo gli stessi processi per i diversi valori di q. I valori limite sono dati dai valori massimi per i frattali geometrici $q^g_{\max}$, per i processi microcanonici $q^m_{\max}$ e da q_D discusso or ora. Al di sopra di quei valori, la funzione $K(q)$ diventa lineare in q. Il punto $q = 1$ definisce il limite inferiore per i frattali geometrici. Per i processi soggetti a fluttuazioni *calme* $K(q)$ segue la curva fino al punto $q = q^g_{\max}$ e poi aumenta lungo la tangente in $q = q^g_{\max}$. Per i processi soggetti a fluttuazioni *selvagge*, $K(q)$ segue la curva fino al punto $q = q^m_{\max}$, poi aumenta lungo la tangente in $q = q^m_{\max}$. Infine il punto γ_D definisce il limite a cominciare dal quale $K(q)$ aumenta lungo la tangente per i processi *hard*. Per $q < q_D$ i processi sono *soft*.

7.15 Modello α e momenti statistici

Avendo acquisito in questo capitolo la sostanziale equivalenza tra la conoscenza della distribuzione di probabilità e la conoscenza di tutti i momenti statistici dell'insieme stocastico in esame, è estremamente utile riformulare un *modello* α in termini di momenti statistici.

Consideriamo pertanto il caso semplice monodimensionale di una funzione densità di probabilità ρ definita su un intervallo Δ di una variabile fisica. Questa può essere: la densità di pioggia nel tempo, l'impulso di una particella, l'energia di un vortice, la velocità delle molecole dell'aria, ovvero la distribuzione di probabilità di qualsiasi variabile x definita in Δ ($x \in \Delta$).

Prendiamo l'intervallo Δ e dividiamolo in n intervalli di ampiezza

$$\delta_n = \Delta/n;$$

chiamiamo w la variabile aleatoria di densità ρ, distribuita nell'intervallo Δ. Siano infine $\overline{w}$ il valor medio e $\overline{w^2}$ la varianza, $\overline{w^3}$ la skewness, $\overline{w^4}$ la kurtosi ed in generale $\overline{w^q}$ il momento statistico M_q di ordine q:

$$M_q = \overline{w^q} = \frac{1}{\Delta}\int_\Delta w^q dx \approx \frac{1}{\Delta}\Sigma w_i^q \delta_i.$$

Per comodità centriamo a 1 il valor medio: $\overline{w} = 1$.

Produciamo ora una *cascata moltiplicativa* aleatoria procedendo nel modo seguente:

- sia $\rho(\delta)$ la densità di probabilità con cui w è distribuita nei diversi intervallini di ampiezza δ;
- dividiamo l'intervallo iniziale Δ in n intervallini δ_i;
- moltiplichiamo la densità di ciascuno degli n intervallini per un valore w_i scelto a caso (attribuiamo cioè un peso w_i ad ogni δ_i);
- ripetiamo v volte l'operazione di suddivisione dell'intervallo Δ e la moltiplicazione per un peso w_j scelto a caso. I pesi w_j ad ogni passo v sono scelti a caso, pertanto in modo del tutto indipendente dalle scelte effettuate al passo $v-1$ precedente.

Al termine della procedura, l'intervallo iniziale Δ risulta suddiviso in n^v intervallini, ciascuno di ampiezza $\delta_v = \Delta/n^v$. A questo intervallo viene attribuita, per costruzione, una densità:

$$\rho^{(1)}_{1,2,\ldots,v}(\delta_v) = \rho(\Delta)w_1 w_2 \ldots w_v \tag{7.53}$$

dove w_i è il *peso arbitrario* scelto nell'i-esimo passo della cascata aleatoria. La (7.53) rappresenta il risultato di un *esperimento stocastico*.

Ripetiamo allora lo stesso esperimento un numero arbitrario k di volte, ottenendo $\rho^{(2)}, \rho^{(3)}, \rho^{(4)}, \ldots, \rho^{(k)}$ densità arbitrarie.

L'intervallino i-esimo ha associata una densità di probabilità ogni volta diversa, ma la densità media di probabilità è:

$$\overline{\rho_v(\delta_v)} = \overline{\rho(\Delta)w_1 w_2 \ldots w_k}.$$

Se invece della densità (7.53) calcoliamo i momenti statistici M_q di ordine q, della medesima distribuzione di densità di probabilità modificata dalla cascata per i v esperimenti stocastici, otteniamo i momenti statistici:

$$M_q = \overline{\rho^q(\delta_v)} = \overline{\rho^q(\Delta)w_1^q w_2^q \ldots w_i^q \ldots w_v^q}. \tag{7.54}$$

Chiamiamo per semplicità $\{w_v\}^q$ il prodotto $w_1^q w_2^q \ldots w_i^q \ldots w_v^q$. Poiché, come abbiamo detto, la scelta dei w_i è stata indipendente ad ogni passo, per costruzione,

7.15 Modello α e momenti statistici

vale la proprietà di fattorizzazione per cui si può scrivere:

$$M_q = \overline{\rho^q(\delta v)} = \overline{\rho_v^q(\Delta)} \ \overline{\{w^{qv}\}}. \tag{7.55}$$

Nella statistica (cfr. Appendice) i momenti statistici vengono spesso *normalizzati* alla potenza q-esima del valor medio:

$$\mathbf{M}_q = \frac{M_q}{\overline{w}^q} = \frac{\overline{\rho^q}}{\overline{\rho}^q}. \tag{7.56}$$

Nel nostro caso possiamo definire un indicatore statistico:

$$\mathbf{Z}_q = \frac{\overline{\rho_v^q(\delta v)}}{\overline{\rho_v(\delta v)}^q} = \frac{\overline{\rho_v(\Delta)^q}}{\overline{\rho_v(\Delta)}^q} \ \frac{\overline{\{w_v^q\}}^v}{\overline{\{w\}}^{qv}} \tag{7.57}$$

ovvero, con la nostra assunzione di comodità $\overline{w} = 1$, se anche la distribuzione di probabilità $\rho(\Delta) = 1$, si ottiene semplicemente:

$$\mathbf{Z}_q = \{w^q\}^v. \tag{7.58}$$

Liberandoci dalle assunzioni di comodo si può pertanto sempre scrivere:

$$\mathbf{Z}_q \simeq \{w^q\}^v. \tag{7.59}$$

Riscriviamo ora la (7.59) in funzione dell'ampiezza degli intervallini δ_n, riscrivendo $\{w^q\}^v$ come:

$$\{w^q\}^v = e^{\log\{w^q\}^v} = e^{v\log\{w^q\}}.$$

Applichiamo un artificio scrivendo:

$$\{w^q\}^v = e^{v\log\{w^q\}\frac{-\log n}{-\log n}} = e^{-v\log n \left[\frac{\log\{w^q\}}{-\log n}\right]} = e^{(\log n)^{-v}\left[-\frac{\log\{w^q\}}{\log n}\right]}. \tag{7.60}$$

Ora, usando la relazione tra δ_v, Δ ed n, si può scrivere:

$$e^{(\log n)^{-v}} = \frac{1}{n^v} = \frac{\delta_v}{\Delta},$$

per cui:

$$\{w^q\}^v = \left(\frac{\delta_v}{\Delta}\right)^{-\frac{\log\{w^q\}}{\log n}}.$$

Ora, se poniamo:

$$\Phi_v^q = \frac{\log\{w^q\}}{\log n} \tag{7.61}$$

possiamo a buona ragione chiamare Φ_ν^q *esponente di intermittenza* e scrivere, in modo del tutto empirico, una **Legge di scaling dei momenti** come:

$$\{w^q\}^\nu \doteq \delta_\nu^{-\Phi_\nu^q} \qquad (7.62)$$

ritrovando una dipendenza funzionale iperbolica che è ben nota.

La (7.62) descrive come variano i momenti statistici di ordine q nei processi di cascata aleatoria moltiplicativa del tipo del modello α. Il coefficiente di intermittanza dipende dal numero di volte ν in cui abbiamo applicato la cascata aleatoria.

Tuttavia, per le applicazioni pratiche, abbiamo ancora un parametro che ci disturba: il parametro n. Per eliminarlo basta un artificio: introduciamo il momento del secondo ordine Φ_2: cioè rinormalizziamoci alla varianza, momento di ordine 2.

Dalla (7.61) si ottiene facilmente:

$$\frac{\Phi_q}{\Phi_2} = \frac{\log\{w_q\}}{\log n} \frac{\log n}{\log\{w_2\}} = \frac{\log\{w_q\}}{\log\{w_2\}} \doteq \delta_\nu^{-\Phi_\nu^q}. \qquad (7.63)$$

Nel prossimo capitolo dovremo fare dei richiami essenziali di elementi di statistica che spesso non sono coperti nei corsi introduttivi, essenziali per poter introdurre, i Multifrattali Universali.

Con queste nozioni saremo finalmente pronti ad affrontare in modo abbastanza incisivo le applicazioni concrete che verranno svolte nei capitoli successivi.

8
Multifrattali universali

8.1 Introduzione

Gli unici vincoli che sono stati imposti a priori sulle funzioni $c(\gamma)$ e $K(q)$ del Capitolo 7 sono quelli di essere funzioni monotone e di essere convesse. Per il resto queste due funzioni possono assumere infinite forme le quali possono, ovviamente, essere specificate solamente attraverso un numero infinito di parametri. Sarebbe chiaramente una notevole semplificazione se si riuscisse a scovare qualche proprietà universale condivisa dalle funzioni multifrattali.

L'universalità è una peculiarità di alcune classi di sistemi dinamici (Capitolo 9) e di modelli matematici. Essa consiste concettualmente nel fatto che, sotto determinate condizioni, all'interno dell'ampia classe dei parametri (al limite infiniti) significativi, che in genere caratterizzano un modello, soltanto pochi possono essere considerati prevalenti o predominanti. I modelli a pochi parametri verso cui convergono i generici modelli, vengono detti **modelli con attrattori universali** (Capitolo 9).

La riduzione del numero dei parametri avviene spesso quando si passa dai modelli ideali a più realistiche costruzioni soggette a perturbazioni e/o ad autointerazioni ripetitive.

Un esempio classico di universalità è quello che si presenta per un cammino casuale monodimensionale discreto, nel quale pertanto esiste un passo minimo non nullo. Tale cammino casuale può ovviamente dipendere da innumerevoli parametri: tanti quanti il modellista vuole introdurre in quanto non esistono limitazioni alla sua fantasia. Ciononostante, qualora *addensiamo* il cammino diminuendo il passo minimo, sotto ipotesi abbastanza deboli, il processo converge ad un semplice moto browniano, cioè il cammino gaussiano individuato soltanto dalla media e dalla varianza degli spostamenti (Capitolo 4).

Gli attrattori strani dei modelli additivi possono essere usati per calcolare gli attrattori strani dei processi moltiplicativi (Capitolo 9). Infatti moltiplicare due campi ε_λ equivale (per una determinata scala) a sommare i loro due esponenti γ.

Tuttavia le questioni matematiche insite nella definizione dei multifrattali universali che verranno trattati nel presente capitolo, non sono affatto semplici per cui è utile anteporre alcuni ulteriori commenti generali sui multifrattali, oltre quelli già proposti nel Capitolo 7.

È ormai chiaro, da quanto discusso in quel capitolo, che per specificare in modo completo lo scaling multiplo di un arbitrario campo multifrattale è necessario conoscere un insieme infinito di parametri di scala: cioè conoscere *tutta* la funzione $c(\gamma)$ o *tutta* la funzione $K(q)$.

Questo costituisce un grosso handicap sia dal punto di vista teorico che dal punto di vista sperimentale. Tuttavia è utile ripetere che, se una classe di fenomeni mostra alcune proprietà universali, allora il grandissimo numero di parametri può ridursi ad un numero ragionevolmente basso. Il punto di interesse diventa quindi quello di trovare una classe di multifrattali che esibiscano tali proprietà universali.

Schertzer e Lovejoy in un fondamentale lavoro [50], hanno dimostrato che, con una appropriata normalizzazione del prodotto di processi multifrattali indipendenti, il campo risultante mostra proprietà universali, indipendentemente dalla complessità dei singoli processi e dalle relazioni non lineari che possono intervenire tra di loro. In questo caso *universalità* significa che le proprietà statistiche del sistema dipendono da un numero finito, e spesso piccolo, di parametri (come succede nella statistica classica con distribuzioni gaussiane in cui due parametri, μ e σ, determinano in maniera completa la distribuzione). In altre parole, il calcolo di un numero limitato di parametri può completamente descrivere la statistica di un processo multifrattale.

L'universalità è ottenuta ad un rapporto di scala fissato ($\Lambda < \infty$) aumentando il numero di processi interagenti indipendenti ($n \to \infty$).

Il contributo fondamentale di Schertzer e Lovejoy è consistito nella generalizzazione delle cascate discrete descritte nei § 7.3, § 7.4, § 7.5, introducendo le cascate continue. Dal punto di vista pratico, le cascate continue aumentano la flessibilità delle simulazioni con calcolatore in quanto non soggette alle variazioni discrete del tipo di quelle usate nel Capitolo 3 (e delle quali lo stesso Mandelbrot riconosce – nel suo articolo originale – i limiti), bensì beneficiano di una varietà continua di scale. Più precisamente, al posto di una sequenza di risoluzioni λ_n di Capitolo 7 ricorrono ad una variazione continua di risoluzioni.

Il passaggio dalle cascate discrete a quelle continue avviene attraverso un procedimento di *addensamento* delle cascate discrete che permette di esprimere le funzioni fondamentali, cioè la funzione codimensione $c(\gamma)$ definita nella (7.15) e la funzione di scaling dei momenti $K(q)$, definita dalla (7.30), in una forma che dipende soltanto dal parametro α di Lévy, definito nell'Appendice e dalla codimensione del campo medio C_1 definita dalla (7.16).

Schertzer e Lovejoy hanno mostrato nel loro lavoro che, anche partendo da cascate discrete, costruendo processi moltiplicativi con metodi detti di *non linear mixing*, si arriva a formulare i multifrattali universali.

Nel campo dei frattali geometrici, la generalizzazione a cascate continue è stata fatta da Grassberger [36], da Hentschel e Procaccia [29] e Hasley, Jensen, Kadanov, Procaccia e Shraiman [51] ma noi non ce ne occupiamo qui, rinviando il lettore agli articoli originali citati.

8.2 Multifrattali universali conservativi

Appare chiara l'utilità di caratterizzare la statistica di un processo stocastico, sia esso multifrattale o meno, mediante pochi parametri. La semplificazione è indubbiamente notevole.

Il procedimento dettagliato per la costruzione di cascate stocastiche continue è molto complesso. Poiché tuttavia, il risultato che si ottiene finalmente è particolarmente semplice, riteniamo inopportuno – dal punto di vista dell'equilibrio costi/benefici – svolgere in dettaglio la costruzione delle cascate stocastiche continue. Ci limitiamo ad illustrare la strategia di fondo seguita dagli autori e ad illustrarne il risultato. Per fare ciò torna molto utile il concetto di funzione generatrice di una distribuzione di probabilità introdotto nell'Appendice.

La strategia è quella di usare un generatore statistico soprattutto in grado di garantire la natura altamente *erratica* dei processi frattali che fanno capo a variabili aleatorie di tipo iperbolico, ovverosia a campi ε_λ che seguono leggi di probabilità di scala del tipo della (7.2) o della (7.4). La procedura è applicata quindi ai momenti statistici di un campo multifrattale.

Dato un campo stocastico – non negativo – ε_λ, per il quale $\overline{\varepsilon}_\lambda = 1$, esaminato a risoluzione λ e per il quale $Pr(\varepsilon_\lambda) = \lambda^{-c}$, definiamo una funzione generatrice $G_\lambda = \log \varepsilon_\lambda$ così che sia:

$$\varepsilon_\lambda = e^{G_\lambda}. \tag{8.1}$$

Si ottiene come conseguenza, per esempio, che:

$$\overline{\varepsilon_\lambda^q} = \overline{e^{qG_\lambda}} = e^{K_\lambda(q)} \tag{8.2}$$

dove la funzione $K_\lambda(q)$ è la seconda funzione caratteristica di Laplace di G_λ. Pertanto si può porre:

$$K_\lambda(q) = K(q) \log \lambda$$

e quindi:

$$\overline{\varepsilon_\lambda^q} = e^{K_\lambda(q)} = e^{K(q)\log\lambda} = \lambda^{K(q)}. \tag{8.3}$$

Se ora consideriamo il prodotto di due cascate indipendenti, alla risoluzione λ, cioè un campo $\varepsilon_\lambda^* = \varepsilon_{1,\lambda} \varepsilon_{2,\lambda}$, il generatore di ε_λ^* è:

$$G_\lambda^* = G_{1,\lambda} + G_{2,\lambda} \tag{8.4}$$

e quindi segue che:

$$K_\lambda^* = K_{1,\lambda} + K_{2,\lambda}. \tag{8.5}$$

Cioè: *la seconda funzione generatrice di Laplace della somma di generatori indipendenti è uguale alla somma delle seconde funzioni generatrici di Laplace dei generatori*. La costruzione pertanto procede eseguendo un prodotto di n campi, analizzandoli a risoluzioni di pochissimo diverse tra loro. La struttura della cascata continua sviluppata nei lavori originali di Schertzer e Lovejoy, viene discussa in più riprese in diversi articoli cui rimandiamo per i dettagli [50]. La struttura della

8 Multifrattali universali

costruzione possiede le seguenti proprietà:

- la seconda funzione caratteristica di Laplace $K_\lambda(q) = K(q)\log\lambda$ della generatrice G_λ diverge logaritmicamente con la risoluzione;
- la generatrice G_λ rappresenta un *rumore aleatorio* a banda limitata all'intervallo $1 \leq x \leq \lambda$. Da ciò segue la sua regolarità anche per scale $y < \lambda^{-1}$;
- per fluttuazioni positive $G_\lambda > 0$, la densità di probabilità $\rho(\varepsilon_\lambda)$ di G_λ deve annullarsi ad ogni passo abbastanza velocemente per λ grande, per garantire la convergenza di $K(q)$ per $q > 0$. Infatti:

$$\lambda^{K(q)} = \int e^{qG_\lambda}\rho(G_\lambda)dG_\lambda; \tag{8.6}$$

- a causa della condizione di media unitaria $\overline{\varepsilon_\lambda} = 1$, il generatore deve essere normalizzato; deve cioè essere $K_\lambda(1) = 0$.

A questo punto e con queste condizioni, Schertzer e Lovejoy esprimono la funzione generatrice di un campo vettoriale $\mathbf{x}, G(\mathbf{x})$ come integrale (somma) di ampiezze aleatorie. Ne danno cioè una rappresentazione armonica come integrale di Fourier, tra 1 e λ dei numeri d'onda $\mathbf{k}$ ($1 \leq |\mathbf{k}| \leq \lambda$) scrivendo:

$$G_\lambda(\mathbf{x}) = \int_1^\lambda f(\mathbf{x})\gamma(\mathbf{k})e^{i\mathbf{k}\cdot\mathbf{x}}d\mathbf{k}. \tag{8.7}$$

Questa struttura è indubbiamente non semplice: $f(\mathbf{x})$ è una funzione reale detta *filtro reale non aleatorio*; $\gamma(\mathbf{k})$ è un *rumore stazionario* peraltro arbitrario. Tuttavia, si può introdurre la (8.7) nella (8.2) e scrivere:

$$e^{K_\lambda(q)} = \overline{e^{q\int_1^\lambda f(\mathbf{x})\gamma(\mathbf{k})e^{i\mathbf{k}\cdot\mathbf{x}}d\mathbf{k}}}. \tag{8.8}$$

Scegliendo opportunamente le funzioni $f(\mathbf{x})$ e $\gamma(\mathbf{k})$, Schertzer e Lovejoy sono riusciti a risolvere la (8.8) arrivando, con l'aiuto della (8.1), alla forma *parametrica universale* della funzione di scaling dei momenti definita nella (7.30):

$$K(q) = \begin{cases} \dfrac{C_1}{\alpha - 1}(q^\alpha - q) & \alpha \neq 1 \\ C_1 q \log q & \alpha = 1 \end{cases} \tag{8.9}$$

per $q > 0$ e $0 \leq \alpha \leq 2$.

Utilizzando le trasformate di Legendre (7.29) e (7.31), si arriva ad esprimere la funzione codimensione $c(\gamma)$ definita nella (7.15) come:

$$c(\gamma) = \begin{cases} C_1 \left[\dfrac{\gamma(\alpha-1)}{C_1 \alpha} + \dfrac{1}{\alpha}\right]^{\frac{\alpha}{\alpha-1}} & \alpha \neq 1 \\ C_1 e^{(\frac{\gamma}{C_1}-1)} & \alpha = 1. \end{cases} \tag{8.10}$$

Le formule (8.9) e (8.10) vengono normalmente scritte in forma un po' più semplice introducendo un altro parametro α', legato ad α dalla semplice relazione:

$$\left[\frac{1}{\alpha} + \frac{1}{\alpha'}\right] = 1 \tag{8.11}$$

(da cui si ricava $\alpha' = \frac{\alpha}{\alpha-1}$). Esse assumono la forma:

$$K(q) = \begin{cases} \dfrac{C_1 \alpha'}{\alpha}(q^\alpha - q) & \alpha \neq 1 \\ \\ C_1 q \log q & \alpha = 1 \end{cases} \tag{8.12}$$

e:

$$c(\gamma) = \begin{cases} C_1 \left[\dfrac{\gamma}{C_1 \alpha'} + \dfrac{1}{\alpha}\right]^{\alpha'} & \alpha \neq 1 \\ \\ C_1 e^{(\frac{\gamma}{C_1} - 1)} & \alpha = 1. \end{cases} \tag{8.13}$$

L'indice di Lévy α, è chiamato anche *grado di multifrattalità*. Come si vedrà nel § A.2.7 dell'Appendice, α può assumere solo valori compresi nell'intervallo $0 \leq \alpha \leq 2$ ed è il parametro più significativo. Il parametro C_1 è sempre il punto fisso della funzione di codimensione definita dalla (7.16) del § 7.6: $[c(C_1) = C_1]$ e rappresenta la codimensione delle singolarità che contribuiscono alla intensità media del campo. Possiamo allora qui riprendere le Fig. 7.3 di § 7.6, la Fig. 7.4 di § 7.9,

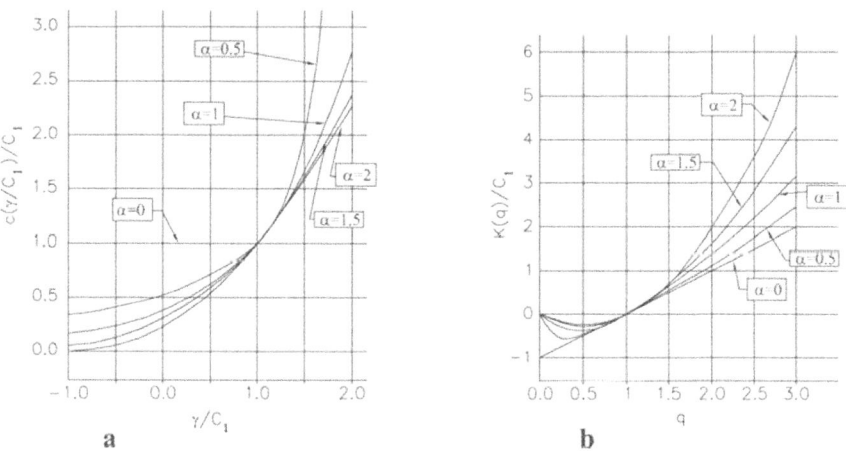

Fig. 8.1 Variazione delle funzioni multifrattali in termini di frattali universali: (a) variazione della funzione $c(\gamma/C_1)$ al variare di γ/C_1; (b) variazione della funzione $K(q)/C_1$ al variare di q

le Fig. 7.6 di § 7.14 e riproporre come le funzioni $c(\gamma)$ e K(q) variano al variare del grado di multifrattalità α. Le loro variazioni sono riportate nelle Fig. 8.1a,b. La Fig. 8.1a mostra come varia $c(\gamma)$ al variare di α e la Fig. 8.1b mostra come varia $K(q)$ al variare di α. Per comodità le funzioni sono state rinormalizzate al valore C_1 della codimensione di campo medio usando pertanto le funzioni $\frac{c(\gamma)}{C_1}$ e $\frac{K(q)}{C_1}$ e, limitatamente alla Fig. 8.1a, la variabile normalizzata γ/C_1.

Con ciò, in Fig. 8.1a, se $\alpha = 0$, $c(\gamma) = C_1$ è una retta orizzontale; la funzione è monofrattale per cui la codimensione coincide con la codimensione media del campo. Analogamente, poiché il processo è monofrattale, la funzione di scaling dei momenti $K(q) = q$ coincide con l'ordine del momento.

Nelle Figg. 8.1a,b è indicata esplicitamente anche l'altra condizione estremante $\alpha = 2$, insieme con le 3 condizioni intermedie: $\alpha = 0,5$, $\alpha = 1$ e $\alpha = 1,5$. Di aiuto è anche la schematizzazione illustrata nella Fig. 8.2. Un modello β del tipo trattato al § 7.4.1 è caratterizzato da una retta verticale passante per C_1, in quanto tutto risulta congelato dalle probabilità iniziali. Anche qui è indicato per comodità il caso estremante $\alpha = 2$.

Occorre sottolineare che le considerazioni fatte nel Capitolo 7 rimangono valide tuttavia, lette nella nuova chiave, i processi moltiplicativi universali vengono diversamente classificati: quelli che hanno $0 < \alpha < 1$ sono processi multifrattali con singolarità limitate generati da variabili con distribuzione di probabilità iperboliche. Essi sono definiti come processi **multifrattali soffici o condizionatamente duri**: in essi l'ordine di divergenza critico q_D è infinito per D sufficientemente grande. Il valore $\alpha = 1$ definisce un processo con un generatore di Cauchy (quindi a varianza infinita), mentre valori di α nell'intervallo $1 < \alpha < 2$ definiscono processi con generatori di Lévy e singolarità non limitate e sono definiti come processi **multifrattali incondizionatamente duri**: in essi l'ordine di divergenza critico q_D resta finito per ogni valore di D.

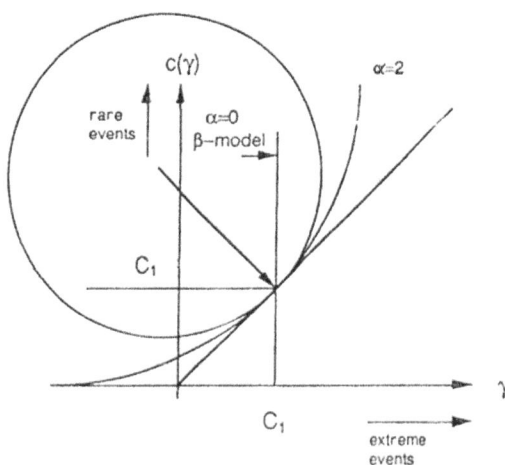

Fig. 8.2 Illustrazione schematica di come la curva $c(\gamma)$ può essere caratterizzata localmente nei pressi della singolarità media C_1, grazie al cerchio osculatore disegnato per comodità

8.3 Multifrattali non conservativi

Le (8.12) e (8.13) valgono per multifrattali detti da Schertzer e Lovejoy multifrattali universali *conservativi*. Ciò avviene quando il campo ε_λ ha un valore medio costante al variare di λ.

Abbiamo infatti visto che nella (8.7), con la quale sono state costruite le funzioni generatrici del processo multifrattale *quasi* continuo, compaiono due funzioni arbitrarie: un *rumore stazionario* $\gamma(\mathbf{k})$ e un *filtro reale non aleatorio* $f(\mathbf{k})$. La (8.7) peraltro, rappresenta la funzione generatrice di un processo a cascata costituito da una *somma* di infiniti termini nei quali $\mathbf{k}$ può variare continuamente da 1 fino alla risoluzione λ.

È quindi chiaro il meccanismo con cui Schertzer e Lovejoy arrivano alle cascate continue: un processo moltiplicativo del tipo (8.1) che si può ovviamente scrivere come:

$$\varepsilon_\lambda^* = \prod_i e^{G_\lambda^{(i)}} = e^{\sum_i G_\lambda^{(i)}}. \tag{8.14}$$

L'equazione (8.8), generalizzando la (8.14), costruisce un campo ε_λ^* che è in realtà il prodotto di campi con risoluzione $\mathbf{k}$ variabile tra 1 e λ:

$$\varepsilon_\lambda^* = e^{\int_1^\lambda f(\mathbf{k})\gamma(\mathbf{k})e^{i\mathbf{k}\cdot\mathbf{x}}d\mathbf{k}}. \tag{8.15}$$

Nella (8.8) vi è un ampio margine di scelta sia della funzione $f(\mathbf{k})$ che della funzione $\gamma(\mathbf{k})$. È quindi facile introdurre una fase arbitraria, ma peraltro costante, nella funzione oscillante $e^{i\mathbf{k}\cdot\mathbf{x}}$. Una tale fase fa in modo che $\overline{\varepsilon_\lambda}$ non si mantenga più costante con il variare di λ.

Un campo non conservativo ψ_λ è allora legato ad un campo conservativo ε_λ dalla semplice relazione:

$$\psi_\lambda = \varepsilon_\lambda \lambda^{-Z} \tag{8.16}$$

dove Z prende il nome di *grado di non conservazione*. È bene notare come si capisca subito il *gioco* di Z nella (8.15) in quanto la (8.16) si può riscrivere come:

$$\psi_\lambda = \varepsilon_\lambda e^{-Z\log\lambda}. \tag{8.17}$$

Dalla (8.17) si capisce quindi che il termine $-Z\log\lambda$ è un termine semplicemente aggiunto all'esponente della (8.15).

Per i campi non conservativi, le (8.12) e (8.13) non cambiano per $\alpha = 1$ – il quale costituisce un caso degenere che si rifà al generatore di Cauchy – e cambiano solo leggermente per $\alpha \neq 1$

$$K(q) + qZ = \frac{C_1 \alpha'}{\alpha}(q^\alpha - q) \quad q > 0;\ \alpha \neq 1 \tag{8.18}$$

$$c(\gamma - Z) = C_1 \left[\frac{\gamma}{C_1 \alpha'} + \frac{1}{\alpha}\right]^{\alpha'} \quad \alpha \neq 1. \tag{8.19}$$

L'ulteriore parametro Z permette di allargare il concetto di universalità anche ai processi multifrattali nei quali non si conserva, durante la cascata di passi successivi, il valore medio del campo c_λ. Ciò significa che, indipendentemente dalla complessità dei sistemi caotici interagenti, il processo che ne risulta appartiene ad una chiara e specifica *classe di probabilità* – specificata dal valore numerico che assume il parametro α di Lévy – che ne rappresenta il *bacino di attrazione* (Capitolo 9).

Per raggiungere le caratteristiche di universalità si può assumere un generatore iperbolico del *rumore* [50]a-d – come introdotto nella (8.7) – che soddisfi al teorema generalizzato del limite centrale della statistica illustrato nell'Appendice.

La Fig. 8.2 illustra chiaramente come si può passare dal caso non conservativo, al caso conservativo, mediante una semplice traslazione dell'origine lungo l'asse del grado di frattalità γ, come ben illustrato dalla equazione (8.19). La curva $c(\gamma)$ in funzione di γ colloca il suo punto fisso $C_1 - Z$ sulla tangente alla retta parallela alla bisettrice; l'intersezione con l'asse delle γ fornisce il valore numerico (cambiato di segno) del *grado di non conservazione* Z. Il problema della determinazione del valore di C_1 si riduce alla determinazione del punto di tangenza della curva $c(\gamma)$ con una parallela alla bisettrice. È evidente che l'errore sperimentale in questa ricerca può diventare in alcuni casi non piccolo. Come conseguenza non è piccolo l'errore su α ricavato dalla (8.19).

8.4 I momenti a doppia traccia: DTM

Il problema di determinare sperimentalmente il parametro α di Levy e C_1 [si vedano le (8.11) e le (8.12)] è quello di trovare un estimatore statistico "robusto".

La tecnica dei momenti a doppia traccia (DTM-Double Trace Moments) [52] risolve molti problemi delle più comuni tecniche per la determinazione dei parametri caratteristici dei multifrattali universali, fornendo una stima statisticamente robusta del parametro α di Levy e di C_1.

Si può definire l'η-flusso:

$$\Pi_{\Lambda,D}^{(\eta)}(B_\lambda) = \int_{B_\lambda} \varepsilon_\Lambda^\eta d^D x \qquad (8.20)$$

come generalizzazione della definizione di flusso (7.43), ad una arbitraria potenza η del campo ε_Λ, a risoluzione $\Lambda > \lambda$. I momenti a doppia traccia sono definiti come:

$$Tr(\Pi_{\Lambda,D}^{(\eta)}(B_\lambda)^q) = \langle \sum_\Lambda \Pi_{\Lambda,D}^{(\eta)}(B_\lambda)^q \rangle \qquad (8.21)$$

e costituiscono una generalizzazione dei momenti di traccia, considerando i campi ε^η, con $\eta \neq 1$. In analogia con la legge di scaling:

$$Tr_q^\eta = Tr_{(A_\lambda)}(\varepsilon_\Lambda)^q = \Lambda^{K(q)-(q-1)D} \qquad (8.22)$$

abbiamo:
$$Tr_q^\eta = Tr_{(A_\lambda)}(\Pi_{\Lambda,D}^{(\eta)}(B_\lambda)^q) = \Lambda^{K(q,\eta)-(q-1)D}. \tag{8.23}$$

Per i multifrattali vale l'utile fattorizzazione che mantiene le proprietà di scaling:

$$K(q,\eta) = \eta^\alpha K(q,1). \tag{8.24}$$

Mantenendo q fissato (ma diverso dai valori "speciali" 0 e 1) e studiando le proprietà di scaling dei DTM per vari valori di η, è possibile determinare $K(q,\eta)$ come funzione di η: ciò può essere fatto riscrivendo la (8.23) come:

$$\log Tr_q^\eta = [K(q,\eta) - (q-1)D]\log\Lambda. \tag{8.25}$$

Considerando che dalla (8.24) si ottiene:

$$\log K(q,\eta) = \alpha\log\eta + \log K(q,1). \tag{8.26}$$

Il parametro α può essere determinato dalla pendenza del grafico di $\log K(q,\eta)$ in funzione di $\log\eta$. L'accuratezza della stima può essere verificata ripetendo l'operazione per vari valori di q; la tecnica dei DTM è quindi uno strumento molto potente per la determinazione del grado di multifrattalità α. È importante sottolineare che la (8.26) vale per momenti bare con $N_s \to \infty$; per campioni di misura finita e momenti dressed oltre la soglia di divergenza, il criterio di validità per la formula è rappresentato da $\max(\eta, q\eta) < \min(q_D, q_s)$.

Per la stima del parametro C_1, si ottiene, dalle formule di definizione di α, per campi conservativi ($Z = 0$):

$$\begin{aligned} C_1 &= \frac{(\alpha-1)K(q)}{q^\alpha - q} & \alpha \neq 1 \\ C_1 &= \frac{K(q)}{q\log q} & \alpha = 1. \end{aligned} \tag{8.27}$$

È ovvio che l'accuratezza sul valore di C_1, per $\alpha \neq 1$, dipende da quella sul valore di α e viceversa.

Per campi non conservativi la Fig. 8.2 risulta traslata orizzontalmente verso destra di una quantità Z. Pertanto questo ultimo parametro si ottiene semplicemente intersecando la bisettrice, traslata fino al punto di tangenza C_1, con l'asse delle ascisse γ nella Fig. 8.2.

In definitiva, sta al fisico stabilire cosa è più conveniente misurare. È possibile infatti misurare C_1 mediante il punto di tangenza della curva $c(\gamma)$ con la bisettrice – eventualmente traslata – e ricavare α dalle formule e piuttosto seguire il percorso inverso, misurando α mediante i DTM e derivando C_1 dalle formule. La strategia più corretta è quella di determinare i due parametri indipendentemente e valutare gli errori dal confronto dei due risultati. Ma questo è un metodo che si impara con l'esperienza (come è noto, *misurare* il punto di tangenza a curve che variano lentamente comporta errori generalmente grandi).

154   8 Multifrattali universali

Nel Capitolo 12 dedicato al caso di Seveso e di Chernobyl i due approcci vengono usati entrambi da gruppi diversi.

8.5 Conclusioni

Nel Capitolo 6 abbiamo visto le caratteristiche frattali dell'estensione geometrica della aree di pioggia e delle formazioni nuvolose, determinandone una dimensione frattale comune dallo studio della relazione area-perimetro ed abbiamo verificato le proprietà di scaling delle serie di pioggia in località e condizione fortemente diverse. Uno studio degli stessi fenomeni in termini di multifrattali universali [53] fornisce i valori:

$$\begin{aligned} \alpha &= 0.4 - 0.6 \\ C_1 &= 0.9 - 1.1 \end{aligned} \qquad (8.28)$$

per la caduta della pioggia (particolati pesanti) ed i valori:

$$\begin{aligned} \alpha &= 1.4 - 1.6 \\ C_1 &= 0.4 - 0,6 \end{aligned} \qquad (8.29)$$

per la formazione delle nubi (sospensione di goccioline leggere). Questi dati saranno utili per un confronto con i risultati dello studio degli incidenti di Seveso e di Chernobyl fatti nel Capitolo12.

9
Il caos e gli attrattori strani

9.1 Introduzione

Lo scopo di questo capitolo è duplice: da una parte mostrare cosa si intende per moto caotico in Meccanica Classica, dall'altra sottolineare la connessione tra frattali e caos, mostrando come l'introduzione del concetto di insieme di dimensione frattale sia essenziale quando si voglia fornire una rappresentazione geometrica del moto di alcuni sistemi caotici.

Caos e frattali sono intimamente legati. Come si è visto nei primi capitoli, utilizzando semplici regole, si possono definire insiemi molto irregolari e complessi. Allo stesso modo in Meccanica Classica, sistemi semplici, definiti da un numero limitato di variabili, possono avere un comportamento estremamente complesso e non prevedibile, se non per un intervallo di tempo molto limitato. Un esempio classico è lo studio del movimento di una sferetta di ferro posta sopra il centro di un triangolo equilatero ai vertici del quale sono posti tre poli magnetici identici [64]. Il movimento pendolare della sferetta si arresta su uno dei tre poli magnetici, ma è impossibile sapere a priori su quale dei tre. Basta cambiare anche la ennesima cifra decimale nel valore di una coordinata del punto di partenza, sufficientemente lontano dai tre poli, perché il polo finale sia diverso dal precedente in modo imprevedibile. In altre parole, la soluzione esiste, è unica, ma dipende in modo **caotico** e **non governabile** dalle condizioni iniziali. L'insieme delle soluzioni è noto come bf insieme di Julia [64]. Come i frattali nascono applicando (ed ampliando) gli usuali metodi della Geometria, così il caos nasce dall'applicazione e dall'ampliamento degli usuali metodi della Meccanica classica [54].

Se da una parte l'esistenza del caos fa cadere la pretesa deterministica di poter prevedere, date le condizioni iniziali, l'evoluzione temporale di un qualunque sistema classico, dall'altra l'esistenza del caos amplia il campo di indagine della Meccanica Classica permettendo di applicare i suoi metodi anche a fenomeni complessi.

Il comportamento dei sistemi caotici può essere utilizzato come modello per innumerevoli fenomeni naturali, che sono per lo più complessi e caotici: si pensi ad esempio ai fenomeni atmosferici, alla turbolenza nei fluidi o ai sistemi di molti corpi interagenti, come il sistema solare, gli ammassi stellari e le galassie.

Il capitolo ha a priori dei limiti inevitabili. Infatti di norma, le Teorie del caos deterministico e della complessità (e qui ignoriamo volutamente tutto quanto può riguardare il caos quantistico) costituiscono, per formalismo, metodo matematico ed approccio sistematico, un argomento che abbondantemente copre un intero corso universitario annuale di livello superiore e che si intreccia con gli elementi più avanzati della meccanica statistica e dell'analisi numerica.

Ci proponiamo tuttavia di arrivare – impiegando un numero limitato di paragrafi ed introducendo il solo formalismo indispensabile alla definizione ed alla comprensione dei concetti, insieme con il minimo possibile delle dimostrazioni – a mostrare come **l'attrattore strano** di Lorenz possiede una dimensione frattale.

In questo capitolo ci limitiamo pertanto allo studio dei sistemi caotici, cercando di utilizzare un punto di vista astratto, studiando i sistemi dinamici attraverso le caratteristiche delle loro equazioni del moto.

Si analizza in modo approfondito un particolare sistema: quello determinato dalle equazioni di Lorenz. Tale sistema riveste una notevole importanza storica in quanto è stato il primo il cui comportamento caotico è stato studiato in dettaglio. Il sistema di Lorenz offre inoltre l'opportunità di studiare un affascinante oggetto per il quale la connessione tra caos e dimensione frattale è esemplare: l'attrattore strano.

Anche nello studio di sistemi di equazioni differenziali non lineari si giunge alla individuazione di insiemi di punti (insiemi di valori di variabili, soluzioni delle equazioni differenziali) che presentano proprietà tipicamente frattali. Anche nello studio di sistemi di equazioni differenziali non lineari, l'uso di potenti calcolatori elettronici è indispensabile e lo stesso studio dei sistemi di equazioni differenziali non lineari sarebbe impossibile se non si ricorresse abbondantemente ai metodi dell'analisi numerica e delle approssimazioni numeriche per le cui simulazioni l'impiego dei calcolatori è insostituibile.

Al fine di rendere più evidente l'importanza dei frattali in fisica, mostreremo non solo il comportamento dei parametri caratterizzanti gli stati fisici nello Spazio delle Fasi, ma anche come le soluzioni del sistema di Lorenz influiscono sul comportamento del fluido che governano nello spazio vero in funzione del tempo.

Va detto che questo capitolo non sarebbe mai nato in assenza della testardaggine dello studente Luca Celardo che ne ha curato la stesura e, soprattutto, con l'aiuto della dott.ssa Valentina Pusceddu, cfr. la deduzione dettagliata delle equazioni di Lorenz e la produzione delle numerose figure peraltro indispensabili.

9.2 Introduzione ai sistemi dinamici

Lo stato di un sistema dinamico è determinato dai valori che assumono le sue grandezze. Queste si possono esprimere in funzione di un certo numero di variabili dinamiche indipendenti. Con l'aggettivo *dinamico* si intende sottolineare che il valore

9.2 Introduzione ai sistemi dinamici

di queste variabili muta col tempo. La specificazione dei valori di queste variabili dinamiche all'istante t specifica lo stato del sistema a quell'istante.

In questo capitolo ci limitiamo a studiare i sistemi dinamici *deterministici*, ossia quelli per i quali gli stati successivamente assunti dal sistema durante la sua evoluzione sono univocamente determinati dallo stato iniziale. Per stato iniziale si intende l'insieme dei valori assunti dalle variabili dinamiche del sistema all'istante t_0. L'evoluzione nel tempo può avvenire in modo continuo, nel qual caso si parla di sistemi continui, o per salti discreti, nel qual caso si parla di sistemi discreti. Le equazioni del moto determinano la dipendenza delle variabili dinamiche dal tempo. Per i sistemi continui, detto $\mathbf{x}(t)$ l'insieme delle variabili dinamiche del sistema, le equazioni del moto per un sistema deterministico si possono scrivere nella forma vettoriale:

$$\dot{\mathbf{x}}(t) = \frac{d\mathbf{x}(t)}{dt} = \mathbf{F} = F[\mathbf{x}(t)]. \quad (9.1)$$

$\mathbf{F}$ è una funzione vettoriale ad un valore della variabile vettoriale $\mathbf{x}$, continua e derivabile in tutte le sue variabili.

Se $\mathbf{x} \equiv (x_1, x_2, x_3)$, $\mathbf{F} = [F_1(x_1, x_2, x_3), F_2(x_1, x_2, x_3), F_3(x_1, x_2, x_3)]$. La condizione di differenziabilità è essenziale in quanto garantisce l'esistenza e l'unicità della soluzione; se questa non fosse unica il sistema non sarebbe deterministico [55]. Le variabili da cui $\mathbf{F}$ dipende definiscono *lo spazio delle fasi* del sistema, come succede per le variabili q_i e p_i nelle equazioni di Hamilton. Lo stato del sistema si può quindi rappresentare come un punto nello Spazio delle Fasi e l'insieme di stati $\mathbf{x}(t)$ assunti dal sistema nel corso della sua evoluzione temporale può essere rappresentato come una traiettoria nello Spazio delle Fasi. La soluzione delle equazioni del moto (9.1), date le condizioni iniziali $\mathbf{x}(0)$, determina completamente la traiettoria del sistema.

L'evoluzione di un sistema dinamico continuo (flusso) si può dare anche in un'altra forma:

$$\mathbf{x}(t) = \mathbf{f}^t = f^t[\mathbf{x}(0)] \quad (9.2)$$

con $\mathbf{f}^t$ operatore di evoluzione temporale. L'operatore di evoluzione temporale è a sua volta continuo, derivabile e tale che $\mathbf{f}^0$ coincide con l'identità e $\mathbf{f}^{t+s} = \mathbf{f}^t \mathbf{f}^s$.

Per sistemi discreti, sistemi che evolvono per salti discreti, le equazioni si scrivono:

$$\mathbf{x}_{n+1} = \mathbf{f}_n(\mathbf{x}_0) \quad (9.3)$$

$\mathbf{f}_n$ è la mappa (funzione ad un valore) che porta i valori al tempo n nei valori al tempo $n+1$. Applicando la mappa $\mathbf{f}$ a $\mathbf{x}_0$ si ottiene $\mathbf{x}_1$ da cui, applicando ancora $\mathbf{f}_1 = \mathbf{f} \cdot \mathbf{f}$ si ha $\mathbf{x}_2$ e così via fino a determinare tutti i valori assunti nei successivi tempi dalla variabile $\mathbf{x}$. Poiché l'evoluzione temporale del sistema si ottiene iterando più volte la mappa, questi tipi di sistema vengono chiamati *mappe iterative*.

Come esempio di mappa iterativa si consideri il semplice sistema dinamico unidimensionale:

$$x_{n+1} = f(x_n). \quad (9.4)$$

158   9 Il caos e gli attrattori strani

Come si vede immediatamente, conoscendo il valore x_0 della variabile al tempo $t=0$ si può determinare il valore di x al tempo n iterando più volte la mappa:

$$x_n = \underbrace{ff \cdots f}_{n \text{ volte}} x_0. \tag{9.5}$$

L'evoluzione temporale si può anche determinare graficamente nel modo seguente: essendo f una funzione della x, la si può rappresentare nel piano $[f(x), x]$ come una curva. Conoscendo x_0 si determina graficamente la traiettoria con la procedura seguente (vedi Fig. 9.1):

i) partendo da x_0 si salga fino ad incontrare la curva determinando così $x_1 = f(x_0)$;
ii) si dovrebbe trasferire x_1 sull'asse x e poi risalire fino alla curva, questo è equivalente ad andare fino alla bisettrice $[f(x) = x]$ e salire fino alla curva, ottenendo così x_2;
iii) ripetendo questa procedura si ottengono tutti i punti x_n della traiettoria che parte da x_0; Si osservi che i punti di intersezione tra la mappa e la bisettrice rappresentano stati che non cambiano nel tempo, anche detti *punti fissi del sistema*. Infatti per essi vale la uguaglianza: $x_{n+1} = f(x_n) = x_n$.

Occorre sottolineare ora alcune importati proprietà generali dei sistemi dinamici:

- **linearità:** si riferisce alla dipendenza da **x** della funzione **F**. Un sistema si dice lineare se vale il principio di sovrapposizione: $\mathbf{F}(\mathbf{x}_a + \mathbf{x}_b) = \mathbf{F}(\mathbf{x}_a) + \mathbf{F}(\mathbf{x}_b)$. Se **F** contiene termini del tipo $x_i x_j$, oppure $\sin(x)$, il sistema non è lineare. Si noti che la dipendenza non lineare dal tempo non rende un sistema non lineare: $\frac{dx}{dt} = \sin(x)$ non è lineare ma $\frac{dx}{dt} = \sin(t)$ lo è.
- **autonomia:** un sistema si dice autonomo se non dipende esplicitamente dal tempo. Le equazioni di evoluzione considerate fino ad ora sono tutte autonome. Ad esempio $\frac{dx}{dt} = \sin(x)$ è autonomo ma $\frac{dx}{dt} = t \sin(x)$ non lo è.
- **determinismo:** le traiettorie di un sistema dinamico deterministico non si possono intersecare a nessun istante t e se il sistema è autonomo non si possono

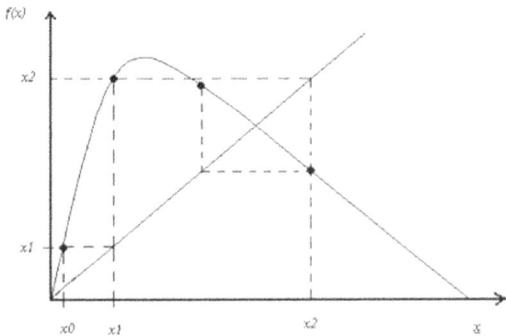

Fig. 9.1 Rappresentazione di una mappa unidimensionale

intersecare in alcun punto dello Spazio delle Fasi. Se così non fosse verrebbe meno l'unicità della soluzione la quale deve essere determinata univocamente dalle coordinate dello Spazio delle Fasi e dal tempo, o dalle sole coordinate dello Spazio delle Fasi se il sistema è autonomo.

9.2.1 Relazione tra mappe e flussi

Le mappe discrete sono molto utili per lo studio dei sistemi dinamici per la loro semplicità maggiore rispetto ai flussi continui. È inoltre possibile estrarre in innumerevoli modi una mappa discreta da un flusso continuo tale che ne mantenga le proprietà più importanti, permettendo così una semplificazione del sistema. Uno dei modi più diffusi per estrarre mappe discrete dai flussi è attraverso le sezioni di Poincaré: preso un piano nello Spazio delle Fasi si campiona la posizione dell'intersezione della traiettoria del flusso con il piano ottenendo così un insieme discreto di punti che si può vedere come la traiettoria generata da una mappa discreta. Un ulteriore modo di discretizzare un flusso continuo consiste nel campionare i punti della traiettoria di un flusso ad intervalli di tempo costanti (sezione stroboscopica). Il flusso $\mathbf{x}(t) = \mathbf{f}^t \mathbf{x}(0)$ diviene una mappa discreta ponendo $t = 1$ e pertanto: $\mathbf{x}(t+1) = \mathbf{f}^1 \mathbf{x}(t)$.

9.2.2 Sistemi conservativi e dissipativi

La terminologia proviene dalla Fisica dove i sistemi che conservano l'energia si dicono conservativi mentre quelli che non la conservano si chiamano dissipativi. Qui, dato un sistema, quest'ultimo si dice conservativo se preserva i volumi dello Spazio delle Fasi, dissipativo se i volumi variano al variare del tempo.

Si consideri un dato volume V nello Spazio delle Fasi racchiuso da una superficie S chiusa: per le proprietà dei sistemi deterministici i punti racchiusi dalla superficie evolvono nel tempo senza mai intersecare *l'evoluzione* dei punti del contorno. Se il sistema è conservativo la forma della superficie si può modificare nel tempo ma il volume che racchiude rimane costante. La variazione del volume racchiuso V dipende quindi dal modo in cui i punti della superficie S evolvono nel tempo. Considerando $d\mathbf{S} \cdot \frac{d\mathbf{x}}{dt}$ come il contributo infinitesimo alla variazione del volume determinato da un elemento di superficie si può scrivere:

$$\frac{dV}{dt} = \int_S d\mathbf{S} \cdot \frac{d\mathbf{x}}{dt} = \int_S d\mathbf{S} \cdot \mathbf{F}(\mathbf{x}) = \int_V \text{div}\mathbf{F}(\mathbf{x}) dV \qquad (9.6)$$

con:

$$\text{div}\mathbf{F} = \frac{\partial F_1(\mathbf{x})}{\partial x_1} + \frac{\partial F_2(\mathbf{x})}{\partial x_2} + \cdots \qquad (9.7)$$

È utile considerare il caso particolare in cui div$\mathbf{F} = K$, con K indipendente da $\mathbf{x}$. È chiaro che se $K = 0$ il sistema è conservativo (in verità solenoidale...) e che se $K \neq 0$ il sistema è dissipativo; ad esempio se $K < 0$ il volume dello Spazio delle Fasi tende ad annullarsi col passare del tempo.

Un esempio importante di sistema conservativo si ricava dai sistemi hamiltoniani: siano q_i e p_i le variabili dello Spazio delle Fasi e $H(q_i, p_i)$ una funzione differenziabile. Le equazioni che determinano il moto sono:

$$\frac{dq_i}{dt} = \frac{\partial H}{\partial p_i} \quad \text{e} \quad \frac{dp_i}{dt} = -\frac{\partial H}{\partial q_i}. \tag{9.8}$$

Un sistema di questo tipo è detto hamiltoniano in ogni libro di Fisica Teorica e di Meccanica Quantistica.

È immediato verificare che è conservativo. Identificando infatti la funzione F_i [cfr. la (9.6)], con $i = 1, \ldots, 2n$, indicando con $\frac{\partial H}{\partial p_i}$ le prime n funzioni F_i e con $-\frac{\partial H}{\partial q_i}$ per le seconde n funzioni F_j si ha:

$$\text{div}\mathbf{F} = \sum_{j=1}^{n} \frac{\partial^2 H}{\partial p_j \partial q_j} - \frac{\partial^2 H}{\partial q_j \partial p_j} = 0. \tag{9.9}$$

Questa equazione non è altro che la traduzione del teorema di Liouville [56] della Meccanica Statistica.

È anche immediato verificare che $H(q_i, p_i)$ è un integrale del moto. Infatti, sottointendendo il segno della sommatoria, si verifica facilmente che:

$$\frac{dH}{dt} = \frac{\partial H}{\partial q} \frac{\partial H}{\partial p} + \frac{\partial H}{\partial p} \left(-\frac{\partial H}{\partial q}\right) = 0. \tag{9.10}$$

9.2.3 Stabilità di un sistema dinamico

Per lo studio della stabilità degli stati o delle traiettorie di un sistema dinamico si intende lo studio del tipo di risposta che gli stati (o le traiettorie) danno quando sono sottoposti a perturbazioni. Se le perturbazioni si amplificano con il passare del tempo, determinando una grossa variazione dello stato finale, gli stati o le traiettorie si dicono instabili; se le perturbazioni tendono a svanire nel tempo gli stati si dicono stabili.

La stabilità si studia con processi simili a quelli che si rifanno al Principio dei Lavori Virtuali [57], linearizzando le equazioni del moto attraverso l'espansione in serie di Taylor: per perturbazioni sufficientemente piccole i termini lineari bastano a descrivere la risposta del sistema. La stabilità si può inoltre intendere in diversi modi: rispetto agli stati (stabilità locale), rispetto alle traiettorie (stabilità asintotica locale) o rispetto ad una famiglia di traiettorie. Si può inoltre studiare la risposta del sistema ai cambiamenti di un parametro esterno (stabilità strutturale). La stabilità degli stati e delle loro traiettorie si studia attraverso la linearizzazione delle equazioni del moto.

La linearizzazione attorno ad un punto dello Spazio delle Fasi descrive l'evoluzione locale di due stati vicini.

Nel caso di un sistema continuo (9.1), dati due punti $\mathbf{x}(t)$ e $\mathbf{y}(t) = \mathbf{x}(t) + \varepsilon(t)$ al tempo t, l'evoluzione della perturbazione si può deteminare attraverso lo jacobiano $\mathbf{J}[\mathbf{x}(t)]$ nel modo seguente:

$$\dot{\varepsilon}(t) = \dot{\mathbf{y}}(t) - \dot{\mathbf{x}}(t) = \mathbf{F}(\mathbf{y}(t)) - \mathbf{F}(\mathbf{x}(t)) = \mathbf{J}[\mathbf{x}(t)]\varepsilon(t) \qquad (9.11)$$

da cui:

$$\varepsilon(t) = e^{\int_0^t \mathbf{J}[\mathbf{x}(t)]dt}\varepsilon(0) \qquad (9.12)$$

dove $\mathbf{J}[\mathbf{x}(t)]$ è la matrice jacobiana, di elementi:

$$J_{ij}[\mathbf{x}(t)] = \frac{\partial F_i[\mathbf{x}(t)]}{\partial x_j}.$$

La perturbazione cresce se $\left|\frac{\varepsilon(t)}{\varepsilon(0)}\right| > 1$; inoltre, se l'autovalore massimo della matrice $\exp^{\int_0^t \mathbf{J}[\mathbf{x}(t)]dt}$ è in modulo maggiore di 1 la perturbazione cresce nel tempo t e la traiettoria non è stabile.

Per una Mappa Discreta Multidimensionale, presi due punti vicini $\mathbf{x}_n$ e $\mathbf{y}_n = \mathbf{x}_n + \varepsilon_n$, determinato dalla perturbazione infinitesimale ε_n, si ha:

$$\varepsilon_{n+1} = \mathbf{y}_{n+1} - \mathbf{x}_{n+1} = \mathbf{f}(\mathbf{y}_n) - \mathbf{f}(\mathbf{x}_n) = \mathbf{J}(\mathbf{x}_n)\varepsilon_n \qquad (9.13)$$

dove $\mathbf{J}(\mathbf{x}_n)$ indica la matrice che ha per elementi $\frac{\partial f_i(\mathbf{x}_n)}{\partial x_j}$ calcolati in $\mathbf{x}_n$.

Considerando il primo e l'ultimo termine dell'equazione (9.13) si ha un'equazione di evoluzione per una piccola perturbazione iniziale (ε_0). Al tempo $t = n$ si ha:

$$\varepsilon_n = \mathbf{J}(\mathbf{x}_{n-1})\mathbf{J}(\mathbf{x}_{n-2})\cdots\mathbf{J}(\mathbf{x}_0)\varepsilon_0 = \prod_{i=0}^{n-1}\mathbf{J}(\mathbf{x}_i)\varepsilon_0. \qquad (9.14)$$

Anche qui la perturbazione iniziale cresce se $\left|\frac{\varepsilon(t)}{\varepsilon(0)}\right| > 1$ ed il sistema è localmente instabile. Se il più grande autovalore della matrice $\prod_{i=0}^{n-1}\mathbf{J}(\mathbf{x}_i)$ è maggiore di uno in modulo allora si genera una perturbazione che cresce con il tempo $t = n$ ed il sistema è instabile.

9.2.4 Insiemi invarianti ed attrattori

Un insieme Ω, parte dello Spazio delle Fasi, si dice **invariante** se l'evoluzione di un qualunque suo punto è ancora un elemento dell'insieme, ossia: $\mathbf{f}^t(\Omega) = \Omega$ per ogni t. Questa definizione si applica sia ai flussi continui che alle mappe discrete.

Il più semplice insieme invariante è il punto fisso, definito sia per un flusso continuo che per una mappa discreta dall'equazione:

$$\dot{\mathbf{x}}(t) = \mathbf{F}[\mathbf{x}(t)] = 0. \tag{9.15}$$

Se $\mathbf{x}(0)$ è un punto fisso $[\mathbf{x}(t) = \mathbf{x}(0)]$, dalla seconda delle (9.12) si ha:

$$\varepsilon(t) = e^{\int_0^t \mathbf{J}[\mathbf{x}(t)]dt} \varepsilon(0) = e^{\mathbf{J}[\mathbf{x}(0)]t} \varepsilon(0). \tag{9.16}$$

Lo studio della stabilità di un punto fisso si riduce quindi allo studio degli autovalori dello jacobiano $\mathbf{J}[\mathbf{x}(0)]$. Se il più grande autovalore di questa matrice ha una parte reale positiva il punto fisso è instabile.

Un altro tipico esempio di insieme invariante è l'orbita periodica.

Gli insiemi invarianti possono costituire degli attrattori per un sistema dissipativo.

Gli attrattori sono la forma di stabilità di una famiglia di traiettorie; se un sistema dinamico è dissipativo infatti, gli elementi di volume del suo Spazio delle Fasi possono aumentare o diminuire. Nel primo caso il sistema presenta una instabilità, mentre nel secondo caso il volume tende a 0 e nel moto i suoi punti rappresentativi tendono a concentrarsi su un insieme di volume nullo rispetto alla dimensione dello Spazio delle Fasi. L'insieme di punti che costituisce questo insieme di volume nullo su cui i punti si accumulano col passare del tempo costituisce un **attrattore** per il sistema. I sistemi conservativi ovviamente non posseggono attrattori. Per un sistema dissipativo si assume dunque che esista un insieme U che è contratto asintoticamente su un insieme A di volume nullo.

Qualitativamente possiamo definire **attrattore** un insieme invariante e limitato nello Spazio delle Fasi verso cui si accumulano, col passare del tempo, i punti sufficientemente vicini.

Una definizione più rigorosa di **attrattore**, presa principalmente dalla referenza [58], è la seguente[1]:

sia A un sottospazio *limitato ed invariante* dello Spazio delle Fasi ed U un suo intorno chiamato *intorno fondamentale*, A è un attrattore per il sistema dinamico definito dalla (9.1) se sono soddisfatte le seguenti condizioni:

- **invarianza**: A è un insieme invariante nel senso che $f^t(A) = A$ per ogni t;
- **esistenza dell'intorno fondamentale** U: esiste un intorno di A, ossia un insieme aperto U, che contiene A;
- **attrattività**: per ogni punto iniziale x_0 in U, il punto x_t, evoluto temporale del punto x_0, appartiene ad U per ogni t positivo. Inoltre x_t diviene e "resta" vicino quanto si vuole ad A per t sufficientemente grande;
- **indecomponibilità**: è possibile scegliere un punto x_0 in A, tale che, arbitrariamente vicino ad ogni altro punto y di A, vi è un punto x_t, evoluto temporale del punto x_0, per un qualche t positivo. Questa condizione garantisce che non si possa dividere A in più attrattori.

---

[1] Per un approfondimento si possono consultare [59,60].

Se un punto appartiene ad un attrattore A, per l'invarianza di A, vi appartiene sempre. Per le stesse ragioni, se un punto non appartiene all'attrattore non vi appartiene mai; può solo avvicinarsi ad esso. Nell'avvicinarsi tende, per continuità, a muoversi come i punti dell'attrattore (si dice in questo caso che il moto del sistema è sull'attrattore).

Si definisce inoltre **bacino di attrazione** di A l'insieme di punti $\mathbf{x}$ tali che $\mathbf{f}^t(\mathbf{x}) \to A$ per $t \to \infty$. È evidente che l'intorno U definito più sopra deve appartenere al bacino di attrazione di A.

In definitiva, il **bacino di attrazione** di A è l'insieme dei punti $\mathbf{x}$ tali che $\mathbf{f}^t(\mathbf{x}) \to A$ per $t \to \infty$. Un insieme attrattivo può consistere di parti disgiunte, nel senso che, presi due sottoinsiemi di A, Ω_1 e Ω_2, tali che $\mathbf{f}^t(\Omega_1) \cap \mathbf{f}^t(\Omega_2) = 0$, uno dei due sottoinsiemi potrebbe non essere attrattivo. La definizione esatta di **attrattore** è ancora oggi oggetto di studio. Operativamente si può dire che è una parte A_t di un insieme attrattivo su cui i punti sperimentali si accumulano; perché A_t sia effettivamente attrattiva occorre che sia anche un insieme invariante. Tuttavia, diversamente che per l'insieme attrattivo, si richiede anche che sia irriducibile, ossia che esso non sia decomponibile in parti disgiunte. Perché ciò si verifichi deve esistere un punto dell'attrattore $[A_t, \mathbf{x}_1]$ tale che per ogni $\mathbf{x}$ in A_t, $\mathbf{f}^t(\mathbf{x}_1)$ è arbitrariamente vicino a $\mathbf{x}$.

Se il bacino di attrazione di un insieme attrattivo è l'intero spazio delle fasi l'insieme attrattivo si dice universale. Per un insieme attrattivo universale, o per un attrattore in esso contenuto, si ha che l'evoluzione (il moto) del sistema dinamico sottoposto a piccole perturbazioni casuali (come possono essere gli errori di arrotondamento di un computer) è asintoticamente concentrato sull'attrattore; il che vuol dire che gli attrattori universali sono stabili.

Si noti infine che se un punto non appartiene all'attrattore all'inizio non vi apparterrà mai: per l'invarianza dell'attrattore, si avvicinerà sempre più ad esso senza però mai raggiungerlo.

Si è detto più sopra (§ 9.2.2) che se un sistema dinamico è dissipativo, gli elementi di volume del suo Spazio delle Fasi variano nel tempo e possono aumentare o diminuire. Nel primo caso il sistema presenta una instabilità, mentre nel secondo caso il volume tende a zero e nel moto i suoi punti tendono a concentrarsi su un insieme di misura nulla rispetto alla dimensione dello Spazio delle Fasi. L'insieme di punti che costituisce questo insieme di misura nulla su cui i punti si accumulano può costituire un attrattore per il sistema. I sistemi conservativi ovviamente non possono possedere attrattori.

9.3 Rappresentazione delle soluzioni

Le equazioni del moto (9.1) non sono di solito integrabili, ossia non è possibile trovarne analiticamente la soluzione, la quale può solo essere approssimata.

Qui diamo soltanto un breve cenno del modo con cui si possono approssimare numericamente le soluzioni di un sistema di equazioni differenziali del tipo della (9.1), rimandando ai testi di analisi numerica per un maggiore approfondimento [61]. L'efficacia dei metodi a cui si fa riferimento per risolvere un sistema di equazioni differenziali si fonda sulla velocità di calcolo degli elaboratori elettronici.

A titolo di esempio si consideri l'equazione differenziale in una sola variabile $\frac{dx}{dt} = f(x)$.

Utilizzando la potenza di calcolo di un elaboratore è possibile determinare una sequenza di punti nello Spazio delle Fasi tale che per le stesse condizioni iniziali si avvicinano alla soluzione del sistema. Il modo più facile per determinare numericamente la soluzione di un'equazione del tipo $\dot{x} = f(x)$ è quello di approssimarla con un mappa discreta del tipo $\frac{\Delta x}{\Delta t} = f(x)$, ossia $x_{n+1} = x_n + f(x_n)\Delta t$. È questo il Metodo delle differenze finite di Eulero [62].

Come noto, questo consiste nell'approssimare l'equazione differenziale $\frac{dx}{dt} = f(x)$ con l'equazione alle differenze finite $\frac{\Delta x}{\Delta t} = f(x)$. Noti che siano $x(0)$ ed il passo Δt si può approssimare la soluzione esatta, per le stesse condizioni iniziali, al tempo Δt con $x(\Delta t) = x(0) + f[x(0)]\Delta t$. Considerando il valore ottenuto $x(\Delta t)$ come una nuova condizione iniziale si può ottenere $x(2\Delta t)$, approssimazione della soluzione esatta al tempo $2\Delta t$. Iterando più volte questa procedura su un elaboratore si ottiene la sequenza $x(0), x(\Delta t), \ldots, x(n\Delta t)$ che costituisce una simulazione della soluzione esatta fino al tempo $n\Delta t$. Teoricamente la precisione di questo metodo aumenta se si fa tendere Δt a 0. Così facendo però aumenta anche il numero di operazioni che l'elaboratore deve compiere per simulare la soluzione fino allo stesso tempo $n\Delta t$. Oltre ad aumentare i tempi di calcolo però, aumenta anche la probabilità di un accumulo degli errori di arrotondamento che un elaboratore compie non potendo determinare tutte le cifre significative di ogni numero reale (*roundoff errors*). Questo è uno dei difetti del metodo di Eulero a cui si è accennato sopra ed è uno dei motivi per cui è necessario usare metodi di simulazione più sofisticati. Il metodo usato per le simulazioni di questo capitolo è il metodo di Runge-Kutta del quarto ordine [62]; se ne da di seguito la formula nel caso unidimensionale (la sua estensione al caso tridimensionale è immediata):

$$x_{n+1} = x_n + \frac{\Delta t}{6}(K_1 + 2K_2 + 2K_3 + K_4) \qquad (9.17)$$

con:

$$K_1 = f(x_n)$$
$$K_2 = f\left(x_n + \frac{\Delta t}{2} \cdot K_1\right)$$
$$K_3 = f\left(x_n + \frac{\Delta t}{2} \cdot K_2\right)$$
$$K_4 = f(x_n + \Delta t \cdot K_3)$$

dove x_n sta per $x(n\Delta t)$.

Si noti che mentre nel metodo di Eulero l'errore cresce come Δt nel metodo di Runge-Kutta l'errore cresce come $(\Delta t)^4$; si può scegliere un passo più grande mantenendo l'errore uguale, limitando i rischi di far crescere gli errori di *roundoff* che si hanno scegliendo un passo troppo piccolo.

Un metodo per la soluzione numerica di un sistema di equazioni differenziali è convenzionalmente detto di ordine n se l'errore che si compie ad ogni passo è dell'ordine di Δt^{n+1}. L'errore che si compie ad ogni passo nel metodo di Runge-Kutta del quarto ordine è quindi dell'ordine di Δt^5. Nel metodo di Eulero è invece dell'ordine di Δt^2 come si verifica facilmente espandendo in serie di potenze la soluzione esatta $x(t)$.

Un ultimo aspetto che si vuole considerare è il problema della determinazione del *tempo di fiducia*, ossia del tempo massimo, $T_{\max}$, oltre il quale l'errore che si compie nella simulazione della soluzione, con un dato passo Δt, è da considerarsi intollerabile. Il modo più semplice per determinare il tempo di fiducia consiste nel confrontare le simulazioni ottenute con passi differenti e decrescenti. Il tempo di fiducia per un dato passo è il tempo massimo fino a cui le successive simulazioni con passi minori non danno un risultato sensibilmente diverso. Si noti che questo semplice metodo si basa sulla supposizione che simulazioni con passi più piccoli siano più precise; ciò è vero a patto di non scegliere un passo troppo piccolo per cui gli errori di arrotondamento peggiorino i risultati.

Scelto il metodo per determinare le soluzioni approssimate, queste si possono rappresentare graficamente in diversi modi: ad esempio, per ogni variabile dello Spazio delle Fasi si può far disegnare come la sua posizione varia al variare del tempo (grafico $x(t)$ in funzione di t). Nel caso del sistema di Lorenz che vedremo nel § 9.5, essendo lo Spazio delle Fasi tridimensionale, si può fornire una rappresentazione dell'intera traiettoria ricorrendo all'artificio dei numeri triangolari (per rappresentare un oggetto tridimensionale sullo schermo di un computer, che è bidimensionale, bisogna mappare i punti dell'oggetto 3D su un piano). Il metodo più usato consiste nello scegliere un punto P ed un piano tra questo e l'oggetto tridimensionale che si vuole mappare; considerate le rette che passano per P ed i punti dell'oggetto, la loro intersezione con il piano fornisce la mappa cercata.

La rappresentazione dei numeri triangolari usata qui per le simulazioni ha il pregio della semplicità ed è sufficiente per dare un'idea qualitativa della traiettoria. La

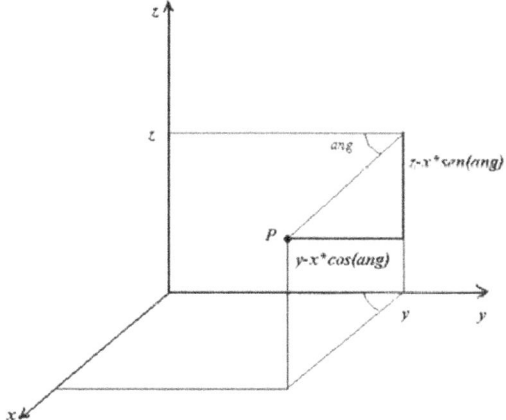

Fig. 9.2 Il metodo proiettivo utilizzato nelle simulazioni tridimensionali

mappatura usa le seguenti trasformazioni per rappresentare il punto $P(x_p, y_p)$:

$$\begin{cases} x_p = y - x\cos(\alpha) \\ y_p = z - x\sin(\alpha) \end{cases} \qquad (9.18)$$

dove x, y, z sono le coordinate dei punti della traiettoria tridimensionale date dalla (9.18) ed x_p, y_p le coordinate del piano in cui vengono mappate (Fig. 9.2). Per rappresentare un corpo tridimensionale ruotato basta determinare le matrici di rotazione che determinano la trasformazione $(x, y, z) \to (x_1, y_1, z_1)$ e poi mappare queste ultime.

9.4 Il caos deterministico

I sistemi dinamici deterministici, considerati nel paragrafo precedente in modo astratto, sono in grado di descrivere molti sistemi fisici reali per i quali le leggi della Meccanica Classica costituiscono una buona approssimazione. Vi è infatti ampia evidenza sperimentale e teorica che l'evoluzione di molti sistemi fisici è la stessa delle soluzioni delle equazioni di evoluzione considerate nel § 9.2.

Dato un sistema classico di particelle, conoscendo le forze con cui interagiscono e le eventuali forze esterne che agiscono sul sistema, è sempre possibile scrivere le equazioni del moto delle loro coordinate e delle loro velocità in una forma simile alle (9.1), tale per cui la conoscenza delle coordinate e delle velocità all'istante iniziale permette di determinare le stesse ad un qualsiasi altro istante. Il punto di vista deterministico è ben sintetizzato dalla seguente frase di P. S. Laplace ([63]):

> ... una Intelligenza che, in un dato istante, conoscesse tutte le forze da cui la Natura è animata, e le rispettive condizioni di tutti gli elementi di cui essa è composta, se inoltre fosse sufficientemente vasta da sottoporre tutti questi dati ad un'analisi, potrebbe sintetizzare in un'unica formula i moti dei più grandi corpi dell'universo e quelli dei più minuti atomi: nulla per essa sarebbe incerto ed il futuro come il passato sarebbero il presente ai suoi occhi. La mente umana, nella perfezione che è stata capace di dare all'Astronomia, ci fornisce solo una debole somiglianza di questa Intelligenza.

Un tale punto di vista sembrerebbe lasciare poco spazio alla casualità in un universo classico, eppure l'evoluzione temporale di certi sistemi deterministici, ottenuta tramite simulazioni al computer o da misure su sistemi fisici reali, quando non determinabile analiticamente, si presenta aperiodica, irregolare, imprevedibile, casuale ... ovverosia caotica. Esempi di sistemi di questo tipo non sono difficili da trovare: il lancio di monete o di dadi o la roulette ad esempio sono tutti sistemi che devono ubbidire alle leggi della Meccanica Classica e quindi ad equazioni di evoluzione deterministiche, eppure hanno un comportamento casuale. L'interpretazione comune vede nell'estrema complessità del sistema e quindi nell'impossibilità di determinare tutte le variabili in gioco l'origine della casualità. In realtà bastano tre corpi, soli nell'universo, che interagiscono attraverso forze di tipo newtoniano, citato dalla maggior parte dei testi di Meccanica, perché il moto sia caotico e le equazioni irrisolvibili analiticamente. Vale la pena ricordare anche il caso della pallina ferromagnetica appesa al filo di un pendolo [64] ed attratta da tre magneti posti a formare un triangolo equilatero: si producono 3 bacini di attrazione che si intercalano senza intersecarsi e costituiscono un insieme complicatissimo di Julia-Mandelbrot il quale finisce in una polvere di Cantor.

Il caos deterministico si ha quindi quando l'evoluzione temporale di un sistema dinamico, analizzata con i mezzi a nostra disposizione (di solito si tratta di sistemi non integrabili), è caotica. Caos e determinismo benché siano delle situazioni apparentemente opposte sembrano coesistere in molti casi. Per iniziare a capire come ciò sia possibile si consideri quel che scrisse all'inizio del XX Secolo il matematico francese H. Poincaré [65]:

> ... se conoscessimo esattamente le leggi della Natura e lo stato dell'Universo all'istante iniziale, potremmo prevedere esattamente lo stato di quello steso Universo ad un tempo successivo. Ma anche se stessero così le cose, ossia che le leggi della Natura non avessero più segreti per noi, comunque non potremmo che conoscere lo stato iniziale approssimativamente. Se ciò ci rendesse capaci di predire gli stati successivi con la stessa approssimazione, che è tutto quel che è richiesto, dovremmo dire che il fenomeno è stato predetto e che è governato da leggi. Ma non è sempre così; può succedere che piccole differenze nelle condizioni iniziali ne producano di molto grandi nel fenomeno finale. Un piccolo errore all'inizio ne produrrà uno enorme poi. La predizione diverrebbe impossibile ed avremmo un fenomeno casuale.

Poincaré suggerisce dunque di considerare il comportamento di un sistema dinamico deterministico quando le condizioni iniziali vengono variate di poco (*sensibilità alle condizioni iniziali*), al fine di comprendere come possa nascere il caos in un sistema deterministico. In Meccanica Classica, la possibilità di determinare lo stato di un sistema all'istante t è subordinata alla sua esatta conoscenza all'istante t_0. Di fatto questa esatta conoscenza è irraggiungibile: vi è sempre una certa indeterminazione sperimentale nelle condizioni iniziali (Principio di indeterminazione di Borel). Se una indeterminazione ancorché piccola comporta che i possibili stati finali siano enormemente diversi fra loro, ne segue impredicibilità e casualità. Tipico infatti dei fenomeni casuali è l'emergere di stati diversi pur partendo dal medesimo stato iniziale, tanto che non si può dire quale stato si attuerà ma solo la probabilità con cui lo potrà fare. La sensibilità alle condizioni iniziali implica che due traiettorie che, alla risoluzione usata, partono dallo stesso punto possono divergere a causa dell'indeterminazione sulla posizione del punto (indeterminazione classica, dovuta all'errore sperimentale), rendendo così un sistema **in teoria** deterministico, **di fatto** non deterministico. Il concetto della *sensibilità alle condizioni iniziali* ora introdotto in termini qualitativi è ripreso nei prossimi paragrafi, dove si specificherà in termini più rigorosi.

9.4.1 Lo shift di Bernoulli

Ci si propone ora di dare un esempio di sistema dinamico deterministico che può evolvere in modo caotico nel tempo.

A tal fine si consideri un sistema dinamico che evolve nel tempo per salti discreti anziché in modo continuo. Questi sistemi si prestano bene a scopi pedagogici per la loro semplicità, senza per questo perdere le caratteristiche essenziali del moto caotico dei sistemi dinamici continui.

Si deve ad uno dei tanti scienziati della famiglia Bernoulli una delle prime mappe antesignane dei sistemi caotici.

Si consideri la mappa discreta unidimensionale:

$$x_{n+1} = f(x_n) = 2x_n \bmod 1. \tag{9.19}$$

Mod 1 indica l'operazione che porta un qualsiasi numero reale nel numero dato dalla sua parte decimale (per esempio, 0.2 è la parte decimale di 1.2). La funzione $f(x_n)$ è una funzione di x che si può rappresentare come in Fig. 9.3.

Per meglio capire come questa mappa agisce si scrivano i valori di x nell'intervallo $[0, 1]$ in base 2:

$$x_0 = \sum_{i=1}^{\infty} a_i 2^{-i} \quad \text{con} \quad a_i = 0 \text{ oppure } 1. \tag{9.20}$$

È chiaro che $x_0 < 0.5$ se $a_1 = 0$ e $x_0 > 0.5$ se $a_1 = 1$. La prima iterata di $f(x_0)$ si può scrivere:

$$f(x_0) = \begin{cases} 2x_0 & \text{per } a_1 = 0 \\ 2x_0 - 1 & \text{per } a_1 = 1 \end{cases} = (0, a_2 a_3 \ldots). \tag{9.21}$$

La successiva iterazione darebbe $(0, a_3 a_4 \ldots)$ e così via. L'azione della mappa è quindi quella di spostare la virgola eliminando la parte intera, per questa ragione prende il nome di *shift di Bernouilli*.

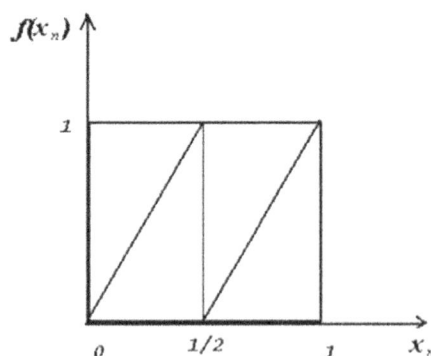

Fig. 9.3 Rappresentazione della mappa che determina lo shift di Bernoulli

Le principali caratteristiche delle orbite determinate dallo shift di Bernoulli sono le seguenti:

1. Orbite che partono da un numero razionale terminano in 0 o danno origine ad un'orbita periodica; infatti un numero razionale o ha un numero finito di cifre dopo la virgola o ha una sequenza periodica di cifre. Se parte da un numero irrazionale l'orbita non tornerà mai in un punto in cui è già passata (le considerazioni che seguono valgono per questo tipo di orbite, le quali sono la maggior parte in quanto i numeri razionali hanno misura nulla sull'insieme $\Re$ dei numeri reali).
2. Sensibilità alle condizioni iniziali: se due punti differiscono per l'ennesima cifra dopo la virgola, dopo n iterazioni differiranno per la prima.
3. Casualità del moto: supponendo di conoscere il punto iniziale x_0 con precisione finita fino all'ennesima cifra dopo la virgola, è possibile localizzarlo in un certo intervallo interno all'intervallo $[0,1]$. Infatti esso, se $a_1 = 1$, si trova nella metà di destra oppure in quella di sinistra se $a_1 = 0$; se $a_2 = 1$ esso si trova nella metà di destra della metà scelta prima, altrimenti si viene a trovare in quella di sinistra. Continuando così per tutte le cifre che conosciamo si determina l'intervallo di partenza.

Facciamo alcuni semplici esempi. Si supponga ora di essere interessati a conoscere unicamente in quale delle due metà $[0, 0.5]$ e $[0.5, 1]$ le iterate successive del punto suddetto andranno a collocarsi: dopo n iterazioni non si avrebbero elementi neanche per fare questa previsione grossolana.

Si consideri ora il lancio di una moneta e si associ a testa il numero 1 e a croce il numero 0: una sequenza di lanci determina una sequenza di numeri $0, 1, 1, 0, \ldots$. Ad ognuna di queste sequenze si possono associare le cifre dopo l'ennesima di un numero compreso nell'intervallo di partenza. Guardando alla sequenza riportata sopra: il numero 0 si trova nella metà di sinistra dell'intervallo di partenza, il numero 1 si trova nella metà di destra di quella metà di sinistra. Dopo n iterazioni quindi l'orbita è tanto prevedibile quanto lo è il risultato di una serie di lanci di moneta: del tutto casuale dunque.

Si può affermare, con un po' di fantasia, che il caos nello shift di Bernoulli è dato dall'amplificazione del "rumore intrinseco" dei numeri irrazionali: poiché la maggior parte dei numeri sono irrazionali, la maggior parte delle orbite di questa mappa sono caotiche. Il moto qui analizzato è completamente deterministico, tanto da essere integrabile. La soluzione esatta del moto di un punto per effetto dello shift di Bernoulli è: $x_n = 2^n x_0 \mod 1$. Malgrado ciò il moto è di fatto casuale poiché la minima imprecisione nella determinazione di x_0 si amplifica presto a tal punto da rendere il moto indeterminato. Rimane un sistema deterministico in quanto l'esatta conoscenza di x_0 lo renderebbe perfettamente prevedibile ma questa esatta conoscenza è un obbiettivo al di là dei limiti umani, non solo per una limitazione tecnica, se si considera che non è possibile esprimere la maggior parte dei numeri irrazionali attraverso un algoritmo finito. L'intera sequenza di cifre di un numero irrazionale non è conoscibile dall'uomo come ha dimostrato la teoria della complessità algoritmica [66].

Quanto sopra vale ovviamente anche per i sistemi che presentano un moto regolare, ma per essi non ha conseguenze così disastrose in quanto una conoscenza grossolana del punto di partenza permette una conoscenza con la stessa grossolanitàà del punto di arrivo, che è tutto quel che è richiesto come del resto sostiene Poincaré.

9.4.2 Gli esponenti di Liapunov

Da quanto detto fino ad ora si evince come la divergenza di traiettorie inizialmente vicine sia essenziale affinché il moto presenti sensibilità alle condizioni iniziali e quindi sia caotico.

L'esponente di Liapunov assume un ruolo formidabile in quanto fornisce una misura quantitativa di questa divergenza. Per semplicità definiamo l'esponente di Liapunov per una mappa unidimensionale.

Dati due punti vicini x_0 e $(x_0 + \varepsilon_0)$, dopo n iterazioni essi sono distanziati di $|f^n(x_0 + \varepsilon_0) - f^n(x_0)|$. Scriviamo per definizione questa distanza nello Spazio delle Fasi in una forma esponenziale e cioè:

$$|f^n(x_0 + \varepsilon_0) - f^n(x_0)| = \varepsilon_0 \exp^{n\nu(x_0)} \qquad (9.22)$$

dalla quale di deduce che:

$$\nu(x_0) = \frac{1}{n} \ln\left(\frac{|f^n(x_0 + \varepsilon_0) - f^n(x_0)|}{\varepsilon_0}\right). \qquad (9.23)$$

Si definisce pertanto *esponente di Liapunov*[2] il limite $\lambda(x_0)$ di $\nu(x_0)$ per $\varepsilon_0 \to 0$ e $n \to \infty$:

$$\lambda(x_0) = \lim_{\varepsilon_0 \to 0} \lim_{n \to \infty} \frac{1}{n} \ln\left(\frac{|f^n(x_0 + \varepsilon_0) - f^n(x_0)|}{\varepsilon_0}\right)$$

ovverosia:

$$\lambda(x_0) = \lim_{n \to \infty} \frac{1}{n} \ln\left|\frac{df^n(x_0)}{dx_0}\right| \quad \text{esponente di Liapunov.} \qquad (9.24)$$

Per lo shift di Bernoulli il calcolo dell'esponente di Liapunov è immediato: si vede infatti che dipende dalla derivata della iterata n-esima, la Fig. 9.4 mostra il grafico di $f^2(x)$, da cui si deduce che f^n ha una pendenza di 2^n per quasi tutti i punti. Dunque $\left|\frac{df^n(x_0)}{dx_0}\right| = 2^n$ e $\lambda(x_0) = \ln 2 > 0$ per la maggior parte dei punti.

Le caratteristiche dello shift di Bernoulli sono alquanto generali per i sistemi caotici e la positività dell'esponente di Liapunov non fa eccezione; questa positività è condizione necessaria ma non sufficiente per la caoticità.

---

[2] Anche in questo caso si genera ancora una ambiguità di notazione: λ assume significati diversi nei Capitoli 2-7. Tuttavia la notazione adottata favorisce la lettura della bibliografia originale.

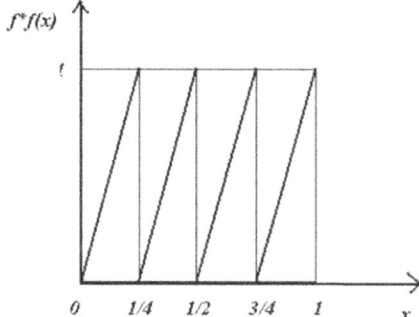

Fig. 9.4 Rappresentazione dello Shift di Bernoulli iterato due volte

Consideriamo ora un'altra mappa $x_{n+1}=2x_n$ e confrontiamo la sua soluzione esatta con quella dello shift di Bernoulli:

$$x_n = 2^n x_0 \quad ; \quad x_n = 2^n x_0 \bmod 1 \quad \text{(Bernoulli)}. \tag{9.25}$$

Per entrambe l'esponente di Liapunov è maggiore di 0 e pari a $\ln 2$ ma la prima non è caotica (per la mappa $x_{n+1} = 2x_n$ infatti due numeri che sono uguali nelle prime n cifre continueranno ad essere uguali nelle prime n cifre nel corso del moto). L'operazione $\bmod 1$ rende lo shift di Bernoulli una mappa limitata (tutti i numeri sono mappati in $[0,1]$) ed il confinamento del moto è l'altra condizione del caos, insieme con la divergenza della maggior parte delle traiettorie che partono vicine; ovverosia $\lambda(x_0) > 0$ per la maggior parte degli x_0.

Si noti che la mappa dello shift di Bernoulli non è lineare a causa del termine $\bmod 1$. Questo mostra un'altra caratteristica generale dei sistemi caotici: la non linearità.

Consideriamo infine una mappa unidimensionale lineare autonoma: la linearità implica che essa può dipendere solo da una combinazione lineare delle variabili dello Spazio delle Fasi; l'autonomia implica che i coefficienti di questa combinazione debbano essere indipendenti dal tempo. L'unica possibilità, se vi è solo una variabile, è quindi $x_{n+1} = ax_n$ con a numero reale; si ha pertanto alla n-esima iterazione: $x_n = a^n x_0$.

Calcoliamo allora il suo esponente di Liapunov: $|\frac{df^n(x_0)}{dx_0}| = a^n$ implica che $\lambda(x_0) = \ln a$ per ogni x_0. Avviene che $\lambda(x_0) > 0$ se $a > 1$; ma in questo caso $x_n \to \infty$ per ogni x_0 e dunque il moto non è limitato. Un sistema lineare quindi non può avere l'esponente di Liapunov positivo ed insieme essere confinato, quindi non può essere caotico. Nel linguaggio specialistico, lo studio dei sistemi caotici si associa spesso alla scienza dei fenomeni non lineari, sebbene non tutti i sistemi non lineari siano caotici.

Queste considerazioni sono facilmente estendibili a tutte le mappe multidimensionali tenendo conto delle considerazioni fatte nel § 9.2.3 e notando che, se le mappe sono lineari, allora lo jacobiano non dipende da x.

9.5 Le equazioni di Lorenz

Attorno agli anni sessanta, Lorenz stava lavorando come meteorologo al Massachusetts Institute of Technology sul problema della previsione dei fenomeni atmosferici. In particolare si stava occupando di un modello semplificato dei moti convettivi atmosferici[3]. In questo modello un fluido è racchiuso tra due superfici a temperature diverse, la superficie inferiore è calda, quella superiore fredda. La differenza di temperatura ΔT si mantiene costante tra le due superfici. Il fenomeno che questo modello intende approssimare è quello dei moti convettivi dell'atmosfera: il sole riscalda il suolo, l'aria in basso, più calda e quindi più leggera sale e l'aria più fredda e pesante delle zone superiori dell'atmosfera scende. Un sistema di questo tipo ha uno Spazio delle Fasi ad infinite dimensioni, essendo un suo stato definito dal valore che varie funzioni, come la densità, la temperatura, la pressione, ecc., assumono in ogni punto del fluido. Attraverso alcune semplificazioni illustrate nel prossimo paragrafo, Lorenz ridusse il sistema ad infinite dimensioni del fluido ad un sistema in tre dimensioni ricavando il suo famoso sistema di equazioni:

$$\begin{cases} \dot{X} = \sigma(Y - X) \\ \dot{Y} = rX - Y - XZ \\ \dot{Z} = XY - bZ \end{cases} \quad (9.26)$$

dove la variabile X ha un immediato significato fisico, infatti il suo modulo determina la velocità dei moti convettivi e il suo segno determina il loro verso, la variabile Y è legata alla differenza di temperatura tra le particelle di fluido discendente e quelle di fluido ascendente e la variabile Z è proporzionale alla distorsione del profilo della temperatura verticale rispetto alla linearità.

È un sistema di equazioni differenziali del primo ordine, non lineari come si vede dai termini XZ ed XY. I parametri esterni σ, r, b si fissano di volta in volta. Di fatto, il parametro σ dipende dalle caratteristiche del fluido considerato (la densità media e la viscosità), b è un parametro geometrico che determina l'ampiezza dei moti convettivi. Il sistema di equazioni di Lorenz non è integrabile: per determinarne le soluzioni bisogna simulare numericamente il moto mediante un calcolatore.

9.6 Derivazione delle equazioni di Lorenz

Questo paragrafo è dedicato alle persone particolarmente interessate ai problemi del caos deterministico ma può essere saltato a pie' pari senza perdere l'informazione indispensabile, prendendo le equazioni di Lorenz con beneficio di inventario.

Per derivare il sistema di equazioni (9.26) dobbiamo considerare l'esperimento di Rayleigh-Bènard illustrato nella Fig. 9.5. Due lastre vengono poste ad una distanza h l'una dall'altra, tra le due lastre vi è un fluido.

---
[3] Una spiegazione di questo modello, detto modello di Rayleigh-Benard, si trova ad esempio in [54].

9.6 Derivazione delle equazioni di Lorenz 173

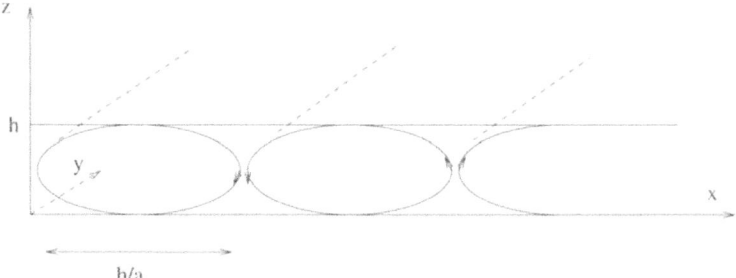

Fig. 9.5 Modello dell'esperimento di Rayleigh-Bènard

La situazione del fluido contenuto tra le lastre è descritta da un campo vettoriale di velocità $\mathbf{v}(\mathbf{x},t)$ e da un campo scalare di temperatura $T(\mathbf{x},t)$.

Il sistema è governato dalle seguenti equazioni:

1. equazioni di Navier-Stokes:

$$\rho \frac{d\mathbf{v}}{dt} = \mathbf{F} - \nabla p + \mu \nabla^2 \mathbf{v}; \qquad (9.27)$$

2. equazione della conduzione del calore:

$$\frac{dT}{dt} = \kappa \nabla^2 T; \qquad (9.28)$$

3. equazione di continuità:

$$\frac{\partial \rho}{\partial t} + \operatorname{div}(\rho \mathbf{v}) = 0; \qquad (9.29)$$

con le condizioni al contorno:

$$T(x,y,z=0,t) = T_0 + \Delta T = T_1$$
$$T(x,y,z=h,t) = T_0$$

dove ρ è la densità del fluido, $\mathbf{F}$ è il campo di forze esterne per unità di volume che nel nostro caso è costituito dalla sola forza di gravità, p è la pressione a cui è soggetto il fluido, μ è la viscosità del fluido, κ è la conducibilità termica.

Introduciamo le seguenti definizioni:

$$T = T_0 + T' \qquad T_0 \text{ costante}$$

$$\rho = \rho_0 + \rho' \qquad \rho_0 \text{ costante} \qquad (9.30)$$

$$p = p_0 + p' \qquad p_0 = -\rho_0 g z + \text{cost.} \qquad (9.31)$$

Al tempo t_0, la temperatura T_0 e la densità ρ_0 sono costanti mentre la pressione p_0 non lo è ma varia linearmente con la quota z e dipende dall'accelerazione di gravità g e dal valore della densità ρ_0.

9.6.1 Semplificazioni e approssimazioni

La prima semplificazione che viene fatta è assumere che il sistema sia invariante nella direzione y, lungo le due piastre parallele, in modo da poter considerare il moto in funzione solo di x, di z e di t.

Il primo passo consiste nel riscrivere le equazioni di Navier-Stokes (9.27) in modo approssimato. Riscriviamo le equazioni (9.27) nel seguente modo:

$$\frac{d\mathbf{v}}{dt} = -\frac{1}{\rho}\nabla p + \nu\nabla^2 \mathbf{v} + \mathbf{g} \qquad (9.32)$$

dove:

$$\nu = \frac{\mu}{\rho} \text{ e } \mathbf{g} = \frac{\mathbf{F}}{\rho}.$$

In primo luogo scriviamo il termine:

$$\frac{1}{\rho}\nabla p \qquad (9.33)$$

come sviluppo di Taylor fermandoci al primo termine e trascurando il resto; procediamo considerando l'espressione (9.33) come funzione di ρ e di p e tenendo presente che il gradiente è un operatore lineare e quindi:

$$d(\text{grad } \mathbf{v})(\mathbf{w}) = \text{grad}(\mathbf{w}) \quad \text{per ogni } \mathbf{v}, \mathbf{w}$$

dove d indica l'operatore *differenziale*.

Si ottiene:

$$\frac{1}{\rho}\nabla p \sim \frac{1}{\rho_0}\nabla p_0 - \frac{1}{\rho_0^2}\nabla p_0(\rho - \rho_0) + \frac{1}{\rho_0}\nabla(p - p_0). \qquad (9.34)$$

Viste le (9.30) e (9.31), possiamo scrivere l'equazione (9.34) come:

$$\frac{1}{\rho}\nabla p \sim \frac{1}{\rho_0}\nabla p_0 - \frac{1}{\rho_0^2}\rho'\nabla p_0 + \frac{1}{\rho_0}\nabla p'. \qquad (9.35)$$

In secondo luogo consideriamo la cosiddetta *approssimazione di Boussinesq-Oberbeck* che consiste nel trascurare la variazione della densità dovuta alla pressione e nel supporre che la densità vari linearmente con la temperatura. Si ha quindi:

$$\rho' = \rho'(\rho_0, T)$$

$$\rho' = -\rho_0 \beta T' \qquad (9.36)$$

dove β è il coefficiente di espansione termica, con $\beta > 0$.

Considerando queste approssimazioni ed usando le (9.36) e (9.31) riscriviamo le equazioni (9.32) come:

$$\begin{aligned}\frac{d\mathbf{v}}{dt} &= -\frac{1}{\rho_0}\nabla p_0 + \frac{1}{\rho_0^2}\rho'\nabla p_0 - \frac{1}{\rho_0}\nabla p' + \nu\nabla^2\mathbf{v} + \mathbf{g} = \\ &= -\frac{1}{\rho_0}\nabla p_0 - \frac{1}{\rho_0}\beta T'\nabla p_0 - \frac{1}{\rho_0}\nabla p' + \nu\nabla^2\mathbf{v} + \mathbf{g} = \\ &= +\frac{1}{\rho_0}\rho_0 g\mathbf{k} + \frac{1}{\rho_0}\rho_0\beta T' g\mathbf{k} - \frac{1}{\rho_0}\nabla p' + \nu\nabla^2\mathbf{v} - g\mathbf{k}.\end{aligned} \quad (9.37)$$

Otteniamo quindi:
$$\frac{d\mathbf{v}}{dt} = -T'\beta\mathbf{g} - \frac{1}{\rho_0}\nabla p' + \nu\nabla^2\mathbf{v}. \quad (9.38)$$

Queste ultime sono le equazioni approssimate di Navier-Stokes. Nelle equazioni originarie (9.27) la temperatura non compare, mentre in queste ultime (9.38), grazie all'approssimazione di Boussinesq-Oberbeck, la temperatura T' compare. Questo fatto ci permette di mettere in relazione le equazioni di Navier-Stokes con l'equazione della conduzione del calore (9.28).

Il secondo passo consiste nell'introdurre una nuova funzione. Quello che noi stiamo considerando è un moto piano del fluido in virtù della prima semplificazione fatta da Lorenz, quindi esiste una funzione di corrente ψ tale che:

$$u = -\frac{\partial\psi}{\partial z} \qquad w = \frac{\partial\psi}{\partial x} \quad (9.39)$$

con $\mathbf{v} = (u, v, w)$.

A questo punto riconsideriamo le equazioni (9.38) e applichiamo il rotore sia a destra che a sinistra dell'uguale:

$$\nabla \times \frac{d\mathbf{v}}{dt} = \nabla \times \left(-T'\beta\mathbf{g} - \frac{1}{\rho_0}\nabla p' + \nu\nabla^2\mathbf{v}\right).$$

Rotore a sinistra:

$$\nabla \times \frac{d\mathbf{v}}{dt} = \frac{\partial}{\partial y}\left(\frac{dw}{dt}\right)\mathbf{i} - \left[\frac{\partial}{\partial x}\left(\frac{dw}{dt}\right) - \frac{\partial}{\partial z}\left(\frac{du}{dt}\right)\right]\mathbf{j} - \frac{\partial}{\partial y}\left(\frac{du}{dt}\right)\mathbf{k} =$$

$$w \text{ e } u \text{ non dipendono da } y \quad \rightarrow \quad \frac{\partial w}{\partial y} = \frac{\partial u}{\partial y} = 0$$

$$= \frac{d}{dt}\left(\frac{\partial u}{\partial z} - \frac{\partial w}{\partial x}\right)\mathbf{j} =$$

$$= -\frac{d}{dt}\nabla^2\psi\,\mathbf{j}.$$

Rotore a destra:

$$\nabla \times \left(-T'\beta\mathbf{g} - \frac{1}{\rho_0}\nabla p' + \nu\nabla^2 \mathbf{v}\right) =$$
$$= \nabla \times (-T'\beta\mathbf{g}) - \nabla \times \left(\frac{1}{\rho_0}\nabla p'\right) + \nabla \times (\nu\nabla^2 \mathbf{v}) =$$
rotore del gradiente $= 0$
$$= -\left(\beta g \frac{\partial T'}{\partial x} + \nu\nabla^2\nabla^2\psi\right)\mathbf{j}.$$

Si ottiene quindi:
$$\frac{d}{dt}\nabla^2\psi = \beta g \frac{\partial T'}{\partial x} + \nu\nabla^2\nabla^2\psi. \tag{9.40}$$

Ora sviluppiamo la derivata materiale al primo membro dell'equazione (9.40):

$$\frac{d}{dt}\nabla^2\psi = \frac{\partial}{\partial t}\nabla^2\psi + \mathbf{v} \cdot \nabla\nabla^2\psi =$$
$$= \frac{\partial}{\partial t}\nabla^2\psi - \frac{\partial \psi}{\partial z}\frac{\partial \nabla^2\psi}{\partial x} + \frac{\partial \psi}{\partial x}\frac{\partial \nabla^2\psi}{\partial z}$$

poiché:
$$\mathbf{v} = -\frac{\partial \psi}{\partial z}\mathbf{i} + \frac{\partial \psi}{\partial x}\mathbf{k}$$

e:
$$\nabla\nabla^2\psi = \frac{\partial}{\partial x}\nabla^2\psi\mathbf{i} + \frac{\partial}{\partial y}\nabla^2\psi\mathbf{j} + \frac{\partial}{\partial z}\nabla^2\psi\mathbf{k}.$$

L'equazione (9.40) diventa:

$$\frac{\partial}{\partial t}\nabla^2\psi = \frac{\partial \psi}{\partial z}\frac{\partial \nabla^2\psi}{\partial x} - \frac{\partial \psi}{\partial x}\frac{\partial \nabla^2\psi}{\partial z} + \nu\nabla^2\nabla^2\psi + \beta g \frac{\partial T'}{\partial x}. \tag{9.41}$$

Il terzo passo consiste nell'introdurre una funzione $\theta = \theta(x,z,t)$ che misura lo scostamento dall'andamento lineare della temperatura T rispetto a z, cioè

$$T(x,z,t) = T_0 + \Delta T - \frac{\Delta T}{h}z + \theta(x,z,t).$$

Viste le condizioni al contorno che abbiamo posto all'inizio del capitolo, questa equazione può essere scritta nel seguente modo:

$$T(x,z,t) = T_1 - \frac{\Delta T}{h}z + \theta(x,z,t)$$

da cui:
$$\theta(x,z,t) = T(x,z,t) - T_1 + \frac{\Delta T}{h}z.$$

Osserviamo che:
$$\frac{\partial T'}{\partial x} = \frac{\partial \theta}{\partial x}$$
visto che T_1 e $\frac{\Delta T}{h}z$ sono indipendenti da x.

Quindi l'equazione (9.41) diventa:

$$\frac{\partial}{\partial t}\nabla^2 \psi = \frac{\partial \psi}{\partial z}\frac{\partial \nabla^2 \psi}{\partial x} - \frac{\partial \psi}{\partial x}\frac{\partial \nabla^2 \psi}{\partial z} + \nu\nabla^2\nabla^2\psi + \beta g\frac{\partial \theta}{\partial x}. \qquad (9.42)$$

Il nostro scopo è quello di scrivere l'equazione del calore (9.28) in funzione di ψ e di θ.

Innanzitutto sviluppiamo la derivata materiale al primo membro dell'equazione (9.28):

$$\frac{dT}{dt} = \frac{\partial T}{\partial t} + \mathbf{v}\cdot\nabla T = \kappa\nabla^2 T.$$

Considerando che valgono le (9.39) e che:

$$\frac{\partial T}{\partial t} = \frac{\partial \theta}{\partial t}$$

per come abbiamo definito $\theta(x,z,t)$,

$$\frac{\partial T}{\partial x} = \frac{\partial \theta}{\partial x}$$

come abbiamo osservato appena sopra, e

$$\frac{\partial T}{\partial z} = \frac{\partial \theta}{\partial z} - \frac{\Delta T}{h}$$

si ottiene:
$$\nabla^2 T = \nabla^2 \theta.$$

Possiamo scrivere l'equazione del calore nel seguente modo:

$$\kappa\nabla^2\theta = \frac{\partial \theta}{\partial t} - \frac{\partial \psi}{\partial z}\frac{\partial \theta}{\partial x} + \frac{\partial \psi}{\partial x}\frac{\partial \theta}{\partial z} - \frac{\Delta T}{h}\frac{\partial \psi}{\partial x}.$$

Utilizzando la notazione usata da Lorenz:

$$\frac{\partial(a,b)}{\partial(x,y)} = \frac{\partial a}{\partial x}\frac{\partial b}{\partial y} - \frac{\partial a}{\partial y}\frac{\partial b}{\partial x},$$

l'equazione prende la forma:

$$\kappa\nabla^2\theta = \frac{\partial \theta}{\partial t} + \frac{\partial(\psi,\theta)}{\partial(x,z)} - \frac{\Delta T}{h}\frac{\partial \psi}{\partial x} \qquad (9.43)$$

e l'equazione(9.42) diventa:

$$\frac{\partial}{\partial t}\nabla^2\psi = -\frac{\partial(\psi,\nabla^2\psi)}{\partial(x,z)} + \nu\nabla^2\nabla^2\psi + \beta g\frac{\partial\theta}{\partial x}. \qquad (9.44)$$

Per semplificare le equazioni (9.43) e (9.44), Lorenz tiene conto solo dei primi termini dell'espansione in serie doppia di Fourier delle funzioni ψ e θ limitandosi ai termini di ordine più basso, che riproducono il comportamento in grande scala del sistema. Seguendo le referenze [67, 68] e considerando le seguenti condizioni al contorno:

$$T(0,0,t) = T(0,h,t) = \psi(0,0,t) = \psi(0,h,t) = \nabla^2\psi(0,0,t) = \nabla^2\psi(0,h,t) = 0$$

si ottiene:

$$\frac{a}{1+a^2}\frac{1}{\kappa}\psi = \sqrt{2}X(t)\sin\left(\frac{\pi a}{h}x\right)\sin\left(\frac{\pi}{h}z\right) \qquad (9.45)$$

$$\frac{\pi R}{R_c\Delta T}\theta = \sqrt{2}Y(t)\cos\left(\frac{\pi a}{h}x\right)\sin\left(\frac{\pi}{h}z\right) - Z(t)\sin\left(\frac{2\pi}{h}z\right) \qquad (9.46)$$

dove a è un parametro adimensionale che dipende dalle caratteristiche fisiche del sistema, in particolare l'ampiezza dei moti convettivi è data da $\frac{h}{a}$, $R = \frac{g\beta h^3}{\kappa\nu}\Delta T$ è il numero di Rayleigh che è proporzionale alla differenza di temperatura tra le due lastre, $R_c = \frac{\pi^4(1+a^2)^3}{a^2}$.

Inserendo le equazioni (9.45) e (9.46) nelle equazioni (9.44) e (9.43) e trascurando le armoniche di frequenza superiore si ottiene il sistema di equazioni di Lorenz:

$$\begin{cases} \dot{X} = -\sigma X + \sigma Y \\ \dot{Y} = -XZ + rX - Y \\ \dot{Z} = XY - bZ \end{cases} \qquad (9.47)$$

dove: il punto denota la derivata rispetto al tempo $\tau = \frac{\pi^2(1+a^2)\kappa}{h^2}t$, e $\sigma = \frac{\nu}{\kappa}$ è il numero di Prandl [54] che dipende dalla viscosità e densità del fluido; $b = \frac{4}{(1+a^2)}$ è un parametro geometrico che determina l'ampiezza dei moti convettivi ed $r = \frac{R}{R_c} \propto \Delta T$ è il parametro di controllo esterno proporzionale alla differenza di temperatura tra le due lastre.

Abbiamo ottenuto il sistema (9.47) nel modo seguente:

1. Riscriviamo le equazioni (9.45) e (9.46):

$$\psi = \frac{1+a^2}{a}\kappa\sqrt{2}\,X(t)\,\sin\left(\frac{\pi a}{h}x\right)\,\sin\left(\frac{\pi}{h}z\right) \qquad (9.48)$$

$$\theta = \frac{R_c\Delta T}{\pi R}\,\sqrt{2}\,Y(t)\,\cos\left(\frac{\pi a}{h}x\right)\,\sin\left(\frac{\pi}{h}z\right) - Z(t)\sin\left(\frac{2\pi}{h}z\right).$$

9.6 Derivazione delle equazioni di Lorenz

2. Troviamo le espressioni di:

$$\frac{\partial}{\partial t}\nabla^2\psi, \ \frac{\partial(\psi,\nabla^2\psi)}{\partial(x,z)}, \ \nabla^2\nabla^2\psi, \ \frac{\partial\theta}{\partial x}, \ \frac{\partial\theta}{\partial t}, \ \frac{\partial(\psi,\theta)}{\partial(x,z)}, \ \frac{\partial\psi}{\partial x} \ \text{e} \ \nabla^2\theta.$$

Otteniamo:

$$\frac{\partial}{\partial t}\nabla^2\psi = -\frac{\kappa\pi^2(a^2+1)^2}{ah^2}\sqrt{2}\dot{X}(t)\sin\left(\frac{\pi a}{h}x\right)\sin\left(\frac{\pi}{h}z\right) \quad (9.49)$$

$$\frac{\partial(\psi,\nabla^2\psi)}{\partial(x,z)} = 0 \quad (9.50)$$

$$\nabla^2\nabla^2\psi = \frac{\kappa\pi^4(a^2+1)^3}{ah^4}\sqrt{2}X(t)\sin\left(\frac{\pi a}{h}x\right)\sin\left(\frac{\pi}{h}z\right) \quad (9.51)$$

$$\frac{\partial\theta}{\partial x} = -\frac{R_c a\Delta T}{Rh}\sqrt{2}Y(t)\sin\left(\frac{\pi a}{h}x\right)\sin\left(\frac{\pi}{h}z\right) \quad (9.52)$$

$$\frac{\partial\theta}{\partial t} = \frac{R_c\Delta T}{\pi R}\sqrt{2}\dot{Y}(t)\cos\left(\frac{\pi a}{h}x\right)\sin\left(\frac{\pi}{h}z\right) +$$
$$-\frac{R_c\Delta T}{\pi R}\dot{Z}(t)\sin\left(2\frac{\pi}{h}z\right) \quad (9.53)$$

$$\frac{\partial(\psi,\theta)}{\partial(x,z)} = \frac{R_c\Delta T\kappa(a^2+1)\pi}{Rh^2}X(t)Y(t)\sin\left(2\frac{\pi}{h}z\right) +$$
$$-2\frac{\kappa\pi(a^2+1)R_c\Delta T}{Rh^2}\sqrt{2}X(t)Z(t)\cos\left(\frac{\pi a}{h}x\right)\sin\left(\frac{\pi}{h}z\right)\cos\left(2\frac{\pi}{h}z\right) \quad (9.54)$$

$$\frac{\partial\psi}{\partial x} = \frac{\kappa\pi(a^2+1)}{h}\sqrt{2}X(t)\cos\left(\frac{\pi a}{h}x\right)\sin\left(\frac{\pi}{h}z\right) \quad (9.55)$$

$$\nabla^2\theta = -\frac{R_c\Delta T\pi(a^2+1)}{Rh^2}\sqrt{2}Y(t)\cos\left(\frac{\pi a}{h}x\right)\sin\left(\frac{\pi}{h}z\right) +$$
$$+4\frac{R_c\Delta T\pi}{Rh^2}Z(t)\sin\left(2\frac{\pi}{h}z\right). \quad (9.56)$$

Sostituendo le equazioni (9.49) - (9.52) nell'equazione (9.44) otteniamo la seguente equazione:

$$A\sin\left(\frac{\pi a}{h}x\right)\sin\left(\frac{\pi}{h}z\right) = B\sin\left(\frac{\pi a}{h}x\right)\sin\left(\frac{\pi}{h}z\right)$$

dove:

$$A = -\frac{\kappa\pi^2(a^2+1)^2}{ah^2}\sqrt{2}\,\dot{X}(t)$$

$$B = \sqrt{2}\frac{\nu\kappa\pi^4(a^2+1)^3}{h^4 a}X(t) - \sqrt{2}\frac{ga\beta R_c\Delta T}{Rh}Y(t).$$

Uguagliando i coefficienti A e B e tenendo conto delle espressioni di R e R_c, otteniamo:

$$\left(\frac{\kappa\pi^2(1+a^2)}{h^2}\right)^{-1}\dot{X}(t) = -\sigma X(t) + \sigma Y(t). \tag{9.57}$$

Normalizzando il tempo t con

$$\tau = \frac{\kappa\pi^2(1+a^2)}{h^2}t$$

si ha:

$$\frac{dX}{d\tau} = \left(\frac{d\tau}{dt}\right)^{-1}\dot{X}$$

quindi si ottiene la prima equazione del sistema (9.47).

3. Sostituendo le (9.53) - (9.56) nella (9.46) si ottiene la seguente equazione:

$$A\cos\left(\frac{\pi a}{h}x\right)\sin\left(\frac{\pi}{h}z\right) + B\sin\left(2\frac{\pi}{h}z\right) =$$
$$= A'\cos\left(\frac{\pi a}{h}x\right)\sin\left(\frac{\pi}{h}z\right) + B'\sin\left(2\frac{\pi}{h}z\right) + C\cos\left(\frac{\pi a}{h}x\right)\sin^3\left(\frac{\pi}{h}z\right)$$

dove:

$$A = \sqrt{2}\frac{R_c\Delta T}{\pi R}\dot{Y}(t)$$

$$B = -\frac{R_c\Delta T}{\pi R}\dot{Z}(t)$$

$$A' = 2\sqrt{2}\frac{\kappa\pi(a^2+1)R_c\Delta T}{Rh^2}X(t)Z(t) + \sqrt{2}\frac{\kappa\pi(a^2+1)\Delta T}{h^2}X(t) +$$
$$- \sqrt{2}\frac{\kappa\pi R_c(a^2+1)\Delta T}{Rh^2}Y(t)$$

$$B' = -\frac{\kappa\pi R_c(a^2+1)\Delta T}{Rh^2}X(t)Y(t) + 4\frac{\kappa\pi R_c\Delta T}{Rh^2}Z(t)$$

$$C = -4\sqrt{2}\frac{\kappa\pi R_c(a^2+1)\Delta T}{Rh^2}X(t)Z(t).$$

Siccome:

$$\sin^3\alpha = \frac{3}{4}\sin\alpha - \frac{1}{4}\sin 3\alpha,$$

si ha:

$$A\cos\left(\frac{\pi a}{h}x\right)\sin\left(\frac{\pi}{h}z\right) + B\sin\left(2\frac{\pi}{h}z\right) =$$
$$= A''\cos\left(\frac{\pi a}{h}x\right)\sin\left(\frac{\pi}{h}z\right) + B'\sin\left(2\frac{\pi}{h}z\right) + C'\cos\left(\frac{\pi a}{h}x\right)\sin\left(3\frac{\pi}{h}z\right)$$

dove:

$$A'' = -\sqrt{2}\frac{\kappa\pi R_c(a^2+1)\Delta T}{Rh^2} X(t)Z(t) + \sqrt{2}\frac{\kappa\pi(a^2+1)\Delta T}{h^2} X(t) +$$
$$-\sqrt{2}\frac{\kappa\pi R_c(a^2+1)\Delta T}{Rh^2} Y(t)$$
$$C' = \sqrt{2}\frac{\kappa\pi R_c(a^2+1)\Delta T}{Rh^2} X(t)Z(t).$$

Approssimiamo ulteriormente l'equazione tralasciando il termine relativo all'armonica $\alpha = 3\frac{\pi}{h}z$ (C'), visto che anche nell'espressione di ψ e θ ci eravamo limitati a considerare termini con armoniche del tipo $\alpha = n\frac{\pi}{h}$ con $n = 1,2$.

Uguagliamo i coefficienti corrispondenti:

$$A = A'' \text{ e } B = B'.$$

Si ottiene:

$$\left(\frac{\kappa\pi^2(1+a^2)}{h^2}\right)^{-1}\dot{Y}(t) = -X(t)Z(t) + rX(t) - Y(t) \tag{9.58}$$

e:

$$\left(\frac{\kappa\pi^2(1+a^2)}{h^2}\right)^{-1}\dot{Z}(t) = X(t)Y(t) - bZ(t). \tag{9.59}$$

Normalizzando il tempo come indicato al punto precedente le equazioni (9.58) e (9.59) si trasformano nella seconda e terza equazione del sistema (9.47).

9.7 Considerazioni generali

Il sistema di equazioni (9.26) ha la forma delle equazioni (9.1), con $\mathbf{F}(\mathbf{x})$ differenziabile; rappresenta quindi un sistema dinamico deterministico: date le condizioni iniziali X_0, Y_0 e Z_0 al tempo $t = t_0$, esistono e sono uniche le soluzioni $X(t)$, $Y(t)$ e $Z(t)$[4].

Seguendo Lorenz [70], ci limitiamo a studiare il caso particolare:

$$\begin{cases} \sigma = 10 \\ b = \frac{8}{3}. \end{cases} \tag{9.60}$$

Date le (9.60) r è l'unico parametro esterno libero. Il suo valore è proporzionale alla differenza di temperatura ΔT, definita sopra.

Le equazioni di Lorenz si possono considerare semplicemente come le equazioni del moto per un sistema dinamico deterministico il cui stato è descritto dalle variabili

---

[4] Si sono trovati molti sistemi dinamici che possono essere descritti dalle equazioni di Lorenz. Per una rassegna si veda ad esempio [69].

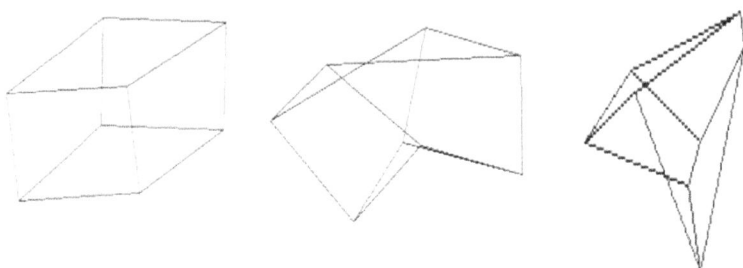

Fig. 9.6 Tre momenti dell'evoluzione in funzione del tempo, di un volume inizialmente cubico nello Spazio delle Fasi per $r = 0.5$

dello spazio delle fasi X, Y, Z e le cui equazioni del moto sono determinate dalle (9.26).

Considerando il sistema di equazioni di Lorenz (9.26) si possono dedurre alcune importanti proprietà anche senza ricavarne le soluzioni:

- **Asse z:** l'asse z è un insieme invariante del sistema, come definito nel § 9.2.4; infatti per tutti i valori dei parametri σ, b ed r, tutte le traiettorie che partono da esso rimangono sull'asse z, in particolare per la scelta dei parametri (9.60), si ha che tutte le traiettorie che partono dall'asse z tendono a 0, per ogni r. Questo non è difficile da dimostrare notando che per le traiettorie che partono dall'asse z si ha che $X_0 = 0$ ed $Y_0 = 0$ e che le derivate di X e Y nel punto iniziale si annullano per tutti i valori di Z.
- **Dissipatività:** il sistema di Lorenz è un sistema dissipativo (§ 9.2.2):

$$\frac{dV}{dt} = \int \mathrm{div}\mathbf{F}(\mathbf{x}) dV \qquad (9.61)$$

dove:

$$\mathrm{div}\mathbf{F}(\mathbf{x}) = \frac{\partial(\sigma Y - \sigma X)}{\partial X} + \frac{\partial(rX - Y - XZ)}{\partial Y} + \frac{\partial(XY - bZ)}{\partial Z} = -\sigma - b - 1. \qquad (9.62)$$

Per la scelta dei parametri (9.60), si ottiene: $V = V_0 e^{-\frac{41}{3}t}$; ciò traduce una notevole contrazione dei volumi, come mostra chiaramente la Fig. 9.6.

Per la contrazione dei volumi, i punti rappresentativi tendono a concentrarsi su uno o più insiemi di misura nulla, ossia un insieme la cui dimensione non può essere 3. Lorenz [70], ha dimostrato l'esistenza di un'ellissoide limitato nello Spazio delle Fasi in cui tutte le traiettorie entrano (probabilmente questo ellissoide giace in $Z \geq 0$, sebbene non sia stato dimostrato [69]).

- **Punti fissi e loro stabilità:** lo studio della stabilità dei punti fissi di un sistema dissipativo è molto importante in quanto in genere i punti fissi stabili costituiscono degli attrattori per il sistema; al contempo si può dire che i punti fissi instabili non possono essere degli attrattori.

Scrivendo le equazioni di Lorenz in forma compatta $\dot{\mathbf{x}} = \mathbf{F}(\mathbf{x})$, i punti fissi sono dati, secondo la (9.15), da $\mathbf{F}(\mathbf{x}) = 0$, ovvero:

$$\begin{cases} 0 = \sigma(Y-X) \\ 0 = rX - Y - XZ \\ 0 = XY - bZ. \end{cases} \quad (9.63)$$

Risolvendo questo semplice sistema si ha che per $r \leq 1$ esiste un solo punto fisso pari a $O = (0,0,0)$ e per $r > 1$ vi sono tre punti fissi:

$$O, C_{1,2} \equiv (\pm\sqrt{b(r-1)}, \pm\sqrt{b(r-1)}, r-1).$$

Dalla equazione (9.16) si ha che lo studio della stabilità di un punto fisso, $\mathbf{x}_f$, si attua attraverso lo studio dello jacobiano di $\mathbf{F}(\mathbf{x}_f)$. È bene ricordare che se l'autovalore maggiore ha la parte reale positiva allora il punto fisso è instabile. Per il punto O si ha:

$$\mathbf{J}(O) = \begin{pmatrix} -\sigma & \sigma & 0 \\ r & -1 & 0 \\ 0 & 0 & -b \end{pmatrix}. \quad (9.64)$$

Gli autovalori si determinano dall'equazione: $|\mathbf{J}(O) - a\mathbf{I}| = 0$, dove $\mathbf{I}$ indica la matrice identità, da cui si ottiene un polinomio di terzo grado, $P(a)$, in a in funzione dei parametri del sistema. Per la scelta dei parametri (9.60) si ha che per $r < 1$ gli autovalori sono tutti negativi e quindi O è stabile, mentre per $r > 1$ l'autovalore più grande è positivo e quindi O è instabile.

Anche per $r = 1$ l'origine risulta essere un punto di equilibrio stabile. Per dimostrarlo basta prendere una funzione continua e definita positiva (funzione di Liapunov) del tipo:

$$V(X,Y,Z) = rX^2 + \sigma Y^2 + \sigma Z^2.$$

Nel nostro caso ($r = 1$, $\sigma = 10$ e $b = \frac{8}{3}$) diventa:

$$V(X,Y,Z) = X^2 + 10Y^2 + 10Z^2.$$

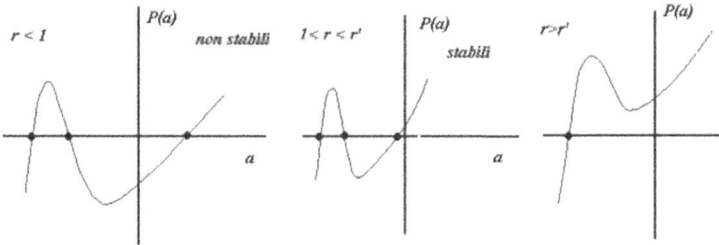

Fig. 9.7 Andamento qualitativo del Polinomio $P(a)$ per vari valori di r. I cerchietti pieni indicano le radici reali del Polinomio

Tale funzione soddisfa le proprietà $V(0,0,0) = 0$. Ora, se la derivata $\dot{V}$ è negativa per tutte le soluzioni del sistema (9.26) il punto critico $\mathbf{x} = \mathbf{0}$ [sistema (9.15)] è stabile [69].

È facile verificare, usando le (9.26), che $\dot{V} \leq 0$; infatti:

$$\dot{V} = 2(X\dot{X} + 10Y\dot{Y} + 10Z\dot{Z}) = -20\left[(X-Y)^2 + \frac{8}{3}Z^2\right] \leq 0$$

per qualunque valore di X,Y e Z. Quindi possiamo concludere che il punto O è stabile anche per $r = 1$.

Lo studio della stabilità dei punti $C_{1,2}$ si effettua nello stesso modo, ossia determinando gli autovalori dello jacobiano di $\mathbf{F}(C_{1,2})$ e ottenendo il polinomio $P(a)$, le cui radici sono appunto gli autovalori cercati. La Fig. 9.7, riproduce l'andamento di $P(a)$ per vari valori di r. Si possono individuare tre valori importanti del parametro r: $1, r^1$ e r_c.

Per $r > 1$ l'autovalore maggiore è positivo ed i punti fissi $C_{1,2}$ sono instabili.

Per $1 < r < r^1$ l'autovalore maggiore è negativo ed i punti fissi $C_{1,2}$ sono stabili.

Per $r^1 < r < r_c$ un autovalore è negativo e gli altri due autovalori sono complessi; la loro parte reale è negativa, quindi i punti $C_{1,2}$ sono ancora stabili.

Per $r > r_c$ un autovalore è negativo e gli altri due autovalori sono complessi; la loro parte reale è ora positiva, quindi i punti $C_{1,2}$ sono instabili.

Per $r = r_c$ i due autovalori complessi sono immaginari puri. La condizione $a_{1,2} = \pm i a_0$ permette di calcolare r_c ottenendo $r_c \sim 24.74$.

Il valore di r^1 è stato determinato numericamente e vale $r^1 = 24.06$ [69].

Quanto sopra si può dedurre dalle equazioni di Lorenz senza risolverle. Essendo il sistema di equazioni di Lorenz non integrabile, per approfondirne la comprensione è necessario studiare le soluzioni numeriche ottenute con i metodi di cui si è già parlato nel § 9.3.

9.8 Studio comparato traiettorie-fluido

Il comportamento del fluido tra le due lastre di Fig. 9.5 può essere studiato e capito attraverso esperimenti numerici effettuati con un calcolatore.

In questo paragrafo mostriamo i risultati di alcuni esperimenti numerici svolti sia al fine di evidenziare la dinamica dei cambiamenti che il sistema subisce al variare del parametro r, sia il movimento che subiscono le particelle del fluido nello spazio vero, tra le due lastre di Fig. 9.5, in funzione del tempo e in corrispondenza delle traiettorie percorse dagli stati nello Spazio delle Fasi.

Va infatti richiamato che X è una velocità, ma Y e Z sono variabili, diciamo, complicate legate a caratteristiche non cinematiche del fluido. Nello spazio vero il moto viene assunto nel piano [y,z] per cui si può assumere il tempo come terzo asse. Le figure si possono produrre usando la procedura illustrata nella Fig. 9.2.

9.8.1 Risultati numerici

La discussione dei risultati viene fatta per diversi ed opportuni valori del parametro r.

- $r \leq 1$: come abbiamo visto nel § 9.8, per valori $r \leq 1$ il sistema ammette un unico punto critico stabile, l'origine. Nelle Fig. 9.8a,b abbiamo assunto a titolo di esempio $r = 0.5$.

In Fig. 9.8a è visualizzato l'andamento di due stati (1 e 2) nello Spazio delle Fasi ovverosia di due traiettorie molto diverse, con condizioni iniziali: $P_1(-3, -52, -5)$, $P_2(+18, +56, +31)$, Si può notare come entrambe le traiettorie tendono all'origine, punto che rappresenta l'attrattore universale per il sistema.

In Fig. 9.8b viene riportato il movimento della particella di fluido: in entrambi i casi all'inizio il fluido ha un comportamento oscillatorio, con il trascorrere del tempo il moto si regolarizza e la sua velocità tende a zero (infatti le curve del moto diventano parallele all'asse t).

- $1 < r \leq 24.06$: si trova numericamente che $r = 24.06$ è il valore di r per cui gli autovalori della matrice jacobiana calcolata in C_1 e C_2 sono tutti reali [54]. I risultati, ottenuti per $r = 20$, sono riportati nella Fig. 9.9.

Ricordiamo che per questi valori di r i due punti critici sono stabili e sono due attrattori, mentre l'origine è un punto instabile. Si osserva che in questo caso C_1 e C_2 non sono attrattori universali in quanto c'è coesistenza dei due nello Spazio delle Fasi, come si può notare dalla Fig. 9.9a.

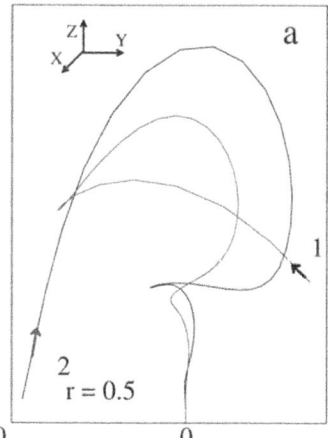 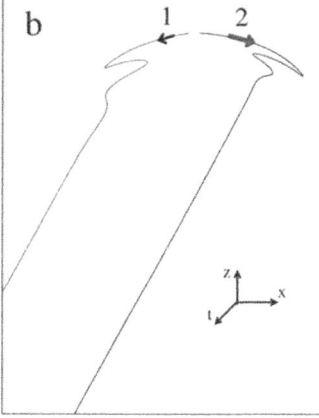

Fig. 9.8 (a) L'origine è l'attrattore universale per il sistema; (b) andamento del fluido (le figure tridimensionali sono disegnate usando la procedura illustrata in Fig. 9.2; le scale sono arbitrarie)

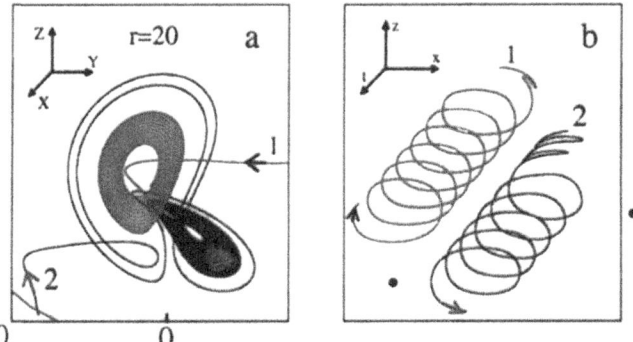

Fig. 9.9 (a) Coesistenza degli attrattori C_1 e C_2; (b) moto delle particelle di fluido nello spazio vero (le figure tridimensionali sono disegnate usando la procedura illustrata in Fig. 9.2; le scale sono arbitrarie)

La traiettoria con condizioni iniziali $X_1 = 36$, $Y_1 = 9$, $Z_1 = 23$ approccia il punto C_1, mentre la traiettoria con condizioni iniziali $X_2 = -16$, $Y_2 = -7$, $Z_2 = -21$ approccia il punto C_2.

In entrambi i casi, dopo un breve tratto iniziale di tipo oscillatorio, il moto diventa un vortice, la velocità approccia un valore costante (equidistanza tra le due spirali). Ciò che differenzia il moto vero nei due casi è il verso di percorrenza: se la traiettoria gira intorno a C_1 la particella di fluido si muove in un vortice in senso orario, se gira intorno a C_2 la particella di fluido si muove in un vortice in senso antiorario.

- $r > 24.74$: per questi valori di r, il sistema presenta ben tre punti critici che sono tutti instabili, C_1, C_2 e l'origine.

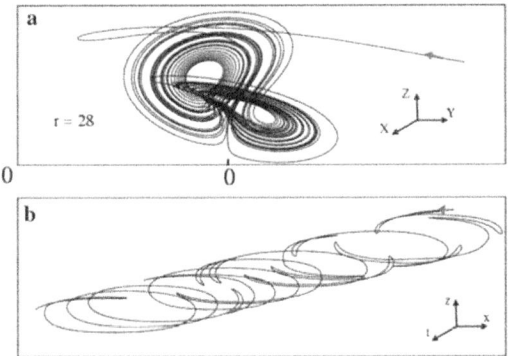

Fig. 9.10 (a) Attrattore di Lorenz per $r = 28$; (b) traiettoria di una particella di fluido nello spazio vero in funzione del tempo (le figure tridimensionali sono disegnate usando la procedura illustrata in Fig. 9.2; le scale sono arbitrarie)

Il caso è quello studiato originariamente dallo stesso Lorenz [71] ($r = 28$) ed i risultati sono riprodotti in Fig. 9.10. Si noti (Fig. 9.10a) che la traiettoria nello Spazio delle Fasi sembra che si intersechi. In realtà questo è solo un effetto dovuto alla proiezione bidimensionale dovuto alla procedura adottata: non ci sono intersezioni nello Spazio delle Fasi tridimensionale.

Cerchiamo ora di spiegare come evolve lo stato fisico rappresentato dalla traiettoria nello Spazio delle Fasi. Usiamo la seguente condizione iniziale: $X = 40$, $Y = 15$, $Z = 23$.

La traiettoria, gira alternativamente intorno a C_1 e C_2 [72]. Il numero di giri che la traiettoria fa intorno a C_1 e C_2 varia in modo del tutto imprevedibile e la sequenza del numero dei giri ha tutte le caratteristiche di una sequenza casuale [71].

Dal punto di vista del moto vero delle particelle di fluido (Fig. 9.10b) ciò significa che dopo uno stato di moto oscillatorio (cioè fino a quando la traiettoria nello spazio delle fasi arriva abbastanza vicino a C_1), il fluido inizia il suo moto vorticoso in senso antiorario. Quando la traiettoria nello Spazio delle Fasi si sposta verso C_2, il fluido ha un repentino cambio di verso di percorrenza e per tutto il tempo in cui la traiettoria gira intorno a C_2 continua il suo moto vorticoso invertito, poi cambia ancora verso e così via. Risulta quindi essere un moto caotic del fluido perché il cambio di verso dei vortici non è prevedibile e avviene molto repentinamente.

Se pensiamo che la traiettoria rappresentata si sviluppa in un sistema di riferimento tridimensionale, questa sembra assumere la forma delle ali di una farfalla. La traiettoria tende ad addensarsi su una regione limitata dello Spazio delle Fasi di volume nullo e questa zona è detta **attrattore di Lorenz**.

Osserviamo che in questo intervallo di valori di r, l'attrattore di Lorenz costituisce l'attrattore universale del sistema.

Nella Fig. 9.11 è riportato l'andamento di due traiettorie con condizioni iniziali lontane dall'origine e si può notare che, dopo un breve periodo di tempo, entrambe le traiettorie si muovono sull'attrattore. Qualunque sia la condizione iniziale nello Spazio delle Fasi la soluzione corrispondente viene comunque attratta dall'attrattore di Lorenz. Il suo bacino di attrazione è tutto lo Spazio delle Fasi, quindi quello di Lorenz è un attrattore universale.

- $24.06 < r < 24.74$: per questi valori di r i punti C_1 e C_2 sono stabili, gli autovalori della matrice jacobiana corrispondente sono immaginari e l'origine è un punto critico instabile. La simulazione è stata fatta per $r = 24.09$.

Anche in questo caso si ha la coesistenza di tre attrattori: i punti C_1, C_2 e l'attrattore di Lorenz. Nella Fig. 9.12 è visualizzata la situazione nello Spazio delle Fasi usando tre condizioni iniziali diverse: $P_1(20, -16, 40.2)$, $P_2(6, 10, 27.2)$, $P_3(-6, -10, 27.2)$, rispettivamente.

La traiettoria con condizione iniziale P_1 va a finire sull'attrattore di Lorenz, mentre quelle con condizioni iniziali P_2 e P_3 sono attratte rispettivamente da C_1 e C_2.

- $r > 200$: il moto tende a percorrere un'orbita periodica. In questo caso, dopo un certo tempo non sembra avvenire più alcun movimento e sullo schermo del

188   9   Il caos e gli attrattori strani

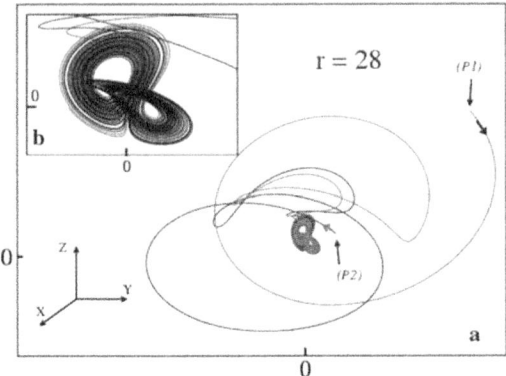

Fig. 9.11 (a) Attrattore di Lorenz: è un attrattore universale per $r = 28$. Qualunque sia la condizione iniziale, la soluzione tende a muoversi sull'attrattore. Sono state fissate le condizioni iniziali: $P_1:(X_1 = 100, Y_1 = 100, Z_1 = 100)$ e $P_2:(X_2 = -100, Y_2 = 90, Z_2 = 130)$; (b) nell'inserto è mostrato ingrandito l'attrattore di Lorenz di figura a (le figure tridimensionali sono disegnate usando la procedura illustrata in Fig. 9.2; le scale sono arbitrarie)

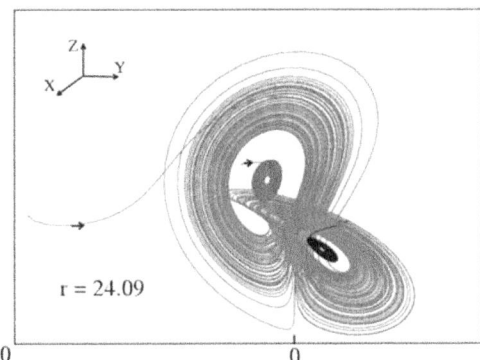

Fig. 9.12 Coesistenza dei tre attrattori per $r = 24.09$ (la figura tridimensionale è disegnata usando la procedura di Fig. 9.2; le scale sono arbitrarie)

computer si evidenzia una linea chiusa che col tempo non si modifica, come mostra la Fig. 9.13.

Questo comportamento si ha per tutti i valori di $r > 200$, ma non solo per quelli: vi sono infatti altri intervalli con $r < 200$ per cui si hanno orbite periodiche attrattive [69].

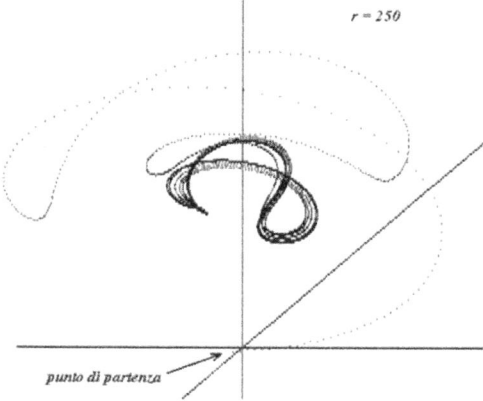

Fig. 9.13 Una traiettoria nello Spazio delle Fasi del sistema di Lorenz che tende ad un'orbita periodica (la figura tridimensionale è disegnata usando la procedura di Fig. 9.2; le scale sono arbitrarie)

9.9 Caos e ordine

È importante sottolineare ancora una volta che l'attrattore di Lorenz possiede la proprietà di essere sensibile alle condizioni iniziali.

Per analizzare questo aspetto del problema consideriamo il caso $r = 28$. Nella Fig. 9.14 è riportato l'andamento delle X in funzione del tempo t. Le $X(t)$ sono le soluzioni del sistema (9.47) corrispondenti alle seguenti condizioni iniziali: $P_1(1, 0, 1)$, $P_2(1.001, 0, 1)$.

Osserviamo che la differenza tra le condizioni iniziali è molto piccola, però dalla figura risulta chiaro che, dopo un breve periodo nel quale il comportamento è simile, le due $X(t)$ cominciano a comportarsi in maniera molto diversa a cominciare da t un poco superiore a $t = 20$. Questo è quello che Lorenz chiama **effetto farfalla**: piccole variazioni nelle condizioni iniziali possono produrre delle grandi variazioni nelle soluzioni.

La caoticità implica una forte impredicibilità ed irregolarità della dinamica; ad esempio già dopo un breve tempo non siamo più in grado di prevedere quanti giri la traicttoria farà intorno a C_1 e quanti intorno a C_2.

In questo sistema, nel quale a prima vista sembra regni il caos, in realtà regna *un certo ordine*.

Benché da un punto di vista dinamico, nel regime caotico, il sistema di Lorenz sia altamente instabile ed imprevedibile, da un punto di vista statistico presenta una forte stabilità.

Questa è una caratteristica generale dei sistemi caotici: ad una forte instabilità dinamica è sempre correlata una forte stabilità statistica. Anche se si allontanano presto una dall'altra presentando comportamenti molto diversi, le singole traiettorie

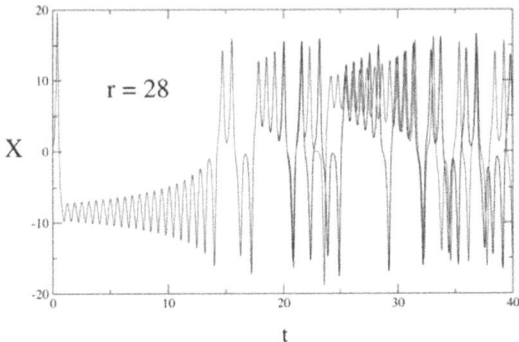

Fig. 9.14 Dipendenza dalle condizioni iniziali di $X(t)$ (scala arbitraria)

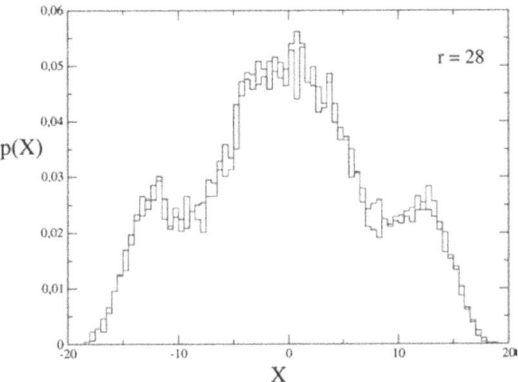

Fig. 9.15 Distribuzione di probabilità per le X nel caso $r = 28$

danno luogo a comportamenti statistici molto simili, ad esempio i valori medi delle grandezze dinamiche calcolate su quelle traiettorie sono uguali [73].

Per mostrare una tale proprietà dei sistemi caotici, nella Fig. 9.15 riportiamo la distribuzione di probabilità $p(X)$ dei valori della X del sistema di Lorenz, per $r = 28$ (regime caotico), ottenuti a partire da due diverse condizioni iniziali. Come si può vedere le due distribuzioni sono molto simili, mostrando che le proprietà statistiche sono indipendenti dalle condizioni iniziali, sebbene i comportamenti differiscano molto nei dettagli.

9.10 Esponenti di Liapunov ed equazioni di Lorenz

Fin qui è stata identificata una proprietà che differenzia il moto regolare da quello caotico: la sensibilità alle condizioni iniziali. Caratteristica del moto caotico è,

9.10 Esponenti di Liapunov ed equazioni di Lorenz

infatti, la divergenza esponenziale di traiettorie vicine che, se il moto è confinato, viene assunta come sua definizione (di moto caotico) e sono appunto gli esponenti di Liapunov che forniscono una misura quantitativa della divergenza.

È possibile ottenere una misura quantitativa di questa proprietà attraverso il calcolo dell'esponente di Liapunov massimo associato ad un traiettoria.

Richiamiamo qui dei concetti utili per la comprensione e l'uso degli esponenti di Liapunov nei flussi continui.

- **Medie Temporali:** dato un sistema dinamico $\dot{\mathbf{x}}(t) = \mathbf{f}^t \mathbf{x}_0$ ed una funzione ϕ dello Spazio delle Fasi, si definisce la media temporale di ϕ lungo una traiettoria che passa per **x** come:

$$\phi^*(\mathbf{x}) = \lim_{T \to \infty} \frac{1}{T} \int_0^T \phi(\mathbf{f}^t \mathbf{x}) dt \qquad (9.65)$$

nel caso di un flusso continuo e:

$$\phi^*(\mathbf{x}) = \lim_{N \to \infty} \frac{1}{N} \sum_{n=0}^{N-1} \phi(\mathbf{f}^n \mathbf{x}) \qquad (9.66)$$

nel caso di una mappa discreta unidimensionale. Per un celebre teorema di Birkhoff [74], se ϕ è una funzione definita sullo Spazio delle Fasi e la media si fa su traiettorie appartenenti ad un sottoinsieme invariante e limitato dello Spazio delle Fasi (gli attrattori di § 9.2.4 sono insiemi invarianti e limitati) si ha che il limite (9.65) esiste, è finito ed è indipendente dal punto della traiettoria da cui si parte per calcolarlo: $\phi^*(\mathbf{x}) = \phi^*[\mathbf{f}^t(\mathbf{x})]$.

- **Medie Spaziali:** data una distribuzione $P(\mathbf{x})$ definita su Ω, con Ω sottoinsieme invariante dello Spazio delle Fasi, in modo tale che $\int_\Omega P(\mathbf{x}) d\mathbf{x} = 1$, questa permette di definire una media spaziale per ogni ϕ:

$$\bar{\phi} = \int_\Omega P(\mathbf{x}) \phi(\mathbf{x}) d\mathbf{x}. \qquad (9.67)$$

- **Ergodicità:** un sistema si definisce ergodico se, data una distribuzione $P(\mathbf{x})$ definita come sopra, per ogni ϕ definita su Ω si ha:

$$\phi^*(\mathbf{x}) = \bar{\phi} \qquad (9.68)$$

per ogni **x** appartenente ad Ω. Ciò equivale a dire che le medie temporali sulla maggior parte delle traiettorie (a meno di un insieme di misura nulla) sono uguali e pari alla media spaziale definita sopra. Intuitivamente si comprende che ciò è possibile solo se ogni traiettoria esplora tutto Ω, ossia passa arbitrariamente ed infinitamente spesso vicino ad ogni punto. $P(\mathbf{x})$ si può vedere come una funzione che indica la frequenza con cui le parti dell'insieme Ω sono visitate dalle traiettorie. Nel caso degli attrattori, che sono insiemi invarianti e limitati, il moto su di essi si assume ergodico. Definita una opportuna $P(\mathbf{x})$ si ha che per ogni ϕ definita nel suo bacino di attrazione vale l'equazione $\phi^*(\mathbf{x}) = \bar{\phi}$ per ogni **x** appartenente al bacino di attrazione ($\bar{\phi}$ è la media spaziale sull'attrattore).

Poiché le traiettorie tendono ad avvicinarsi sempre più ai punti dell'attrattore, per continuità tendono a comportarsi come le traiettorie dell'attrattore stesso e la media temporale delle traiettorie del bacino di attrazione tende alla media spaziale sull'attrattore per l'ergodicità di questo.

- **L'esponente di Liapunov per una mappa unidimensionale:** l'equazione (9.14) di stabilità del § 9.2.3: $\varepsilon_n = \prod_{i=0}^{n-1} \mathbf{J}(\mathbf{x}_i)\varepsilon_0$ si riduce, per una mappa unidimensionale, a $\varepsilon_n = \prod_{i=0}^{n-1} \frac{df}{dx}(x_i)\varepsilon_0$. L'esponente di Liapunov per una mappa unidimensionale è definito come l'equazione (9.24):

$$\lambda(x_0) = \lim_{n \to \infty} \frac{1}{n} \ln\left(\left|\frac{df^n(x_0)}{dx_0}\right|\right). \tag{9.69}$$

Notando che $\frac{d}{dx}f^n(x_0) = \frac{d}{dx}f^n(x)|_{x=x_0}$ e che $f^n(x_0) = x_n$, si ha che:

$$\begin{aligned}\frac{d}{dx}f^n(x_0) &= \frac{d}{dx}f(f^{n-1}(x_0)) = \frac{d}{dx}f(x_{n-1}) = \\ &= \frac{d}{dx}f^{n-1}(x_0) = \cdots = \prod_{i=0}^{n-1}\frac{df}{dx}(x_i).\end{aligned} \tag{9.70}$$

L'esponente di Liapunov si può quindi scrivere come:

$$\lambda(x_0) = \lim_{n \to \infty}\frac{1}{n}\ln\prod_{i=0}^{n-1}\left|\frac{df}{dx}(x_i)\right| = \lim_{n \to \infty}\frac{1}{n}\sum_{i=0}^{n-1}\ln\left|\frac{df}{dx}(x_i)\right|. \tag{9.71}$$

Confrontando questa equazione con la (9.66) si vede come l'esponente di Liapunov sia la media temporale del logaritmo di una funzione che indica l'instabilità locale dei punti della traiettoria. Da questo si può concludere che $\lambda(x_0)$ è un indicatore dell'instabilità asintotica delle traiettorie. Inoltre se Ω è un sottospazio su cui il moto è ergodico o è esso stesso il bacino di attrazione di un attrattore, allora $\lambda(x_0)$ esiste per ogni x_0 appartenente ad Ω ed è indipendente da x_0.

Nel caso delle mappe multidimensionali discrete gli esponenti di Liapunov sono in numero pari alla dimensione dello Spazio delle Fasi del sistema: dalla equazione (9.14), chiamati $j_i(n)$ gli autovalori della matrice $\prod_{i=0}^{n-1}\mathbf{J}(\mathbf{x}_i)$, gli esponenti di Liapunov sono definiti come:

$$\lambda_i = \lim_{n \to \infty}\frac{1}{n}\ln|j_i(n)|.$$

Quanto detto per le mappe unidimensionali discrete, sull'intima connessione tra l'esponente di Liapunov ed il concetto di instabilità locale dei punti di una traiettoria e sulle sue proprietà in un sistema ergodico vale anche per le mappe multidimensionali discrete, fatte le debite precisazioni. Per questi ultimi casi comunque ci limitiamo ad enunciare solo la caratteristiche più importanti.

Dato un flusso continuo M dimensionale generato da un sistema di equazioni autonomo di primo grado $\dot{\mathbf{x}} = \mathbf{F}(\mathbf{x})$, detti $\mathbf{x_0}$ ed $\mathbf{x}_0 + \mathbf{w}_0$ due punti inizialmente vicini di due traiettorie vicine, come già visto nel § 9.2.3, la loro distanza evolve come:

9.10 Esponenti di Liapunov ed equazioni di Lorenz

$\frac{d\mathbf{w}}{dt} = \mathbf{J}(\mathbf{x})dt$, con gli elementi di matrice dello jacobiano dati da $\frac{\partial F_i}{\partial x_j}|_{\mathbf{x}=\mathbf{x}_0}$. Ponendo $d(t) \approx |\mathbf{w}(t)|$, il tasso di divergenza esponenziale medio delle due traiettorie è definito come:

$$\lambda^*(\mathbf{x}_0, \mathbf{w}_0) = \lim_{t \to \infty} \lim_{d(0) \to 0} \frac{1}{t} \ln \frac{d(\mathbf{x}_0, t)}{d(\mathbf{x}_0, 0)}. \qquad (9.72)$$

Nella pratica si assume che le seguenti asserzioni siano vere (ad alcune delle quali abbiamo accennato già in precedenza):

- per ogni $\mathbf{x}_0$, $\lambda^*(\mathbf{x}_0, \mathbf{w}_0)$ esiste ed è finito;
- esiste una base $\mathbf{e}_j$ M-dimensionale per $\mathbf{w}_0$ tale che, per ogni $\mathbf{w}_0$, λ^* assume uno dei valori che avrebbe assunto se $\mathbf{w}_0$ fosse stato orientato come uno degli $\mathbf{e}_j$, ossia: $\lambda^*(\mathbf{x}_0, \mathbf{e}_j) = \lambda_j^*(\mathbf{x}_0)$, $\lambda_j(\mathbf{x}_0)$ non dipendono dal punto della traiettoria da cui si calcolano. I parametri λ_j sono gli M esponenti di Liapunov della traiettoria;
- gli M λ_j si possono ordinare per grandezza $\lambda_1 \geq \lambda_2 \geq \cdots \geq \lambda_M$ da cui si ha l'ordinamento per i vettori $\mathbf{e}_j$: $\mathbf{e}_1 \geq \mathbf{e}_2 \geq \cdots \geq \mathbf{e}_M$. Chiamato $\mathbf{E}_i$ il sottospazio generato dai vettori $\mathbf{e}_j$ tali che $\mathbf{e}_j \leq \mathbf{e}_i$ si ha che se $\mathbf{w}_0$ giace in $\mathbf{E}_i$, mentre $\lambda^*(\mathbf{x}_0, \mathbf{w}_0) = \lambda_i$, il tasso di divergenza è pari all'esponente massimo corrispondente al sottospazio in cui giace $\mathbf{w}_0$. Da ciò consegue che per la maggior parte delle scelte di $\mathbf{w}_0$, $\lambda^*(\mathbf{x}_0, \mathbf{w}_0) = \lambda_1 = \lambda_{\max}$, avendo $\mathbf{E}_2$ misura nulla rispetto ad $\mathbf{E}_1$. Questo si può capire intuitivamente notando che $\mathbf{w}_0$ tende nel tempo ad orientarsi lungo la direzione di maggiore instabilità;
- per tutte le traiettorie che appartengono ad un sottoinsieme ergodico o allo stesso bacino di attrazione gli esponenti di Liapunov λ_i non dipendono dalla traiettoria scelta;
- per un flusso continuo un esponente di Liapunov è sempre nullo se il moto asintotico del sistema non si riduce ad un punto fisso. Per un'orbita periodica questo non è difficile da capire qualora si scelga $\mathbf{e}_j$ lungo la direzione tangente al moto nel punto considerato, poiché la distanza di due punti sull'orbita periodica torna ad essere la stessa ad intervalli di tempo periodici. Per una traiettoria non periodica, per l'ergodicità del moto, questa tornerà in prossimità del punto di partenza infinite volte. Ciò implica ancora che un esponente di Liapunov sia nullo [58–60].

È importante, per quel che si deve discutere nel seguito, considerare esponenti di Liapunov di ordine superiore. Si definisce il tasso medio di divergenza esponenziale di un volume p-dimensionale nello Spazio delle Fasi M-dimensionale come:

$$v^{*(p)}(\mathbf{x}_0, V_p(0)) = \lim_{t \to \infty} \lim_{V_p(0) \to 0} \frac{1}{t} \ln \left| \frac{V_p(\mathbf{x}_0, t)}{V_p(\mathbf{x}_0, 0)} \right| \qquad (9.73)$$

$v^{*(p)}$ è detto *esponente di Liapunov di ordine p*. $V_p(\mathbf{x}_0, t)$ è dato dal prodotto di p vettori $\mathbf{w}(t)$ e come la maggior parte delle scelte di $\mathbf{w}_0$ determina l'esponente massimo, così per la maggior parte delle scelte del volume iniziale $V_p(\mathbf{x}_0, 0)$, l'esponente di Liapunov di ordine p è dato dalla somma dei p più grandi esponenti di Liapunov di ordine 1: $v^{*(p)} = v_1 + v_2 + \cdots + v_p$. Se $p = M$ si ha: $v^{*(M)} = \sum_{i=1}^{M} v_i$, ossia il tasso di crescita dei volumi dello Spazio delle Fasi è determinato dalla somma di tutti gli esponenti di Liapunov.

La sensibilità alle condizioni iniziali, come già discusso, si riferisce alla proprietà delle traiettorie inizialmente vicine di allontanarsi rapidamente una dall'altra.

Dato un sistema M dimensionale siano $\mathbf{x_0}$ ed $\mathbf{x}_0 + \mathbf{d}_0$ due punti inizialmente vicini, distanti $d_0 = |\mathbf{d}_0|$. Considerate le traiettorie che passano per questi due punti, si può definire lo scalare $d(t)$ che indica la distanza dei due punti considerati al tempo t. Si può inoltre definire un tasso di divergenza medio per le traiettorie che partono nell'intorno del punto $\mathbf{x}_0$ nella direzione definita da $\mathbf{d}_0$:

$$\sigma(\mathbf{x}_0, \mathbf{d}_0) = \lim_{t \to \infty} \lim_{d_0 \to 0} \frac{1}{t} \ln \frac{d(t)}{d_0}. \qquad (9.74)$$

Per comprendere meglio il significato di questa grandezza si considerino i seguenti esempi: supponiamo che $d(t) = d_0 \exp(\alpha t)$, con $\alpha > 0$, ossia che le traiettorie divergano esponenzialmente nel tempo, il tasso di divergenza medio in questo caso è positivo: $\sigma(\mathbf{x}_0, \mathbf{d}_0) = \alpha > 0$. Se α fosse negativo anche il tasso di divergenza medio lo sarebbe, indicando così un'avvicinamento esponenziale delle traiettorie col passare del tempo. Si noti infine che un andamento potenziale della distanza delle traiettorie nel tempo, ad esempio $d(t) = d_0 t^\beta$, darebbe un tasso di divergenza medio nullo, infatti: $\sigma(\mathbf{x}_0, \mathbf{d}_0) = \lim_{t \to \infty} \frac{1}{t} \beta \ln(t) = 0$, per ogni valore di β.

In generale la grandezza $\sigma(\mathbf{x}_0, \mathbf{d}_0)$ dipende solo da $\mathbf{x}_0$ e dalla direzione di $\mathbf{d}_0$ ma non dal suo modulo che si fa tendere a zero.

È da considerarsi un'evidenza degli esperimenti numerici che per molti sistemi dinamici vi sono regioni dello Spazio delle Fasi in cui la maggior parte delle traiettorie (e con il termine *la maggior parte* si intende a meno di un insieme di misura nulla) presentano sensibilità alle condizioni iniziali, e regioni in cui la maggior parte delle traiettorie non presentano questa sensibilità. Si indicano le prime con il termine di regioni caotiche e le seconde con il termine di regioni regolari.

Seguendo in particolare le referenze [60, 75], si possono fare le assunzioni che seguono e che si danno senza dimostrazione. Queste ultime, invero, si possono dimostrare soltanto partendo da ipotesi a loro volta difficilmente verificabili per la maggior parte dei sistemi dinamici. Quindi la veridicità delle asserzioni a cui facciamo riferimento possono considerarsi verificate negli esperimenti numerici fino ad ora svolti.

Se le traiettorie giacciono in regioni regolari il tasso di divergenza esponenziale è minore od uguale a zero.

Se le traiettorie giacciono in regioni caotiche le seguenti asserzioni sono vere:

a) per la maggior parte delle scelte di $\mathbf{x}_0$, $\sigma(\mathbf{x}_0, \mathbf{d}_0)$ esiste ed è finito;
b) per la maggior parte delle scelte di $\mathbf{x}_0$, $\sigma(\mathbf{x}_0, \mathbf{d}_0)$ non dipende da $\mathbf{x}_0$. Ciò implica che può dipendere solo dalla direzione di $\mathbf{d}_0$, una volta scelta si ottiene sempre lo stesso tasso di divergenza che si può quindi esprimere in funzione del vettore unitario $\mathbf{v} = \mathbf{d}_0/d_0$ e $\sigma(\mathbf{x}_0, \mathbf{d}_0) = \sigma(\mathbf{v})$;
c) esiste una base ortonormale $\mathbf{e}_i$ M dimensionale per $\mathbf{v}$ tale che $\sigma(\mathbf{v})$ può assumere al più M valori distinti λ_i in corrispondenza delle M direzioni distinte definite dagli $\mathbf{e}_i$, ossia $\sigma(\mathbf{e}_i) = \lambda_i$.

Gli scalari λ_i sono gli M esponenti di Liapunov della regione caotica considerata;

9.10 Esponenti di Liapunov ed equazioni di Lorenz

d) gli M esponenti di Liapunov si possono ordinare per grandezza $\lambda_1 \geq \lambda_2 \geq \cdots \geq \lambda_M$; λ_1 è l'esponente di Liapunov massimo;
e) per la maggior parte delle scelte del vettore **v** il tasso di divergenza è uguale all'esponente di Liapunov massimo. In corrispondenza dell'ordinamento degli esponenti di Liapunov, si ha un ordinamento per i vettori $\mathbf{e}_i$: $\mathbf{e}_1 \geq \mathbf{e}_2 \geq \cdots \geq \mathbf{e}_M$. Che per la maggior parte delle scelte del vettore **v** il tasso di divergenza sia uguale all'esponente di Liapunov massimo, si può mostrare nel seguente modo: se scriviamo $\mathbf{v} = \sum_{i=1}^{M}(c_i \mathbf{e}_i)$, il tasso di divergenza lungo la direzione **v** assume il valore dell'esponente di Liapunov corrispondente al primo coefficiente diverso da 0, si può dire che **v** tende ad orientarsi nella direzione di maggior divergenza. Si può inoltre mostrare che per la maggior parte delle scelte del vettore **v**, questo ha una componente non nulla nella direzione $\mathbf{e}_1$ di maggior divergenza. Considerato lo spazio vettoriale generato dalla base $\mathbf{e}_i$, si possono definire i seguenti sottospazi: il sottospazio $\mathbf{E}_M$ generato dal vettore $\mathbf{e}_M$, il sottospazio $\mathbf{E}_{M-1}$ generato dai vettori $\mathbf{e}_M$ $\mathbf{e}_{M-1}, \ldots$, fino al sottospazio $\mathbf{E}_1$ che coincide con l'intero spazio vettoriale. È possibile associare ad ogni sottospazio così definito l'esponente di Liapunov corrispondente al massimo vettore della base che lo determina. Da quanto detto si deduce che se **v** giace in $\mathbf{E}_i$ ma non in $\mathbf{E}_{i-1}$ allora $\sigma(\mathbf{v})$ assume il valore λ_i. Poiché tutti i sottospazi $\mathbf{E}_i$, con $i \neq 1$, hanno misura nulla rispetto ad $\mathbf{E}_1$ se ne conclude che la maggior parte dei vettori **v** si ha: $\sigma(\mathbf{v}) = \lambda_1 = \lambda_{\max}$.

Dalle precedenti asserzioni si conclude che per la maggior parte delle scelte di $\mathbf{x}_0$ e di $\mathbf{d}_0$, all'interno della regione caotica considerata, si ha che: $\sigma(\mathbf{x}_0, \mathbf{d}_0) = \lambda_{\max}$. L'esponente di Liapunov massimo caratterizza così l'intera regione caotica, o meglio il comportamento asintotico delle traiettorie che giacciono in essa.

Si è già vista l'intima connessione tra la sensibilità alle condizioni iniziali ed il moto caotico; da quanto detto risulta inoltre evidente che se l'esponente di Liapunov massimo è positivo la maggior parte delle traiettorie nel sottospazio considerato presentano sensibilità alle condizioni iniziali. Si può allora dare una definizione matematica di moto caotico:

Definizione. Dato un sottospazio limitato dello spazio delle fasi, il moto di un sistema in esso si dice caotico se l'esponente massimo di Liapunov associato al sottospazio considerato è positivo.

È importante per quel che si considera in seguito introdurre gli esponenti di Liapunov di ordine superiore, $\sigma^{(p)}$. Si definisce il tasso medio di divergenza esponenziale di un volume p-dimensionale, V_p, nello Spazio delle Fasi M-dimensionale, nel seguente modo:

$$\sigma^{(p)}(\mathbf{x}_0, V_p(0)) = \lim_{t \to \infty} \lim_{V_p(0) \to 0} \frac{1}{t} \ln \left| \frac{V_p(\mathbf{x}_0, t)}{V_p(\mathbf{x}_0, 0)} \right|. \tag{9.75}$$

$V_p(\mathbf{x}_0, t)$ è dato dal prodotto vettoriale di p vettori $\mathbf{d}(t)$ e, come la maggior parte delle scelte di $\mathbf{d}_0$ determina l'esponente massimo, così per la maggior parte delle scelte del volume iniziale $V_p(\mathbf{x}_0, 0)$ l'esponente di Liapunov di ordine p è dato dalla somma dei p più grandi esponenti di Liapunov di ordine 1: $\sigma^{(p)} = \lambda_1 + \lambda_2 + \cdots + \lambda_p$.

Se $p = M$ si ha: $\sigma^{(M)} = \sum_{i=1}^{M} \lambda_i$, ossia il tasso di crescita dei volumi dello Spazio delle Fasi è determinato dalla somma di tutti gli esponenti di Liapunov.

9.11 L'attrattore strano di Lorenz

Scelto un punto $\mathbf{x}_0$ ed un vettore $\mathbf{w}_0$ e definendo $d_0 = |\mathbf{w}_0|$, si può determinare $\mathbf{w}(t)$ dalle equazioni $\dot{\mathbf{w}}(t) = \mathbf{J}[\mathbf{x}(t)]\mathbf{w}(t)$ integrandole numericamente con un calcolatore. Se $\mathbf{w}(t)$ cresce esponenzialmente, dopo un certo tempo diventa troppo grande perché un computer possa maneggiarlo. Si aggira questo problema attraverso una rinormalizzazione: ad ogni intervallo di tempo τ, $\mathbf{w}(t)$ viene normalizzato al modulo che aveva inizialmente. Partendo con $\mathbf{w}_0(0)$ e d_0 si ottiene $\mathbf{w}_0(\tau)$ ed un nuovo $d_1 = |\mathbf{w}_0(\tau)|$; si rinormalizza ottenendo $\mathbf{w}_1(0) = \frac{\mathbf{w}_0(\tau)}{d_1}$, e si continua così. Sintetizzando si ha:

$$d_k = |\mathbf{w}_{k-1}(\tau)| \quad \text{e} \quad \mathbf{w}_k(0) = \frac{\mathbf{w}_{k-1}(\tau)}{d_k}. \tag{9.76}$$

Si definisce inoltre:

$$e_n = \frac{1}{n\tau} \sum_{i=1}^{n} \ln d_i. \tag{9.77}$$

Sia da considerazioni teoriche che da sperimentazioni numeriche con traiettorie in un sottospazio ergodico o nel bacino di attrazione di un attrattore, si osserva che $\lim_{n \to \infty} e_n$ sembra esistere; risulta indipendente da τ e dalla traiettoria specifica per cui viene calcolato ed anche dalla scelta di d_0. Infine si può identificare con $v_{\max}$ [76]. Ciò implica che l'esponente di Liapunov massimo sia dato da $v_{\max} = \lim_{n \to \infty} e_n$. Nelle regioni in cui il moto è regolare questo limite è $v_{\max} \leq 0$, mentre nelle regioni caotiche è $v_{\max} > 0$.

Se si considera il bacino di attrazione di un attrattore [60,75], poiché le traiettorie tendono asintoticamente all'attrattore, è evidente che l'esponente di Liapunov massimo delle traiettorie del bacino di attrazione coincide con quello delle traiettorie dell'attrattore. Si può quindi parlare di attrattori regolari e caotici. I punti fissi e le orbite periodiche considerati nel § 9.5, sono degli attrattori regolari, in particolare per i punti fissi si ha che l'esponente massimo di Liapunov è negativo, mentre per le orbite periodiche l'esponente massimo di Liapunov è nullo. Gli attrattori caotici si dicono anche *strani* (questo termine è comparso per la prima volta in un articolo di Ruelle e Takens, [58]).

Si può dare ora una definizione operativa di attrattore strano:

Definizione. Un attrattore strano è un attrattore caotico, ossia la maggior parte delle traiettorie che tendono ad esso hanno un esponente di Liapunov massimo positivo.

La proprietà per cui per la maggior parte delle scelte di $\mathbf{d}_0$ il tasso di divergenza è uguale all'esponente di Liapunov massimo [cfr. il punto d) del § 9.10] permette di computare quest'ultimo. Il metodo per la determinazione dell'esponente di Lia-

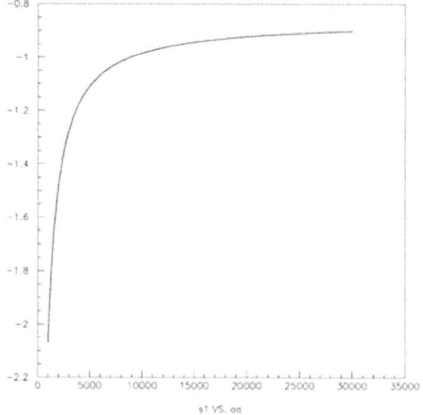

Fig. 9.16 $L(t)$ sotto le condizioni: $r = 0.5$ $X_0, Y_0, Z_0 = 5, 5, 27$

punov massimo utilizzato nel nostro studio è ampiamente discusso in molti articoli e libri di testo, in particolare quello qui utilizzato è stato tratto dalle referenze [75] e [60]. A queste si rimanda per una esposizione del metodo usato per determinare l'esponente massimo di Liapunov associato ad una traiettoria. Per gli scopi del presente Volume è sufficiente dire che il metodo per calcolare l'esponente massimo di Liapunov permette di determinare una funzione del tempo $L(t)$ associata alla traiettoria considerata; l'esponente massimo di Liapunov è il limite a cui questa tende per t che tende all'infinito,

$$\lambda_{\max} = \lim_{t \to \infty} L(t).$$

I calcoli dell'esponente di Liapunov massimo effettuati sul sistema di Lorenz hanno fornito i seguenti risultati:

1. per $r = 0.5$, (Fig. 9.16), $L(t)$ sembra tendere ad un valore negativo compreso tra -0.8 e -1, consistentemente col fatto che per questo valore del parametro r le traiettorie tendono al punto O;
2. per $r = 16$, (Fig. 9.17), $L(t)$ sembra tendere ad un valore prossimo a -0.2 in accordo col fatto che le traiettorie tendono ad uno dei due punti $\mathbf{C}_{1,2}$ per questo valore di r;
3. per $r = 300$, (Fig. 9.18), $L(t)$ tende a zero in accordo con la presenza di un'orbita periodica attrattiva per questo valore di r;
4. il caso $r = 28$ è stato quello più studiato da Lorenz e da altri. Il valore limite di $L(t)$ per tutte le simulazioni fatte non sembra dipendere dalla traiettoria e sembra assestarsi attorno al valore di 0.81 (Fig. 9.19).

Dalle figure mostrate è evidente come l'esponente massimo di Liapunov sia un ottimo caratterizzatore del moto asintotico del sistema di Lorenz. Si può affermare che per $r = 28$ la positività dell'esponente massimo di Liapunov per la maggior parte

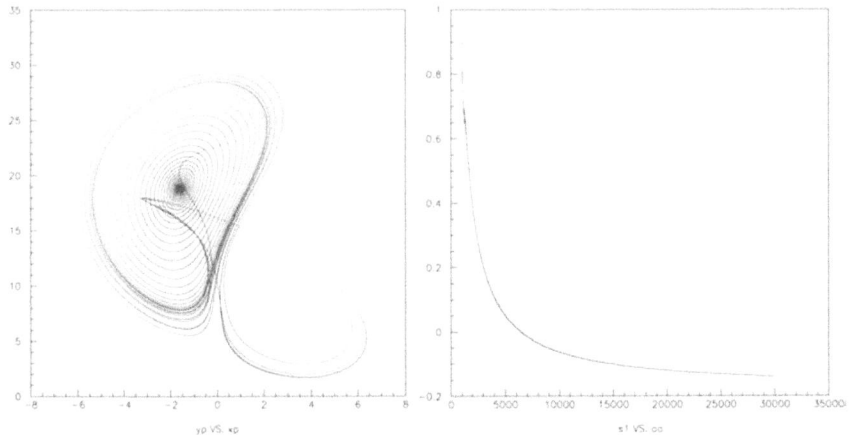

Fig. 9.17 La figura di sinistra mostra la traiettoria ($X_0, Y_0, Z_0 = 5, 5, 27$, $r = 16$) per cui è stato calcolato l'esponente massimo di Liapunov, che corrisponde al limite a cui tende la curva nella figura di destra

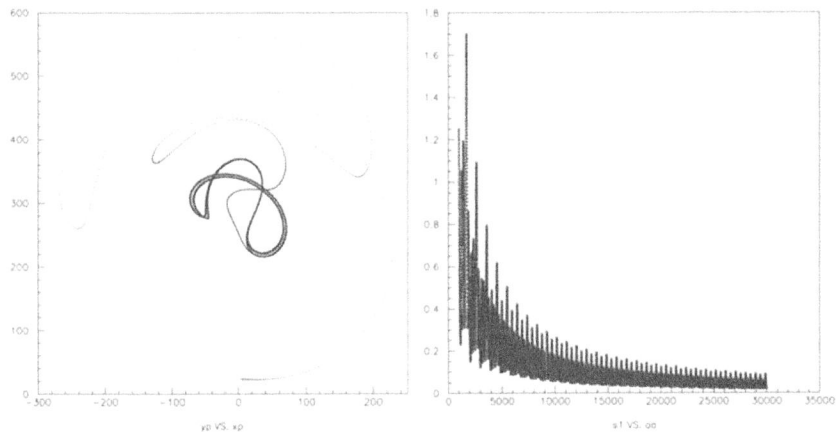

Fig. 9.18 La figura di sinistra mostra la traiettoria ($X_0, Y_0, Z_0 = 5, 5, 27$, $r = 300$) per cui è stato calcolato l'esponente massimo di Liapunov, che corrisponde al limite a cui tende la curva nella figura di destra

delle traiettorie, soddisfano le condizioni per definire il moto caotico. L'attrattore del sistema per $r = 28$ è quindi un attrattore strano.

Concludendo per $r = 28$ (ed in generale per $24.74 < r < 200$), le traiettorie tendono ad un insieme invariante. Questo insieme invariante costituisce un attrattore universale del sistema, e da quanto visto è caotico, ovvero *strano*.

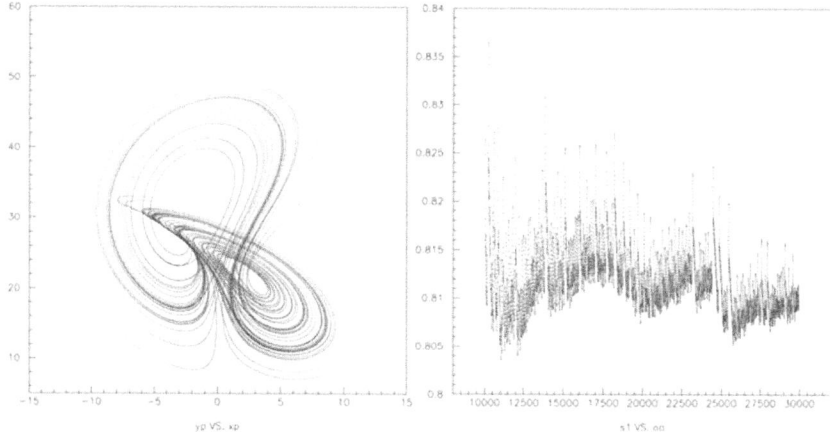

Fig. 9.19 La figura di sinistra mostra la traiettoria $(X_0, Y_0, Z_0 = 5, 5, 27)$ per cui è stato calcolato l'esponente massimo di Liapunov, che corrisponde al limite a cui tende la curva nella figura di destra, i parametri sono: $r = 28$, $(X_0, Y_0, Z_0 = 50, 15, 27)$

9.11.1 Dimensione frattale dell'attrattore strano

Ci si può domandare finalmente che tipo di "oggetto" è l'insieme di punti che costituiscono l'attrattore strano di Lorenz.

Da quanto visto è possibile fare le seguenti osservazioni:

- poiché il flusso è dissipativo l'attrattore strano deve avere volume nullo rispetto allo Spazio delle Fasi in cui è immerso. Le uniche dimensioni intere che può assumere sono dunque: 0, 1 o 2. Quanto detto vale per ogni attrattore, i punti fissi attrattivi hanno dimensione 0 e le orbite periodiche dimensione 1;
- è intuitivo capire che un esponente massimo di Liapunov positivo non si concilia con un attrattore puntiforme o con un'orbita periodica attrattiva: si è visto che in questi casi l'esponente massimo di Liapunov è rispettivamente negativo e nullo (non vi può essere divergenza delle orbite se queste tendono tutte ad un punto o ad una curva chiusa. I punti fissi attrattivi vanno esclusi anche per un altro motivo: per $r > 24.74$ gli unici tre punti fissi del sistema di Lorenz non sono più stabili, e non possono essere attrattivi. Le dimensioni 0 ed 1 vanno dunque escluse;
- rimane da considerare la possibilità che l'attrattore strano abbia dimensione 2, ossia che l'insieme dei punti a cui le traiettorie tendono per $r > 24.74$ giaccia su una superficie, per quanto contorta. Se così fosse gli esponenti di Liapunov delle traiettorie dell'attrattore sarebbero solo due, di cui uno positivo come si è visto e l'altro nullo (le traiettorie infatti non cadono in un punto). La divergenza dei volumi dello spazio in cui avviene il moto sull'attrattore sarebbe positiva (o pari a $v_1 + v_2 > 0$), le aree si espanderebbero ed il moto sarebbe instabile tendendo all'infinito, in contrasto con il confinamento che invece è presente.

200   9 Il caos e gli attrattori strani

La conclusione è dunque che **l'attrattore strano di Lorenz non può avere dimensione intera**. Questa conclusione vale per un generico flusso dissipativo tridimensionale in regime caotico.

È possibile un calcolo numerico diretto della dimensione frattale dell'attrattore strano utilizzando il metodo del "Box Counting", illustrato nel Capitolo 2.

Dividendo lo Spazio delle Fasi che contiene l'attrattore in cubi di lato δ si simula l'evoluzione di una o più traiettorie fino a che il moto si viene a trovare sull'attrattore, a questo punto si contano i cubi attraversati dalle traiettorie ottenedo così il numero totale $N(\delta)$ di cubi in cui le traiettorie sono passate. Ripetendo la procedura prendendo un δ sempre più piccolo si determina la dimensione dell'attrattore dalla pendenza della retta $-\frac{\ln N(\delta)}{\ln \delta}$. Per l'attrattore di Lorenz Schulster [54] ricava un valore approssimativo di 2.06, per $r = 28$. La dimensione dell'attrattore strano di Lorenz è quindi frattale. Questa non è una proprietà solo dell'attrattore strano di Lorenz di Fig. 9.19: tutti gli attrattori strani che sono stati trovati fino ad ora nei sistemi continui dissipativi hanno dimensione frattale.

9.11.2 La congettura di Kaplan e Yorke

Una congettura dovuta a Kaplan e Yorke [77], non dimostrata ed il cui ambito di validità è ancora oggetto di studio, propone un legame tra le caratteristiche dinamiche di un'attrattore e la sua dimensione. Detto j il numero massimo di esponenti di Liapunov per cui $\lambda_1 + \lambda_2 + \cdots + \lambda_j > 0$, questa congettura asserisce che tra la dimensione D dell'attrattore e gli esponenti di Liapunov dell'attrattore, λ_i, vale la seguente relazione[5]:

$$D = j + \frac{\sum_{i=1}^{j} \lambda_i}{|\lambda_{j+1}|}. \qquad (9.78)$$

Questa congettura è stata verificata per l'attrattore strano di Lorenz, per il valore $r = 28$. La conoscenza di $\lambda_1 = \lambda_{\max} = 0.81$ (§ 9.11) permette in questo caso di determinare anche gli altri due esponenti. Per una proprietà degli esponenti di Liapunov [60], uno deve essere nullo se il sistema non tende ad un punto fisso; l'altro si può determinare sapendo che la divergenza esponenziale media dei volumi deve essere uguale alla somma dei tre esponenti di Liapunov (§ 9.10).

Si è già stabilito (§ 9.5) che un volume generico V_0 evolve nel tempo come $V(t) = V(0) \exp(-\frac{41}{3})$, dall'equazione (9.75) si ha : $\sigma^{(3)} = -\frac{41}{3} = \lambda_1 + \lambda_2 + \lambda_3$. Si ottengono così i tre esponenti di Liapunov per l'attrattore strano di Lorenz, per $r=28$:

$$\lambda_1 = 0.81 \qquad \lambda_2 = 0 \qquad \lambda_3 = -14.48. \qquad (9.79)$$

Dalla (9.79) si deduce facilmente che $j = 2$; dalla relazione (9.78) si ottiene la dimensione frattale dell'attrattore strano di Lorenz, per $r = 28$ e **D = 2.056**. Questo valore è in buon accordo con il valore sperimentale di 2.06 [54].

---
[5] Per una discussione più approfondita si veda [60].

In questo modo si è determinata la dimensione frattale dell'attrattore strano di Lorenz per via dinamica, almeno per il caso particolare $r = 28$.

Quanto visto per il sistema di Lorenz si può estendere a molti sistemi dinamici caotici da cui emergono spesso figure frattali. Questi sistemi, non rappresentano una minoranza e danno un'altra conferma dell'utilità di uno studio più approfondito dei frattali.

Questo capitolo è ampiamente imperfetto ed incompleto, ma raccoglie il minimo indispensabile per poter capire la connessione tra l'approccio geometrico di Mandelbrot che parte dal concetto di frattale e l'approccio dinamico di Lorenz che parte dalla considerazione della complessità delle soluzione che si trovano per i sistemi di equazioni differenziali non lineari, situazione che si incontra molto frequentemente nello studio della Fisica e che non rappresenta per nulla un caso eccezionale.

9.12 Criticalità auto-organizzata

In tutti i capitoli, a partire dal Capitolo 6 in cui abbiamo introdotto i frattali stocastici, abbiamo posto in una posizione di netta preminenza i voli di Lèvy generati o generabili da una generica legge di potenza. Così facendo, tramite tutte le conseguenze che si possono derivare dalla loro assunzione come legge di probabilità per l'accadimento di fenomeni di qualsiasi tipo, abbiamo tacitamente messo in evidenza una proprietà tipica dei frattali, posseduta anche da moltissimi fenomeni non lineari del caos deterministico classico trattati nel presente capitolo: la **criticalità auto-organizzata** [78].

L'auto-organizzazione consiste nel poter esprimere regole di crescita di un processo stocastico, di una struttura, di una figura, ovvero delle forme che possono assumere. L'auto-organizzazione può essere considerata infine come la capacità di elaborare metodi che, partendo da una situazione sistemica, sono in grado di prevedere l'organizzazione futura che consegue da variazioni introdotte nelle situazioni o nelle componenti iniziali.

Molti sistemi naturali mostrano una organizzazione intrinseca seppure non apparente e nascosta: l'Universo visibile, le galassie, gli organismi viventi; persino la società nelle sue varie componenti. L'approccio riduzionista tenta di spiegare queste manifestazioni sistemiche riportandone le proprietà primitive ed incorporandole in leggi applicabili ai componenti primordiali. Esempi tipici sono il ricorso alle leggi della gravitazione universale per l'Universo e le galassie ed il ricorso al concetto di legame chimico per tutti i composti.

La legge di scala tipica degli insiemi e delle funzioni frattali invece, segue un percorso tuttaffatto diverso: non considera le *parti* di un sistema, bensì considera la *parte* come un sistema, e ne analizza le proprietà specifiche: proprietà applicabili poi a qualsiasi insieme di *parti* indipendentemente sia dalla dimensione sia dalla natura delle parti stesse.

Va detto che, mentre per i frattali semplici geometrici, l'auto organizzazione è insita nelle regole stesse di generazione degli insiemi, nel caso dei multifrattali stocastici e dei fenomeni non lineari, il ruolo dei grossi calcolatori è essenziale in quanto permette di seguire matematicamente le variazioni dinamiche subite da un sistema durante un vasto numero di piccoli o grandi passi partendo da un'ampia varietà di opzioni iniziali. Mediante la creazione e l'applicazione di modelli matematici opportuni e rendendo operative delle simulazioni è possibile esplorare l'effetto di un elevato numero di *condizioni iniziali* sulle caratteristiche finali che ne conseguono.

Caso paradigmatico è l'attrattore di Lorenz del § 9.11: per determinati valori dei parametri lo stato del sistema può subire le variazioni più erratiche ed imprevedibili, ma finisce sempre per cadere prima o poi nella *trappola* dell'attrattore il quale è ben lungi dall'avere una struttura semplice (come può accadere per un semplice punto fisso), ma tuttavia descrive sempre la destinazione finale dello stato del sistema.

La limitazione di questo modo di vedere le cose consiste nel fatto che anche piccoli e semplici sistemi (tipicamente il caso del pendolo di ferro attratto da tre magneti identici disposti su un triangolo equilatero centrato sulla perpendicolare del pendolo che porta all'insieme di Julia e di Mandelbrot, cui abbiamo accennato nei § 9.1 e 9.4) presentano una infinita varietà di condizioni iniziali cosicché in pratica è necessario esplorare solo un campione abbastanza limitato di possibilità (ovverosia una limitata porzione della Spazio delle Fasi). Questa esplorazione, tuttavia, è spesso sufficiente per scoprire proprietà interessanti che possono essere confrontate con quelle di sistemi reali, dalle quali possono scaturire nuove ipotesi teoriche applicabili a sistemi complessi, verificandone la loro organizzazione spontanea.

L'auto organizzazione si manifesta dunque nella tendenza a ridurre lo Spazio delle Fasi (ovvero lo spazio *degli stati* descritti attraverso i parametri che li caratterizzano) ad una regione limitata e maggiormente permanente, regione che viene spontaneamente raggiunta sotto l'autocontrollo del sistema stesso. Questa regione limitata di Spazio delle Fasi in cui prevalentemente persiste il sistema è un attrattore. Ogni sistema che assuma una configurazione persistente non imposta dall'esterno può considerarsi auto-organizzato. Studiare quindi l'auto-organizzazione di un sistema equivale a studiarne gli attrattori, la loro forma e la loro evoluzione dinamica, se si tratta di sistemi dinamici.

Dal punto di vista più strettamente frattale, la semplice proprietà di auto somiglianza e l'indipendenza di scala sono la garanzia che gli insiemi frattali sono auto organizzati. Infatti, poche regole primordiali con cui si analizzano le proprietà del sistema (costituito di più parti) nella sua globalità sono applicabili a quell'insieme di parti indipendentemente sia dalle dimensioni dell'insieme stesso sia dalla natura delle sue parti.

Nel campo dei multifrattali stocastici, però siamo andati più lontano: la conoscenza della funzione codimensione $c(\gamma)$, della funzione di scaling dei momenti $K(q)$, dei valori critici γ_{max}, q_D ecc. del Capitolo 6, ci guidano ad individuare le *criticalità* del sistema, cioè i punti laddove le proprietà del sistema cambiano drasticamente. Tipico l'esempio dei punti critici legati alle transizioni di fase dei sistemi termodinamici, allorché un solido diventa liquido o un aeriforme diventa liquido, o ancora un solido sublima direttamente in uno stato gassoso. Addirittura il punto doppiamente critico delle transizioni di fase del II tipo, nel quale le 3 transizioni di fase convergono in un solo punto dello Spazio delle Fasi con ben determinati valori contemporanei di temperatura T_c, volume V_c e pressione P_c.

Qui entra in gioco la **criticalità auto organizzata**, ovverosia la capacità di un sistema di evolvere in modo tale da raggiungere un punto critico e di mantenersi in quello stato. Se assumiamo che un sistema possa mutare, questo lo può portare sia verso una configurazione più stabile che verso una configurazione meno stabile (punto a sella). Il sistema auto organizzato *sceglie* di evolvere in una delle due direzioni al fine di convergere sullo stato più confacente alle sue caratteristiche dinamiche.

Qui ci fermiamo. Per continuare su questa strada occorrerebbe aprire ampie parentesi e cominciare a trattare capitoli riguardanti le reti neurali auto organizzate di Kohonen e Miikkulainen [79], gli algoritmi genetici e quant'altro, il che esula ampiamente dagli scopi del presente volume.

9.13 Conclusioni

Attraverso il sistema di Lorenz, si è mostrato come si può studiare un sistema dinamico per mezzo delle sue equazioni del moto e come in questo modo si possa definire il moto caotico. Questo dipende dalla divergenza esponenziale delle traiettorie, di cui l'esponente massimo di Liapunov fornisce una misura quantitativa.

Per certi valori del parametro r i punti rappresentativi nello Spazio delle Fasi del sistema di Lorenz tendono verso un insieme di punti invariante e limitato avente una dimensione frattale: questo insieme di punti costituisce l'attrattore strano di Lorenz mostrato nell'inserto di Fig. 9.11. Si è verificato che, per le traiettorie che giacciono nel bacino di attrazione dell'attrattore strano di Lorenz, l'esponente di Liapunov massimo è positivo, indicando che il moto sull'attrattore strano di Lorenz è caotico.

La dimensione frattale è una caratteristica di tutti gli attrattori caotici, ovvero strani, incontrati fino ad ora nei sistemi continui dissipativi. Intuitivamente questo si può spiegare considerando che il moto su un attrattore deve essere confinato in una regione finita dello Spazio delle Fasi, ma, al contempo, se il moto è caotico, i punti rappresentativi del sistema tendono ad allontanarsi uno dall'altro durante l'evoluzione temporale. Ciò porta ad una crescente "complessificazione" del moto, il che permette di intuire perché l'insieme di punti su cui il moto del sistema si concentra asintoticamente ha dimensione frattale. La congettura di Kaplan e Yorke propone un nesso quantitativo tra gli esponenti di Liapunov che caratterizzano la dinamica di un attrattore e la sua dimensione frattale. Questa congettura è stata verificata sul sistema di Lorenz per il valore del parametro $r = 28$. Si è ottenuto un buon accordo tra la dimensione frattale determinata attraverso la congettura di Kaplan e Yorke ed il valore sperimentale, determinato con il metodo del "Box Counting", riportato nella referenza [54]. Il legame tra moto caotico e dimensione frattale, mostrato in questo capitolo nel caso dell'attrattore strano di Lorenz, si può estendere a molti sistemi dinamici caotici da cui emergono spesso insiemi frattali. Questi sistemi, non rappresentano affatto una minoranza e danno una ulteriore conferma dell'utilità di uno studio approfondito dei frattali.

Inoltre abbiamo mostrato come la caoticità del moto sull'attrattore strano di Lorenz si riflette nella caoticità del fluido che il sistema di Lorenz intende modellizzare. Questo rende evidente l'importanza che il concetto di frattale ha nei fenomeni naturali.

Un'ultima osservazione è doverosa. Nel capitolo abbiamo studiato e commentato la soluzione di un problema estremamente semplice: due piani rigorosamente paralleli, mantenuti a due temperature diverse ma ben fisse, con dei moti ascensionali in una direzione. Ebbene, nell'atmosfera le superfici isotermiche sono ben lungi dall'essere *rigorosamente* parallele; nel movimento delle masse d'aria, la formazione delle nubi, dei tifoni, delle trombe d'aria,...di *el Niño* il problema diventa decisamente molto più complesso e l'uso di potenti calcolatori diventa assolutamente indispensabile.

10
La materia dell'Universo

10.1 Introduzione

Fin dalla sua origine, tutta la cosmologia si è sempre fondata sulla base di solidi postulati, uno dei quali è il ben noto "Principio Cosmologico" [7] secondo il quale nell'Universo non vi è alcun punto privilegiato. Se accanto a questo, assumiamo l'isotropia spaziale, ovvero che l'Universo ci appare simile se osservato da tutte e in tutte le direzioni, sembra naturale supporre anche che sia omogeneo [82]. Questo è sicuramente vero per molti sistemi fisici, quali ad esempio un fluido perfetto oppure un solido cristallino, se osservati da una distanza alla quale le anisotropie dovute alla struttura della materia sotto forma di atomi non sono rilevabili. Ma è vero anche per la distribuzione della materia nell'Universo? A livello locale, se ci limitiamo ad osservare per esempio il sistema solare, l'ipotesi di omogeneità contrasta in modo assolutamente evidente con i dati osservativi; d'altro canto lo stesso Einstein si pose questo problema all'inizio della formulazione della sua teoria cosmologica, preferendo poi accordarsi con il pensiero di Mach [83]. La risposta della cosmologia standard è tradizionalmente quella che, è bensì vero che a piccola scala la materia ci appare fortemente disomogenea ma, ad una scala osservativa più grande, la distribuzione della materia nell'Universo si discosta di meno di una parte su 10.000 da una perfetta omogeneità, così come, in un recipiente, un gas è distribuito in modo omogeneo anche se costituito da atomi che possono trovarsi a distanze relativamente grandi fra loro.

Vi è però un'ulteriore ipotesi, ritenuta fino a pochi anni addietro implicita nel Principio Cosmologico, che sta alla base di queste considerazioni: la distribuzione della materia deve essere *analitica* nel senso che possa essere descritta mediante *una funzione matematica regolare e derivabile in ogni suo punto*. Si è ampiamente sottolineato, nei capitoli precedenti, che questa ipotesi non è quasi mai verificata dalla natura, la quale anzi preferisce strutture e distribuzioni non derivabili in nessun punto. Ci chiediamo allora se esista una distribuzione della materia dell'Universo tale che soddisfi il Principio Cosmologico e quello di isotropia ma che allo stesso tempo non sia regolare. La risposta ci viene fornita in modo naturale dalla geometria frattale di Mandelbrot [1]: basta assumere una distribuzione frattale. Un frattale, infatti, soddisfa il Principio Cosmologico, nel senso che asintoticamente tutti i suoi punti sono equivalenti, ma non implica che questi stessi punti siano distribuiti in modo uniforme.

Ora, l'unica cosa che possiamo osservare in cielo è la materia comunque "visibile", intesa come tutto ciò che emette in un qualsiasi spettro di frequenza. Poiché le stelle visibili ad occhio nudo fanno parte unicamente della nostra galassia, per spingerci un poco più lontano non ci rimane che osservare la distribuzione delle altre galassie.

Il tradizionale studio statistico della distribuzione di questi oggetti, viene di norma effettuato mediante l'uso della *funzione di correlazione a due punti*, introdotta da Peebles [84]. Esso mostra una struttura frattale su piccola scala che diventa però omogenea per distanze di poco superiori a 5 Mpc [85]. Il Parsec (pc), contrazione di *parallasse secondo*, è una unità di misura di lunghezza usata in astrofisica pari a $3.26 * 10^{18}$ cm ed equivale alla distanza alla quale il raggio medio dell'orbita terrestre ($1.5 * 10^{13}$ cm) è osservato sotto un angolo di un secondo d'arco ovvero $5 * 10^{-6}$ rad. È molto usato anche il multiplo Megaparsec (Mpc) pari a $3.26 * 10^{24}$ cm.

In questo capitolo mostriamo come tale approccio tradizionale presenti alcuni problemi di fondo che portano a risultati spuri e come studi condotti da Pietronero [86] a partire dalla seconda metà degli anni '80 portino ad una elegante soluzione del problema.

Lo studio qui presentato è solo uno dei tanti casi in cui vi è una stretta correlazione fra (astro)fisica e statistica. Altri esempi possono essere trovati nella bibliografia [87] in cui sono raccolte anche molte nozioni di statistica e astrofisica utili alla comprensione di questo capitolo.

Prima di continuare occorre però anteporre qualche essenziale nozione di astrofisica elementare.

10.2 I cataloghi astronomici

Lo studio della distribuzione della materia nell'Universo viene effettuato analizzando i *cataloghi* che raccolgono le coordinate spaziali delle stelle misurate dai più disparati osservatori astronomici, le catalogano e le aggiornano continuamente.

I cataloghi disponibili fino a qualche anno fa per l'analisi statistica della distribuzione delle galassie erano essenzialmente bidimensionali e del tipo di quello mostrato in Fig. 10.1: proiezioni angolari, cioè non tridimensionali di tutto il cielo. Compilare mappe di questo tipo è relativamente semplice: è sufficiente infatti, una volta trovata una galassia, annotare le sue coordinate galattiche (b, l), dove b rappresenta la *latitudine galattica* ed l la *longitudine galattica* [88].

L'origine di questo sistema di coordinate coincide con il centro galattico: immaginiamo cioè di osservare la sfera celeste da questo centro; ogni oggetto nel cielo ci appare quindi ad una certa altezza rispetto al piano galattico su cui ci troviamo (il

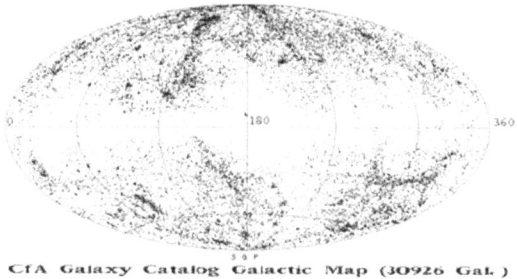

Fig. 10.1 Tipico esempio di catalogo angolare della distribuzione di galassie nell'Universo: ogni punto è proiettato sulla sfera celeste unitaria

piano galattico è il piano perpendicolare rispetto all'asse di rotazione della galassia). Questa altezza, espressa in gradi, rappresenta la latitudine dell'oggetto in questione: una stella appartenente alla nostra galassia ha ad esempio b molto prossimo a 0, mentre un oggetto che si trova sopra la nostra testa ha $b = 90°$. La longitudine esprime invece l'ampiezza dell'angolo di cui è deviato l'oggetto rispetto ad una semiretta che punta in direzione della costellazione del Sagittario: $l = 0°$ è la direzione della sua costellazione; $l = 180°$ corrisponde invece alla direzione della congiungente il Sole con il centro galattico. Si escludono, per convenzione, tutte le galassie tali per cui $|b| < 10°$, in modo da non tenere conto degli effetti dovuti alla polvere interstellare, presente in grande quantità lungo il piano galattico e a causa della quale è problematico compiere osservazioni precise. Ogni galassia viene poi rappresentata come un punto su di una sfera di raggio unitario attorno al centro galattico.

Da qualche decennio è però possibile costruire anche mappe tridimensionali. Per fare questo, bisogna saper eseguire precise misure della distanza di ogni galassia dall'osservatore. Per ottenere questo dato, occorre sapere che l'Universo è in continua espansione: l'allontanamento delle galassie, meglio noto in cosmologia come *recessione*, fu osservato per la prima volta negli anni '20 da Edwin Hubble [89], il quale trovò che la velocità v di allontanamento di una galassia dalla Terra (o meglio dalla Via Lattea) è direttamente proporzionale alla sua distanza d:

$$v = H_0 d. \quad \text{Legge di Hubble.} \quad (10.1)$$

La velocità di recessione si può misurare mediante lo spostamento delle righe di emissione o di assorbimento degli spettri delle stelle contenute nelle galassie. Poiché le galassie si allontanano da noi, si ha uno spostamento verso il rosso delle righe spettrali a causa dell'effetto Doppler: si parla quindi di *redshift cosmologico*. La costante H_0, detta costante di Hubble, che lega velocità e distanza, è soggetta a continue e frequenti correzioni. Per questo motivo, tutte le distanze cosmologiche sono espresse a meno di una fattore h^{-1}, che tiene conto delle possibili variazioni del valore di H_0 ricavato sperimentalmente, rispetto al suo valore teorico reale e rispetto al valore assunto precedentemente. Precise misure di redshift, sono state eseguite soltanto di recente; è inoltre necessaria una potenza notevole dei telescopi

10 La materia dell'Universo

per non correre il rischio di trascurare galassie sì presenti nella regione di spazio studiata, ma non osservate a causa della limitata magnitudo relativa. La *magnitudo* è l'unità di misura della luminosità di un oggetto celeste: si parla di *magnitudo assoluta* per indicare la proprietà intrinseca dell'oggetto e di *magnitudo relativa* se valutata dal nostro punto di vista, cioè osservata dalla Terra. Così oggetti che appaiono con la stessa luminosità se osservati da Terra, possono avere magnitudo assolute molto diverse in base alla loro distanza dall'osservatore dall'origine del sistema di riferimento.

In cataloghi tridimensionali vengono fornite, per ogni galassia osservata, la magnitudo relativa m, la longitudine galattica l, la latitudine galattica b e il redshift e quindi la sua distanza dall'osservatore.

I cataloghi più dettagliati e maggiormente usati, sono quelli redatti dallo Harvard-Smithsonian Center for Astrophysics (CfA) [90]: al primo catalogo (CfA1) del 1983 hanno fatto seguito numerose revisioni con l'aggiunta di nuove misure di velocità di recessione. Le considerazioni di questo capitolo sono formulate sulla base di studi statistici eseguiti su questi cataloghi.

Per eseguire una analisi quantitativa della densità dei punti rappresentativi delle galassie limitiamo le nostre considerazioni ad una "banda" della distribuzione mostrata in Fig. 10.1, compresa fra $8.5°$ e $50.5°$ di latitudine e fra $120°$ e $255°$ di longitudine (la banda, cioè, mostrata in Fig. 10.2), e proiettiamo su di uno spicchio della sfera celeste la zona compresa fra $26.5°$ e $32.5°$ indicata in figura. Ora ricaviamo dalle misure di redshift le distanze di queste galassie selezionate e costruiamo una rappresentazione tridimensionale come quella schematizzata in Fig. 10.3, nella quale tutte le galassie sono considerate complanari anche se la loro latitudine galattica differisce di qualche grado.

Introduciamo ora due definizioni fondamentali:

- la luminosità assoluta L di un oggetto celeste è definita come la potenza totale emessa da quell'oggetto (posto a distanza r dall'osservatore). Questa dipende sia dal numero di fotoni emessi (per unità di volume e per unità di tempo), sia dalle dimensioni dell'oggetto. La luminosità pertanto si manifesta attraverso un flusso apparente:

$$f = \frac{L}{4\pi r^2}; \qquad (10.2)$$

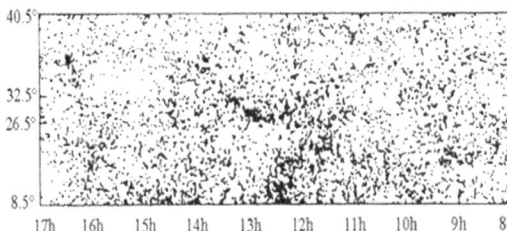

Fig. 10.2 Distribuzione angolare estratta dal catalogo costruito da De Lapparent nel 1986

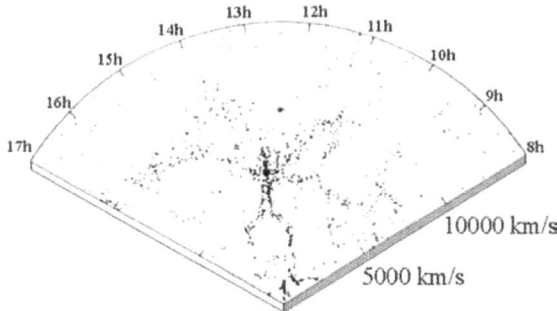

Fig. 10.3 Una parte della distribuzione tridimensionale che si può ricavare dalla proiezione angolare della Fig. 10.2 e più precisamente la parte compresa fra 26.5° e 32.5° di latitudine. Le distanze dall'osservatore sono espresse in funzione della velocità di recessione: 1000 km/s ≈ 10H_0 Mpc

- a causa di ragioni storiche, la magnitudo relativa m di un oggetto avente flusso incidente pari a f, è data da [88]:

$$m = -2.5 \log f + \text{cost.} \tag{10.3}$$

Ciò posto, la magnitudo assoluta $\mathscr{M}$, è pari alla magnitudo relativa dell'oggetto osservato alla distanza di 1 pc. La magnitudo assoluta $\mathscr{M}$ è quindi legata alla luminosità assoluta L da:

$$\mathscr{M} = -2.5 \log L + \text{cost.} \tag{10.4}$$

Segue immediatamente che fra le due definizioni di magnitudine sussiste la relazione:

$$m - \mathscr{M} = 5 \log r + 2.5 \tag{10.5}$$

dove r è espresso in Megaparsec.

Un catalogo è solitamente ottenuto misurando il redshift di tutte le galassie con magnitudo relativa maggiore di un certo limite $m_{\lim}$, in una certa regione di cielo definita da un angolo solido Ω. Esiste un importante effetto di selezione dovuto al fatto che, in un rilevamento limitato in magnitudo relativa, c'è un limite ben definito alla luminosità intrinseca delle galassie osservate, pari alla magnitudo assoluta della galassia più debole che può essere osservata a quella distanza. Per eseguire un'analisi statistica corretta della distribuzione delle galassie bisogna utilizzare un catalogo che non risenta di questo effetto sistematico. Esiste una procedura ben nota agli astrofisici per costruire cataloghi di questo tipo: i cosiddetti campioni "volume-limitati" (VL).

Un campione VL contiene tutte le galassie racchiuse nel volume che sono più luminose di un certo limite, in modo da non trascurare quelle sfuggite all'osservazione a causa della loro limitata luminosità. Un campione di questo tipo è determinato da una massima distanza R_{VL}, detta anche "profondità" del campione, e da un limite in magnitudo assoluta $\mathscr{M}_{\text{VL}}$ che si ricava dalla (10.5) inserendo la magnitudo limite

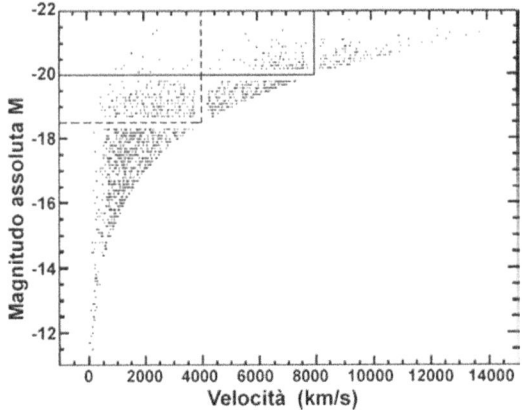

Fig. 10.4 In scala bilogaritmica sono riportati tutti i punti del rilevamento CfA1. Dalla linea continua e tratteggiata sono limitati due diversi sottocampioni VL

del rilevamento $m_{\lim}$

$$\mathcal{M}_{VL} = m_{\lim} - 5 \log R_{VL} - 2.5 - A(z). \tag{10.6}$$

La (10.6) è modificata introducendo la funzione $A(z)$ che tiene conto di varie correzioni (effetti relativistici, assorbimento da parte di gas interstellare, ecc.).

Vedremo nel prossimo § 10.3 che, per ogni campione VL, è possibile definire una profondità effettiva R_{eff} (Fig. 10.7), che rappresenta il raggio del cerchio massimo completamente contenuto nel campione e che dipende da R_{VL} ovvero, in sostanza, dalla distanza della più lontana galassia contenuta.

Nella Fig. 10.4 sono mostrati due di questi campioni, un primo delimitato dalla linea continua che contiene 442 punti e un secondo (linea tratteggiata) che ne contiene 226.

10.3 Analisi tramite la funzione $\xi(r)$

Le tradizionali analisi fatte sulla distribuzione della materia visibile nell'Universo partono dall'assunto, mai verificato in maniera rigorosa, che a grande scala, la materia sia distribuita in modo omogeneo, come abbiamo anticipato nel § 10.1. Quest'ipotesi si basa sui seguenti argomenti:

- principio Cosmologico;
- mappe della distribuzione angolare delle galassie;
- conteggio del numero di galassie in funzione della loro magnitudo;
- analisi della correlazione per i cataloghi angolari e scaling della funzione di correlazione angolare con la "profondità";

- analisi della correlazione per le distribuzioni tridimensionali;
- isotropia della radiazione a 2.7 °K.

In questo tipo di analisi, ogni galassia del campione, solitamente VL, viene assunta come un punto di massa unitaria. La probabilità $p(\mathbf{r})$ di trovare un oggetto del sistema nel punto di coordinata vettoriale $\mathbf{r}$ viene così a dipendere sia dalla coordinata in questione che dalla grandezza δV del volume nel quale viene ricercato l'oggetto [84]:

$$\delta p(\mathbf{r}) = n(\mathbf{r})\delta V \tag{10.7}$$

dove $n(\mathbf{r})$ rappresenta la densità locale di punti in $\mathbf{r}$.

Supponiamo ora di avere una distribuzione di oggetti completamente casuale ma *omogenea*. Se non vi è correlazione nella distribuzione (gli oggetti non sono "ammassati"), la probabilità congiunta di trovare un oggetto in δV_1 e un altro in δV_2 è pari, in accordo con la (A.55) della Appendice, al prodotto delle singole probabilità:

$$\delta^2 p_{1,2} = p_1 p_2 = n(\mathbf{r}_1)n(\mathbf{r}_2)\delta V_1 \delta V_2. \tag{10.8}$$

Se la distribuzione è omogenea, $n(\mathbf{r}_1) = n(\mathbf{r}_2) = n$:

$$\delta^2 p_{1,2} = n^2 \delta V_1 \delta V_2 \tag{10.9}$$

dove con n si è indicata la densità media del campione di N oggetti che occupano un volume V:

$$\frac{N}{V} = n.$$

Ogni scostamento da una distribuzione casuale implica una modifica della (A.55) della Appendice. In particolare, in questo caso, dobbiamo supporre che la probabilità di trovare una galassia in un punto sia aumentata dal fatto di averne trovata una vicina e viceversa: si dovrebbero trovare in effetti ammassi di galassie separati da vaste regioni vuote. Introduciamo allora un termine di correzione nella (10.9) imponendo che la probabilità si possa scrivere come:

$$\delta^2 p = n^2 \delta V_1 \delta V_2 [1 + \xi(\mathbf{r}_1, \mathbf{r}_2)]. \tag{10.10}$$

La (10.10) costituisce la definizione implicita della *funzione di correlazione spaziale a due punti* $\xi(\mathbf{r}_1, \mathbf{r}_2)$ *di Peebles* [84]. L'assunzione di omogeneità e di casualità su scale sufficientemente grandi, implica che $\xi(\mathbf{r}_1, \mathbf{r}_2)$ tenda a zero per $|\mathbf{r}_1 - \mathbf{r}_2| \to \infty$. Inoltre l'omogeneità implica anche che la correlazione non possa dipendere dalla posizione della coppia di oggetti ma solo dalla loro distanza.

Per ricavare la funzione di correlazione dai cataloghi di galassie è più utile calcolare la probabilità di trovare un "punto vicino" a distanza r.

Se ci poniamo nel punto r_1 occupato da una galassia, la probabilità di trovarne un'altra in δV_2 è ovviamente dalla (10.10):

$$\delta p(2|1) = \delta p_1 \delta p_2 = 1 \cdot n \delta V_2 [1 + \xi(r)]. \tag{10.11}$$

Nell'approccio non frattale a questo punto si approssima la distribuzione di punti con una funzione "continua" $n(\mathbf{r})$ di densità. Si possono cioè immaginare le galassie come i costituenti di un "fluido" continuo con una densità variabile da punto a punto $n(\mathbf{r})$. Se si esegue la media su di un volume grande rispetto alle scale tipiche a cui le galassie sono correlate ci si riduce alla (10.10):

$$\frac{1}{V}\int_V n(\mathbf{r})dV = n = \frac{N}{V}.$$

In questo caso "continuo" la probabilità congiunta di trovare una galassia nel volumetto δV_1, centrato attorno a $\mathbf{r}+\mathbf{r}_1$, ed un'altra nel volumetto δV_2 attorno a $\mathbf{r}+\mathbf{r}_2$ è data da:

$$\delta^2 p(2|1) = \frac{n(\mathbf{r}+\mathbf{r}_1)n(\mathbf{r}+\mathbf{r}_2)\delta V_1 \delta V_2}{N^2} \qquad (10.12)$$

che, mediata su tutto il campione, diventa:

$$P_{12} = \frac{1}{N^2 V}\int_V n(\mathbf{r}+\mathbf{r}_1)n(\mathbf{r}+\mathbf{r}_2)\delta V_1 \delta V_2 dV. \qquad (10.13)$$

Se confrontiamo quest'ultima equazione con la (10.10) e chiamiamo $\mathbf{r}_{12}$ il vettore $\mathbf{r}_1 - \mathbf{r}_2$, con un cambiamento di variabile $\mathbf{r}+\mathbf{r}_1 \to \mathbf{r}$ otteniamo

$$n^2[1+\xi(r_{12})] = \frac{1}{V}\int_V n(\mathbf{r})n(\mathbf{r}+\mathbf{r}_{12})dV = \langle n(\mathbf{r})n(\mathbf{r}+\mathbf{r}_{12})\rangle \qquad (10.14)$$

nella quale abbiamo considerato la funzione di correlazione ξ dipendente solo da $|\mathbf{r}_{12}|$, dal che si ricava immediatamente la funzione di correlazione $\xi(r_{12})$ (vedi Appendice):

$$\xi(r_{12}) = \frac{\langle n(\mathbf{r})n(\mathbf{r}+\mathbf{r}_{12})\rangle}{n^2} - 1. \qquad (10.15)$$

La funzione di correlazione descrive quindi la fluttuazione dall'occupazione media. Nel caso di una distribuzione omogenea su grande scala, formata da punti discreti posti ad una certa distanza la $\xi(r_{12})$ ha l'andamento mostrato in Fig. 10.5.

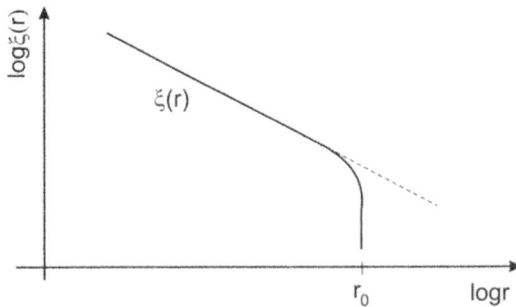

Fig. 10.5 Andamento teorico previsto per la funzione di correlazione a due punti in scala bilogaritmica. È segnata anche la lunghezza di correlazione r_0

10.3 Analisi tramite la funzione $\xi(r)$

Facciamo di nuovo notare che in questo tipo di trattazione si fa uso più volte dell'ipotesi di omogeneità su grande scala del campione. Questa è un'assunzione *a priori* che non può essere verificata in questo contesto. Si vedrà più avanti che ciò comporta dei risultati completamente ingiustificati, che non rispecchiano il vero comportamento del campione [91]. Il fatto di usare una funzione di correlazione adimensionale, normalizzando a n^2 introduce dei grossi problemi se la densità media non è una proprietà significativa, come ad esempio nel caso di una distribuzione frattale, anche se definita in modo univoco. Infatti per una distribuzione autosimile, n è funzione della risoluzione a cui si osserva il campione ovvero di R_{VL} del campione in esame.

A questo punto è necessario verificare i risultati ai quali si giunge conducendo uno studio impostato su criteri che non implichino necessariamente l'omogeneità, considerando cioè il sistema rigorosamente discreto: questo non è altro che l'opera introdotta nelle statistiche quantistiche di Appendice.

Prendiamo in esame un catalogo tridimensionale, ad esempio CfA, ed estraiamo da questo un sottocampione limitato in volume (vedi § 10.2) contenente un numero N_g di galassie. Poniamoci sulla i-esima galassia e contiamo il numero di galassie δN_i comprese in un volumetto δV_i attorno ad essa. Se δV_i è molto grande, sommando i δN_i e dividendo per N_g, troviamo la media di "vicini" che ha ogni galassia. Se invece riduciamo sempre più il volume troviamo infine la probabilità che un punto disti da un altro meno del raggio r del volume δV_i. La probabilità di trovare un oggetto del sistema nel generico "punto vicino" si scrive quindi:

$$P(r) = \frac{1}{N_g} \sum_{i=1}^{N_g} \delta N_i \qquad (10.16)$$

che è l'analoga della (10.7) per il caso continuo.

La stima di $\xi(r)$ segue dalla (10.11), tenendo conto della (10.16) [85, 92]:

$$1 + \xi(r) = \frac{\sum_{i=1}^{N_g} \delta N_i}{n \sum_{i=1}^{N_g} \delta V_i} = \frac{N_{gg}(r)}{n \sum_{i=1}^{N_g} \delta V_i} \qquad (10.17)$$

dove al numeratore compare ora il numero di coppie $N_{gg}(r)$ nel campione a distanza r. Per valutare il denominatore è necessario costruire una distribuzione casuale poissoniana di punti tramite una simulazione Monte Carlo di densità media n_p. Dopodiché si conta il numero di coppie $N_{gp}(r) = \sum_{i=1}^{N_g} \delta N_i^p$ fra le galassie e i punti della simulazione a distanza r. Si ha:

$$\sum_{i=1}^{N_g} \delta V_i = \frac{1}{n_p} \sum_{i=1}^{N_g} \delta N_i^p = \frac{1}{n_p} N_{gp}(r). \qquad (10.18)$$

Utilizzando la (10.18) nella (10.17) si ottiene infine:

$$\xi(r) = \frac{N_{gg}(r)}{N_{gp}(r)} \frac{n_p}{n} - 1. \qquad (10.19)$$

Nella pratica astronomica, per tenere conto di effetti di bordo e di vuoti troppo grandi all'interno della distribuzione si introduce un fattore peso che dipende dalla posizione delle coppie nel campione. Con questo procedimento, si è trovato empiricamente per il catalogo CfA che, per piccoli r, la funzione di correlazione segue una legge di potenza illustrata qualitativamente nella Fig. 10.6 [85].

La legge di potenza per la probabilità vuol dire distribuzione decisamente frattale. Poiché l'Universo può essere considerato uno spazio euclideo di dimensione 3, questa è anche la dimensione dello spazio di supporto della distribuzione frattale. Pertanto la funzione di correlazione viene parametrizzata, mettendo in risalto il fatto che l'esponente è legato alla dimensione frattale D della distribuzione, o alla sua codimesione C:

$$\xi(r) \approx A_G r^{-(3-D)} \; ; \; 3-D \approx 1.7. \qquad (10.20)$$

La costante A_G è adimensionale ed è pari circa a 20 per la distribuzione di galassie.

L'andamento della funzione $\xi(r)$ si discosta da questa legge di potenza a partire da un valore:

$$r = r_0^G \qquad (10.21)$$

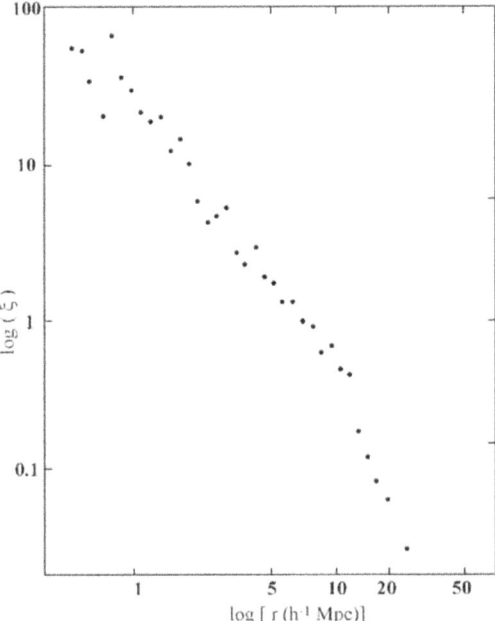

Fig. 10.6 La funzione di correlazione a due punti in scala bilogaritmica per il catalogo CfA

detta *lunghezza di correlazione* (o di *coerenza*) che segna la transizione da un regime correlato ad uno incorrelato [85]. La lunghezza r_0^G viene valutata dalla condizione:

$$\xi(r_0^G) = 1. \tag{10.22}$$

Nel caso del catalogo CfA è stato stimato il valore

$$r_0^G \approx 5h^{-1} \text{ Mpc}. \tag{10.23}$$

Questo stesso valore è stato successivamente confermato da analisi condotte su altri cataloghi anche se è tuttora in discussione [92]. In effetti l'esistenza di una lunghezza di correlazione di pochi megaparsec sta a significare che non si dovrebbero osservare strutture più grandi di una decina di Megaparsec, mentre queste sono presenti con costanza in diversi campioni. Si può dimostrare, e lo faremo in seguito, che una lunghezza di correlazione di questo tipo non è in alcun modo legata a proprietà intrinseche della distribuzione in esame.

Occorre dedicare molta attenzione al modo in cui si trattano le dimensioni finite del campione. Per evitare di introdurre "omogeneizzazioni" involuntarie bisogna limitarsi a considerare (Fig. 10.7) $r < R_{\text{eff}}$ dove R_{eff} è il raggio della sfera massima contenuta nel campione di profondità R_{VL} e volume V. Se non ci si limita a questa distanza, si finisce con l'assumere implicitamente che le parti di distribuzione escluse dal rilevamento si comportino in modo analogo a quelle campionate. Dobbiamo inoltre scartare dalla statistica i punti analoghi al punto B di Fig. 10.7, o i punti per i quali una parte della relativa sfera di raggio r si trova al di fuori del volume del campione.

Se si escludono tutte queste possibilità non vi è alcuna necessità di "pesare" i punti del sistema e si è sicuri di condurre una analisi priva di assunzioni.

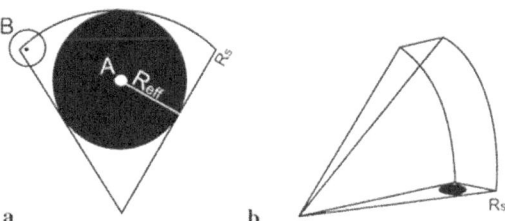

Fig. 10.7 Nonostante la profondità del campione sia pari a R_S, l'analisi deve essere limitata ad $r = R_{\text{eff}}$, per non dover aggiungere punti arbitrari che potrebbero falsare i risultati. Nella trattazione che segue sono stati esclusi dalla statistica punti come il B della figura (a), in quanto non completamente contenuti nel campione. Si noti come, (b), per cataloghi che coprono un piccolo angolo di cielo si ha $R_{\text{eff}} \ll R_S$

10.4 La probabilità condizionata

Va ora preso in considerazione un approccio che non abbia bisogno di ipotesi di partenza e mediante il quale sia davvero possibile verificare la validità dell'assunzione di omogeneità nella distribuzione delle galassie.

Una quantità che riflette in modo dettagliato le proprietà macroscopiche di un sistema di particelle puntiformi è [93] la probabilità condizionata:

$$G(\mathbf{r}) = \langle n(\mathbf{r})n(\mathbf{r}') \rangle. \tag{10.24}$$

Questa quantità è proporzionale alla probabilità di trovare una galassia in $\mathbf{r}$ se supponiamo che ce ne sia una in $\mathbf{r}'$. In questo senso è una misura di probabilità condizionata. Per distanze che diventano molto grandi, rispetto alla scala tipica di un possibile "ammassamento" (clustering) degli oggetti della distribuzione, la probabilità di trovare una galassia in $\mathbf{r}'$ diventa indipendente da quello che succede in $\mathbf{r}$, cioè le densità diventano incorrelate:

$$\langle n(\mathbf{r})n(\mathbf{r}') \rangle \to \langle n(\mathbf{r}) \rangle \langle n(\mathbf{r}') \rangle = n^2 \text{ per } |\mathbf{r} - \mathbf{r}'| \to \infty. \tag{10.25}$$

Per una distribuzione omogenea, come ad esempio un fluido contenuto in un recipiente, la funzione $\langle n(0)n(r) \rangle$ dovrebbe avere l'andamento riportato in Fig. 10.8a, mentre la grandezza $G(\mathbf{r})$ data dalla (10.24), per la stessa distribuzione, è rappresentata in Fig. 10.8b. Per piccole distanze però, tipicamente più piccole delle distanze intermolecolari, la funzione cresce partendo da zero fino ad arrivare ad una primo massimo quando r è pari alla distanza fra due molecole; in seguito, dopo alcune oscillazioni, si attesta attorno ad n^2 [86]. Nel paragrafo precedente abbiamo visto come la funzione di correlazione $\xi(r)$, è resa adimensionale normalizzando $G(r)$ a n^2 [cfr. la (10.24) con la (10.15)]; inoltre abbiamo detto che si assume "a priori" che la distribuzione risulti omogenea a grande scala, senza che questa ipotesi sia verificata in quanto la funzione non ne controlla la validità.

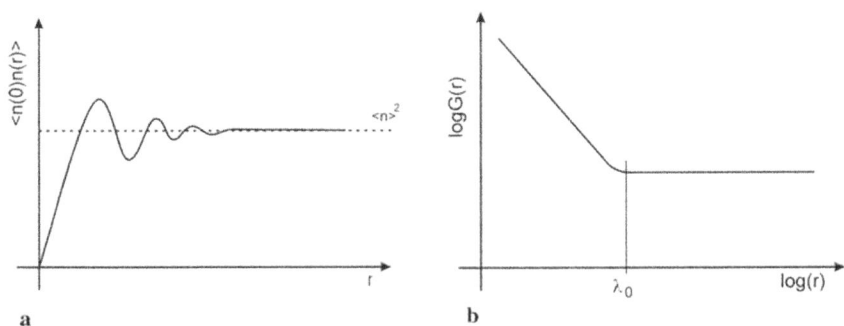

Fig. 10.8 (a) Andamento di $\langle n(0)n(r) \rangle$ al variare di r per un ipotetico fluido in un recipiente; (b) andamento della funzione $G(r)$ in scala bilogaritmica

10.4 La probabilità condizionata

Pietronero [86, 91] ha invece presentato un'analisi alternativa che si basa sulla definizione di una *densità condizionata* che risulta più utile della $G(r)$ in quanto ha la dimensione di una densità invece che quella di una densità al quadrato. La densità condizionata è definita come:

$$\Gamma(\mathbf{r}) = \frac{\langle n(\mathbf{r_0})n(\mathbf{r_0}+\mathbf{r})\rangle}{n}. \qquad (10.26)$$

Le due funzioni (10.24) e (10.26) differiscono semplicemente per un fattore $\frac{1}{n}$. Ciò permette di ricavare semplicemente la relazione:

$$G(\mathbf{r}) = n\Gamma(\mathbf{r}). \qquad (10.27)$$

Esplicitando la media secondo la (10.12) si ha:

$$\Gamma(\mathbf{r}) = \frac{\frac{1}{V}\int_V n(\mathbf{r_0})n(\mathbf{r_0}+\mathbf{r})d\mathbf{r_0}}{\frac{N}{V}} \qquad (10.28)$$

con il che $\Gamma(r)$ risulta indipendente da V.

Facciamo correre $d\mathbf{r}_0$ su tutto il campione: il termine $n(\mathbf{r}_0)$ vale 1 se in r_0 si trova una galassia; vale 0 altrimenti. Quindi se ci limitiamo ai valori di r_0 in cui si trova una galassia possiamo scrivere:

$$\Gamma(\mathbf{r}) = \frac{1}{N}\sum_{i=1}^{N} n(\mathbf{r_i}+\mathbf{r}). \qquad (10.29)$$

Per eliminare la dipendenza dalla direzione operiamo una media angolare sull'angolo solido $d\Omega$:

$$\Gamma(r) = \frac{1}{N}\sum_{i=1}^{N} \frac{1}{4\pi r^2 \Delta r} \int d\Omega \int_{r}^{r+\Delta r} n(\mathbf{r_i}+\mathbf{r'})d\mathbf{r'}. \qquad (10.30)$$

La (10.30) ci dice come operativamente dobbiamo fare per valutare la densità condizionata di una certa distribuzione.

Se applicato ad un solo catalogo, l'uso di $G(r)$, piuttosto che $\Gamma(r)$ è del tutto irrilevante, dato che si ha solo una traslazione dell'asse verticale di un fattore n fra le due funzioni. Se invece si devono confrontare dati che provengono da diversi cataloghi, è sicuramente più opportuno computare la densità condizionata, che è indipendente dal volume del campione [94].

Va osservato che la normalizzazione a n non introduce alcun effetto indesiderato [come accadeva invece per la $\xi(r)$] in quanto dalla (10.29) si vede come in questo modo si ha solo un fattore N al denominatore che è comunque una quantità ben definita, anche se la distribuzione in esame non presenta fenomeni di omogeneizzazione. L'ulteriore fattore n della funzione di correlazione, invece, rimane una normalizzazione ad una densità media che non rappresenta una proprietà caratteristica di distribuzioni fortemente disomogenee.

Si ha anche, confrontando la definizione di $\xi(r)$ data dalla equazione (10.15) con quella di $\Gamma(r)$ data dalla equazione (10.26):

$$\xi(r) = \frac{\Gamma(r)}{n} - 1. \tag{10.31}$$

Nel prossimo paragrafo vedremo come queste idee vengono formalizzate nel caso di varie distribuzioni ed in particolare per una di carattere nettamente frattale.

10.5 Validazione delle funzioni usate

Prima di studiare direttamente i cataloghi di galassie, occorre valutare la vecchia funzione $\xi(r)$ data dalla (10.19) e la nuova funzione $\Gamma(r)$ data dalla (10.30) su distribuzioni simulate al calcolatore, di cui quindi conosciamo a priori il comportamento. La funzione di correlazione a due punti (10.15) è valutata tramite il procedimento descritto nel § 10.3. Per la densità condizionata si conta il numero di galassie contenute in un guscio sferico di piccolo raggio r, centrato su ogni galassia del campione. Questo numero è poi diviso per il volume relativo onde ottenere una densità e quindi mediato su tutto il campione.

Se il guscio sferico attorno ad una galassia fuoriesce dal volume definito per contenere il campione, questa galassia è esclusa dalla statistica. Il raggio della sfera viene quindi aumentato e la procedura ripetuta. Il raggio massimo preso in esame è il raggio effettivo R_{eff} mostrato in Fig. 10.7 e cioè il raggio della sfera massima completamente contenuta nel campione. Naturalmente per r grande si possono calcolare le funzioni solo su poche galassie vicino al centro del campione. Questo approccio riduce la statistica a disposizione, ma a differenza del metodo dei pesi adottato da Davis e Peebles, ha il pregio di essere assolutamente libero da ogni assunzione.

Tre sono i tipi di distribuzione che ricoprono un ruolo di particolare interesse nella nostra trattazione:

- una distribuzione omogenea;
- una distribuzione frattale a tutte le scale;
- una distribuzione frattale che diventa omogenea per $r > \lambda_0$.

Per prima cosa simuliamo una distribuzione omogenea (mostrata nella Fig. 10.9a). Generiamo un grande numero di galassie con un generatore di numeri casuali e posizioniamole in un grande volume nello spazio tridimensionale. Da questo estraiamo un sottocampione di volume pari alla parte di catalogo CfA che verrà analizzata successivamente e che contiene 442 punti denominato *North Zwicky*, dal nome dell'astronomo che per primo ha raccolto i dati di quella parte di cielo e che è visibile nella Fig. 10.12 del prossimo paragrafo. La figura è realizzata con un tipo di proiezione che rende minime le distorsioni, di modo che le aree abbiano lo stesso rapporto con lo spazio reale in ogni punto della proiezione.

Osservando la distribuzione della densità condizionata ottenuta nella simulazione, in scala bilogaritmica (Fig. 10.9b), si vede come questa presenti alcune fluttua-

10.5 Validazione delle funzioni usate   219

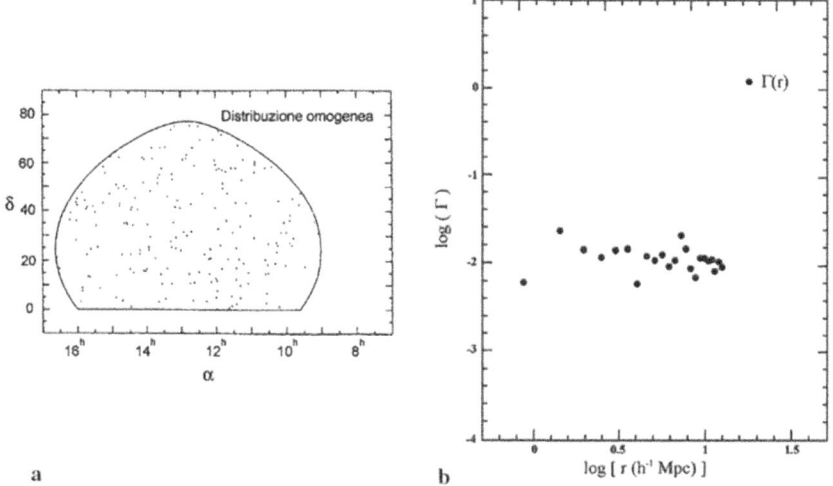

Fig. 10.9 Simulazione di una distribuzione omogenea di galassie: (a) proiezione bidimensionale della distribuzione; (b) valutazione della densità condizionata per la distribuzione mostrata in (a)

zioni, specialmente per piccoli r, ma come risulti tutto sommato indipendente da r. Questo suggerisce che essa mostri una densità pressoché costante per ogni scala. Anche se difficilmente rintracciabile per piccole distanze, l'omogeneità appare *sperimentalmente* presente per distanze maggiori di $8h^{-1}$ Mpc.

Prima di simulare una distribuzione frattale mediante il procedimento dei voli di Levy (Appendice), descritto per la prima volta da Mandelbrot nel 1982, cerchiamo di ricavare per la densità condizionata e per la funzione di correlazione a due punti le rispettive forme analitiche sulla base delle proprietà dei frattali.

Riportiamo quindi di seguito alcune proprietà dei frattali applicate al nostro caso specifico.

Possiamo generalizzare il concetto di dimensione di cluster, introdotto nel § 2.7: se supponiamo che in una sfera di raggio r_0, siano contenuti N_0 oggetti, in una sfera di raggio $r_1 > r_0$: $r_1 = K^* r_0$, sono contenuti $N_1 = K^* N_0$ oggetti. Analogamente alla iterazione n si ha: $r_n = K^n r_0$ e $N_n = K^{*\,n} N_0$.

Per N che diventa molto grande poniamo, come fatto molte volte nei primi capitoli:

$$N(r) = N_0 \left(\frac{r}{r_0}\right)^D \qquad (10.32)$$

che è analoga alla (2.24), dove $D = \ln K^* / \ln K$ è la *cluster dimension* del campione.

La densità media per un campione di raggio R_S è (il volume della sfera di raggio R_S è $V(R_S) = 4/3\pi R_S^3$):

$$n = \frac{N(R_S)}{V(R_S)} = \frac{3}{4\pi} \frac{N_0}{r_0^D} R_S^{-(3-D)}. \tag{10.33}$$

Per la distribuzione della materia nell'Universo, De Vaucouleurs [95] ha verificato che per il rapporto fra il numero N di galassie contenute in un volume V e il volume stesso si ha:

$$(3-D) \approx 1.8; \quad D \approx 1.2. \tag{10.34}$$

È necessario a questo punto introdurre una nuova definizione della densità condizionata $\Gamma(r)$ che ne semplifica l'applicazione alla situazione qui descritta:

$$\Gamma(r) = S^{-1} \frac{dN(r)}{dr} \tag{10.35}$$

dove S è l'area di un guscio sferico di raggio r. Deriviamo quindi la (10.32) rispetto ad r:

$$\frac{dN(r)}{dr} = D \frac{N_0}{r_0^D} r^{(D-1)}, \tag{10.36}$$

e dividiamo per $4\pi r^2$, ottenendo:

$$\Gamma(r) = \frac{D}{4\pi} \frac{N_0}{r_0^D} r^{-(3-D)}. \tag{10.37}$$

Ora, riscrivendo la (10.31), tenendo presente la (10.37) e la (10.33) si ha:

$$\xi(r) = \left(\frac{D}{4\pi}\right)\left(\frac{N_0}{r_0^D}\right) r^{-(3-D)} \cdot \frac{4\pi}{3} \frac{r_0^D}{N_0} R_S^{(3-D)} - 1 =$$
$$= \frac{D}{3}\left(\frac{r}{R_S}\right)^{-(3-D)} - 1 \tag{10.38}$$

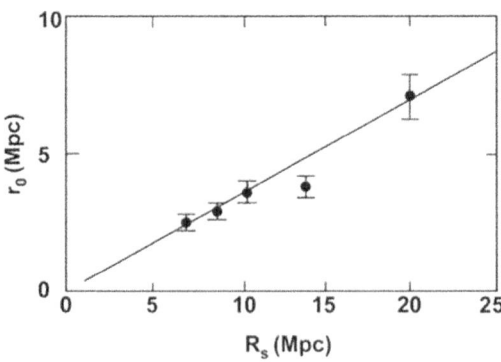

Fig. 10.10 Dipendenza di r_0 da R_S

da cui risulta chiara la dipendenza di $\xi(r)$ dalla profondità del campione R_S analizzato. Dalla (10.22) si ha subito allora, per la lunghezza di correlazione:

$$r_0^G = \left(\frac{D}{6}\right)^{-(3-D)} R_S. \tag{10.39}$$

La Fig. 10.10 mostra chiaramente che le lunghezze di correlazione trovate per distribuzioni che hanno un carattere frattale non hanno nulla a che vedere con le proprietà intrinseche del campione, ma dipendono, addirittura linearmente, dal raggio finito del campione stesso.

L'unico parametro della funzione di correlazione a due punti che corrisponde ad una caratteristica reale del campione è l'esponente $(3 - D)$ della legge di potenza che si trova per piccole distanze. Proviamo invece a simulare un Universo, come accennato in precedenza, esclusivamente frattale con un algoritmo di "random walk" con un passo l. Costruiamo ora una distribuzione tale che la probabilità che il passo abbia lunghezza l maggiore di l_0 sia:

$$p = \left(\frac{l}{l_0}\right)^{-D} \tag{10.40}$$

dove D è la dimensione frattale che nel nostro caso vale, secondo quanto trovato da De Vancouleurs [95]:

$$D \approx 1.2. \tag{10.41}$$

Naturalmente la proiezione di questo campione, mostrata nella Fig. 10.11, presenta regioni in cui vi è un "affollamento" di punti e grandi vuoti, a differenza di quanto si vede nella Fig. 10.9 per la distribuzione omogenea.

Il risultato dell'applicazione delle funzioni a questo campione fornisce i risultati mostrati in Fig. 10.11. Si può notare che la $\Gamma(r)$ segue una legge di potenza fino ai limiti del raggio effettivo della distribuzione, mentre la $\xi(r)$ si discosta dall'andamento valutato con la simulazione, comportandosi nel modo previsto dalla equazione (10.38). Anche in questo caso la funzione di correlazione a due punti fornisce una "lunghezza di correlazione", pari a circa $4h^{-1}$ Mpc sebbene nel campione questa non sia presente. Ciò è dovuto al fatto, come abbiamo ricordato più volte nel corso della trattazione, che si parte dall'ipotesi che la distribuzione sia omogenea su larga scala per poter definire una densità media, la quale non rappresenta una quantità significativa nel caso di una distribuzione frattale in quanto il suo valore dipende dalla scala a cui la si osserva. Inoltre si potrebbe ritenere, osservando solo il comportamento della $\xi(r)$, che il campione tenda ad omogeneizzarsi anche se sappiamo che questo non è assolutamente vero.

Come ultimo test consideriamo una distribuzione che possiede un carattere frattale fino ad una certo limite caratteristico di separazione L_0, sopra il quale la "frattalità" sparisce. Per raggiungere questo scopo, si scelgono nello spazio dei punti

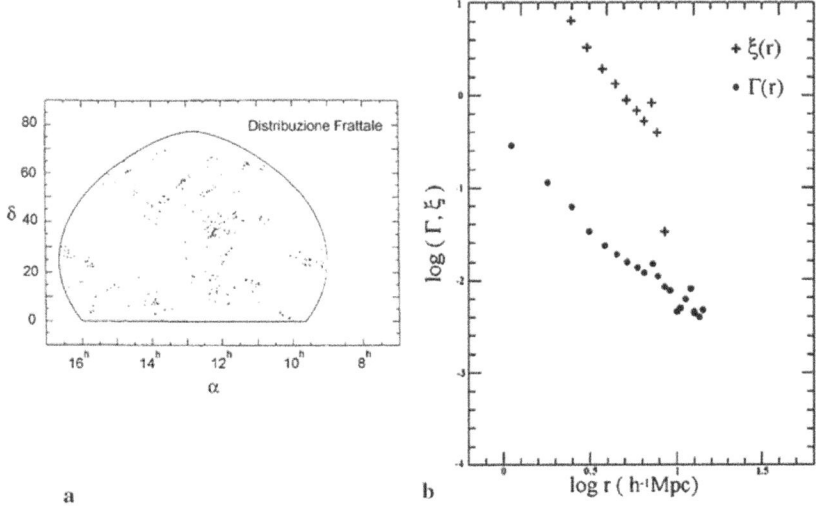

Fig. 10.11 Simulazione di una distribuzione frattale di galassie: (a) proiezione bidimensionale della distribuzione; (b) valutazione della funzione di correlazione a due punti e della densità condizionata per la distribuzione mostrata in figura (a)

distribuiti in modo poissoniano che abbiano una separazione media:

$$L_0 \approx 0.55 \left(\frac{V}{N}\right)^{1/3} \equiv 5h^{-1}\,\text{Mpc} \qquad (10.42)$$

usando ciascuno di questi punti come origine di voli di Levy "locali" che si estendono fino a L_0. Si è scelto il valore L_0 della separazione pari a quello stimato per le galassie da vari autori [vedi r_0^G della equazione 10.23].

In questo caso la $\Gamma(r)$ si discosta da una legge di potenza per appiattirsi proprio in corrispondenza del valore L_0, mentre la $\xi(r)$ presenta comunque un andamento strano in quanto fornisce una lunghezza di correlazione pari a $3h^{-1}$ Mpc che non ha nessun riferimento con quanto ipotizzato come dato di partenza per costruire la simulazione.

In tutti e tre i casi ci si rende conto di come la densità condizionata aiuti a trarre le giuste conclusioni riguardo al carattere della statistica che governa il campione in esame, cosa che non accade con la funzione di correlazione a due punti che, a causa delle assunzioni su cui si basa, introduce effetti spuri e porta a risultati fuorvianti.

10.6 Analisi comparativa del catalogo CfA

Siamo in grado di procedere ora all'analisi di uno dei cataloghi più completi a disposizione, il CfA, che copre la parte di sfera celeste:

$$\begin{cases} \delta > 0° & b > 40° \\ \delta \geq -2.5° & b < -30°. \end{cases} \qquad (10.43)$$

Peebles e altri [85] hanno analizzato questo catalogo con l'ausilio della funzione di correlazione $\xi(r)$, ottenendo i risultati che abbiamo illustrato nei paragrafi precedenti e che qui riassumiamo brevemente.

Abbiamo visto (§ 10.3) che, partendo dall'ipotesi a priori di una distribuzione omogenea della materia nell'Universo, si trova che esiste una lunghezza di correlazione propria della galassie $r_0^G \approx 5h^{-1}$ Mpc [equazione (10.23)], oltre la quale queste non risultano più correlate fra di loro. La funzione di correlazione $\xi(r)$ segue un andamento secondo una legge di potenza con una pendenza $\zeta \approx 1.7$, il che corrisponde ad una dimensione della distribuzione $D \approx 1.3$. In base a questi risultati si dovrebbe supporre che le galassie siano distribuite in modo frattale fino a separazioni dell'ordine di r_0^G, per poi tendere ad una omogeneizzazione a scale di poco più grandi.

Per dare un'idea delle grandezze a cui ci si riferisce, si tenga presente che la dimensione dell'Universo visibile, ovvero la distanza che la luce ha percorso dall'istante del Big Bang fino ad ora, è di circa 3000 Mpc. Quindi guardando nel cielo, non dovremmo osservare nessun tipo di ammassi di galassie e neppure grandi vuoti. Queste conclusioni sono del tutto inconsistenti con le osservazioni in quanto sono perfettamente rilevabili ammassi di galassie che contengono fino ad alcune centinaia di membri e addirittura superammassi costituiti da decine di ammassi.

Pietronero e altri [91, 94] hanno invece eseguito l'analisi usando direttamente la probabilità condizionata $\Gamma(r)$ introdotta nel § 10.4, per un sottocampione *North Zwicky* di 442 galassie estratto dal catalogo CfA. I risultati sono mostrati in Fig. 10.12 per il campione limitato in volume con $v \leq 8000$ km/s [ricordiamo che la velocità di recessione è legata alla distanza dalla legge di Hubble (10.1)], confrontati con la $\xi(r)$, valutata da Pietronero [86] sullo stesso campione.

Affrontando l'analisi e cercando di evitare il più possibile effetti fuorvianti Pietronero ha trovato che la distribuzione delle galassie, segue una legge di potenza (frattale) fino ai limiti del campione (80 Mpc), senza alcuna tendenza all'omogeneizzazione. Inoltre gli ammassi di galassie rientrano perfettamente in questo contesto, quali strutture frattali a scale più grandi.

Non si esclude comunque il fatto che, avendo a disposizione cataloghi che coprano una regione di spazio più grande, l'omogeneità cominci ad affiorare. Nessuna lunghezza di correlazione può quindi essere definita per $r < 80h^{-1}$ Mpc.

Questa nuova visione non genera alcuna contraddizione con il Principio Cosmologico, in quanto l'isotropia spaziale è una caratteristica implicita nei frattali. L'u-

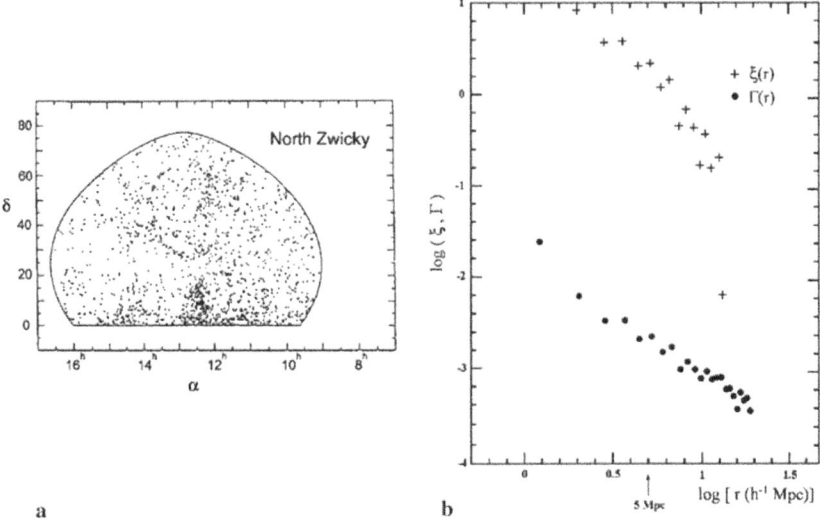

Fig. 10.12 Sottocampione di 442 galassie estratte dal catalogo North Zwicky: (a) proiezione bidimensionale della distribuzione; (b) valutazione della funzione di correlazione a due punti e della densità condizionata per la distribuzione mostrata in figura (a)

nica ipotesi che viene a cadere è quella di analiticità dello spazio, che è negata dai dati raccolti frutto delle osservazioni sperimentali.

Dalla Fig. 10.12 si ricava una pendenza, e di conseguenza una dimensione frattale, della $\Gamma(r)$ e della $\xi(r)$ pari a:

$$3 - D \approx 1.6 \pm 0.1; \quad D \approx 1.4 \pm 0.1. \tag{10.44}$$

10.7 Analisi multifrattale

È possibile ora tentare di analizzare il catalogo stellare con la tecnica dei multifrattali introdotta nel § 5.6 applicata al nostro problema.

A tale scopo associamo alla distribuzione geometrica delle galassie la loro massa μ_i. La funzione continua di densità che ne descrive i punti rappresentativi può essere esplicitata come segue:

$$\rho(\mathbf{r}) = \sum_{i=1}^{N} \mu_i \delta(\mathbf{r} - \mathbf{r}_i). \tag{10.45}$$

A questo punto siamo in grado di sondare le proprietà della distribuzione di materia visibile nell'Universo. La massa di ogni galassia può essere messa in relazione con la sua luminosità assoluta nel seguente modo:

$$M = k_i L^\beta \qquad (10.46)$$

dove k_i rappresenta il rapporto massa/luce e può dipendere dal tipo di galassia i. L'esponente β è quello che racchiude le caratteristiche del multifrattale. Nella maggior parte degli studi [96] si trova (o si assume):

$$\beta \approx 1$$

che corrisponde a $M/L =$ costante. Vi sono attualmente alcune indicazioni che presuppongono che il valore di β possa essere consistente con una lieve dipendenza della massa dalla luminosità ($\beta \approx 1.25$), ma questo non ha nessuna influenza sulla natura multifrattale del fenomeno influenzandone solo i parametri.

È necessario estrarre dal catalogo CfA, descritto in precedenza, la magnitudine assoluta di ogni galassia usando la (10.5). Da questa si passa attraverso la (10.4) alla luminosità della galassia con la quale si stima la massa tramite la (10.46).

Poiché la massa delle galassie può variare di un fattore 10^6, da circa 10^7 fino a 10^{13} volte la massa del Sole, la variazione di scala è ampiamente sufficiente per scoprire se è presente un comportamento multifrattale all'interno del campione.

Consideriamo tutta la distribuzione contenuta in un cubo di lato L e dividiamolo in *box* di lato l, in modo da poter definire un processo di *box counting* simile a quello definito nel § 5.6. Valutiamo quindi la funzione $N(q,\delta)$ definita dalla (5.28) con $\delta = L/l$, per i vari momenti q e al variare di δ. Sia i grandi valori di δ (tutto il campione contenuto in uno o due *box*) che i piccoli valori di δ (*box* vuoti o che contengono una sola galassia) non danno grossi contributi al computo di $N(q,\delta)$.

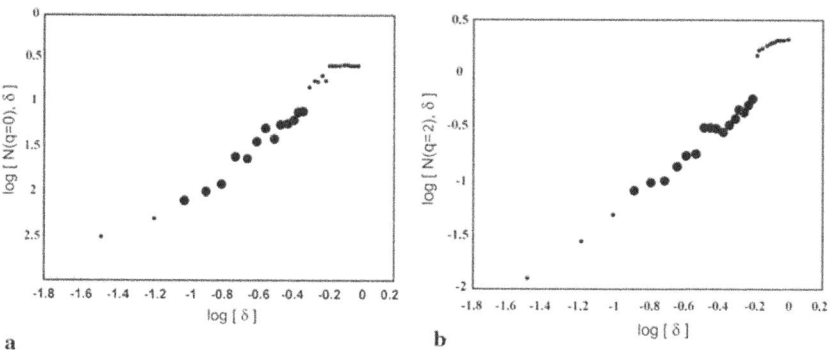

Fig. 10.13 Andamento di $N(q,\delta)$ in funzione della risoluzione δ in scala bilogaritmica. I punti più piccoli si riferiscono ai conteggi in cui tutte le galassie sono contenute in un solo *box* o viceversa ogni *box* contiene solo una galassia. (a) $q = 0$. Interpolando con una retta i punti compresi nella zona lineare si ottiene una pendenza di 1.5 ± 0.1; (b) $q = 2$. Facendo il best fit dei punti compresi nella zona lineare si ottiene una pendenza di 1.3 ± 0.1

Per $q = 0$ si ottiene l'andamento di $N(\delta)$ mostrato in Fig. 10.13a che evidenzia proprietà di scaling con un andamento secondo una legge di potenza: $N(q,\delta) \doteq \delta^D$. L'esponente $D(q=0)$ di questa legge può essere ricavato dalla derivata nella zona lineare che fornisce una dimensione di *box counting*:

$$D(0) \approx 1.5 \pm 0.1$$

in sostanziale accordo con la (10.44), e quindi con la dimensione di cluster della distribuzione.

Per $q = 2$ si ottiene invece (Fig. 10.13b):

$$D(2) = -\tau(2) = 1.3 \pm 0.1. \tag{10.47}$$

L'analisi fin qui condotta (come quella dell'intero spettro di q) ci porta a dire che non esiste alcuna evidenza per l'omogeneità della distribuzione completa della materia in questo campione.

Una distribuzione omogenea avrebbe in effetti implicato l'esistenza di "un singolo punto dello spettro multifrattale", caratterizzato da $f = \alpha = D = 3$.

Si sarebbe ottenuto cioè:

$$\begin{cases} N(0,\delta) = \delta^{-3} & q=0 \ \tau(0) = 3 \\ N(2,\delta) = \delta^3 & q=2 \ \tau(2) = -3 \end{cases} \tag{10.48}$$

in evidente contrasto con quanto mostra il comportamento dei dati.

Continuando l'analisi per vari valori di q si deriva la funzione $\tau(q)$. Per valori di q maggiori o uguali a zero la curva è ben definita e fornisce una chiara evidenza di "multifrattalità".

Dal comportamento di $\tau(q)$ si ottiene infine lo spettro di $f(\alpha)$ dalle (5.36), (5.37) che è riportato in Fig. 10.14. Dal grafico si ricava:

$$\begin{aligned} q \to \infty & \quad f(\alpha) \to 0 \quad \alpha_{min} = 0.65 \\ q = 0 & \quad f(\alpha) = 0 \quad \alpha_0. \end{aligned} \tag{10.49}$$

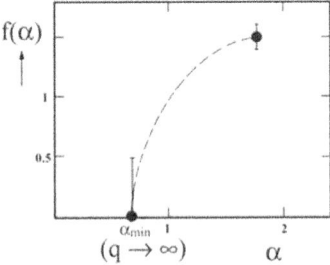

Fig. 10.14 Andamento di $f(\alpha)$ in funzione di α. Sono evidenziate le barre di errore per α_{min} e α_0

10.8 Conseguenze dei risultati ottenuti

Abbiamo dunque trovato che il catalogo CfA (ma l'analisi può essere estesa con gli stessi risultati a tutti gli altri cataloghi tridimensionali ora disponibili) presenta caratteri multifrattali che confermano anche i risultati ottenuti in precedenza con la densità condizionale.

Oltre al fatto di non presentare alcuna tendenza all'omogeneizzazione nella distribuzione della materia visibile nell'Universo, vediamo quali altre considerazioni si possono trarre dai risultati ottenuti.

Come abbiamo anticipato nel § 10.1 la versione tradizionale del Principio Cosmologico prevede un Universo che oltre all'ipotesi di isotropia spaziale soddisfi anche quella dell'analiticità della distribuzione della materia, così da ottenere un Universo omogeneo e in cui non esista alcun punto privilegiato di osservazione.

L'analisi condotta in questo capitolo ci ha portato ad ammettere che la materia si distribuisce in modo alquanto irregolare (con comportamento frattale e multifrattale) a tutte le scale osservative.

Dobbiamo dunque scartare il Principio Cosmologico "in toto"? Assolutamente no. Si può ottenere da questi risultati, un indebolimento del principio stesso che rimane però valido per quanto riguarda l'ipotesi di isotropia spaziale che è comunque confermata da numerosi dati sperimentali. Lo stesso Mandelbrot ha proposto quello che viene chiamato *Principio Cosmologico Condizionato*, in cui vi è asimmetria fra punti dello spazio occupati da strutture o da vuoti. Nonostante non si possa parlare di *densità media* in quanto non è una quantità ben definita per una distribuzione che sia altamente irregolare, è possibile definire una *densità condizionata* che è statisticamente la stessa per ogni punto della distribuzione.

Due delle più significative conseguenze del Principio Cosmologico così come è stato formulato fino ad oggi e che hanno trovato completo riscontro nei dati sperimentali, sono l'isotropia della radiazione di fondo a 2.7 °K e la Legge di Hubble.

La nuova visione dell'Universo come altamente disomogeneo si sposa poco bene con la grande isotropia della radiazione di fondo, che risulta praticamente costante in qualunque direzione la si osservi. Questo fatto non può certo essere preso a titolo di prova per cercare di screditare l'approccio che abbiamo seguito nella nostra trattazione e screditarne i risultati ottenuti; pone invece nuovi interrogativi circa la correttezza del modello del Big Bang caldo e richiede senza dubbio ulteriori perfezionamenti del modello stesso.

Per quanto riguarda la Legge di Hubble, questa è un fatto puramente sperimentale e come tale incontrovertibile. Fino ad oggi le teorie cosmologiche si erano limitate a dimostrare come l'esistenza di un legame fra velocità di allontanamento delle galassie e loro distanza potesse essere facilmente previsto per un Universo omogeneo in continua espansione. Ma questo è solo il modello più semplice che verifica i dati sperimentali. Non è assolutamente detto che lo stesso legame non possa essere ottenuto anche per una struttura dell'Universo notevolmente più complessa. Ultimo fatto da non trascurare è la presenza fantomatica nel cosmo della "materia oscura": fino ad oggi non vi è stato nessun esperimento in grado di dimostrarne la presenza in modo certo e neppure un dato è disponibile circa la sua natura. Non è quindi possibile trarre alcuna conclusione riguardo alla sua distribuzione. Potrebbe anche accadere che le vecchie ipotesi circa una distribuzione della materia analitica, omogenea e isotropa possano valere per la materia oscura e non per quella visibile.

In ogni caso si aprono numerose strade verso una nuova concezione della cosmologia di base che deve risolvere numerose contraddizioni e nuovi problemi e per gli astrofisici ci sarà molto da lavorare nei prossimi anni.

In primo luogo si può dire che supponendo la materia oscura in un qualche modo legata alla materia luminosa, bisogna introdurre delle distribuzioni frattali di masse nei termini di sorgente delle equazioni di Einstein per determinare la metrica dell'Universo e questo apre già di per sè molte strade nei nuovi approcci alla cosmologia.

Un'altra importante conseguenza, in questo caso sperimentale, del carattere multifrattale della distribuzione, si ha nella distribuzione delle diverse luminosità osservate nel cielo e nella sua parametrizzazione, quella che è nota agli astrofisici come la *funzione di luminosità di Schechter* [97]:

$$\Phi(L) = AL^{-\delta} e^{\frac{-L}{L^*}} \tag{10.50}$$

dove l'esponente δ ha un valore compreso fra 1 e 1.3. La massima luminosità, ovvero la massa più grande osservabile in una porzione di cielo, segue una legge di potenza che si estende fino al valore L^*.

11
Multifrattali ed economia

11.1 Introduzione

L'universalità del linguaggio matematico si manifesta nella sua flessibilità, nella sua applicabilità ai più disparati campi del sapere scientifico. I frattali, particolarmente nella loro generalizzazione statistica, come multifrattali statistici, confermando questo fatto, si prestano ad una applicazione anche nel settore economico, oltre a quelle più tradizionali viste nei capitoli precedenti. Lo stesso Mandelbrot ha recentemente pubblicato studi in questo campo, ad esempio [98]. Qui vogliamo semplicemente fare qualche cenno, per completezza, ad un filone di ricerca proprio dell'Economia, rimandando ai lavori originali, del resto recentissimi, chi volesse approfondire l'argomento.

La teoria "classica" delle fluttuazioni dei prezzi del mercato finanziario è la teoria del *portafoglio* ("portfolio theory" che traduciamo sempre con "teoria del portafoglio"), la quale, come tutte le teorie scientifiche, fa delle assunzioni di partenza (ipotesi) e da esse cerca di derivare qualche legge confrontabile con la realtà sperimentale.

Seppure non è questo volume la sede adatta a discutere nel dettaglio quanto sopra, per ragioni di mera informazione, vale la pena di ricordare semplicemente due diverse giustificazioni teoriche di base [99], a giustificazione delle assunzioni, entrambe partenti, invero, da ipotesi abbastanza poco verosimili [100]:

- una assume che la funzione di utilità dei soggetti decisori sia di tipo quadratico con evidenti limiti di significatività e applicabilità in campo economico;
- l'altra assume che i rendimenti dei titoli si distribuiscano in modo gaussiano, condizione smentita dalla recente evidenza empirica.

Nonostante ciò, la teoria classica del portafoglio continua ad essere uno strumento usato come pratico riferimento nella maggior parte delle situazioni concrete. Ciò in quanto in economia interessa maggiormente avere un modello che fornisca soluzioni semplici ed effettivamente praticabili, piuttosto che modelli più realistici ma di più difficile applicazione.

L'approccio frattale critica le assunzioni di fondo della teoria del portafoglio, a causa delle inadeguatezze che questa manifesta nei confronti della *reale* situazione del mercato.

A grandi linee possiamo individuare due fondamentali ipotesi nella teoria del portafoglio, poste da Mandelbrot per la prima volta in discussione:

- la assunzione che i cambiamenti, le fluttuazioni dei prezzi siano *statisticamente indipendenti* le une dalle altre: il prezzo di oggi non ha alcuna correlazione con il prezzo del giorno successivo, il "passato" non esercita alcuna influenza sul "futuro" (Capitolo 4);
- la distribuzione delle fluttuazioni è ritenuta *gaussiana*, la nota distribuzione "normale", i cui limiti di applicabilità sono stati ampiamente discussi nei capitoli precedenti e in particolare nell'Appendice.

Le conseguenze delle due ipotesi sono facilmente intuibili: il semplice calcolo dell'integrale della gaussiana nell'intervallo di 3σ dà circa il 99.7%: soltanto il tre per mille degli eventi normalmente distribuiti dista più di tre deviazioni standard dalla media. Sperimentalmente questo non si verifica. Diciamo che entro 3 deviazioni standard si ritrova circa il 5% delle fluttuazioni di mercato. L'applicabilità della teoria del portafoglio risulta dunque limitata al 95% dei casi osservati. Questo fatto potrebbe sembrare tutto sommato rassicurante, ma è proprio quel 5% di eventi *rari* ad essere decisivo sia sul piano concreto dell'investitore – che ha come unico obbiettivo la massimizzazione del guadagno per un dato livello di rischio – sia sul piano "storico", essendo proprio quelle tempeste, rare ma non impossibili, a costituire gli eventi degni di nota e da ricordare. Come caso limite, basti pensare allo storico *Venerdì Nero* di Wall Street[1], che diede inizio alla *grande crisi del* 1929; tale evento fu di rilevanza mondiale, mentre i periodi di relativa calma passarono del tutto inosservati rispetto ad esso.

Naturalmente il discorso vale anche in senso opposto, relativamente ai periodi di "boom economico", fintantoché vi siano fluttuazioni notevoli nei prezzi. Si può dire che la teoria tradizionale del portafoglio non indica all'investitore le tempeste e le burrasche dei prezzi di listino, bensì le pone per ipotesi come del tutto improbabili; l'investitore reale, ciononostante, si ritrova ad incontrare burrasche ben più frequentemente del previsto. È così possibile che il guadagno previsto dall'investitore non venga realmente ottenuto (e la teoria pertanto non regge il confronto con la realtà sperimentale).

11.2 Multifrattali e listino di Borsa

L'approccio multifrattale, partendo dalla critica radicale della teoria di portafoglio, ha come obiettivo una migliore descrizione della realtà dei mercati finanziari e cerca di dare *stime* più accurate dei rischi e dei guadagni, tenendo conto in modo più

---

[1] Qualcosa di analogo è successo il giorno della catastrofe finanziaria del 2008.

stringente delle possibili fluttuazioni. Naturalmente non vengono eliminate le fluttuazioni "calme", descrivibili con distribuzioni gaussiane, ma ad esse si aggiungono anche quelle più selvagge e violente, con una opportuna probabilità. Tutto ciò va inquadrato in un approccio fortemente sperimentale, nel senso che i vari parametri teorici vanno calibrati sui dati sperimentali storici, onde ricavare qualche indicazione *probabilistica* sul futuro.

Il presupposto fondamentale della teoria proposta da Mandelbrot è l'utilizzo di distribuzioni frattali, con fluttuazioni maggiori di quelle gaussiane, più imprevedibili di quelle ordinarie. Queste distribuzioni, essendo frattali, possiedono naturalmente delle proprietà di *invarianza di scala* (si veda il Capitolo 2), inesistenti nelle distribuzioni statistiche ordinarie (e per questo poco studiate dagli statistici). L'esistenza di invarianza implica l'esistenza di grandezze conservate, un fatto estremamente rilevante soprattutto per il fisico abituato al ruolo che le leggi di conservazione giocano nelle teorie fisiche. Nel caso della economia l'invarianza di scala si vede chiaramente osservando l'andamento dei prezzi in funzione del tempo: esso è sostanzialmente invariato anche cambiando l'unità sulla scala dei tempi. Se si confrontano gli andamenti dei prezzi in funzione del tempo, espresso rispettivamente in ore, giorni, mesi o anni si osservano piccole variazioni del comportamento cosicché non si riesce a distinguere tra un grafico su scala giornaliera o su scala annuale. Vi sono chiaramente ed ovviamente, come sempre, dei limiti: come non si può pensare di misurare il perimetro della Norvegia con l'approssimazione del centimetro così non ha alcun senso considerare ad esempio fluttuazioni nell'arco dei secondi.

Quanto osservato fin qui è un fenomeno di *autoaffinità* (vedi Capitolo 2) in quanto la funzione che esprime la dipendenza dei prezzi in funzione del tempo rimane invariata se si cambiano contemporaneamente la scala dei tempi e la scala dei prezzi di due fattori *differenti*. Il fattore di scala dei prezzi risulta sempre piccolo qualunque sia il fattore di scala dei tempi. Conviene ricordare che l'autoaffinità differisce dall'autosimilarità proprio perché i fattori di scala sono diversi, ma, come abbiamo visto nel Capitolo 2, essa è una generalizzazione del concetto di autosimilarità. La comune esperienza può quindi essere tradotta matematicamente mediante l'utilizzo di una funzione autoaffine che modellizzi le fluttuazioni osservate. Tuttavia questo non è sufficiente, poiché si deve costruire un modello che sappia riprodurre sia i periodi "calmi" sia quelli "turbolenti". In effetti si può ottenere questo obiettivo utilizzando non un semplice frattale geometrico ma un multifrattale. Se partiamo dapprima da una data funzione monofrattale, possiamo utilizzare, in analogia con la curva di Koch e con tutti i frattali geometrici, un generatore ed un algoritmo ricorsivo che, ripetuto n volte, dia una approssimazione della funzione frattale (definita come il limite per n che tende all'infinito di tale algoritmo).

Un semplice esempio puramente pedagogico viene illustrato in Fig. 11.1a. Esso mostra il generatore, una spezzata a dente di sega con due segmenti ascendenti ed uno discendente, scelto in questo modo per simulare a livello "primordiale" una fluttuazione dei prezzi. Gli estremi dei segmenti sono rispettivamente $(0,0)$, $(4/9, 2/3)$, $(5/9, 1/3)$ e $(1,1)$. Al passo successivo (Fig. 11.1b) si disegna ancora il generatore ma rimpicciolito in modo da ottenere tre repliche nello stesso intervallo iniziale, seguendo esattamente la procedura illustrata nel Capitolo 2.

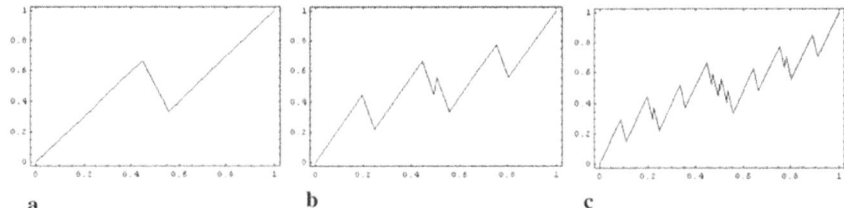

Fig. 11.1 (a) Il generatore di partenza; (b) il secondo passo; (c) il terzo passo

Come si nota in Fig. 11.1b, il generatore viene invertito nella parte intermedia, quella che al primo passo è compresa tra $(4/9, 2/3)$ e $(5/9, 1/3)$, in modo da simulare anche fluttuazioni negative. Il procedimento si estende così all'infinito, in un processo iterativo.

Già al terzo passo (Fig. 11.1c) si nota una struttura relativamente ricca, nella quale tuttavia ogni passo è una interpolazione del precedente.

Fin qui non si fa uso che di un monofrattale. Tuttavia viene spontaneo studiare come varia il risultato al variare del generatore (analogamente si possono generare insiemi di Cantor asimmetrici, vedi Capitolo 2). Infatti il generatore può venire scelto con il primo segmento più o meno ripido. Per fare ciò basta variare l'ascissa del punto di intersezione tra il primo segmento del generatore e il secondo. Nelle figure seguenti mostriamo i generatori modificati e il risultato della terza iterazione.

Si osserva chiaramente, che, allo spostarsi dell'ascissa del secondo estremo del primo segmento del generatore verso valori più piccoli, ovvero all'aumentare della ripidità del primo segmento del generatore, corrisponde la comparsa di sempre maggiori fluttuazioni. Con questo semplice esercizio pedagogico si può simulare un mercato che diventa *volatile*. Nelle Fig. 11.2, 11.3 e 11.4 sono riprodotti andamenti generati partendo da diverse ascisse: Fig. 11.2a ascissa pari a 3; Fig. 11.3a ascissa pari a 2; Fig. 11.4a ascissa pari a 1; nelle Fig. 11.2b, 11.3b e 11.4b il terzo passo di ciascun generatore. Il caso di Fig. 11.5 è un caso limite, in cui si vedono dei picchi notevoli in tempi brevissimi, seguiti a lunghi periodi di stasi (prezzi costanti). È chiaro che tale caso non è la "normalità", ma un buon modello deve prevedere che ciò possa accadere, con una opportuna (limitata) probabilità.

In questo modo, al variare del generatore nello spazio dei parametri, si ricostruiscono un'infinità di situazioni, tra le quali risaltano quelle volatili e selvagge quando

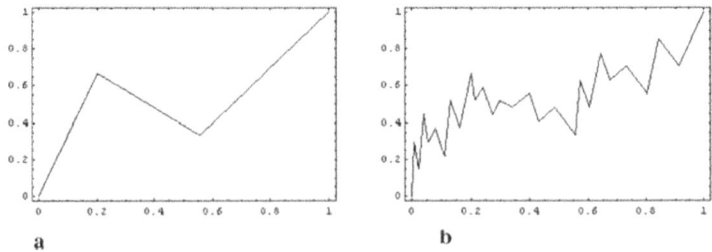

Fig. 11.2 (a) Generatore con ascissa pari a 3; (b) terzo passo con tale generatore

11.2 Multifrattali e listino di Borsa   233

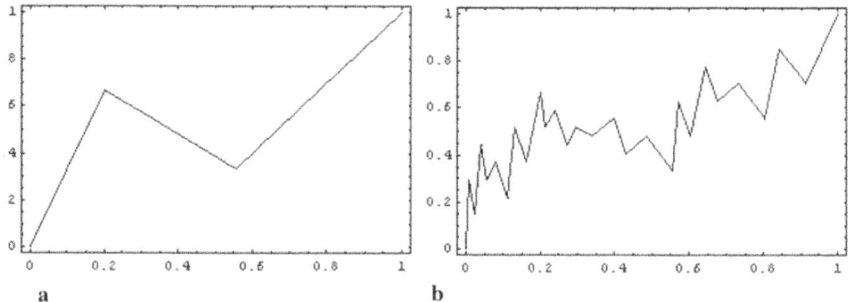

Fig. 11.3 (a) Generatore con ascissa pari a 2; (b) terzo passo con tale generatore

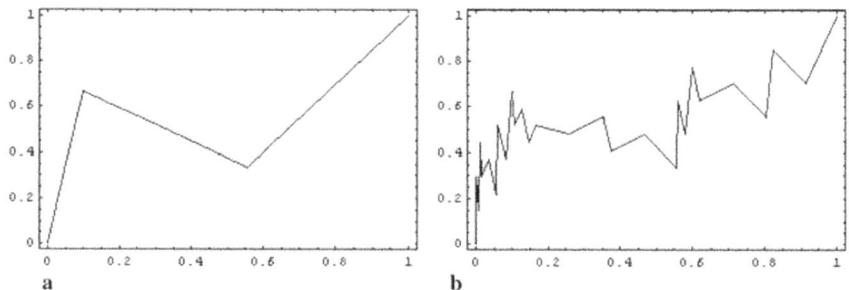

Fig. 11.4 (a) Generatore con ascissa pari a 1; (b) terzo passo con tale generatore

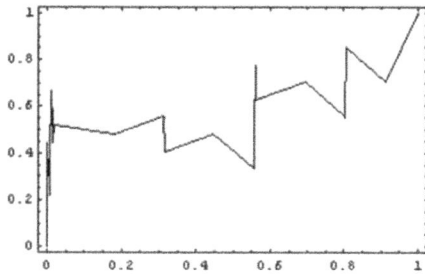

Fig. 11.5 Terzo passo con ascissa del generatore pari a 01

l'ascissa assume valori prossimi a zero e quelle tranquille quando l'ascissa assume valori prossimi a 4/9. Questi generatori modificati, a partire dal generatore iniziale, sono *multifrattali*, in quanto sono delle realizzazioni dello stesso generatore iniziale ottenute modificandone i parametri, muovendosi cioè nello spazio multidimensionale dei parametri (Fig. 7.1 del Capitolo 7). Naturalmente il modello può essere raffinato mescolando in modo casuale (o meglio pseudocasuale), ad ogni passo, i generatori. Si possono fare così delle permutazioni dei generatori, scegliere una permutazione a caso utilizzando i generatori di numeri casuali dei calcolatori ed ottenere un frattale ancora più realistico e "dinamico" (vedi le funzioni di Weierstrass dipendenti da numeri casuali, Capitolo 3).

234   11 Multifrattali ed economia

Vale la pena di ricordare che questi multifrattali sono sempre interpretabili come distribuzioni statistiche (delle fluttuazioni dei prezzi) e non sono semplici giochi geometrici basati su una curva "strana". Naturalmente lo sviluppo e l'affinamento dei generatori e degli algoritmi è cruciale al fine di ricostruire correttamente le fluttuazioni dei prezzi, ma è chiaro che una volta che si ha in mano un algoritmo sufficientemente certificato, magari calibrato sulla storia passata, si possono studiare le sue proprietà statistiche, ad esempio i suoi momenti statistici (Capitolo 7), calcolare la probabilità che un dato prezzo abbia una data oscillazione, come stima del valore reale, od anche vedere se esistono fenomeni di persistenza o antipersistenza (vedi il moto browniano), che creano una correlazione fra passato e futuro del tutto ignota al modello del portafoglio, basato sulle ipotesi del modello enunciate in § 11.1.

Nel paragrafo precedente, a puro scopo pedagogico, abbiamo descritto brevemente un modello multifrattale, senza soffermarci particolarmente sulla natura dei mercati finanziari. L'utilizzo di modelli frattali si può meglio comprendere nell'ambito della teoria dei sistemi complessi. Per *sistema complesso* (Capitolo 9) si intende un sistema *aperto* ovvero interagente con altri sistemi (anch'essi complessi), un sistema *composto da moltissimi elementi* interagenti, con tanti parametri di interazione, un sistema non descrivibile in modo deterministico, anche se le leggi che lo regolano sono deterministiche (per una trattazione completa dell'argomento rimandiamo ai testi citati in bibliografia, in particolare [101]- [103]).

Il mercato finanziario è effettivamente un sistema complesso:

- è un sistema aperto, in quanto interagisce con altri settori economici (ad esempio la produzione). Alla reciproca influenza tra il mercato finanziario e gli altri settori economici e sociali, si aggiungono le interazioni sempre crescenti tra i mercati delle varie nazioni; inoltre il mercato dei titoli azionari non è del tutto scorrelato da quello dei titoli obbligazionari ... e quant'altro;
- è composto da moltissimi elementi, con intricati legami. Ad esempio l'enorme numero di titoli che compongono il listino, le influenze reciproche di questi titoli (un titolo industriale risente subito di un periodo di crescita economica, un titolo bancario ne risente solo in un secondo tempo, per cui l'andamento dei titoli bancari presenta peculiarità diverse dall'andamento dei titoli industriali).

Già da questo breve elenco risulta del tutto plausibile ritenere il mercato finanziario un sistema complesso [104]- [107]. Come già accennato nel Capitolo 9, moltissimi sistemi complessi posseggono proprietà di invarianza di scala, come è il caso del mercato finanziario di § 11.2. Se si aggiunge la presenza di dipendenza sensibile dalle condizioni iniziali[2] diventa del tutto improponibile un modello deterministico. Ma anche un modello caotico è del resto difficilmente applicabile, in quanto un modello caotico è un modello in cui si conoscono molto bene le leggi che lo regolano (ad esempio la meccanica classica), ma queste leggi danno luogo a soluzioni non deterministiche. Poiché nel caso dell'Economia siamo ben lontani dall'avere questa conoscenza, siamo forzati a ricorrere ai *processi stocastici*.

---

[2] Caso che si verifica ampiamente nel Capitolo 9 dove variando anche di poco le condizioni iniziali la soluzione finale varia di molto.

11.3 Modelli stocastici

11.3.1 Processi di Wiener e fenomeni di diffusione

Per processo stocastico si intende una funzione di una o più variabili aleatorie (estratte cioè da una data distribuzione di probabilità ε e del tempo t). In formule:

$$f(t) = f(\varepsilon, t).$$

Un processo stocastico che modellizzi i prezzi dei titoli deve tenere conto sia del "trend", l'andamento globale, sia delle fluttuazioni (il rumore). Infatti si osservi la Fig. 11.6 rappresentante l'andamento dei prezzi Microsoft durante un anno. Si vedono bene il trend, il rumore ed anche le variazioni di trend. Non è quindi possibile utilizzare un semplice moto browniano (o "random walk"), ma si può ricorrere ad una sua generalizzazione: il processo di Wiener[3] generalizzato.

Un processo di Wiener semplice è il mero passaggio al continuo di un moto browniano. Nel moto browniano unidimensionale (Capitolo 4) di una particella che ha percorso n passi, ciascuno di tempo τ e lunghezza l, la varianza è pari a:

$$\sigma^2 = nl^2.$$

Tenendo conto che il tempo trascorso è $t = n\tau$, si può scrivere:

$$\sigma^2 = \frac{tl^2}{\tau}. \tag{11.1}$$

Come visto in Capitolo 4, si può assumere che la distribuzione di probabilità a cui appartiene la variabile spostamento di una particella soggetta a moto browniano sia una gaussiana, di varianza data dalla (11.1). Infatti la (11.1) è equivalente alla (4.20), pur di porre $\frac{l^2}{\tau} = 2\Theta$. Tale varianza varia *nel tempo*, come succede tipica-

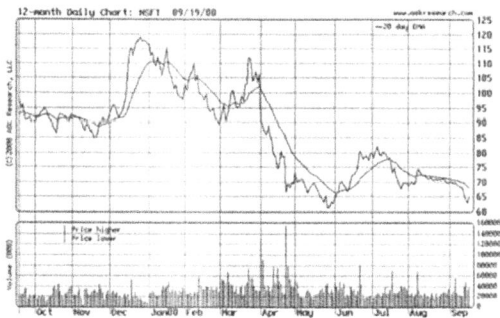

Fig. 11.6 Andamento dei prezzi delle azioni Microsoft

---

[3] Wiener lo abbiamo già incontrato nel Capitolo 4.

mente nei processi stocastici; in particolare per la (11.1) la dipendenza dello spostamento quadratico medio, radice quadrata della varianza, in funzione del tempo è semplicemente:

$$\langle \Delta z \rangle \equiv \sqrt{\sigma^2} = l\sqrt{\frac{t}{\tau}}, \qquad (11.2)$$

avendo chiamato $\langle \Delta z \rangle$ lo spostamento quadratico medio unidimensionale (o nella direzione considerata). Ricordiamo che t è il tempo totale trascorso, quindi in generale è un Δt (pari a $t - t_0$).

Se invece di considerare i valori medi consideriamo *ogni* singolo spostamento Δz in un intervallo di tempo Δt, al posto della (11.2) dovremo scrivere:

$$\Delta z = \varepsilon \sqrt{\Delta t} \qquad \varepsilon \text{ variabile gaussiana standard.} \qquad (11.3)$$

Nella (11.3) sono sottointesi per semplicità dei fattori di scala di tempo e di spazio, tali da rendere l'equazione dimensionalmente corretta (questi fattori corrispondono a τ e a l nelle (11.1) e (11.2)).

Dalla (11.3) tenendo conto che ε è una variabile normale standard (di media nulla e varianza unitaria) si ottiene:

$$\mu(\Delta z) = 0 \qquad \sigma^2(\Delta z) = \Delta t. \qquad (11.4)$$

La varianza è giustamente espressa come nella (11.1), a meno dei fattori di scala.

Il limite nel continuo della (11.3), ovvero per $\Delta t \to 0$ è il processo di Wiener:

$$dz = \varepsilon \sqrt{dt} \qquad \text{Processo di Wiener.} \qquad (11.5)$$

A mano a mano che ci si avvicina al processo limite di Wiener, ad esempio mediante simulazioni al calcolatore come quelle viste in precedenza, si ottiene una struttura più fine, con tantissime fluttuazioni. Riportiamo in Fig. 11.7 alcune di queste, per maggiore chiarezza.

Vale la pena sottolineare che vi è un legame profondo tra i processi di random walk ed i fenomeni di *diffusione*. In particolare a scopo propedeutico si può mostrare come il passaggio da un random walk discreto in una sola dimensione (ad esempio il moto browniano) ad un processo di Wiener dà luogo ad un'equazione di diffusione. Chiamiamo $v_{k,n}$ la probabilità che, all'ennesimo passo, una particella che si muove di moto browniano si sia spostata di k unità (ad esempio di k mm). La probabilità

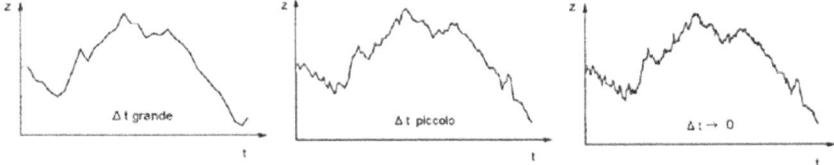

Fig. 11.7 Approssimazioni successive al processo di Wiener

che al passo successivo, $(n+1)$-esimo, la particella si sia spostata di k unità è legata al passo precedente dalla seguente equazione alle differenze finite:

$$v_{k,n+1} = pv_{k-1,n} + qv_{k+1,n}, \qquad (11.6)$$

dove p e q sono rispettivamente la probabilità di avanzare e di indietreggiare. Questa equazione dice semplicemente che la probabilità che la particella si sia spostata di k unità è data dalla probabilità che la particella al passo precedente si trovi a $k-1$ unità *per* la probabilità che si sposti in *in avanti – p*, *più* la probabilità che la particella al passo precedente si trovi a $k+1$ unità *per* la probabilità che si sposti all'*indietro*, q. Non è nient'altro che l'applicazione delle leggi elementari sulla probabilità composta al random walk.

Ma se ora passiamo al continuo, quando cioè la lunghezza dei passi, δ, tende a zero, il numero dei passi *per unità di tempo*, r, tende all'infinito e p e q tendono ad $1/2$ [4], la (11.6) diventa, chiamando x la posizione della particella,

$$v(t+1/r,x) = pv(t,x-\delta) + qv(t,x+\delta). \qquad (11.7)$$

Va sottolineato che, a differenza della (11.6), questa equazione ha validità solo approssimata, nel limite $r \to \infty$, $\delta \to 0$, $p, q \to 1/2$; inoltre in tale limite si richiede comunque che (sarà subito chiaro perché):

$$(p-q)r\delta \to c \qquad 4pqr\delta^2 \to D. \qquad (11.8)$$

Si faccia ora uno sviluppo in serie di Taylor della (11.7), fermandosi al secondo ordine a destra dell'uguale, nell'intorno di x; fermandosi al prim'ordine, a sinistra dell'uguale nell'intorno di t,

$$v(t,x) + \frac{1}{r}\frac{\partial v(t,x)}{\partial t} = qv(t,x) + pv(t,x) + \\ + (q-p)\delta \frac{\partial v(t,x)}{\partial x} + \frac{p+q}{2}\delta^2 \frac{\partial^2 v(t,x)}{\partial x^2}. \qquad (11.9)$$

Tenendo presente che $p+q=1$ e portando r a destra si ottiene:

$$\frac{\partial v(x,t)}{\partial t} = r(q-p)\delta \frac{\partial v(t,x)}{\partial x} + \frac{r\delta^2}{2}\frac{\partial^2 v(t,x)}{\partial x^2}.$$

Passando ora al limite $r \to \infty$, $\delta \to 0$, $p, q \to 1/2$, tenendo conto delle (11.8), si ricava infine:

$$\frac{\partial v(t,x)}{\partial t} = -c\frac{\partial v(t,x)}{\partial x} + \frac{1}{2}\Theta \frac{\partial^2 v(t,x)}{\partial x^2}. \qquad (11.10)$$

Ma questa equazione ricorda quella di Fokker-Planck (in una dimensione) già ricavata nel Capitolo 4, una delle più importanti equazioni che regolano i fenomeni di diffusione in fisica. Infatti Θ ha il significato fisico di costante di diffusione e c, che

---

[4] Il limite $p, q \to 1/2$ non è necessario al fine del nostro ragionamento.

ha le dimensioni di una velocità, è detto coefficiente di deriva (risultano così chiarite le condizioni (11.8), senza le quali si avrebbero divergenze non realistiche).

Abbiamo fatto questo ragionamento al fine di evidenziare il legame tra i processi di diffusione e i processi stocastici in finanza; tuttavia una generalizzazione della (11.10), con c e Θ non più costanti, ma dipendenti anch'essi da x e t, è utilizzata in economia per modellizzare i prezzi delle opzioni[5]. Essa è nota come equazione di **Black e Scholes**: è un'equazione di diffusione, ma con il prezzo delle opzioni al posto della variabile spaziale.

La formula è:

$$\frac{\partial v(S,t)}{\partial t} + kS\frac{\partial v(S,t)}{\partial S} + \frac{1}{2}\sigma^2 S^2 \frac{\partial^2 v(S,t)}{\partial S^2} = kv(S,t) \qquad (11.11)$$

con S il prezzo dell'azione. Tra l'altro dalla (11.10), ponendo $c=0$, così come dall'equazione di Black e Scholes con opportune sostituzioni, si ricava:

$$\frac{\partial v(t,x)}{\partial t} = K\frac{\partial^2 v(t,x)}{\partial x^2}, \qquad (11.12)$$

che è, in una dimensione, la non meno celebre equazione di diffusione del calore o di Fourier. Anche l'equazione del calore ha trovato, *mutatis mutandis*, una applicazione economica, su cui non ci soffermiamo[6].

Vale la pena di sottolineare tuttavia che, anche per la trattazione delle opzioni, vale un discorso analogo a quello fatto per la teoria del portafoglio. I modelli di valutazione delle opzioni più comunemente utilizzati in finanza dagli operatori di borsa assumono che il prezzo del titolo sottostante segua un moto geometrico browniano (cioè soddisfi l'equazione differenziale stocastica (11.11), ed neppure modelli ritenuti più realistici, basati su distribuzioni di tipo Lévy troncate o su modelli a volatilità stocastica hanno finora avuto maggiore fortuna. È utile precisare che il comportamento dei prezzi empiricamente osservabile su un dato mercato è necessariamente influenzato dalle caratteristiche di funzionamento e dalle regole di negoziazione che sono diversi per le diverse sedi di contrattazione. È stato recentemente mostrato [110, 111], per esempio che il comportamento di Fig. 11.6 è caratteristico di mercati dotati di figure professionali a sostegno della liquidità dei titoli e può essere riprodotto tenendo conto delle diverse condizioni operative utilizzando una opportuna combinazione di processi stocastici.

---

[5] Una opzione è il *diritto* di comprare o vendere un titolo ad un dato prezzo prestabilito detto base e ad una data scadenza. Il possessore dell'opzione non è obbligato ad esercitare l'opzione e può anche venderla o comprarla.

[6] Per chi volesse approfondire il legame tra processi stocastici e fenomeni di diffusione può fare riferimento alle bibliografie [108] e [109] e, per le applicazioni economiche, alla bibliografia [106].

11.3.2 Processi di Wiener generalizzati e processi di Ito

Ritornando al processo di Wiener appena introdotto, dobbiamo procedere ad una generalizzazione ulteriore in quanto, come abbiamo detto precedentemente (Fig. 11.6) nella reale fluttuazione dei prezzi non v'è soltanto il rumore browniano, ben descritto dal processo di Wiener, ma ad esso è sovrapposto un andamento complessivo: andamento che in economia è noto come trend, ma che ad un fisico ricorda probabilmente il fenomeno della *deriva* (basta pensare ad un moto browniano di particelle cariche in un debole campo elettrico: al moto browniano puro si aggiunge una velocità di deriva causata dal campo elettrico). Fortunatamente, non è difficile tenere conto matematicamente di questo contributo aggiuntivo, ottenendo così il processo di Wiener *generalizzato*:

$$dx = adt + bdz \qquad \text{Wiener generalizzato} \qquad (11.13)$$

con a e b *costanti* e

$$dz = \varepsilon\sqrt{dt}.$$

Qui, z, visto come funzione del tempo, è un normale processo di Wiener. Ponendo $a = 0$ si ricade nel caso precedente, mentre ponendo $b = 0$ si ottiene, integrando, un moto rettilineo uniforme:

$$x(t) = x_0 + a(t - t_0).$$

Questo significa che nel processo di Wiener generalizzato il rumore browniano è una oscillazione non più attorno allo zero ma attorno all'andamento lineare del moto rettilineo uniforme. La Fig. 11.8 evidenzia chiaramente la differenza tra il processo di Wiener e il processo di Wiener generalizzato.

Questo modello è ancora troppo semplice per riuscire a descrivere la situazione reale dei mercati. Il suo punto debole sta nell'assumere la costanza delle due grandezze a e b nel tempo e nella variabile aleatoria. Ma ora la generalizzazione è diretta:

$$dx = a(x,t)dt + b(x,t)\varepsilon\sqrt{dt} \qquad \text{processo di Ito.} \qquad (11.14)$$

Fig. 11.8 Differenze tra processo di Wiener e processo di Wiener generalizzato

Questo processo è detto *processo di Ito*, al posto delle costanti a e b vengono introdotte le funzioni qualsiasi $a(x,t)$ e $b(x,t)$.

La ragione per cui si è obbligati ad introdurre i processi di Ito è legata alla natura specifica del problema economico dei prezzi delle azioni. Infatti in primo luogo è empiricamente falso ritenere che esista un tasso di crescita a costante nel tempo, in quanto i trends cambiano necessariamente nel tempo (si veda ancora la Fig. 11.6). In secondo luogo le variazioni di prezzo sono indipendenti dal valore assoluto del prezzo, in quanto ciò che conta non è tanto il prezzo in assoluto bensì il suo *rendimento* che è la variazione percentuale del prezzo, dS/S. Il rendimento è il vero parametro di riferimento, il guadagno o la perdita dell'investitore. Pertanto l'equazione stocastica da studiare è:

$$dS/S = \mu dt + \sigma dz, \qquad (11.15)$$

con z che soddisfa la (11.5).

Se μ e σ sono costanti, come approssimativamente succede, allora formalmente il secondo membro della (11.15) è un processo di Wiener generalizzato (vedi la (11.13)). In realtà la (11.15) rappresenta *sempre* un processo di Ito. Infatti se scriviamo la (11.15) come:

$$dS = S\mu dt + S\sigma dz, \qquad (11.16)$$

per quanto possano essere costanti μ e σ, compare comunque il prezzo S che è una funzione del tempo. È dunque la natura stessa del problema, l'importanza maggiore del rendimento, il fattore di incremento relativo, rispetto al prezzo, che implica l'utilizzo di processi di Ito e non di Wiener generalizzati (matematicamente tutto questo procedimento costituisce una serie di generalizzazioni, ma nel confronto con la realtà scegliere la corretta formulazione non è affatto banale).

Vediamo ora di studiare con più attenzione la (11.16). Se poniamo $\sigma = 0$ otteniamo

$$dS/S = \mu dt$$

che ha per soluzione:

$$S(t) = S_0 e^{\mu(t-t_0)}. \qquad (11.17)$$

La (11.17) ha un ben preciso significato finanziario: rappresenta infatti la capitalizzazione continua (o istantanea), dato un tasso μ di rendimento continuo nell'unità di tempo. In altri termini se un investitore investe un capitale S_0 al tempo t_0 con un tasso di rendimento nell'unità di tempo costante pari a μ, in regime di capitalizzazione *continua*, si ritrova dopo un tempo $\Delta t = t - t_0$ un capitale pari a $S_0 e^{\mu(t-t_0)}$. Per ogni Δt pari a $1/\mu$; il capitale aumenta di un fattore e (costante di Nepero $e \approx 2.718$). Il fatto di aver ritrovato la comune legge di capitalizzazione non ci meraviglia, ma ci conferma sulla correttezza del modello. In questo ragionamento abbiamo volutamente ignorato la parte casuale del processo, avendo posto $\sigma = 0$. Ma la fluttuazione quadratica media σ, che va a moltiplicare la variabile aleatoria z, è la deviazione standard del processo di Wiener ed è chiamata *volatilità* in Economia (§ 11.2).

In questo modo si ritrovano, applicati ad un modello stocastico, i concetti visti nell'Introduzione e nel § 11.2. In questo caso i parametri del modello, μ e σ, sono rispettivamente il rendimento per unità di tempo dell'azione e la volatilità del prezzo dell'azione e si ripercuotono sui prezzi mediante la (11.16). Va precisato che μ non è il rendimento effettivo, che in effetti non esiste, nel senso che non è determinabile a priori, piuttosto deve essere interpretato come un rendimento stimato, presunto o auspicabile.

Questo significa che l'investitore deve sempre tener conto di entrambi i parametri μ e σ, ad esempio cercare un μ sufficientemente alto in relazione a σ, la volatilità ovvero il rischio. Naturalmente un basso rischio permette di guadagnare anche con rendimenti bassi, ma si ottengono altrettanto bassi guadagni [7].

11.3.3 Il lemma di Ito e sue conseguenze

A questo punto mostriamo un lemma che ha interessanti conseguenze. Partendo dalla definizione di processo di Ito, equazione (11.14), si dimostra il seguente *lemma di Ito*.

Data una funzione regolare qualunque di x, a sua volta funzione di t, $G(x,t)$, con $x(t)$ processo di Ito, che soddisfa cioè alla (11.14), per essa vale la relazione:

$$dG = \left(\frac{\partial G}{\partial x} a + \frac{\partial G}{\partial t} + \frac{1}{2} \frac{\partial^2 G}{\partial x^2} b^2 \right) dt + \frac{\partial G}{\partial x} b \varepsilon \sqrt{dt}, \qquad (11.18)$$

ovvero anche la $G(x,t)$ soddisfa un processo di Ito, ma con tasso di deriva $A(x,t)$

$$A(x,t) = \frac{\partial G}{\partial x} a + \frac{\partial G}{\partial t} + \frac{1}{2} \frac{\partial^2 G}{\partial x^2} b^2 \qquad (11.19)$$

e varianza $B(x,t)$

$$B(x,t) = \frac{\partial G}{\partial x} b. \qquad (11.20)$$

Si può osservare che il lemma di Ito è una semplice conseguenza del teorema del differenziale totale, che dà i termini del prim'ordine nella (11.18), con in più un termine del second'ordine in x.

Applichiamo ora il lemma di Ito alla funzione $G(S) = \log(S)$, logaritmo naturale dei prezzi, con S che soddisfa la (11.16) (S è un processo di Ito). Ricavando le funzioni $A(x,t)$ e $B(x,t)$, mediante le equazione (11.19) e (11.20), si ottiene facilmente:

$$d\log(S) = (\mu - \sigma^2/2)dt + \sigma\varepsilon\sqrt{dt}. \qquad (11.21)$$

---

[7] Come è noto, nel regno delle speculazioni esistono innumerevoli modi per guadagnare (perdere). Ad esempio è addirittura possibile guadagnare con un μ bassissimo, mediante una vendita "allo scoperto". Si vendono cioè azioni che non si hanno (!) e solo in un secondo tempo le si acquistano (prima si vendono e poi si acquistano), in tal caso se il titolo è in picchiata è chiaro che tale operazione comporta un guadagno (il titolo viene venduto prima, quando valeva di più).

Ma la (11.21) è un processo di Wiener generalizzato e non un processo di Ito (è scomparsa la dipendenza da S, quindi nell'approssimazione di μ e σ costanti, i coefficienti sono costanti).

Ricordando che un processo di Wiener generalizzato deriva da una distribuzione *gaussiana* (deriva infatti dal processo di Wiener che è il caso continuo del random walk, moto browniano *gaussiano*) si può affermare che *il logaritmo naturale dei prezzi dei titoli è una variabile statistica gaussiana*. Se il logaritmo di una distribuzione è gaussiana allora, per definizione, la distribuzione di partenza è *lognormale* (Appendice e Fig. 11.9).

Riportiamo per chiarezza la definizione della distribuzione lognormale ed i suoi primi 4 momenti statistici:

$$\text{Lognorm}(\mu,\sigma) \equiv \frac{1}{\sqrt{2\pi}\sigma x} \exp\left[-\frac{(\log(x)-\mu)^2}{2\sigma^2}\right] \quad (11.22)$$

$$\text{media} = \exp(\mu + \sigma^2/2) \quad (11.23)$$

$$\text{varianza} = \exp(2\mu + \sigma^2)(\exp(\sigma^2) - 1) \quad (11.24)$$

$$\text{skewness} = \sqrt{\exp(\sigma^2) - 1}(2 + \exp(\sigma^2)) \quad (11.25)$$

$$\text{curtosi} = 3\exp(2\sigma^2) + 2\exp(3\sigma^2) + \exp(4\sigma^2). \quad (11.26)$$

Dalla (11.21) segue che la media della lognormale dei prezzi, ad un tempo t, partendo da un tempo t_0, è

$$\mu_{\text{logn}}(t) = (\mu - \sigma^2/2)(t - t_0) \quad (11.27)$$

e la varianza

$$\sigma^2_{\text{logn}}(t) = \sigma^2(t - t_0). \quad (11.28)$$

Vale la pena di notare il caratteristico allargamento nel tempo della varianza, già presente nel moto browniano gaussiano (in ogni processo stocastico media e varianza non sono più costanti, ma diventano *funzioni* del tempo).

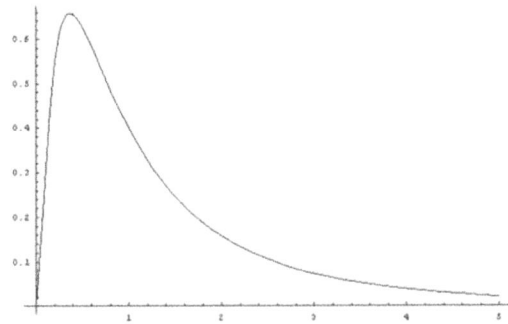

Fig. 11.9 La distribuzione lognormale standard [$\mu = 0$, $\sigma^2 = 1$, skewness $\simeq 6.18$ (!)]

A questo punto è possibile calcolare sia il valore medio del prezzo al tempo t sia la varianza del prezzo a tale tempo, cosicché si ha una stima sia del prezzo futuro sia dell'*errore* statistico di tale prezzo (dato dalla varianza).

Se, infatti, sostituiamo la media e la varianza della lognormale dei prezzi, equazioni (11.27) e (11.28), nella formula generale della media della lognormale, la (11.23), scrivendo al posto del μ della (11.23) il $\mu_{\text{logn}}(t)$ dato dalla (11.27) e al posto del σ della (11.24) il $\sigma_{\text{logn}}(t)$ dato dalla (11.28), semplificando e tenendo conto dell'ovvio fattore moltiplicativo (di "normalizzazione" al tempo iniziale) si ricava:

$$\langle S(t) \rangle = S(t_0) e^{\mu(t-t_0)}.$$

Analogamente per la varianza, sostituendo la (11.27) e la (11.28) questa volta nella (11.24), $\mu \to \mu_{\text{logn}}(t)$ e $\sigma \to \sigma_{\text{logn}}(t)$. Svolgendo i calcoli si ottiene:

$$\sigma^2 \equiv \langle (S(t) - \langle S(t) \rangle)^2 \rangle = S(t_0)^2 e^{2\mu(t-t_0)} (e^{\sigma^2(t-t_0)} - 1).$$

11.4 Comportamento empirico dei prezzi

Come nostra abitudine, studiati i modelli, è indispensabile vedere in che misura essi si confrontano con la realtà sperimentale. Le principali discrepanze fra le previsioni dei modelli stocastici e le analisi empiriche fatte [102] sono:

- il prezzo dell'azione non segue un processo di Ito, a causa delle notevoli fluttuazioni temporali del rendimento e della volatilità;
- i prezzi non seguono sperimentalmente una distribuzione lognormale. Ricordando come abbiamo derivato la lognormalità dei prezzi – abbiamo supposto la costanza di rendimento e volatilità – la non lognormalità dei prezzi non è in contrasto con il punto 1;
- il tasso ufficiale di sconto non è costante nel tempo (fatto che ha grande rilevanza pratica).

Queste limitazioni indicano che i modelli precedenti costituiscono delle semplificazioni o delle approssimazioni. Questo non deve far pensare che tali modelli siano da rigettare completamente, si pensi ad esempio al ruolo che ha nella meccanica classica il *punto materiale*, che nella realtà fisica non esiste.

D'altra parte è possibile dare una ragionevole spiegazione teorica degli andamenti sperimentali dei prezzi. Infatti il grosso limite dei processi di Ito e della lognormalità dei prezzi è la ancora forte dipendenza, in origine, dalle statistiche gaussiane. Essi sono infatti delle elaborazioni migliori, delle filiazioni dei processi di random walk *gaussiano* (moto browniano geometrico).

Come abbiamo detto nell'introduzione, le distribuzioni dei prezzi presentano code molto maggiori di una gaussiana. Le caratteristiche empiriche dei prezzi presentano un andamento soltanto in parte compatibile con la lognormale.

Infatti studiando il *logaritmo* della variazione dei prezzi ad intervalli del minuto, si osserva che queste variazioni sono simmetriche, ma non sono gaussiane, a causa di una maggiore presenza di valori ad elevate deviazioni standard (Fig. 11.10). Se l'andamento dei prezzi fosse lognormale, si sarebbe dovuto ottenere un ottimo accordo tra il logaritmo delle fluttuazioni e la gaussiana standard. Tale accordo non c'è in realtà nemmeno per le piccole fluttuazioni, anche perché il picco centrato sullo zero è più alto del picco gaussiano (Fig. 11.10).

Per superare questo ostacolo, si può ricordare però che il random walk (Capitolo 4 e Appendice) dà luogo ad una distribuzione gaussiana *se* vale il teorema del limite centrale nella forma classica di DeMoivre-Gauss. Se infatti sono soddisfatte le ipotesi di tale teorema, la somma di n variabili casuali indipendenti ed identicamente distribuite tende asintoticamente ad essere distribuita in modo gaussiano. Se però le n variabili indipendenti sono distribuite secondo Cauchy (la distribuzione di Cauchy è anche nota come distribuzione Lorentziana o di Breit-Wigner, vedi Appendice), non avendo varianza finita, non tendono affatto alla gaussiana, bensì tendono ancora ad una distribuzione di Cauchy.

Grazie al teorema di Lévy (Appendice), sotto ipotesi molto generali (rispetto all'ordinario teorema del limite centrale), è garantita la convergenza della somma di n variabili indipendenti ed identicamente distribuite ad una *opportuna* distribuzione limite, detta di Lévy o distribuzione stabile[8]. La forma funzionale analitica chiusa non è nota in generale ma solo in alcuni casi, si può tuttavia sempre scrivere la *funzione caratteristica* (trasformata di Fourier della distribuzione, Appendice).

Essa è la seguente:

$$\log \phi(q) = \begin{cases} i\mu q - \gamma |q|^\alpha \left[1 - i\dfrac{\beta q}{|q|} \tan(\pi/2\alpha)\right] & \text{se } \alpha \neq 1 \\ i\mu q - \gamma |q| \left[1 + i\dfrac{2\beta q}{\pi |q|} \tan(|q|)\right] & \text{se } \alpha = 1 \end{cases} \quad (11.29)$$

con:

$$0 \leq \alpha \leq 2$$
$$\gamma > 0$$
$$\mu \in \Re$$
$$-1 \leq \beta \leq 1.$$

In particolare α è proprio il *parametro di Lévy* introdotto nell'Appendice (noto in statistica anche come "indice di stabilità"), μ è chiamato "parametro di shift", γ è un fattore di scala e β è un parametro di asimmetria della distribuzione.

Tenendo presente la (11.29), possiamo ora proporre una distribuzione capace di reggere il confronto sperimentale. Infatti se il processo di random walk è gaussiano, browniano geometrico, ne segue la teoria precedentemente vista. Se invece le distribuzioni di partenza (corrispondenti al primo passo del random walk – nel caso browniano semplice la binomiale) non soddisfano alle ipotesi del teorema del limite

---

[8] Per una trattazione rigorosa e completa sulle distribuzioni stabili citiamo [112]. Come testi di riferimento di statistica e calcolo delle probabilità [103], [109], [108].

11.4 Comportamento empirico dei prezzi

centrale, ma soddisfano alle ipotesi del teorema di Lévy, ne segue che il processo deve avere un andamento compatibile con una delle (11.29). Se ora si prova a fare un fit con una distribuzione di Lévy, in pratica se si confronta la distribuzione sperimentale del logaritmo dei prezzi con la funzione caratteristica di Lévy dipendente dai parametri α, β, γ, μ e δ che vengono fissati dal fit, si ottiene un impressionante accordo tra i valori previsti e quelli sperimentali, mostrato nella Fig. 11.10.

Come si nota in Fig. 11.10, nelle code la distribuzione di Lévy *sovrastima* le fluttuazioni, ma la gaussiana non approssima mai bene le variazioni dei prezzi, nemmeno per le piccole fluttuazioni (non lognormalità dei prezzi). Potremmo dire che mentre la gaussiana è troppo poco frattale, portando quindi a risultati in pessimo accordo con i dati empirici, le distribuzioni di Lévy sono, per certi versi, un po' troppo frattali. Infatti esse hanno varianza *infinita*, il che è in palese disaccordo con i dati sperimentali: questa è la principale ragione per cui le distribuzioni Lévy non riescono a riprodurre bene i valori molto lontani dalla media. Per superare il problema della varianza infinita si possono utilizzare delle distribuzioni di Lévy *troncate*, aventi cioè la forma:

$$p(x) \equiv \begin{cases} 0 & x < -l \\ c\, p(x)_{\text{Levy}} & -l \leq x \leq l \\ 0 & x > l \end{cases} \quad (11.30)$$

dove $p(x)_{\text{Levy}}$ è una distribuzione di Lévy e c è una costante di normalizzazione. Queste distribuzioni troncate hanno la proprietà di approssimare le distribuzioni normali di Lévy, se le osservazioni sono fatte ad intervalli di tempo Δt piccoli (ad esempio pochi minuti), mentre se il Δt diventa grande – a grande scala – esse tendono ad una distribuzione gaussiana.

Ciò è possibile in quanto la varianza delle (11.30) è finita (dunque vale il teorema del limite centrale), in particolare il parametro l è legato proprio alla scala alla quale avviene il cambiamento tra le due condizioni limite. Scegliendo opportuna-

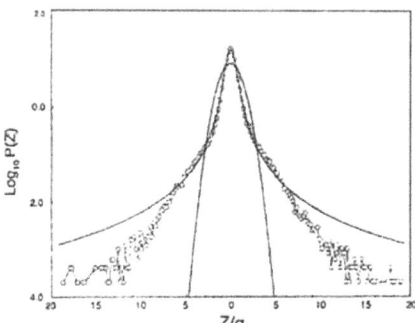

Fig. 11.10 Confronto tra le variazioni dei prezzi di un titolo e due previsioni teoriche, gaussiana e di Lévy

mente l si ottengono in effetti buoni risultati, tuttavia si sono riscontrati dei limiti di validità anche nell'utilizzo delle distribuzioni di Lévy troncate. Infatti le (11.30) non riescono a spiegare la variazione della volatilità nel tempo. Per giunta, i parametri α e γ, non sono costanti, ma dipendono fortemente dal tempo (in particolare γ). Ciò implica che gli incrementi dei prezzi non sono indipendenti, ovvero che le variabili aleatorie che si sommano nei processi non sono tra di loro indipendenti ed identicamente distribuite[9]. Ma questa è proprio l'assunzione della teoria del portafoglio che, come abbiamo visto nell'Introduzione, Mandelbrot ha posto in discussione e rigettato. Possiamo quindi dire che le analisi empiriche rivelano i limiti anche dei processi stocastici utilizzati, ma il fatto che una opportuna distribuzione di Lévy sia in accordo impressionante con i dati entro 6 deviazioni standard suggerisce che il limite dei processi di Ito e similari non stia nell'utilizzo di un processo stocastico, ma nella non sufficiente frattalità del modello utilizzato, nel particolare processo stocastico scelto, ancora troppo dipendente dal random walk gaussiano. Quindi l'approccio stocastico non è in contrasto con l'approccio multifrattale, bensì i due metodi si intersecano, con buone possibilità di comprendere meglio i processi finanziari.

11.5 Conclusioni

Concludiamo questo breve capitolo osservando che il modello multifrattale da una parte vede la realtà economica dei prezzi come intrinsecamente caotica ed imprevedibile, dall'altra scopre in questo sistema complesso delle relazioni di invarianza, di ordine. Da una parte critica le previsioni gaussiane della teoria classica, dall'altra ricerca nuove distribuzioni statistiche in grado di fornire previsioni affidabili. In altri termini la maggiore caoticità che il mondo (economico ma non soltanto) mostra, dal punto di vista delle teorie frattali, si affianca alla ricerca di un ordine, di proprietà di invarianza, di persistenza... in questo modo si arriva al notevole risultato di studiare quantitativamente fenomeni complessi ed intrattabili con le usuali distribuzioni statistiche. Sottolineiamo infine due possibili estensioni di quanto detto:

- la dipendenza della varianza rispetto al tempo come espressa nella (11.3), è quella del moto browniano gaussiano. Questo moto, come visto nel Capitolo 4, non è che un caso particolare del moto browniano *frazionale*, quando il parametro di Hurst H è pari ad $1/2$. È naturale pensare alla generalizzazione a processi con $0 \leq H \leq 1$;
- l'assunzione di variabili statistiche indipendenti ed identicamente distribuite è questionabile. Si possono quindi studiare, come nel moto browniano frazionale, correlazioni a lungo range fra le variabili (persistenza ed antipersistenza).

Queste sono le conclusioni alle quali si giunge studiando l'Economia con l'occhio del fisico.

---

[9] Vi sono inoltre problemi nel determinare con esattezza il valore di l, quando non si ha a disposizione un numero sufficiente di dati.

12
I casi di Seveso e Chernobyl

12.1 Introduzione

In questo capitolo illustriamo l'applicazione dei frattali a due situazioni particolari: la distribuzione al suolo del contaminante chimico dovuto all'incidente di Seveso [113] e lo studio dell'evoluzione dell'inquinamento radioattivo dovuto all'incidente nucleare di Chernobyl [114, 115]. I due avvenimenti hanno caratteristiche differenti: l'incidente di Seveso ha portato alla diffusione nell'aria di una sostanza specifica, tossica e pesante, la diossina, ed ha contaminato una estensione di pochi chilometri quadrati; la radioattività implicata nel caso di Chernobyl, invece, è un fenomeno che ha coinvolto decine e decine di nucludi radioattivi diversi, espulsi in sospensione nell'aria proiettata fino a diversi chilometri di altezza nell'atmosfera ed ha contaminato molti Paesi per una estesa parte dell'Europa.

12.2 Seveso: 10 luglio, 1976

Nel comune di Meda [113], al confine con la città di Seveso (a circa 15 km da Milano) sorgeva l'impianto chimico ICMESA SpA che produceva composti chimici per l'industria farmaceutica tra cui il 2,4,5-triclorofenolo (TCP), un composto tossico utilizzato come base per la sintesi di erbicidi. La lavorazione del TCP, di norma, avveniva mediante una reazione esotermica termostatata a 150-160 °C. A temperature molto superiori si può innescare la produzione in concentrazioni molto elevate di 2,3,7,8-tetraclodibenzo-p-diossina (TCDD) o, semplicemente, diossina.

Sabato 10 luglio 1976 alle 12.37 una sovrapressione anomala, causata da una reazione esotermica nella vasca del triclorofenolo, provocò il cedimento del disco di sicurezza del reattore chimico; a 250 °C si ebbe la produzione di TCDD che per distillazione si diffuse nell'atmosfera a causa della mancanza di un polmone di espansione. La fuoriuscita di diossina per distillazione continuò per ore, seguita da semplice evaporazione fino a completo raffreddamento. Soffiava un vento di 5 m/sec;

la scia depositata dalla nube contaminò il terreno seguendo un percorso pressoché lineare per circa 6 km dalla fabbrica verso sud-est. Fu stimato che l'emissione totale fosse dell'ordine di 3000 kg con la maggior parte rimasta contenuta all'interno dello stabilimento. Per il quantitativo di diossina contenuta nella nube tossica trasportata si citano infatti valori che differiscono di vari ordini di grandezza, dai 300 g ai 130 kg.

Nei mesi successivi all'incidente furono condotte varie campagne sistematiche di misura dell'inquinamento e di valutazione del danno ambientale. Tenendo conto della distribuzione dei danni e della presunta direzione della nube tossica si stilò una prima mappa di contaminazione. L'area colpita venne divisa in tre zone: A, B, R (zona di rispetto), a contaminazione decrescente, come indicato in Tabella 12.1. Le campagne di misura sono continuate per diversi anni dal 1976 al 1984, con

Tabella 12.1 Parametri caratteristici delle zone in cui è stato suddiviso il territorio interessato dall'incidente di Seveso, in termini di area, popolazione e concentrazione di contaminante

Zona	A	B	R
superficie (ha)	87.3	269.4	1430
abitanti	706	4.613	30.774
conc. di TCDD ($\mu g/m^2$)	$580.4 \div 15.5$	$4.3 \div 1.7$	$1.4 \div 0.9$

applicazione di diversi metodi analitici, in tutte le zone A, B, e R.

Le Figg. 12.1a-c mostrano la distribuzione geometrica dei prelievi e la relativa concentrazione di TCDD al suolo, misurata in $\mu g/m^2$ (Fig. 12.1a), le isoipse di concentrazione (Fig. 12.1b) e una determinazione della direzione del vento (Fig. 12.1c). In Fig. 12.1a la scala verticale è logaritmica perché i valori numerici variano su un arco di cinque ordini di grandezza. In Fig. 12.1b appare evidente la distribuzione *a macchia di leopardo* del contaminante sul terreno. Evidenti sono anche ampie zone nelle quali sono stati impossibili i prelievi (strade, ferrovia, ecc.). Nelle analisi che seguono sono stati utilizzati i dati di tutte le campagne di misura: 1078 del 1976/77 e 3120 del 1979 [120, 121].

Il problema delle zone senza misure e dei campioni "non valutabili" (nv) è serio per l'analisi statistica perché può falsare i risultati [118]. Una grossolana interpolazione dei dati permette di descrivere la direzione del vento che segue la forma riportata nella Fig. 12.1c ed è data dalla formula ($\chi^2 = 6.8$ con 13 gradi di libertà):

$$Y = (1.09 \pm 0.03) + (4.47 \pm 0.29)[1.0 - e^{(-0.5 \pm 0.02)x}]^{(6.93 \pm 0.45)}.$$

Una interpolazione numerica con i polinomi di Tchebitchev [119], che per la sola zona A richiede 52 parametri, produce una mappa della distribuzione dell'inquinamento nota come "fantasma di Seveso" (Fig. 12.2a). Il metodo, per lo stesso significato di *interpolazione*, tende a *tagliare* i picchi e *riempire* i buchi della distribuzione.

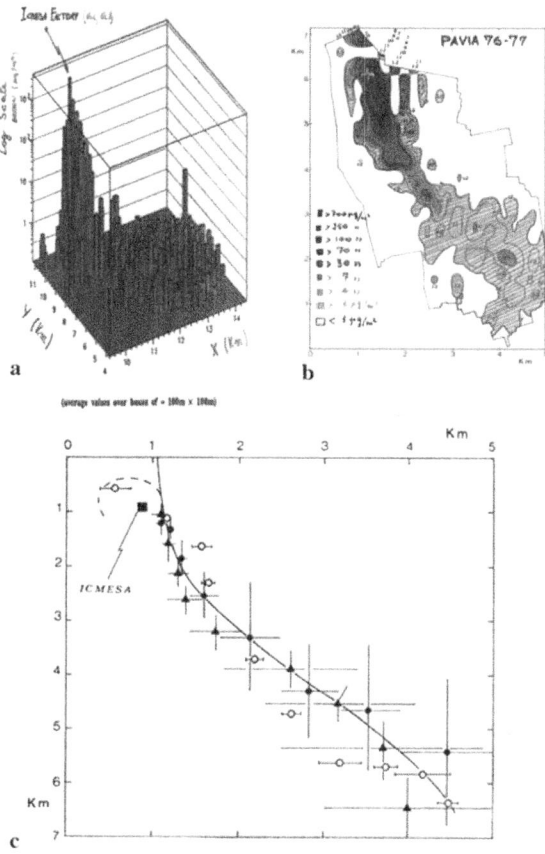

Fig. 12.1 (a) Distribuzione bidimensionale (in scala logaritmica) dei dati in zona A nella campagna 1976/77; (b) curve di livello dei valori nelle tre zone A, B, R (disponibile nel fascicolo a colori allegato al libro); (c) linea di massima contaminazione: campagna del 1979

12.3 Simulazione monofrattale

I dati sono stati simulati usando il metodo delle "somme frattali di impulsi" (Fractal Sum of Pulses, FSP) [122], illustrato nel Capitolo 6.

La strada seguita è stata:

- misurare la dimensione frattale D;
- generare impulsi a bolla;
- applicare la Fractal Sum of Pulses;
- infine, simulare le zone A, B ed R.

Detta x la quantità di TCDD depositata (in $\mu g/m^2$) e detto N il numero di volte che tale quantità è maggiore di x, nelle Fig. 12.3 è riportato il grafico di $\log N$ in funzione di $\log x$.

250   12 I casi di Seveso e Chernobyl

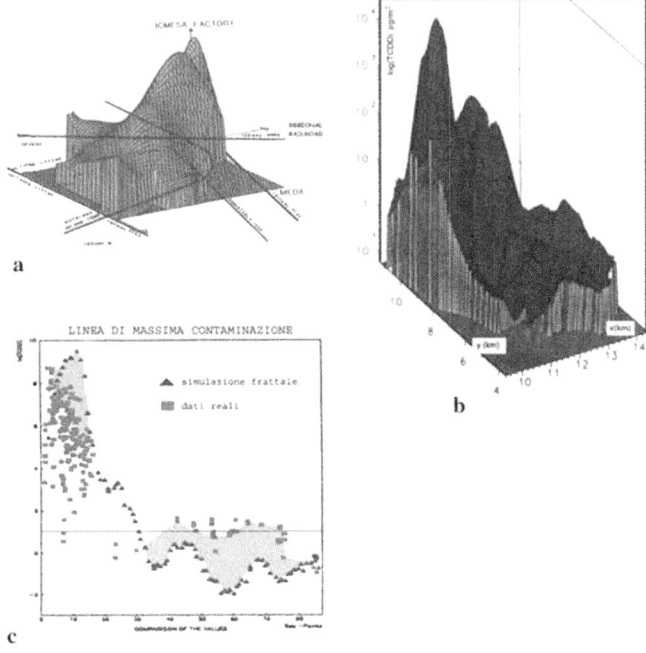

Fig. 12.2 (a) Rappresentazione del "fantasma di Seveso" ottenuto con interpolazione numerica con polinomi di Tchebitchev a 52 parametri per la zona A; (b) simulazione monofrattale, mediante FSP, della distribuzione totale di TCDD nelle zone $A+B+R$; (c) confronto tra i dati simulati col modello monofrattale e i dati sperimentali lungo la linea di massima contaminazione (Fig. 12.2a e b disponibili nel fascicolo a colori allegato al libro)

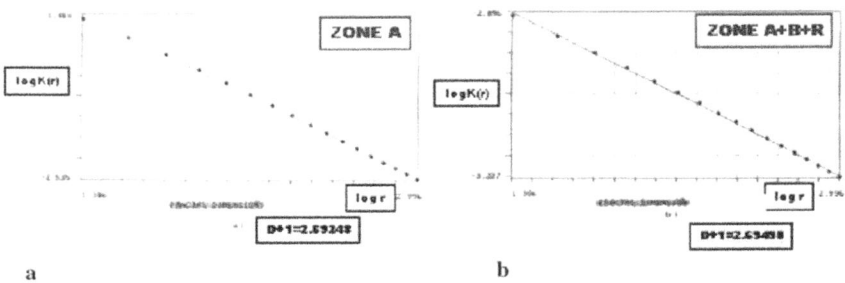

Fig. 12.3 Determinazione della dimensione frattale: (a) zona A; (b) zona $A+B+R$

Eseguendo un fit lineare al grafico bilogaritmico, si misurano le dimensioni frattali della zona A (Fig. 12.3a) e di tutta la zona $(A+B+R)$ (Fig. 12.3b) che risultano: $D_A = 1.69248$ e $D_{(A+B+R)} = 1.69498$.

Si verifica così il rapporto di scala (il rapporto H tra le due aree interessate) che risulta $R = 17.87/0.835 = 21.4$.

Gli impulsi vengono generati in punti estratti a caso in ogni cella ed occupano, nello spazio $E = E(x,y)$, un volume V scelto da una distribuzione probabilistica iperbolica [136]:

$$Pr(V > V^*) \propto \frac{1}{V^*}. \tag{12.1}$$

Questa scelta preserva le proprietà di scaling del fenomeno, infatti:

$$h \cdot Pr(V > hV^*) \propto h\frac{1}{hV^*} = \frac{1}{V^*}.$$

L'intensità dell'impulso frattale da sommare al valore di partenza è definita come nel Capitolo 6:

$$Z = \pm f(r)V^{1/D}$$

dove D è la dimensione frattale, V il volume dell'impulso [generato secondo la funzione (12.1)] e $f(r)$ la funzione gaussiana della distanza tra un generico punto e il centro dell'impulso. Essendo unico il valore di D, il modello è monofrattale.

Il risultato della simulazione è illustrato nella Fig. 12.2b.

Per verificare la validità del modello applicato, si sono confrontati i dati ottenuti dal modello monofrattale con le misure sperimentali esistenti. Il confronto è rappresentato in Fig. 12.2c per la linea di massima contaminazione di Fig. 12.1c.

Per una corretta valutazione occorre considerare due problemi: la mancanza di misure vicino al reattore ICMESA e il fatto che la zona B sia stretta e lunga (Fig. 12.1b).

Vicino allo stabilimento ICMESA mancano misure di concentrazione elevata (mancanza giustificata dalla presenza di strade e di molte costruzioni di abitazione). La zona di massima contaminazione non contiene misure che sono però ben riprodotte dalla simulazione; infine, a partire dalla pos. 40 (ben oltre la zona A), le previsioni della simulazione sono molto in difetto. Una concausa di questo disaccordo è la presenza di oltre il 70% di valori *non valutabili* n.v. a queste distanze dall'ICMESA. Nella Fig. 12.2c sono riportate solo le misure di poco sopra la sensibilità ($0.75\mu g/m^2$). Se si tiene conto della grande massa dei valori nulli riscontrati in quella zona la simulazione recupera l'accordo.

La linea orizzontale segna il livello di $1 \mu g/m^2$ di concentrazione con il che, il disaccordo si ridurrebbe a qualche $10^{-2} \mu g/m^2$ in una zona comunque di sicurezza da un punto di vista epidemiologico.

12.4 Analisi con i multifrattali universali

I dati sono stati anche descritti in termini di multifrattali universali (Capitolo 8) ovverosia considerando l'episodio come fenomeno atmosferico puramente caotico e stocastico. Come noto dal Capitolo 6, i parametri fondamentali dei multifrattali universali sono 3:

- la funzione codimensione $c(\gamma)$, dove γ è l'ordine di singolarità;
- la codimensione del campo medio C_1;
- il grado di multifrattalità o parametro di Levy α.

La statistica del campo multifrattale è data dalla legge di scaling delle distribuzioni di probabilità [cfr. la formula (7.15)]:

$$Pr(\varepsilon_\lambda > \lambda^\gamma) \propto \lambda^{-c(\gamma)}$$

in cui la funzione codimensione è data dalle (8.9) e (8.10):

$$c(\gamma) = C_1 \left(\frac{\gamma}{\alpha' C_1} + \frac{1}{\alpha} \right)^{\alpha'}$$

dove α' è il "grado di multifrattalità" e $(\frac{1}{\alpha} + \frac{1}{\alpha'}) = 1$.

La funzione $c(\gamma)$ si ottiene utilizzando la legge dello scaling multiplo delle distribuzioni di probabilità (PDMS) da cui $Pr(\varepsilon_\lambda > \lambda^\gamma) = Pr\left(\frac{\log(\varepsilon_\lambda)}{\log(\lambda)}\right) > \gamma \approx \frac{N_\lambda(\gamma)}{N_\lambda} \propto \lambda^{c(\gamma)}$ dove $N_\lambda(\gamma)$ è il numero delle "scatole" in cui la disuguaglianza $\frac{\log(\varepsilon_\lambda)}{\log(\lambda)} > \gamma$ è verificata e N_λ è il numero totale di scatole di risoluzione λ. Prendendo il logaritmo degli ultimi due membri otteniamo $\log \frac{N_\lambda(\gamma)}{N_\lambda} = -c(\gamma) \log(\lambda) + \text{cost}$.

Infine $c(\gamma)$ si ottiene effettuando un fit lineare di $\log \frac{N_\lambda(\gamma)}{N_\lambda}$ rispetto a $\log(\gamma)$ per diversi valori di λ e γ.

Il risultato si può osservare nella Fig. 12.4, dove sono riportati i grafici di $c(\gamma)$ e di α ottenuti separatamente per le campagne di misura 1976/77 e 1980/81 eseguite con metodiche abbastanza diverse.

Si ricava che, per entrambe le campagne, il fenomeno risulta essere un processo stocastico con $\alpha \approx 0.42$ e con una codimensione di campo medio di circa $C_1 \approx 1.0$, valori simili a quelli ricavati per la caduta della pioggia [123].

12.5 Chernobyl: 27 aprile, 1986

Il 26 aprile 1986 nella città di Chernobyl avviene il più grave incidente mai accaduto in una centrale nucleare per la produzione di energia elettrica. Alle ore 01,24 una serie di errori e l'esclusione dei sistemi di sicurezza provocano l'esplosione del reattore 4 della centrale, che disperde in aria tonnellate di biossido di uranio, grafite incandescente e prodotti di fissione, tra cui: ^{137}Cs, ^{134}Cs, ^{131}I e ^{132}I. Il pennacchio caldo, denso di fumi, polveri e radionuclidi raggiunge i 5 km di altezza, la ricaduta di particelle radioattive interessa tutti i paesi europei, partendo dalla Scandinavia, per poi investire i paesi dell'Europa centro-meridionale nei primi giorni del maggio 1986. Il deposito al suolo degli agenti inquinanti avviene principalmente per "via umida", cioè tramite il trascinamento degli agenti inquinanti ad opera della pioggia

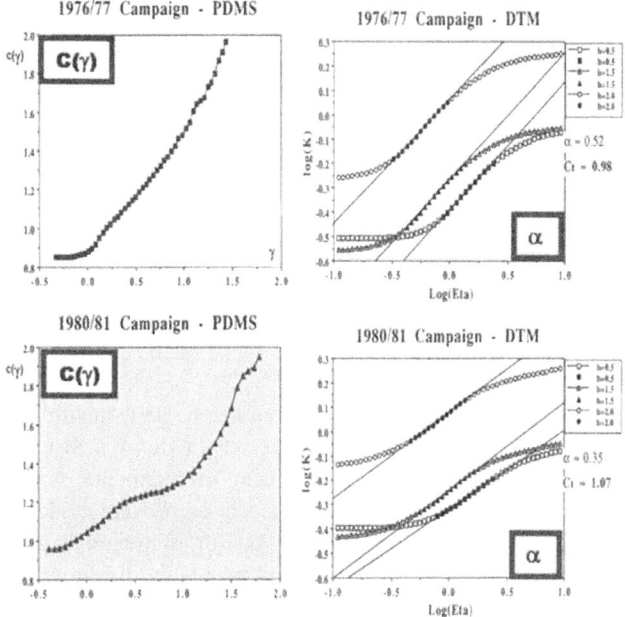

Fig. 12.4 A sinistra: codimensione frattale $c(\gamma)$ vs. γ per le campagne del 1976/77 e 1980/81; a destra: determinazione del grado di multifrattalità α mediante "Double Trace Moments" [eq. (8.25)]

(*wash out*), oppure le particelle stesse possono diventare nuclei di condensazione delle gocce, che a loro volta precipitano sotto forma di pioggia o neve (*rain out*).

12.6 Provenienza e selezione dei dati

La maggior parte dei dati fu raccolta in una apposita banca dati, nell'archivio informatico R.E.M. (Radioactivity Environmental Monitoring) sviluppato presso il Joint Research Center (J.R.C.) della Commissione delle Comunità Europee a Ispra [124], in provincia di Varese. I dati provenienti dall'ex Unione Sovietica sono stati invece recuperati dalle pubblicazioni in lingua russa del *Soviet Hydromet Office* [123] raccolti a Mosca, Obninsk e Minsk tra il 1989 e il 1992. In Tabella 12.2 sono raccolti i

Tabella 12.2 Tabella dei principali nuclidi presenti nella nube radioattiva (10^{15} Bq = 1 PetaBq)

Nuclide	Emi-vita	Attività	Organi interessati
^{134}Cs	2.07 anni	$54 \cdot 10^{15}$ Bq	Muscoli
^{137}Cs	30.09 anni	$85 \cdot 10^{15}$ Bq	Muscoli
^{131}I	8 giorni	1750 Bq	Tiroide

principali nuclidi presenti nella nube tossica a livelli del tutto eccezionali. Per quanto riguarda la contaminazione in aria, sono state impiegate le misure della quantità di radioattività (espressa in Bq m^{-2}) e la data di campionamento; riferite al nord Italia e relative ai radionuclidi ^{137}Cs, ^{134}Cs, ^{131}I, ^{132}I, ^{103}Ru, ^{132}Te; quanto alla posizione della misura (longitudine e latitudine) viene per lo più riportata quella del capoluogo di provincia cui appartiene la località di effettuazione della misura stessa. Questa circostanza condiziona pesantemente la risoluzione spaziale di tutte le simulazioni eseguite. Le misure di deposizione accumulata di ^{137}Cs e ^{134}Cs al suolo coprono l'intero periodo di deposizione individuato dal passaggio della nube sull'Europa; il lavoro illustrato in questo capitolo si concentra sulla sola analisi dell'inquinamento dovuto al ^{137}Cs (nel § 12.8 verranno utilizzati anche i dati riguardanti i nuclidi ^{131}I, ^{132}I, ^{103}Ru e ^{132}Te).

Nella Fig. 12.5 è possibile osservare la distribuzione delle misure di radioattività al suolo in Europa dopo l'incidente di Chernobyl (in Bq/m^2). Si noti come la distribuzione delle località di misura sembra essere inversamente proporzionale alla densità di reattori nucleari installati (ciò appare in particolare evidente in Francia, Inghilterra e Scandinavia). La diversità tra le date di effettuazione delle misure, in certi casi superiore all'anno, ha portato ad un problema di omogeneità temporale. Per questo motivo si è dovuto procedere ad una "rinormalizzazione" ottenuta applicando la legge del decadimento radioattivo corrispondente a ciascun nuclide: $N(t_2) = N(t_1)e^{(-\frac{t_2-t_1}{\tau})}$, dove $N(t)$ rappresenta il numero di nuclidi radioattivi misurato al tempo t, e τ rappresenta la vita media del nuclide in esame.

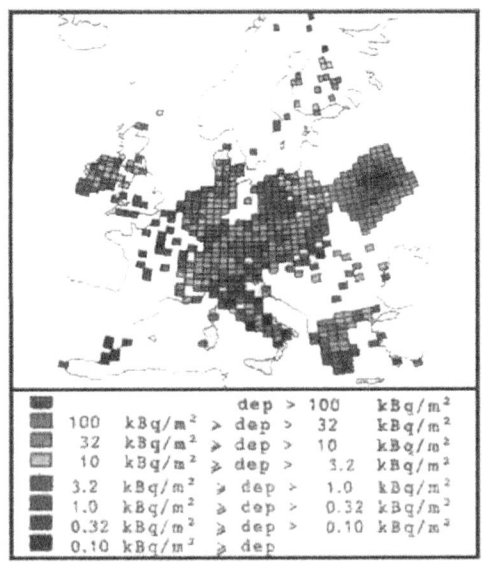

Fig. 12.5 Illustrazione della contaminazione radioattiva in Europa in seguito all'esplosione della centrale nucleare di Chernobyl. La contaminazione segue il codice dei colori come da fascicolo a colori allegato al libro

12.7 La simulazione frattale

Lo studio dei fenomeni di pioggia e la distribuzione delle nubi fatto nei Capitoli 5, 6, 7 e 8, suggeriscono l'utilizzo dei frattali come adeguato strumento d'indagine dei fenomeni di diffusione e fall-out, verificatisi dopo l'incidente di Chernobyl. Il trasporto degli agenti contaminanti è fortemente influenzato dalle condizioni meteorologiche (campi di pioggia, formazioni nuvolose) il cui studio su basi frattali ha portato a notevoli successi, ampiamente documentati in letteratura [130]. D'altro canto, varie cause portano a notevoli fluttuazione nei valori di inquinamento tra zone anche molto vicine tra loro, ulteriore conferma della natura frattale del fenomeno.

L'analisi frattale del fenomeno si è sviluppata lungo i seguenti passi:

- descrivere empiricamente la dinamica temporale del fenomeno tramite lo studio delle curve di arrivo degli inquinanti in Italia[1];
- fare una analisi monofrattale dell'inquinamento in aria nel nord Italia;
- effettuare una analisi multifrattale relativa alla deposizione al suolo degli agenti contaminanti nell'Europa occidentale.

Infine si è provveduto ad una verifica dei risultati ottenuti. Per motivi di spazio ci si limita ad alcuni esempi che confermano la validità delle simulazioni. Chi è interessato può riferirsi ai lavori originali [131], [132], [134].

12.8 Concentrazione in aria: curve di arrivo

I dati relativi all'arrivo della nube radioattiva, generata dall'incidente di Chernobyl, in Italia e in Francia, possono essere descritti da un'unica funzione empirica dipendente da pochi parametri [132]. Questa funzione è valida per le diverse provincie e per i diversi nuclidi. L'interesse è limitato al ^{137}Cs, a causa della sua lunga vita media (circa 30 anni) e quindi della sua permanenza nell'ambiente.

La funzione scelta [132] è del tipo:

$$y(t) = K + \exp\left[\left(-\frac{A}{\tau}t + B\right)\right]\left[1 - \exp\left(\frac{C}{\tau} - t\right)\right] \quad (12.2)$$

dove il tempo è espresso in giorni, contati dalla data dell'incidente.

Ai parametri è possibile dare una interpretazione fisica; τ è la vita media del nuclide in esame, valore ricavato dalla letteratura; K è il "background" radioattivo; A è il parametro indipendente dalla località geografica, legato al nuclide in esame e fornisce una stima della velocità di decadimento della concentrazione in aria (indipendente dalla vita media del nuclide); B è una costante moltiplicativa (positiva) caratteristica della provincia in esame e legata all'intensità del fenomeno inquinante [si è verificato che il rapporto tra i valori di B per diversi nuclidi in diverse provincie

---

[1] Controllate tuttavia a livello europeo nel quadro di un contratto di ricerca finanziato dalla Unione Europea [124].

256   12 I casi di Seveso e Chernobyl

è costante, confermando l'ipotesi che la composizione della nube che ha trasportato l'inquinante sia rimasta uniforme e che le quantità degli agenti inquinanti (di vita media lunga) sono stati in rapporto costante]; C è un parametro di calibrazione (definito positivo) legato al tempo di arrivo della nube in una data località, indipendente dal nuclide in esame, ma caratteristico della provincia. Si può osservare che $\sqrt{C}$ cade in un intorno del picco della funzione interpolante che corrisponde, con ottima approssimazione, al giorno di arrivo della nube.

Le misure raccolte nell'archivio R.E.M. (relative ai nuclidi ^{137}Cs, ^{134}Cs, ^{131}I, ^{132}I, ^{103}Ru e ^{132}Te) sono state interpolate su 15 provincie italiane. A titolo d'esempio, i valori dei parametri B, C e K per 11 provincie esaminate sono raccolti in Tabella 12.3, mentre il valore di A ricavato dal fit è $A = -0.433 \pm 0.004$. Si può osservare che, a parte il valore anomalo ottenuto per il parametro C della provincia di TS, la procedura fornisce risultati attendibili stimando l'arrivo della nube in un periodo compreso tra i 5 e i 9 giorni dopo l'incidente[2].

Tabella 12.3 I parametri B, C e K relativi al ^{137}Cs, interpolati dal Fit (n è il numero dei dati usati nella provincia)

	n	B	C	K
AL	26	3.58 ± 0.13	47.1 ± 0.97	$3.90\cdot10^{-04}\pm6.21\cdot10^{-05}$
LT	47	3.98 ± 0.11	80.9 ± 1.50	$6.49\cdot10^{-03}\pm1.12\cdot10^{-05}$
MI	82	3.55 ± 0.79	30.7 ± 0.44	$4.02\cdot10^{-03}\pm8.47\cdot10^{-04}$
MT	66	4.42 ± 0.05	56.2 ± 1.67	$7.82\cdot10^{-04}\pm8.51\cdot10^{-05}$
PC	50	3.50 ± 0.74	81.0 ± 2.12	$2.65\cdot10^{-03}\pm3.39\cdot10^{-04}$
PV	76	3.40 ± 0.32	36.9 ± 0.31	$7.28\cdot10^{-04}\pm2.47\cdot10^{-05}$
RM	114	4.00 ± 0.79	39.3 ± 0.56	$1.12\cdot10^{-04}\pm1.04\cdot10^{-05}$
VC	58	3.22 ± 0.12	29.3 ± 0.59	$1.16\cdot10^{-03}\pm1.48\cdot10^{-04}$
PA	14	1.00 ± 1.34	33.9 ± 77.3	$2.79\cdot10^{-03}\pm3.02\cdot10^{-04}$
BO	32	2.64 ± 0.75	46.3 ± 1.66	$1.35\cdot10^{-03}\pm1.43\cdot10^{-04}$
TS	12	4.40 ± 0.18	100 ± 74.0	$9.93\cdot10^{-02}\pm1.16\cdot10^{-04}$

12.9 Simulazione per il Nord Italia

Ricostruite le curve di arrivo del ^{137}Cs, si può procedere ad una simulazione dei livelli di inquinamento in aria nel nord Italia usando il metodo del "Fractal Sum of Pulses" (FSP, somma frattale di impulsi) descritto nel Capitolo 6. Il modello FSP permette di tentare una simulazione della concentrazione in aria di ^{137}Cs in tutto il nord Italia, compreso tra le latitudini $43°50'$ e $46°50'$ N e le longitudini $7°00'$ e $14°00'$ E. Si può così passare dai dati provenienti da 10 provincie (circa 22000 km^2) alla descrizione di ben 49 provincie (133000 km^2 circa).

---

[2] I dati di TS vanno pertanto utilizzati con cautela.

In questi limiti geografici viene "costruita" una griglia geometrica arbitraria in cui ogni cella, identificata da latitudine e longitudine, ha una dimensione di 4 km × 5 km, che può essere variata a piacere. Il modello fornisce per ogni cella un valore di inquinamento "al giorno". Ad ogni cella va inizialmente assegnato un valore "guida", legato alla concentrazione di inquinante. I dati sperimentali però coprono solo 10 provincie su 49.

Ad ognuna delle 10 stazioni originali viene allora assegnata un'area geografica di pertinenza definita su un algoritmo di minimizzazione delle distanze che porta al risultato della Fig. 12.6. Pavia e Piacenza sono le 2 sole provincie totalmente confinate. A tutte le celle appartenenti alla stessa area viene assegnato il valore di ^{137}Cs alle coordinate della stazione originale, valore che varia a seconda dell'istante considerato. Questa soluzione porta ad attribuire il valore misurato per una provincia ad una zona molto più ampia; tale accorgimento non viene utilizzato per la descrizione del fenomeno, ma solo come passo iniziale del modello Fractal Sum of Pulses monofrattale.

In questo caso il modello è sviluppato in uno spazio tridimensionale in cui due coordinate sono spaziali (latitudine e longitudine) e una temporale (giorni dall'incidente) e, poiché, la risoluzione temporale è soltanto di un giorno, il tempo viene fatto variare senza fluttuazioni orarie. Ancora, si è scelto di impiegare impulsi a forma di bolla. La generazione degli impulsi è stata fatta con le stesse modalità utilizzate per il caso di Seveso (vedi § 12.3). Per la corretta generazione bisogna, di nuovo, calcolare la dimensione frattale del processo. Possiamo ora riferirci alle nubi e alla pioggia perché, nel caso di Chernobyl, la concentrazione in aria di nuclidi è stata sufficientemente bassa da non aver influito nei processi di condensazione e formazione della pioggia. Possiamo quindi assegnare alla dimensione frattale D il valore 1.67, uguale a quello calcolato per le distribuzioni di nubi [130].

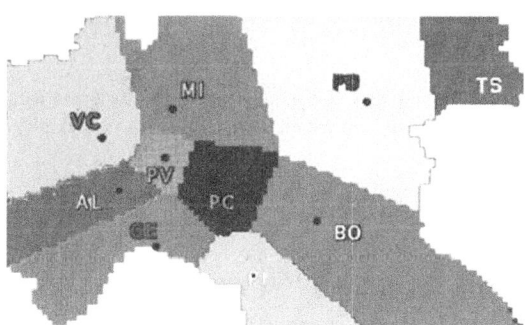

Fig. 12.6 Bacini di pertinenza per la simulazione monofrattale

12.9.1 Risultati finali per il Nord Italia

Una descrizione qualitativa delle previsioni dell'inquinamento nel nord Italia può essere fatta semplicemente guardando la Fig. 12.7. Il campo simulato $R(i, j, k)$, ottenuto dalla sovrapposizione degli impulsi primari, viene rappresentato come una superficie tridimensionale: gli assi x e y (latitudine e longitudine) corrispondono agli indici i e j, mentre sull'asse z viene riportata la concentrazione di ^{137}Cs in aria, generata (o meglio stimata) in Bq/m^3. Le figure illustrano l'evoluzione del fenomeno in giorni diversi; si nota come la simulazione parte da una situazione di quasi totale assenza di inquinanti, raggiunge un massimo dopo circa 8 giorni dall'incidente per poi tornare ai livelli iniziali all'11° giorno.

I risultati sono stati verificati, per consistenza interna, effettuando 10 simulazioni col modello monofrattale, ignorando tra i dati iniziali, di volta in volta, quelli relativi ad una provincia, ottenendo così 10 insiemi di dati generati da simulazioni differenti. Viene quindi valutata la dispersione dei valori calcolati dai 10 data set, relativi ad una data provincia i, rispetto al valore stimato utilizzando la simulazione completa.

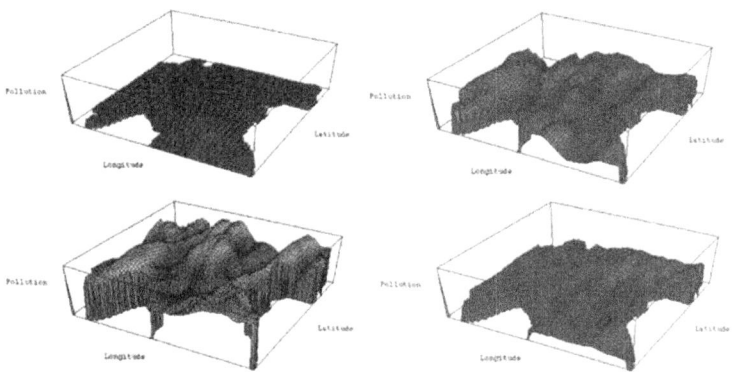

Fig. 12.7 Concentrazioni in aria di ^{137}Cs 4, 6, 8 e 10 giorni dopo l'incidente di Chernobyl (concentrazione secondo la scala di colore indicata nel fascicolo a colori allegato al libro)

12.10 Deposizione al suolo di ^{137}Cs in Europa

In questo paragrafo viene illustrata una procedura utile per descrivere e simulare la deposizione di ^{137}Cs cumulata al suolo in Europa, dovuta all'incidente nucleare di Chernobyl. L'estrema variabilità del fenomeno e lo sfavorevole rapporto tra base campionata e superficie descritta non permettono un'accurata analisi con i metodi statistici classici. L'approccio multifrattale permette di tentare una simulazione del processo partendo dai pochi dati di posizione ed intensità e consente di rispettare la caratteristica che i siti con livello di inquinamento più basso sono distribuiti

12.10 Deposizione al suolo di ^{137}Cs in Europa

(spazialmente) in maniera più uniforme rispetto agli "hot spots" che sono più rari; inoltre esso può caratterizzare numericamente il fenomeno.

Le Figg. 12.8 mostrano i risultati ottenuti per 3 nazioni: Austria, Irlanda e Italia. L'andamento dei fenomeni frattali è condizionato dalle condizioni climatiche e meteorologiche che si sono succedute nei diversi Paesi durante il processo di deposito al suolo del nuclide ^{137}Cs. I valori di soglia variano da $\sim 70\,\mathrm{Bq/m^2}$ per l'Austria a $\sim 35\,\mathrm{Bq/m^2}$ per l'Italia (protetta parzialmente dalle Alpi) a $\sim 6.5\,\mathrm{Bq/m^2}$ in Irlanda, decisamente decentrata e protetta dalle correnti del Golfo che fa soffiare i venti prevalentemente da ovest verso est.

I dati raccolti sono stati sottoposti a un'indagine in termini di multifrattali stocastici per accertare se l'intensità I del fenomeno (ovvero la deposizione cumulata al suolo misurata in $\mathrm{Bq/m^2}$) mostra, asintoticamente, una distribuzione iperbolica in accordo con la relazione di Scaling Multiplo della Distribuzione di Probabilità (PDMS) del Capitolo 7:

$$Pr(I > i) \propto i_i^{-C(i)} \qquad (12.3)$$

dove $C(i)$ rappresenta la funzione codimensione frattale. Questa distribuzione è associata alla proprietà di scaling tipico indizio della (multi)frattalità del fenomeno.

Le figure mostrano che i dati esaminati seguono, almeno asintoticamente, la distribuzione data dalla (12.3).

I dati sono stati anche esaminati in termini di multifrattali universali trattati nel Capitolo 8. Per i dettagli rimandiamo il lettore alla bibliografia originale (da [123] a [140]). Il risultato porta ai valori di α e $C1$ scambiati rispetto a quelli trovati per l'incidente di Seveso e cioè: $\alpha \approx 1.0$ e $C1 \approx 0.5$, tipici dei fenomeni di formazione nuvolose.

Ciò dimostra che dal punto di vista della fisica dell'atmosfera la caduta di TCDD e la presenza nell'aria di sostanze radioattive sono originate, strutturalmente, dallo stesso fenomeno multifrattale con parametro di Lévy α e codimensione media $C1$ semplicemente invertiti.

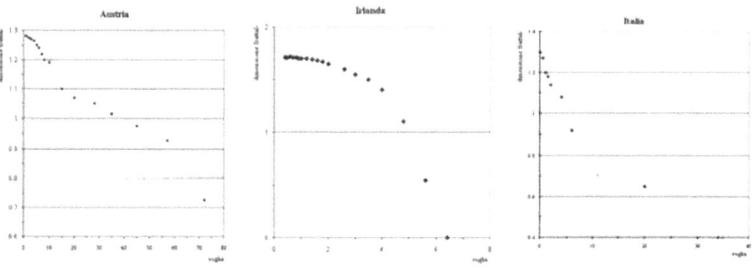

Fig. 12.8 Spettro della dimensione frattale per i dati di Austria, Irlanda e Italia

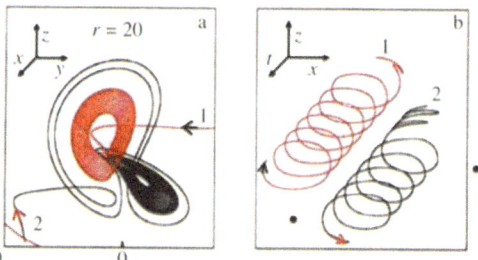

Fig. 9.9 (a) Coesistenza degli attrattori C_1 e C_2; (b) moto delle particelle di fluido nello spazio vero)

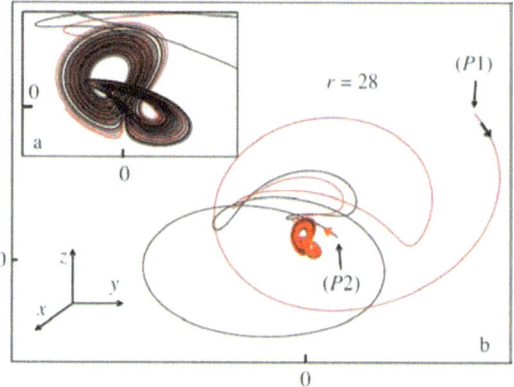

Fig. 9.11 Attrattore di Lorenz: è un attrattore universale per $r = 28$. Qualunque sia la condizione iniziale, la soluzione tende a muoversi sull'attrattore

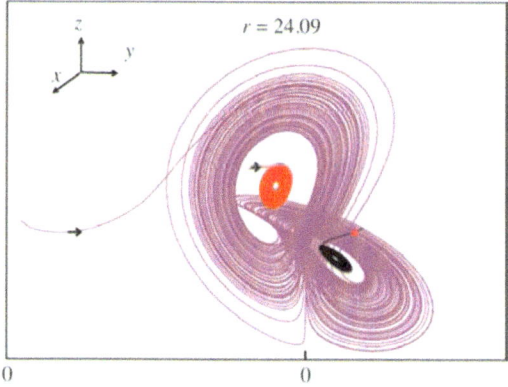

Fig. 9.12 Coesistenza dei tre attrattori per $r = 24.09$

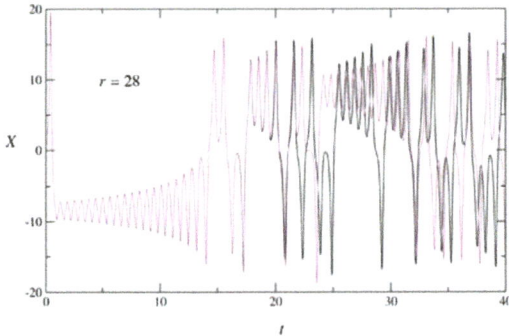

Fig. 9.14 Dipendenza dalle condizioni iniziali di $X(t)$ in scala arbitraria

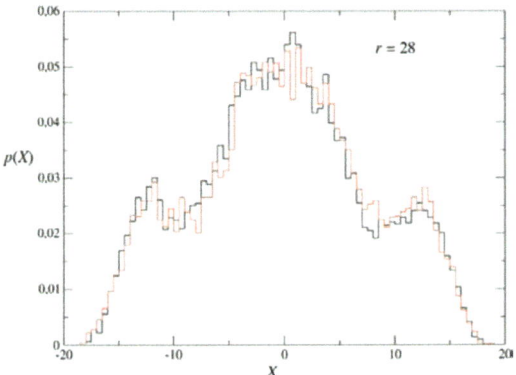

Fig. 9.15 Distribuzione di probabilità per la X nel caso r=28

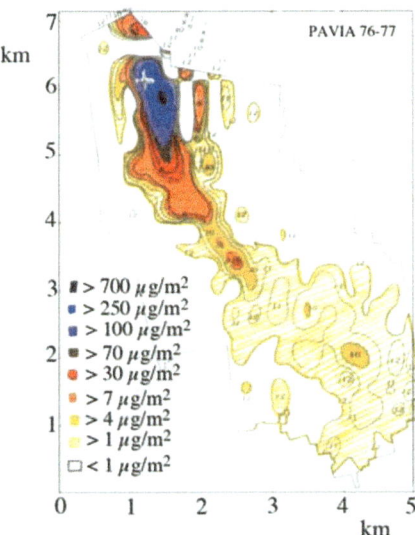

Fig. 12.1b Isoipse di livello dei valori di diossina nelle tre zone A + B + R

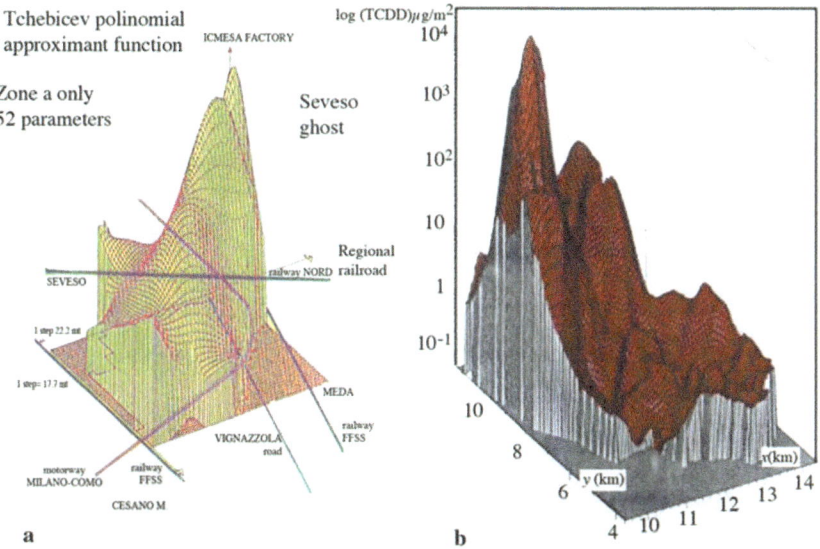

Fig. 12.2a-b (a) Interpolazione a 52 parametri della distribuzione di diossina nel terreno soltanto in zona A; (b) generazione frattale della distribuzione di diossina nelle zone A + B + R

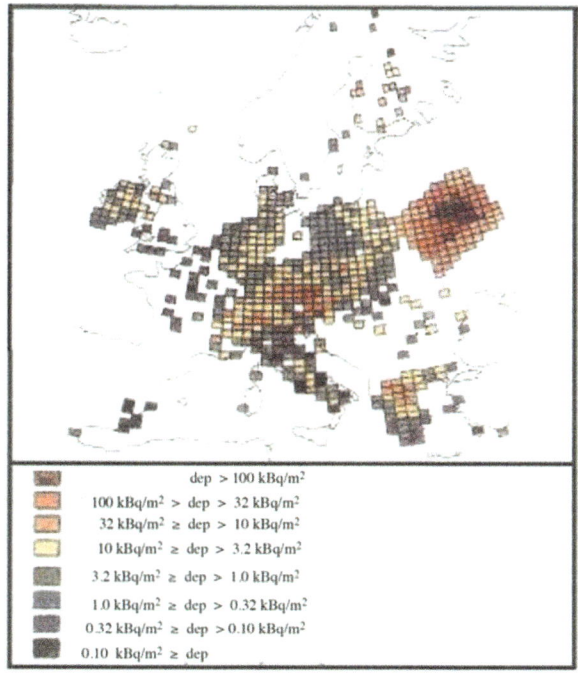

Fig. 12.5 Illustrazione della contaminazione radioattiva in Europa in seguito all'esplosione della centrale nucleare di Chernobyl. L'ammontare della contaminazione segue il codice dei colori

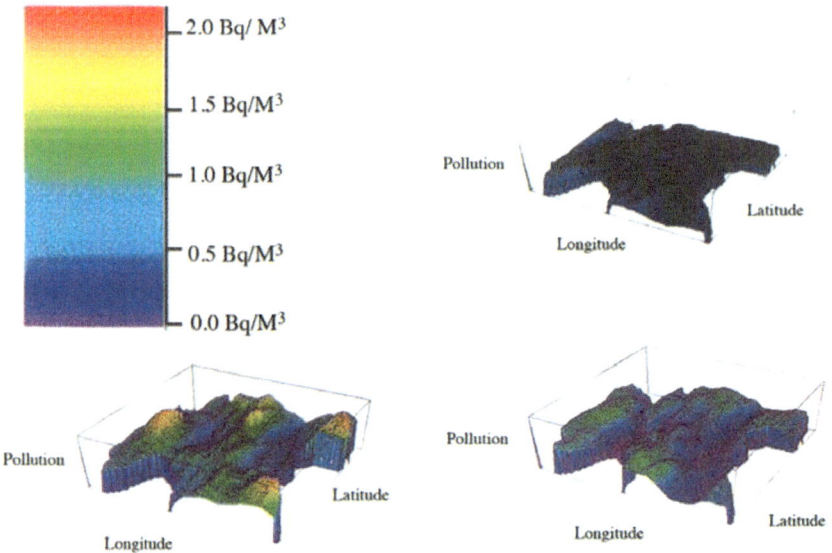

Fig. 12.7 Concentrazioni in aria di ^{137}Cs: dopo (in senso orario) 5, 6, 7 giorni dopo l'esplosione. In alto il codice dei colori

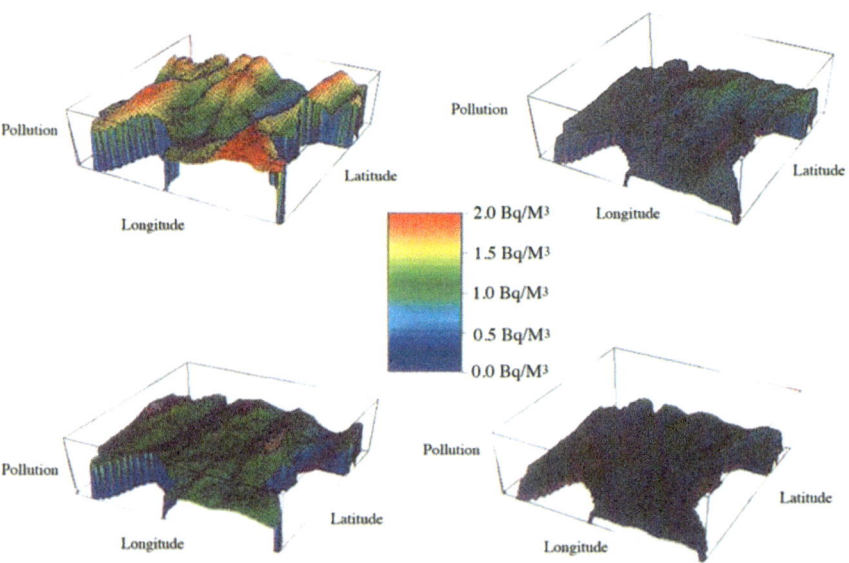

Concentrazioni in aria di ^{137}Cs dopo (in senso orario) 8, 9, 10 e 11 giorni dall'esplosione. Al centro il codice dei colori

Appendice

Richiami di statistica

A.1 Introduzione

Per comprendere appieno le potenzialità delle tecniche multifrattali stocastiche, soprattutto la formulazione dei multifrattali universali e la applicazione dei concetti frattali alla fisica, è necessario richiamare alcune nozioni di statistica e riconsiderarle poi da un punto di vista dal quale non sempre – o quasi mai – sono affrontate nei corsi istituzionali.

Tradizionalmente, nella fisica siamo abituati a trattare principalmente e sostanzialmente tre possibili distribuzioni di probabilità: la distribuzione binomiale di Bernoulli, la distribuzione di Poisson e la distribuzione di Gauss, le ultime delle quali sono peraltro una filiazione della prima.

Come vedremo, però, queste son ben lungi dall'essere le uniche distribuzioni di probabilità importanti nel mondo fisico.

Prima di addentrarci nello studio delle singole distribuzioni è opportuno introdurre il concetto di momento statistico.

Per definizione il momento statistico $M_r(x)$ di ordine r di N valori x_i di una variabile casuale x è definito come:

$$M_r(x) = \frac{\Sigma_i x_i^r}{N}. \qquad (A.1)$$

Il momento del primo ordine è il valor medio μ.

Analogamente, il momento statistico $M_r(\mu)$ di ordine r attorno al valor medio μ, detto anche **momento centrale r-esimo**, è dato da:

$$M_r(\mu) = \frac{\Sigma_i (x_i - \mu)^r}{N} \qquad (A.2)$$

in cui $r = 0, 1, 2, \ldots$

262   Appendice   Richiami di statistica

Ne segue che $M_0(\mu) = 1$, $M_1(\mu) = 0$ e $M_2(\mu) = \sigma^2$. Così il secondo momento centrale è la varianza; $M_3(\mu)$ è detto **skewness** mentre $M_4(\mu)$ è detto **kurtosi**[1].

A.1.1 Distribuzione binomiale di Bernoulli

Se un evento casuale può appartenere a *due soli possibili* insiemi A e B, indicando con p la probabilità a priori che questo evento appartenga all'insieme A e con $(1-p)$ la probabilità che lo stesso appartenga all'insieme B (le notazioni conservano la probabilità unitaria che l'evento appartenga o ad A o a B), possiamo derivare la legge di probabilità che, dalla analisi di n eventi stocasticamente indipendenti, i primi k appartengano all'insieme A ed i rimanenti $(n-k)$ appartengano all'insieme B. La probabilità composta è:

$$P(k) = \overbrace{pp\cdots pp}^{k}\overbrace{(1-p)(1-p)\cdots(1-p)}^{(n-k)} = p^k(1-p)^{n-k}. \quad (A.3)$$

Tuttavia, se non interessa l'ordine con cui si susseguono le appartenenze dell'evento ai due insiemi A o B, il numero di modi possibili con cui si può verificare che l'evento appartenga complessivamente k volte all'insieme A e $(n-k)$ volte all'insieme B, si ottiene moltiplicando la probabilità (A.3) per il numero di combinazioni di n oggetti a k a k: cioè per il coefficiente binomiale:

$$\binom{n}{k} = \frac{n!}{k!(n-k)!}. \quad (A.4)$$

La probabilità risulta più elevata e si ottiene:

$$P_k(n,p) = \binom{n}{k} p^k (1-p)^{n-k} \qquad \text{Bernoulli}. \quad (A.5)$$

È bene ricordare una regoletta mnemonica utile (quella del *triangolo di Tartaglia*): se si sviluppa la potenza di un binomio $(p+q)^n$ la (A.5) non è altro che il termine dello sviluppo di potenza di un binomio che contiene il prodotto $p^k q^{(n-k)}$. Si ottengono facilmente dalla (A.5) il valore della media e della varianza: $\overline{k} = np$ e $\sigma^2 = np(1-p)$.

A.1.2 Distribuzione di Poisson

Matematicamente la distribuzione poissoniana è un caso particolare della distribuzione bernoulliana, o meglio, è una approssimazione della (A.5) corrispondente a

---

[1] Il materiale di questo capitolo si rifà anche ai volumi già pubblicati dall'autore [141].

quando p diventa molto piccolo ($p \ll 1$) mentre, contemporaneamente, il numero di prove (di eventi) diventa molto grande, ma vale la condizione che il prodotto prove-probabilità rimane costante: $np = h$; ($p \ll 1$); ($n \gg k$), condizione detta "delle piccole serie".

La legge binomiale è composta di tre fattori che si moltiplicano:

- il primo è:

$$\binom{n}{k} = \frac{n!}{k!(n-k)!} = \\ = \frac{\overbrace{n(n-1)(n-2)\cdots(n-k+1)}^{k}}{k!} \sim \frac{n^k}{k!} \qquad (A.6)$$

che si può approssimare – come fatto nella (A.6) – nel caso che $n \gg k$;

- il secondo è $(1-p)^{n-k}$ che si può riscrivere – ricavando il fattore $p = \frac{h}{n}$ dalla condizione delle piccole serie – come:

$$(1-p)^{n-k} = \left(1 - \frac{h}{n}\right)^{n-k} \sim \left(1 - \frac{h}{n}\right)^n$$

- in quanto $(n-k) \sim n$ e ci si ferma al primo termine dello sviluppo in serie di Taylor. Ricordando che:

$$\left(1 - \frac{h}{n}\right)^n = 1 - n\frac{h}{n} + \frac{n(n-1)}{2!}\left(\frac{h}{n}\right)^2 + \cdots = 1 - h + \frac{n-1}{n}\frac{h^2}{2!} + \cdots$$

e che:

$$e^{-h} = 1 - h + \frac{h^2}{2!} - \cdots$$

si può porre, per $n \sim (n-1)$:

$$\left(1 - \frac{h}{n}\right)^n \sim e^{-h}$$

ovverosia:

$$(1-p)^{n-k} \sim e^{-h};$$

- il terzo fattore è p^k che si può riscrivere, ancora usando la condizione delle piccole serie:

$$p^k = \frac{h^k}{n^k}.$$

La riscrittura dei tre fattori precedenti permette di approssimare la distribuzione binomiale con una nuova distribuzione $P_k(n,p)$:

$$P_k(n,p) \simeq \frac{n^k}{k!} e^{-h} \frac{h^k}{n^k} = \frac{e^{-h} h^k}{k!}.$$

264 Appendice Richiami di statistica

La distribuzione di probabilità dipende quindi dal prodotto prove-probabilità h che governa contemporaneamente i limiti $n \to \infty$ e $p \to 0$.

$$P_k(h) = \frac{h^k}{k!} e^{-h} \qquad \text{Poisson.} \qquad (A.7)$$

Dalla (A.7) si ottengono facilmente i valori della media e della varianza: $\overline{k} = h$ e $\sigma^2 = h$. La poissoniana è una distribuzione ad un solo parametro.

A.1.3 Distribuzione di DeMoivre-Gauss

La distribuzione gaussiana è anch'essa una approssimazione della distribuzione binomiale che si ottiene quando il numero delle prove (o il numero delle realizzazioni) n è grande ma p non tende a zero, bensì si mantiene costante. Con il che le condizioni (dette delle grandi serie) per ottenere la gaussiana sono: $h = np \to \infty$; $n \to \infty$.

In questo caso k (numero delle prove) diventa infinitesimo e si può fare la approssimazione:

$$\frac{k}{n} \to \frac{dk}{n} = dx.$$

La nuova variabile x diventa continua ed il differenziale dx non è più il "numero di volte che un evento appartiene all'insieme A", bensì è il valore (continuo) che la variabile aleatoria x può assumere nell'evento casuale.

La derivazione non è semplice e noi la omettiamo. Risulta:

$$P(x) = \frac{1}{\sigma\sqrt{2\pi}} e^{-\frac{(x-\overline{x})^2}{2\sigma^2}} \qquad \text{Gauss.} \qquad (A.8)$$

È una distribuzione a due parametri liberi: media $\overline{x}$ e varianza σ^2.

Il teorema di De Moivre [142] dimostra che, per p fisso e per $n \to \infty$, la distribuzione di Bernoulli converge uniformemente alla distribuzione di Gauss.

A.1.4 Teorema del limite centrale

Quando il teorema di De Moivre viene generalizzato, esso costituisce il teorema del limite centrale della statistica (che noi riprenderemo più avanti). Qui ci limitiamo a citarne un enunciato: siano $x_1, x_2, \cdots, x_n$ variabili casuali stocasticamente indipendenti, di distribuzione qualsivoglia a varianza finita. Sotto condizioni molto deboli si può dimostrare che la variabile casuale:

$$y = \sum_{i=1}^{n} x_i \qquad (A.9)$$

obbedisce ad una distribuzione che converge verso una distribuzione gaussiana con una varianza:

$$\sigma^2(y) = \sum_{i=1}^{n} \sigma_i^2. \qquad (A.10)$$

Le condizioni sono:

- che le variabili x_i siano stocasticamente indipendenti;
- che ammettano valor medio $\overline{x_i}$ finito;
- che esista il valor medio di $|x_i - \overline{x_i}|^3$;
- che:

$$\lim_{n \to \infty} \left[\frac{\sqrt{\sum_{i=1}^{n} \sigma(x_i)}}{\sqrt[3]{\sum_{i=1}^{n} \overline{x_i} |x_i - \overline{x_i}|^3}} \right] = \infty.$$

Purtroppo, queste condizioni vengono spesso trascurate o dimenticate ed il teorema applicato ugualmente. Va infine detto che vi sono numerose formulazioni del teorema del limite centrale della statistica e che noi riprenderemo questo tema più avanti in connessione con le possibili generalizzazioni ai processi moltiplicativi.

A.1.5 La distribuzione multinomiale

Partendo dalla distribuzione di probabilità binomiale (A.5) è facile – invece che calcolare la probabilità di ripartizione tra due soli insiemi A e B – avere k insiemi $A_1, A_2, \cdots, A_k$ e calcolare la probabilità che, dati N eventi stocasticamente indipendenti, n_1 appartengano all'insieme A_1, n_2 appartengano all'insieme $A_2, \cdots, n_k$ appartengano all'insieme A_k. È immediato riconoscere che è il caso di una variabile misurata nell'intervallo (a,b), quando si divida l'intervallo (a,b) in k intervallini, cosicché una misura può cadere "soltanto" in uno dei k intervallini. In più deve essere:

$$\sum_{i=1}^{k} n_i = N. \qquad (A.11)$$

Se, come già fatto nel § A.1.1, non ci interessa l'ordine con cui si susseguono le appartenenze dell'evento all'insieme generico A_i, dati N eventi dobbiamo prenderne n_1 da porre nell'insieme A_1: questo si può fare in tanti modi quante sono le combinazioni di N oggetti a n_1 a n_1, cioè in $\binom{N}{n_1}$ modi diversi. Tra i rimanenti $(N-n_1)$ eventi, ne dobbiamo mettere n_2 nell'insieme A_2 e ciò si può fare in $\binom{N-n_1}{n_2}$ modi diversi. Il numero di modi con cui si può costruire la distribuzione aleatoria $\{n_i\} = \{n_1, n_2, \cdots, n_k\}$ è il prodotto $W(n_i)$:

$$W(n_i) = \binom{N}{n_1} \binom{N-n_1}{n_2} \cdots \binom{N-n_1-n_2-\cdots-n_{k-1}}{n_k}.$$

L'ultimo coefficiente binomiale è uno in quanto per la (A.11) coincide con $\binom{n_k}{n_k}$. Tuttavia, per la (A.4) la formula precedente si può riscrivere come:

$$W(n_i) = \frac{N!}{n_1!(N-n_1)!} \frac{(N-n_1)!}{n_2!(N-n_1-n_2)!} \frac{(N-n_1-n_2)!}{n_3!(N-n_1-n_2-n_3)!} \cdots$$

ovverosia:

$$W(n_i) = \frac{N!}{n_1!n_2!\cdots n_k!} \qquad \text{Multinomiale.} \qquad (A.12)$$

La distribuzione multinomiale è una funzione di n_i che è soggetta alla condizione (A.11). Il valore medio di $n_i = \frac{\sum n_i}{k}$ è: $\bar{n} = \frac{N}{k}$ e la varianza $\sigma^2 = \left(\frac{\sum_{i=1}^k n_i^2}{k}\right) - \bar{n}^2 = \overline{n^2} - \bar{n}^2$.

Possiamo condensare le interconnessioni fra le tre distribuzioni principali della statistica con le molteplici distribuzioni usate nella fisica mediante il diagramma della Fig. A.1. In esso viene riassunto come, partendo sempre dalla distribuzione binomiale, si possa passare alla multinomiale e da questa alle distribuzioni di Boltzmann, Bose-Einstein e Fermi-Dirac, trattate nel prossimo paragrafo, oppure, mediante opportune approssimazione (delle piccole serie o delle grandi serie) alla distribuzione poissoniana o a quella gaussiana.

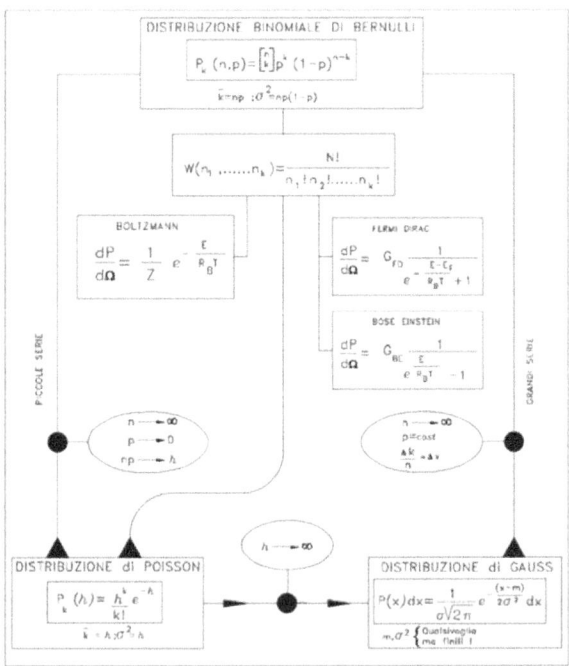

Fig. A.1 Schema delle possibili evoluzioni della distribuzione binomiale

A.1.6 Alcune osservazioni

Ricordiamo che, per comodità, in seguito ci potrà servire la distribuzione di Gauss normalizzata.
Poniamo:
$$x = \frac{x' - \overline{x'}}{\sigma}; \quad dx = \frac{dx'}{\sigma}$$
in modo da scrivere la distribuzione di Gauss semplicemente come:

$$P(x) = \frac{1}{\sqrt{2\pi}} e^{-\frac{x^2}{2}} \quad \text{Gauss-normalizzata.} \tag{A.13}$$

Notiamo esplicitamente ancora che nelle distribuzioni gaussiane e poissoniane scompare completamente il numero delle prove n che è stato fatto tendere a infinito. Notiamo infine una cosa importante: la gaussiana è considerata a "furor di popolo" la "distribuzione normale degli errori". Ma questo è un puro atto di fede. Wittaker e Robinson, nel volume "Calculus of Observations", edito a Londra nel 1929, scrivono esplicitamente:

> ... ognuno crede nella legge gaussiana degli errori: gli sperimentatori perché pensano che sia stata dimostrata dai matematici; i matematici perché pensano che sia stata verificata con esattezza dalle osservazioni sperimentali.

Benoit Mandelbrot fu obbligato ad inventare i frattali proprio perché il rumore elettromagnetico nella trasmissione di segnali digitali – al tempo dei primi trasferimenti via satellite di dati tra calcolatori – era ben lungi dall'essere di tipo gaussiano, il che portava ad un numero troppo elevato di errori di trasmissione.

Occorre infine affermare con chiarezza che le tre distribuzioni fin qui illustrate e che vanno per la maggiore, sono soltanto alcune distribuzioni di probabilità e che esse valgono soltanto per le condizioni per le quali sono state provate.

Per esempio, sappiamo benissimo a nostre spese che, quando la statistica è povera, si è ben lungi dalla situazione $n \to \infty$, per cui la differenza tra due distribuzioni poissoniane (segnale meno fondo) non è una poissoniana bensì una funzione di Bessel del secondo ordine [144] e che la trattazione di dati poveri in statistica è un problema per niente facile da affrontare che esula dai fini del presente volume[2].

A.2 Altre distribuzioni di probabilità

Noi siamo ancorati alla distribuzione binomiale perché ci hanno insegnato a lanciare i dadi ed a giocare con le carte; siamo ancorati alla distribuzione di Poisson perché abbiamo a che fare con i conteggi dei rivelatori di particelle; siamo ancorati

---
[2] Nel 2010 A. Rotondi [145] ha sottoposto a severa critica il problema delle incertezze nella frequenza e nella efficienza in esperimenti di fisica dominati da conteggi di impulsi o di particelle. Il lettore può rifarsi alla referenza originale citata.

alla distribuzione normale o di Gauss per il malinteso di fondo appena citato e per le distrazioni che abbiamo sulle condizioni nelle quali è stato dimostrato da De Moivre il teorema del limite centrale della statistica; fra non molto dovremo superare coscientemente questa distrazione, fare mente locale, e generalizzare correttamente il teorema del limite centrale. Per fortuna lo ha fatto per noi Paul Lévy nel 1925.

Ad onor del vero, va sottolineato che, per piccole variazioni e per molte circostanze, la distribuzione di Gauss "riproduce spesso" le deviazioni delle letture di un indice o di una serie di misure; ma per molte misure, "molto spesso" si osservano delle "code" che eccedono quanto previsto da una gaussiana.

Qui, tuttavia, non vogliamo disquisire sulla bontà di una distribuzione gaussiana di probabilità, bensì considerarla "una fra le tante" e confrontarla "anche" con altre distribuzioni altrettanto utili nella fisica e nella statistica.

A.2.1 Distribuzione rettangolare

La prima distribuzione con cui si ha a che fare è una distribuzione piatta, in mancanza di risoluzione sperimentale:

$$P(x) = k \; ; \; (a \leq x \leq b).$$

Se $P(x)$ è una densità di probabilità, $dP(x) = kdx$ e deve essere:

$$\int P(x)dx = \int_a^b kdx = k(b-a) = 1 \; ; \; k = \frac{1}{b-a}$$

ovvero:

$$P(x) = \frac{1}{b-a} \; (a \leq x \leq b) \qquad \text{Rettangolare.} \tag{A.14}$$

Ogni intervallo dx nell'intervallo (a,b) è equiprobabile: questa è la situazione di quando si analizza la variabile aleatoria x con un passo di approssimazione $\delta = (b-a)$. Oppure, questa è la situazione del primo passo di un processo moltiplicativo a cascata del Capitolo 7. Non sappiamo nulla sulla struttura della distribuzione di x a risoluzione più fina di $\lambda = \frac{1}{\delta}$. Il valore k è il contenuto dell'intervallo $(b-a)$. Possiamo cavare poco da una tale distribuzione: possiamo centrare la distribuzione attorno al punto medio $c = \frac{b-a}{2}$ mediante una opportuna traslazione e ridefinire la distribuzione nell'intervallo $(-c,+c)$. La media vale c.

È facile calcolare il momento statistico di ordine n, $M_n(0)$, rispetto allo zero del nuovo intervallo $(-c,+c)$:

$$M_n(0) = \frac{1}{2c} \int_{-c}^{+c} x^n dx = \frac{1}{2c} \left[\frac{x^{n+1}}{n+1} \right]_{-c}^{+c}. \tag{A.15}$$

Ovviamente, tutti i momenti di ordine dispari sono nulli:

$$M_{2n+1}(0) = 0 \; ; \; n = 1, 2, 3, \cdots$$

Mentre i momenti di ordine pari hanno la forma:

$$M_{2n}(0) = \frac{c^{2n}}{2n+1}.$$

In particolare la varianza vale:

$$\sigma^2 = M_2(0) = \frac{c^2}{3} = \frac{(b-a)^2}{12} = \frac{\delta^2}{12}. \quad (A.16)$$

La (A.16) pone pertanto un limite invalicabile sulla possibile dispersione dei dati analizzati con un passo di approssimazione $\delta = (b-a)$.

A.2.2 Distribuzione di Boltzmann

Partendo dalla distribuzione multinomiale (A.12) si arriva con facilità alla distribuzione della statistica classica di Boltzmann. Se infatti si pensa che gli insiemi A_i tra i quali distribuire gli eventi casuali x_i non siano altro che delle celle dello spazio delle fasi $(x, y, z; p_x, p_y, p_z)$ nelle quali poter collocare le molecole di un sistema microscopico tipo gas perfetto, possiamo pensare che le celle siano abbastanza piccole cosicché le particelle che appartengono alla cella A_i posseggano una energia E_i, in modo che si debba aggiungere alla (A.11) anche la condizione di conservazione della energia:

$$\sum_{i=1}^{k} E_i n_i = E_{\text{tot}}. \quad (A.17)$$

Appare chiaro che la distribuzione di equilibrio è quella che si può realizzare nel numero massimo possibile di modi. Ogni realizzazione del sistema termodinamico si chiama microstato del sistema, mentre la configurazione $\{n_i\} = \{n_1, n_2, \cdots, n_k\}$ si chiama macrostato. Il lettore intuisce immediatamente che il modo di contare i microstati che corrispondono ad un determinato macrostato assume una importanza cruciale: le particelle sono distinguibili? Si possono metter più particelle nella stessa posizione (nella stessa cella)? Quanto piccola può essere presa una cella A_i?

La distribuzione di equilibrio della meccanica classica si ottiene ricercando il massimo della (A.12) sotto le condizioni (A.11) e (A.17). Essendo il logaritmo una funzione monotona sempre crescente, conviene determinare il massimo del logaritmo della (A.12) il che significa in sostanza considerare l'entropia S del sistema fisico che è difinita come proporzionale al logaritmo della probabilità [3].

---

[3] Si veda un volume di Termodinamica.

Definiamo pertanto:

$$F(n_i) = \log W(n_i) = \log N! - \sum_{i=1}^{k} \log(n_i!)$$

e ricordiamo un teorema di Stirling che scriviamo esplicitamente:

$$\log(N!) = \log 1 + \log 2 + \log 3 + \cdots = \sum_{i=1}^{N} \log i = \sum_{i=1}^{N} (1 \cdot \log i).$$

Il significato di questa formula è quello di area della poligonale iscritta sotto la curva della funzione $y = \log x$ ottenuta con immediatezza spezzando l'asse delle x in intervalli $\Delta x = 1$. Una utile approssimazione di $y = \log N!$ per N grande è quindi:

$$y = \log N! \sim \int_{1}^{N} \log x \, dx = [x \log x - x]_{1}^{N}$$

da cui segue il *Teorema di Stirling*:

$$\log N! \sim N \log N - N = N(\log N - 1). \tag{A.18}$$

Si può pertanto riscrivere la funzione $F(n_i)$ come:

$$F(n_i) = \log W(n_i) = N \log N - N - \sum_i n_i \log n_i + \sum_i n_i$$

(il secondo ed il quarto addendo si elidono).

Il massimo della funzione $F(n_i)$ sotto le condizioni (A.11) e (A.17) si ottiene facilmente mediante il metodo dei moltiplicatori di Lagrange [143], che, nella ricerca dei minimi condizionati, consiste nell'aggiungere alla espressione precedente due termini nulli ottenuti dalle (A.11) e (A.17) e cercare quindi il massimo senza condizioni della funzione:

$$F(n_i) = \log W(n_i) + \alpha \left(N - \sum_i n_i \right) + \beta \left(E_{\text{tot}} - \sum_i n_i E_i \right)$$

ovvero:

$$F(n_i) = -\sum_i n_i \log n_i + \sum_i n_i - \alpha \sum_i n_i - \beta \sum_i n_i E_i \tag{A.19}$$

dove α e β sono due parametri da determinare imponendo le due condizioni (A.11) e (A.17). I termini $(+\alpha N + \beta E_{\text{tot}} + N \log N - N)$ sono costanti per cui possono essere tralasciati nel processo di ricerca del massimo.

Derivando la (A.19) rispetto a n_i si ottiene la distribuzione di equilibrio $\{n_i^0\} = \{n_1^0, n_2^0, \cdots, n_k^0\}$:

$$\left[\frac{\partial F(n_i)}{\partial n_i} \right]_{n_i^0} = -\log n_i^0 - \frac{n_i^0}{n_i^0} - \alpha - \beta E_i + 1 = 0.$$

Si ricava facilmente l'equazione:

$$\log n_i^0 = -\alpha - \beta E_i.$$

Passando agli esponenziali si può scrivere immediatamente:

$$n_i^0 = e^{-\alpha - \beta E_i} = G e^{-\beta E_i}.$$

Il parametro β si ricava imponendo la conservazione dell'energia per ogni grado di libertà e risulta:

$$\beta = \frac{1}{kT}$$

dove k è la costante di Boltzmann e T la temperatura assoluta di equilibrio del sistema [146].

In definitiva, passando ad elementi infinitesimi di spazio delle fasi

$$d\Omega = dx dy dz dp_x dp_y dp_z$$

si può scrivere la distribuzione di Boltzmann come:

$$\frac{dn}{d\Omega} = \frac{N_{\text{tot}}}{Z} e^{-\frac{E}{kT}} \qquad \text{Boltzmann.} \tag{A.20}$$

La costante Z si chiama "Zustandssumme" ed è la funzione di partizione cui si perviene imponendo la condizione (A.11).

Vale la pena di sottolineare che, cambiando le variabili, la distribuzione di probabilità in energia diventa [147]:

$$\frac{dn}{dE} = A \sqrt{E} e^{-\frac{E}{kT}}. \tag{A.21}$$

A.2.3 Distribuzioni di Fermi-Dirac e Bose-Einstein

Abbiamo già accennato al fatto che la distribuzione di Boltzmann descrive la distribuzione di probabilità classica, nella quale le particelle sono considerate distinguibili come gli "oggetti" che vengono "distribuiti" a n_1 a n_1 nell'insieme A_1, a n_2 a n_2 nell'insieme A_2, ecc., nella costruzione della distribuzione multinomiale, come fatto nel § A.1.5.

A questo approccio si possono fare tre obiezioni rilevanti:

- non è vero che si possa conoscere contemporaneamente la posizione e la quantità di moto di una particella microscopica (Principio di Indeterminazione di Heisenberg);
- non è fisicamente corretto procedere come se le particelle microscopiche avessero una loro identità e fossero di fatto distinguibili (Principio di Identità);

- nel caso specifico degli elettroni non è vero che in una celletta dello spazio delle fasi si possa metter un numero N_i qualsivoglia di elettroni (cfr. il Principio di Esclusione di Pauli).

La bontà della distribuzione di Boltzmann nel descrivere moltissimi sistemi fisici sta nel fatto che, ad alta temperatura, le molecole o le particelle sono abbastanza lontane cosicché, di fatto, non si confondono mai tra di loro e non si trovano mai nelle circostanze di interagire tra loro così da risentire gli effetti delle tre obiezioni enunciate.

Quando invece, come nel caso dei calori specifici dei solidi a bassa temperatura, le particelle microscopiche sono in condizioni di forte interazione, le condizioni nelle quali abbiamo contato i microstati corrispondenti al macrostato specifico risulta fortemente deficitario [147].

Qui ci limitiamo ad impostare il conteggio nel caso di Fermi-Dirac, che risulta particolarmente semplice, mentre scriveremo semplicemente la formula della distribuzione di Bose-Einstein.

Il conteggio nel caso di elettroni è facile. Lo spazio delle fasi viene suddiviso in celle A_i, ma in esse ci possono stare $n = \frac{A}{h^3}$ compartimenti definiti dal principio di indeterminazione (A è il volume di una cella qualsiasi dello spazio delle fasi, di cui noi ne abbiamo prese k). Infatti, $\Delta x \Delta p_x \sim h$ con h costante di Planck. E ciò vale per le tre coordinate x, y, z. Il compartimentino h^3 *indica l'occupazione di un corpuscolo microscopico nello spazio delle fasi*. Allo spazio delle fasi aggiungiamo un asse degli spin, cosicché ogni compartimento h^3 dello spazio delle fasi può contenere un solo elettrone (con lo spin orientato, per esempio, all'insù). Basta assumere $n = \frac{2A}{h^3}$.

Ciò posto, dati n compartimentini contenuti nella cella A_i dello spazio delle fasi che contenga n_i elettroni, n_i compartimentini possono essere occupati e gli altri $(n - n_i)$ risultano vuoti, perché si può avere un solo elettrone per compartimentino di dimensioni h^3. Il problema è allora semplicemente quello di contare in quanti modi possibili, dati n compartimenti, se ne possono riempire n_i lasciandone $(n - n_i)$ vuoti. Ciò corrisponde al numero di combinazioni di n oggetti a n_i a n_i e cioè:

$$\binom{n}{n_i} = \frac{n!}{n_i!(n-n_i)!}.$$

La multinomiale (A.12) viene pertanto sostituita dalla distribuzione:

$$W(n_i) = \prod_{i=1}^{k} \frac{n!}{n_i!(n-n_i)!}$$

con le solite condizioni (A.11) e (A.17).

Passando ancora ai logaritmi, si ottiene:

$$F(n_i) = \log W(n_i) = \sum_{i=1}^{k} [\log n! - \log n_i! - \log(n-n_i)!]$$

con n ed n_i entrambi numeri grandi. Usando il *Teorema di Stirling* si ottiene:

$$\log W(n_i) = \sum_{i=1}^{k} [n\log n - n - n_i \log n_i + n_i - (n-n_i)\log(n-n_i) + (n-n_i)]. \quad (A.22)$$

Per trovare la distribuzione $\{n_i^0\} = \{n_1^0, n_2^0, \cdots, n_k^0\}$ di massima probabilità occorre usare il metodo dei moltiplicatori di Lagrange come fatto nel § A.2 e massimizzare la funzione:

$$F(n_i) = \log W(n_i) + \alpha \left(N - \sum_i n_i\right) + \beta \left(E_{\text{tot}} - \sum_i E_i n_i\right)$$

nella quale sono state introdotte le condizioni (A.11) e (A.17).

Imponendo $\frac{\partial F}{\partial n_i} = 0$, tenendo presente che n è una costante "per costruzione", si ottiene la distribuzione massimizzata:

$$\{n_i^0\} = \{n_1^0, n_2^0, \cdots, n_k^0\}.$$

Esplicitamente:

$$F(n_i) = \sum_i [-n_i \log n_i - n\log(n-n_i) + n_i \log(n-n_i)] + \\ -\alpha \sum_i n_i - \beta \sum_i n_i E_i \quad (A.23)$$

dove sono stati trascurati i termini $(n\log n + n + \alpha N + \beta E_{\text{tot}})$ costanti.

Derivando rispetto a n_i si ottiene:

$$\left[\frac{\partial F(n_i)}{\partial n_i}\right]_{n_i^0} = -\log n_i^0 - \frac{n_i^0}{n_i^0} + \frac{n}{n-n_i^0} + \log(n-n_i^0) - \frac{n_i^0}{n-n_i^0} + \\ -\alpha - \beta E_i = 0 \quad (A.24)$$

ovvero:

$$\left[\frac{\partial F(n_i)}{\partial n_i}\right]_{n_i^0} = -\log n_i^0 + \log(n-n_i^0) - \alpha - \beta E_i = 0$$

o anche:

$$\log(n - n_i^0) - \log n_i^0 = \alpha + \beta E_i.$$

Passando agli esponenziali, ponendo $\alpha = \log B$ si ottiene:

$$\log \frac{(n - n_i^0)}{n_i^0} = \log B + \beta E_i$$

$$\log \left[\frac{\frac{n}{n_i^0} - 1}{B}\right] = \beta E_i$$

e finalmente:

$$\frac{n_i^0}{n} = \frac{1}{Be^{\beta E_i}+1}.$$

Il valore di β è sempre lo stesso $\beta = \frac{1}{kT}$. Pertanto, passando agli infinitesimi, tenendo presente il volume elementare $d\Omega$ dello spazio delle fasi:

$$n = \frac{2A}{h^3} \to \frac{2A}{h^3} dx dy dz dp_x dp_y dp_z = \frac{2A}{h^3} d\Omega$$

si può scrivere, integrando la parte geometrica:

$$\frac{dN}{dp_x dp_y dp_z} = G \frac{1}{Be^{\frac{E}{kT}}+1}.$$

Per ragioni di opportunità è bene porre:

$$B = e^{-\frac{E_F}{kT}}$$

con il che il parametro E_F acquista il significato di *Energia di Fermi*. La distribuzione di Fermi-Dirac si può finalmente scrivere nella forma:

$$\frac{dN}{d\Omega} = G \frac{1}{e^{(\frac{E-E_F}{kT})}+1} \qquad \text{Fermi-Dirac.} \qquad (A.25)$$

Come fatto per la (A.21) possiamo scrivere la distribuzione energetica di Fermi-Dirac nella forma:

$$\frac{dN}{dE} = G' \frac{\sqrt{E}}{e^{(\frac{E-E_F}{kT})}+1} \qquad (A.26)$$

(il valore di G' è $G' = (4V/h^3)(2m_e)^{3/2}$ dove m_e è la massa dell'elettrone).

La formula (A.26) acquista una importanza fondamentale a bassa temperatura, in particolare allo zero assoluto. Va notato che fino a temperature di $10^3 - 10^4$ gradi Kelvin, la distribuzione (A.26) rimane sostanzialmente identica a quella che si ha allo zero assoluto.

A quella temperatura, all'esponente del denominatore si ha un termine che è 1 o 0 secondo il segno di $(E - E_F)$. Se $(E - E_f) > 0$ il denominatore contiene un addendo infinito cosicché $dN/dE = 0$; mentre invece, se $(E - E_F) < 0$, l'addendo esponenziale è nullo e la distribuzione allo zero assoluto diventa:

$$\frac{dN}{dE} = G'\sqrt{E} \; ; \quad \text{per } (E < E_F). \qquad (A.27)$$

La (A.27) descrive, con buona approssimazione, la distribuzione energetica degli elettroni di conduzione all'interno di un conduttore. Il valore E_F varia poco coll'energia; detta E_{F0} l'energia di Fermi allo zero assoluto, E_F varia con la temperatura

secondo la legge:
$$E_F = E_{F^0}\left[1 - \frac{\pi^2}{12}\left(\frac{kT}{E_{F^0}}\right)^2 + \cdots\right].$$

Per il tungsteno $E_{F^0} = 8.95$ eV, mentre per $T = 10^4$ gradi Kelvin E_F diminuisce del 10 percento.

La distribuzione di Bose-Einstein si ottiene invece cambiando il metodo di conteggio dei microstati tenendo conto che ogni insieme A_i della spazio delle fasi va riempito prima con compartimentini di dimensioni h^3, ed ogni compartimentino va riempito tenendo conto del principio di identità e del fatto che ognuno di essi può contenere un numero qualsiasi di particelle microscopiche [147]. Il risultato è:

$$\frac{dN}{d\Omega} = \frac{A}{e^{\frac{E}{kT}} - 1} \qquad \text{Bose-Einstein} \qquad (A.28)$$

ovvero, per la distribuzione energetica:

$$\frac{dN}{d\Omega} = \frac{A\sqrt{E}}{e^{\frac{E}{kT}} - 1}.$$

A commento finale di questo rapido riassunto delle tre distribuzioni statistiche classiche e quantistiche possiamo notare che tutte e tre si possono fare risalire ad un solo tipo di distribuzione che possiamo sintetizzare sotto la forma:

$$\frac{n_i}{n_i^0} + \delta = Be^{\frac{E_i}{kT}}$$

con:

i) $\delta = 0$ per la statistica di Boltzmann;
ii) $\delta = +1$ per la statistica di Bose-Einstein;
iii) $\delta = -1$ per la statistica di Fermi-Dirac.

Si riconosce immediatamente che, per $\frac{E}{kT} \gg 1$, come si verifica nei sistemi estremamente rarefatti, le tre statistiche coincidono. Fatta eccezione per le temperature prossime allo zero assoluto e tranne che per casi particolari, si può trascurare l'effetto della meccanica quantistica. Ciò giustifica l'uso della statistica di Boltzmann nella grande maggioranza dei casi di applicazione delle leggi statistiche ai sistemi di molte particelle.

Per queste distribuzioni è rilevante il valore medio dell'energia che è: $\overline{E} = kT$.

A.2.4 Distribuzione esponenziale

Il comportamento esponenziale della distribuzione di Boltzmann non deve far pensare che ad essa vada attribuita una particolare importanza dal punto di vista statistico.

Si può facilmente arrivare a distribuzioni esponenziali con argomenti molto più semplici e lineari che non quelli che ci hanno fatto partire dalla distribuzione multinomiale.

Consideriamo infatti l'assorbimento di un raggio di luce da parte di un mezzo trasparente e calcoliamo l'intensità della luce alla profondità x nel mezzo trasparente.

Dato un raggio di luce di intensità I_0, il quale incida sulla superficie di separazione di un mezzo trasparente, poniamo che l'intensità $-dI(x)$ di luce assorbita da uno spessore dx del mezzo, a profondità x, sia proporzionale a dx e ad $I(x)$ in quel punto. Poniamo cioè:

$$-dI = kI(x)dx$$

dalla quale si ricava immediatamente:

$$\frac{dI}{I(x)} = -kdx$$

da cui:

$$I(x) = I_0 e^{-kx}$$

avendo posto la condizione iniziale: $I(0) = I_0$, per $x = 0$.

Di solito si chiama $x_0 = 1/k$ lunghezza di assorbimento e si scrive l'intensità di luce che sopravvive alla profondità x come:

$$I(x) = I_0 e^{-\frac{x}{x_0}}.$$

Lo stesso risultato si ottiene per:

i) il numero di atomi radioattivi che decadono con vita media τ partendo da un campione iniziale di N_0 atomi;
ii) il numero $N(x)$ di particelle, che sopravvivono alle interazioni attraversando un mezzo di cammino di interazione x_{int};
iii) il numero $N(x)$ di fotoni che sopravvivono alle interazioni elettromagnetiche attraversando un mezzo di cammino di radiazione x_r.

Per tutti questi fenomeni di assorbimento stocastico si può scrivere una densità di probabilità del tipo:

$$P(t) = \frac{dP}{dt} = \frac{1}{\tau} e^{-\frac{t}{\tau}} \tag{A.29}$$

come distribuzione di probabilità (normalizzata) di un sistema instabile ma peraltro "libero" e non stocasticamente vincolato nella sua probabilità di transizione.

Qui è importante il significato fisico di $\tau = \bar{t}$ o di $\bar{x}$ e molto meno quello della varianza.

A.2.5 Distribuzione di Breit-Wigner o di Cauchy

È noto dal corso di Istituzioni di Fisica Nucleare, o meglio dai tempi di Enrico Fermi e dalla teoria dei fenomeni di risonanza, che se l'autofunzione di un sistema perturbato si scrive:

$$\Psi = \sum_i a_i u_i e^{-\frac{i}{\hbar}E_i t}$$

con u_i autofunzioni degli stati imperturbati di energia E_i ed a_i ampiezze degli stati imperturbati della sovrapposizione, si arriva ad una ampiezza attorno all'energia di risonanza E_r del tipo:

$$|a|^2 = K \frac{\Gamma^2}{\Gamma^2 + (E - E_r)^2}.$$

E poiché il quadrato di un'ampiezza è la probabilità di transizione, si ha:

$$\frac{dP(E)}{dE} = K \frac{\Gamma^2}{\Gamma^2 + (E - E_r)^2} \qquad \text{Breit-Wigner.} \tag{A.30}$$

Ponendo $x = \frac{(E - E_r)}{\Gamma}$ si può scrivere una densità di probabilità normalizzata:

$$P(x) = K \frac{1}{1 + x^2} = \frac{1}{\pi} \frac{1}{1 + x^2} \qquad \text{Cauchy} \tag{A.31}$$

per la quale vale la normalizzazione:

$$\frac{1}{\pi} \int_{-\infty}^{\infty} \frac{dx}{1 + x^2} = 1.$$

La (A.31) è la distribuzione di Cauchy. Per questa distribuzione – che pure è una distribuzione a campana – il valor medio risulta infinito. Infatti, posto $y = \frac{x^2}{2}$ si scrive:

$$\bar{x} = \frac{1}{\pi} \int_{-\infty}^{\infty} \frac{x\,dx}{1 + x^2} = \frac{1}{\pi} \int_0^{\infty} \frac{dy}{1 + y} = \frac{1}{\pi} [\ln(1 + y)]_0^{\infty} = \infty - 0.$$

Anche la varianza risulta infinita:

$$\sigma^2 = \frac{1}{\pi} \int_{-\infty}^{\infty} \frac{x^2\,dx}{1 + x^2} = \frac{1}{\pi} \int_{-\infty}^{\infty} \frac{[(x^2 + 1) - 1]\,dx}{1 + x^2} =$$
$$= \frac{1}{\pi} \int_{-\infty}^{\infty} dx - \frac{1}{\pi} \int_{-\infty}^{\infty} \frac{dx}{1 + x^2} = \infty - 1. \tag{A.32}$$

La distribuzione di Cauchy riveste carattere di particolare importanza come elemento di separazione tra le variabili stocastiche iperboliche e quelle provenienti da generatori gaussiani.

Conviene notare che la distribuzione (A.30) è caratterizzata dalla moda E_r e dalla larghezza a metà altezza Γ piuttosto che dal valor medio e dalla varianza!

Cioè Γ viene assunto come estimatore della dispersione di x attorno alla *moda* della distribuzione, ovverosia attorno al valore di massima frequenza.

A.2.6 Altri estimatori di dispersione: il quantile

Nelle scienze economiche la varianza σ^2 non è molto usata ed è spesso sostituita da altri estimatori di dispersione che non divergano facilmente. In effetti, anche per una gaussiana, la varianza fornisce delle indicazioni peculiari: la probabilità che un valore casuale x cada entro un intervallo $(m - \sigma, m + \sigma)$ attorno al valore medio è $P(\sigma) \sim 0.68$ che non è un numero tondo ed è di poco interesse per gli economisti.

Molto usato è il *quantile*, una grandezza che si può adattare a molteplici esigenze.

La definizione è molto semplice: data una densità di probabilità normalizzata generica $p(x)$ per cui:
$$\int_{-\infty}^{+\infty} p(x)dx = 1$$
e data la sua funzione primitiva:
$$G(x) = \int_{-\infty}^{x} p(x)dx$$
si definisce *quantile di ordine k* il valore x^* per cui:
$$G(x^*) = k.$$

Il quantile di ordine $k = 1/2$ è la *mediana*; il quantile di ordine $k = 1/4$ si chiama *quartile*. Da questa ultima grandezza deriva la *deviazione interquartile* (in sostituzione della deviazione standard σ) definita come:
$$s = \frac{x_{3/4} - x_{1/4}}{2}$$
che individua l'intervallo attorno alla media che racchiude il 50% (invece che il 68%) dei valori casuali. La deviazione interquartile è un estimatore delle fluttuazioni attorno alla moda, altrettanto buono della deviazione standard attorno alla media, con il vantaggio che, per definizione, ha sempre un valore finito anche quando la varianza (e la deviazione standard) non è definita o è infinita.

A.2.7 Variabili, parametri e voli di Lévy

Avendo introdotto almeno una distribuzione senza valore medio definito e con varianza infinita, conviene riprendere il *Teorema di de Moivre* del § A.1.4, ricordando le condizioni di applicabilità.

A.2 Altre distribuzioni di probabilità

Supponiamo di avere un numero k ($k > 2$) di variabili aleatorie x_i con distribuzioni di probabilità normalizzate:

$$\int p_i(x)dx = 1$$

di media μ_i e varianza σ_i finita.

Il teorema del limite centrale della statistica di De Moivre, sotto le specifiche condizioni del § A.1.4 afferma che la sommatoria rinormalizzata delle variabili aleatorie mostra una distribuzione che converge verso una distribuzione gaussiana.

Se indichiamo con $\doteq$ l'uguaglianza fra distribuzioni di probabilità possiamo scrivere che, se:

$$x \doteq \sum_{i=1}^{k} x_i \; ; \; p(x) = \sum_{i=1}^{k} p_i(x) \to \frac{1}{\sigma\sqrt{2\pi}} e^{-\frac{(x-\mu)^2}{2\sigma^2}}$$

dove:

$$\mu = \sum_{i=1}^{k} \mu_i \tag{A.33}$$

il valor medio è la somma dei valori medi:

$$\sigma^2 = \sum_{i=1}^{K} \sigma_i^2 \tag{A.34}$$

ovvero: *la varianza è la somma delle varianze*.

Quanto sopra mostra che la gaussiana rappresenta il *bacino di attrazione* per la somma di variabili stocastiche indipendenti a varianza finita, nel senso che ad essa tende la somma di variabili aleatorie indipendenti sotto condizioni abbastanza deboli.

È lecito chiedersi cosa si possa fare per le distribuzioni la cui varianza è indefinita, quale è il caso della distribuzione di Breit-Wigner o di Cauchy. È bene sottolineare come non sia difficile generare una distribuzione di probabilità a varianza o a valor medio non definiti: abbiamo imparato nel Capitolo 6 che una distribuzione iperbolica del tipo $P(x) = kx^{-q}$ non ammette momenti statistici finiti dall'ordine $(q-1)$ in sù.

Abbiamo visto nel § 2.7 che l'intervallo interquartile è, per definizione, sempre finito.

È dovuta a Paul Lévy (1925) una generalizzazione del teorema del limite centrale che si riduce alla generalizzazione della (A.10) secondo la linea delle generalizzazioni che hanno portato alla definizione delle dimensioni frattali.

Ferma restando la condizione (A.33) della media somma dei valori medi, il teorema stabilisce che: *l'estimatore s di dispersione finita della variabile aleatoria, somma rinormalizzata di k variabili aleatorie normalizzate x_i stocasticamente* *indipendenti, di dispersione finita s_i, è data da*:

$$s^\alpha = \sum_{i=1}^{k} s_i^\alpha \qquad (A.35)$$

con α non necessariamente uguale a 2. La relazione (A.35) ha senso per ogni valore di α reale, positivo inferiore a due ($0 < \alpha \leq 2$).

Il parametro α caratterizza così una particolare distribuzione di Lévy e prende il nome di *parametro di Lévy*. Le variabili vengono dette anche *variabili di Lévy*.

È facile dimostrare che, nel caso di più gaussiane, la relazione (A.10) vale anche per l'intervallo *interquartile*; cioè:

$$s^2 = \sum s_i^2. \qquad (A.36)$$

Vedremo nel prossimo paragrafo che per una distribuzione di Cauchy vale la relazione:

$$s = \sum s_i \qquad (A.37)$$

e per un moto browniano gaussiano di Capitolo 4 vale la relazione:

$$\sqrt{s} = \sum \sqrt{s_i}. \qquad (A.38)$$

La gaussiana $\alpha = 2$, quindi, rappresenta il caso estremo di uno spettro continuo di comportamenti statistici. A ciascun valore di α positivo e minore di due corrisponde una particolare distribuzione statistica invariante.

Non soltanto: Lévy ha dimostrato che, per ciascun valore di α, esiste un teorema del limite centrale per il quale ciascuna delle distribuzioni corrispondenti rappresenta il *bacino di attrazione* per la somma stocastica di distribuzioni aleatorie appartenenti alla stessa classe individuata dal valore di α. Queste classi sono note con il nome di *classi di Lévy*.

Alla luce di queste considerazioni, un *random walk* del tipo di quelli incontrati nel Capitolo 6 in cui la lunghezza dei salti monodimensionali segue una distribuzione di Lévy [45] (quindi anche con momenti statistici non definiti, come avviene per le distribuzioni iperboliche di probabilità) si chiama, come abbiamo già visto nel già citato Capitolo 6, **volo di Lévy** (cfr. anche Capitolo 10). In realtà, occorre aggiungere che gli intervalli di tempo cui corrispondono i salti risultino finiti in media. Il termine *voli di Lévy* è stato introdotto da Mandelbrot [1] per indicare la generalizzazione del termine *random flight* ovverosia random walk in uno spazio continuo.

A.3 Le distribuzioni log-normali

In una vasta classe di modelli matematici a cascata aleatoria, tra cui i modelli trattati nel Capitolo 7, si crea una cascata a partire da un insieme con densità costante ed

A.3 Le distribuzioni log-normali

uniforme; ad ogni passo successivo, l'insieme viene suddiviso – in modo opportuno – in sottointervalli di passo di approssimazione δ_n e si moltiplica la densità di ciascun sottointervallo per un valore estratto a caso da una determinata distribuzione di probabilità. La densità aleatoria x del "bin" δ, a risoluzione $\lambda = 1/\delta$ del n-esimo passo della cascata, è dato dalla densità iniziale (che abbiamo spesso preso unitaria) moltiplicata per n variabili aleatorie x_i:

$$x \doteq \prod_{i=1}^{n} x_i. \qquad (A.39)$$

Occorre pertanto estendere opportunamente il teorema del limite centrale al prodotto di variabili aleatorie indipendenti per capire come le proprietà della variabile aleatoria x sono controllate dalle proprietà statistiche delle variabili aleatorie $x_1, x_2, x_3, \cdots, x_n$.

Il problema non è difficile, grazie alle proprietà della funzione logaritmo. Infatti, volendo studiare le proprietà della variabile aleatoria (A.39), basta studiare le proprietà della funzione logaritmo:

$$y = \log x = \log\left(\prod_{i=1}^{n} x_i\right) = \sum_{i=1}^{n} (\log x_i) = \sum_{i=1}^{n} y_i. \qquad (A.40)$$

Ciò corrisponde ad una somma di variabili aleatorie a cui si può applicare la generalizzazione del teorema del limite centrale. Fatto ciò, si passa all'esponenziale. È evidente la convenienza di avere a disposizione una serie di risultati, già dimostrati, che si possono utilizzare.

Per definizione quindi, si dice log-normale una variabile aleatoria il cui logaritmo è distribuito come una gaussiana:

$$P(x) = \frac{1}{\sigma\sqrt{2\pi}} e^{-\frac{(\log x - \mu)^2}{2\sigma^2}} \qquad \text{log-normale}. \qquad (A.41)$$

Conviene ricordare esplicitamente che $\mu = \overline{\log x}$ e che σ è la varianza di $\log x$.

Per quanto detto, rovesciando il ragionamento, se le variabili y_i sono normali e per la loro somma $\sum y_i$ vale il teorema del limite centrale, le variabili x_i sono log-normali ed il prodotto $\prod x_i$ è log-normale.

Pertanto, la variabile prodotto di variabili log-normali è essa stessa una variabile log-normale; così come una gaussiana è invariante per somma, così una log-normale è invariante per prodotto.

In analogia con quanto detto nel § A.1.4 a proposito del teorema del limite centrale, affinché il prodotto di n variabili sia una log-normale, non è strettamente necessario che tutte le variabili x_i lo siano: per n abbastanza grande, è sufficiente che il loro logaritmo abbia varianza finita, così da rientrare nelle ipotesi di validità del teorema. Allora, la log-normale rappresenta il *bacino di attrazione* per il prodotto di variabili stocastiche indipendenti i cui logaritmi abbiano varianza finita. Ciò sottolinea l'importanza che la log-normale assume nei processi moltiplicativi.

A.4 Le funzioni caratteristiche

Per comprendere a fondo il significato delle generalizzazione del teorema del limite centrale fatta nel § A.1.4, ricordiamo che la descrizione della somma di variabili aleatorie impone la convoluzione delle distribuzioni di probabilità che implicano a loro volta il prodotto delle loro trasformate di Fourier [150].

Consideriamo infatti la somma di due variabili aleatorie con distribuzione qualsivoglia $P(x)$ e $Q(x)$. La variabile somma mostra una distribuzione che è data dalla convoluzione delle due funzioni P e Q:

$$R(y) = \int_{-\infty}^{+\infty} P(x)Q(x-y)dx = P*Q.$$

In generale un tale integrale non è affatto semplice da calcolare direttamente. Solo grazie alle trasformate di Fourier si può spesso arrivare al risultato in modo indiretto. Infatti, la trasformata di Fourier di $R(x)$ è il prodotto delle due trasformate di $P(x)$ e $Q(x)$: si può pertanto fare il prodotto delle due trasformate di Fourier e *poi* antitrasformare per ottenere $R(x)$. Lo stesso si può dire delle antitrasformate: l'antitrasformata della convoluzione è il prodotto di antitrasformate; quindi, ancora una volta, note le due antitrasformate di $P(x)$ e $Q(x)$ se ne fa il prodotto e *poi* si fa la antitrasformata per ottenere $R(x)$. In statistica si preferisce adottare questa seconda strada. La antitrasformata di Fourier di una densità di probabilità è detta *funzione caratteristica*.

Data una densità di probabilità $P(x)$, la sua funzione caratteristica è data da:

$$\mathscr{F}(t) = \int_{-\infty}^{+\infty} e^{itx} P(x) dx \tag{A.42}$$

ed a sua volta, la distribuzione $P(x)$ si può ottenere dalla funzione caratteristica mediante l'integrale:

$$P(x) = \frac{1}{2\pi} \int_{-\infty}^{+\infty} e^{-itx} \mathscr{F}(t) dt \tag{A.43}$$

(si noti come regola mnemonica che nella antitrasformata compare un segno più all'esponente, mentre nella trasformata compare – oltre al segno meno nell'esponente – anche il fattore $\frac{1}{2\pi}$). In sintesi si può affermare che, da un lato, alla somma di variabili aleatorie corrisponde il prodotto delle funzioni caratteristiche; note le funzioni caratteristiche P e Q di due distribuzioni aleatorie, si ottiene la loro convoluzione facendone il prodotto PQ ed ottenendo R con la (A.43).

A titolo di esempio ricaviamo esplicitamente la funzione caratteristica della gaussiana e verifichiamo che la somma di due gaussiane è ancora una gaussiana. Per comodità usiamo la (A.13) normalizzata e chiamiamola:

$$G_{0,1}(u) = \frac{1}{\sqrt{2\pi}} e^{-\frac{u^2}{2}}.$$

La funzione caratteristica è:

$$\mathscr{F}(t) = \frac{1}{\sqrt{2\pi}} \int_{-\infty}^{+\infty} e^{-\frac{u^2}{2}} e^{itu} du = \frac{1}{\sqrt{2\pi}} \int_{-\infty}^{+\infty} e^{-\frac{u^2}{2}+itu} du =$$
$$= \frac{1}{\sqrt{2\pi}} \int_{-\infty}^{+\infty} e^{-\frac{1}{2}(u-it)^2 - \frac{1}{2}t^2} du = \frac{1}{\sqrt{2\pi}} e^{-\frac{1}{2}t^2} \int_{-\infty}^{+\infty} e^{-\frac{1}{2}(u-it)^2} du \quad (A.44)$$

introducendo la variabile: $w = (u - it)$ si può riscrivere la (A.44) come:

$$\mathscr{F}(t) = \frac{1}{\sqrt{2\pi}} e^{-\frac{1}{2}t^2} \int_o e^{-\frac{1}{2}w^2} dw$$

dove l'integrale corre lungo una linea parallela all'asse u nel piano w. Effettuando l'integrazione lungo opportune linee chiuse, si può dimostrare che il suo valore coincide con quello che si ottiene integrando lungo tutto l'asse reale, per cui l'espressione finale diventa:

$$\mathscr{F}(t) = \frac{1}{\sqrt{2\pi}} e^{-\frac{1}{2}t^2} \int_{-\infty}^{+\infty} e^{-\frac{1}{2}w^2} dw = \frac{1}{\sqrt{2\pi}} e^{-\frac{1}{2}t^2}. \quad (A.45)$$

In conclusione, a meno di costanti moltiplicative, la funzione caratteristica di una gaussiana standard è ancora una gaussiana. Infatti, le cose cambiano un poco per le gaussiane vere del tipo (A.8) di § A.1.3. Infatti:

- moltiplicare la variabile originale per σ equivale ad introdurre nella funzione caratteristica la trasformazione: $\mathscr{F}(t) \to \mathscr{F}(\sigma t)$;
- sommare una costante m o μ significa introdurre nella funzione caratteristica un fattore e^{itm} o $e^{it\mu}$.

Pertanto la funzione caratteristica di una gaussiana (A.8) ha una forma del tipo:

$$\mathscr{F}(t) \simeq e^{itm} e^{-\frac{1}{2}\sigma^2 t^2}.$$

A questo punto, sommare due gaussiane significa moltiplicare le due funzioni caratteristiche. Si ha quindi:

$$\mathscr{F}(x_1 + x_2) \simeq e^{itm_1} e^{-\frac{1}{2}\sigma_1^2 t^2} e^{itm_2} e^{-\frac{1}{2}\sigma_2^2 t^2} = e^{it(m_1+m_2)} e^{-\frac{1}{2}(\sigma_1^2+\sigma_2^2)t^2} \quad (A.46)$$

che è la funzione caratteristica di una gaussiana di valore medio $m = m_1 + m_2$ e varianza $\sigma^2 = \sigma_1^2 + \sigma_2^2$.

Per comodità possiamo quindi dire che la funzione caratteristica di una gaussiana $G_{0,1}$ è:

$$\mathscr{F}(G_{0,1}(x)) = e^{-|t|^2}. \quad (A.47)$$

La funzione caratteristica di una funzione di Cauchy (A.31) è:

$$\mathscr{F}\left(\frac{1}{1+x^2}\right) = e^{-|t|}. \quad (A.48)$$

Come al solito Lévy propone una generalizzazione delle (A.47) e (A.48) da applicare ad una generica distribuzione di Lévy $P_\alpha(x)$ che soddisfi alla (A.35) di §A.1.4:

$$\mathscr{F}(P_\alpha(x)) = e^{-|t|^\alpha}. \tag{A.49}$$

Dalla (A.49) si ricava immediatamente che:

$$\mathscr{F}\left(\sum_{i=1}^{k} P_\alpha(x_i)\right) = e^{-k|t|^\alpha}. \tag{A.50}$$

Dal che si deduce che:
- per una gaussiana: $\alpha = 2$ e (vedi il §A.1.4) $s^2 = \sum s_i^2$;
- per una distribuzione di Cauchy: $\alpha = 1$ e $s = \sum s_i$.

Per $\alpha > 2$ si ottengono funzioni con valori negativi, che non possono rappresentare densità di probabilità.

Il teorema del limite centrale viene pertanto generalizzato da Lévy per i valori nell'intervallo $1 \le \alpha \le 2$. Per valori $\alpha < 1$ non esiste alcun *limite centrale* perché – come abbiamo visto per le variabili aleatorie iperboliche – anche il valore medio diverge. Tuttavia, dato un numero qualsivoglia $s > 1$, per una qualsiasi variabile aleatoria x_i che segua una generica distribuzione di Lévy, si ha:

$$Pr(|x_i| \ge s) \div s^{-\alpha}.$$

Per la distribuzione del moto browniano del Capitolo 4, la legge di Einstein verifica che $\alpha = 1/2$ (in quella sede il parametro si chiamava parametro di Hurst).

Ciò ci permette di estendere alle distribuzioni iperboliche il significato di α ed accettare valori di α nell'intervallo:

$$0 < \alpha \le 2.$$

Va sottolineato che $\alpha = 1$ è un valore singolare e abbiamo visto che nel Capitolo 8, a proposito dei multifrattali universali, esso viene trattato a parte.

Riassumendo: $\alpha = 2$ è caratteristico di generatori aleatori gaussiani; $\alpha = 1$ è caratteristico di generatori di Cauchy a varianza infinita; $0 \le \alpha < 1$ è caratteristico di generatori multifrattali iperbolici con valore medio e varianza infiniti.

Il caso $\alpha = 0$ corrisponde al caso di un monofrattale rigido, di tipo stocastico, di cui, tuttavia il frattale geometrico costituisce un sottoinsieme. Un modello β è caratterizzato da $\alpha = 0$ in quanto non ci sono possibili fluttuazioni in geometria.

Il parametro di Lévy quindi, gioca un ruolo ineliminabile nella costruzione dei Multifrattali Universali da parte di Schertzer e Lovejoy trattati nel Capitolo 8.

A.5 Affidabilità delle stime

Alla luce di quanto discusso nei paragrafi precedenti, è opportuno studiare ora come si esegue normalmente la stima di una variabile stocastica e quale affidabilità si possa attribuire a tale stima.

Solitamente, per stimare la media di una variabile aleatoria $\{x_i\}$ si usa la espressione:

$$\bar{x} = \frac{1}{N}\sum_{i=1}^{N} x_i = \frac{\sum x_i}{\sum i}$$

dove il valori x_i sono estratti da una distribuzione (ignota) $\{x_i\}$ (per il caso della distribuzione di Cauchy, che non ammette media, non ha senso porsi il problema di stimare il valor medio: sarà più opportuno stimare la moda o la mediana, ma ciò non ci interessa in questo momento).

Una misura della affidabilità della stima può essere la sua varianza, che non è la varianza delle distribuzione teorica della variabile aleatoria $\{x_i\}$.

Quando si ha a che fare con valori $\{x_i\}$ estratti da una gaussiana (A.8), la affidabilità del valor medio è:

$$s^2(\bar{x}) = s^2\left(\frac{1}{N}\sum x_i\right) = \frac{1}{N}s^2\left(\sum x_i\right). \tag{A.51}$$

Poiché tutti i punti sono estratti dalla stessa distribuzione teoricamente gaussiana, si ha, per il teorema del limite centrale:

$$s^2(\bar{x}) = \frac{1}{N^2}\left(\sum s^2 x_i\right) = \frac{N}{N^2}s^2 = \frac{s^2}{N}.$$

Per una gaussiana l'errore sulla stima del valor medio decresce come $\frac{1}{\sqrt{N}}$.

Nel caso generale della formula (A.35), invece, la affidabilità della stima del valor medio si scrive:

$$s^\alpha(\bar{x}) = s^\alpha\left(\frac{1}{N}\sum x_i\right) = \frac{1}{N^\alpha}\left(\sum s^\alpha x_i\right) = \frac{1}{N^\alpha}N s^\alpha$$

cioè:

$$s^\alpha(\bar{x}) = \frac{s^\alpha}{N^{\alpha-1}}. \tag{A.52}$$

Nel caso che i valori delle variabili $\{x_i\}$ siano estratte da una distribuzione di Cauchy ($\alpha = 1$) si ottiene per la media del campione *finito* x_m, per esempio:

$$s(x_m) = \frac{s^\alpha}{N^0} = s. \tag{A.53}$$

Ovverosia, per una distribuzione di Cauchy l'errore sulla stima della media è indipendente dal numero N di stime indipendenti eseguite.

Nel caso che i valori delle variabili $\{x_i\}$ siano estratte da una distribuzione caratterizzata da $\alpha = \frac{1}{2}$, si ottiene:

$$\sqrt{\overline{x}} = \sqrt{N}s.$$

Da cui:

$$s_{\text{brown}}(\overline{x}) = Ns_{\text{brown}}. \tag{A.54}$$

Dal Capitolo 4, riconosciamo immediatamente che questo è il caso del moto browniano gaussiano. Il parametro di Hurst coincide concettualmente con il parametro di Lévy α. Nello studio del moto browniano $n\tau$ era l'intervallo di tempo dopo il quale si osservavano le nuove posizioni e gli spostamenti casuali e l'intervallo di tempo usato per misurare gli spostamenti ξ_i.

È molto chiaro che, allungando l'intervallo di tempo tra due osservazioni, la indeterminazione sulla posizione media e sullo spostamento medio cresce. Infatti le traiettorie del moto browniano, per il teorema di Louiville, al limite riempiono tutto lo spazio.

È anche molto chiaro che il moto browniano frazionale del Capitolo 4 si inserisce perfettamente nel panorama costruito con la estensione di Lévy del teorema del limite centrale.

A.6 Distribuzioni bivariate gaussiane

Prima di addentrarci nella discussione delle distribuzioni multivariate (e qui limitate al solo caso delle bivariate), occorre richiamare il concetto di probabilità composta di eventi stocasticamente indipendenti.

Qualora un evento E risulti dal concorso simultaneo di due o più eventi $E_1, E_2, \ldots$, si può calcolare la probabilità composta di E qualora si conoscano le probabilità semplici di $E_1, E_2, \ldots$ Prendiamo come semplice esempio illustrativo l'estrazione di due palline bianche ciascuna da due differenti urne di cui siano note le composizioni. Se la prima urna contiene n_1 palline di cui a_1 bianche mentre la seconda n_2 di cui a_2 bianche, il numero di casi possibile è pari a $n_1 n_2$ mentre il numero di casi favorevoli è $a_1 a_2$. Si ha allora:

$$p_{1,2} = \frac{a_1 a_2}{n_1 n_2} = \frac{a_1}{n_1} \frac{a_2}{n_2} = p_1 p_2. \tag{A.55}$$

Abbiamo così dedotto, grazie ad un semplice esempio, la regola generale per la composizione di probabilità a priori: *la probabilità che due eventi incorrelati si verifichino contemporaneamente è uguale al prodotto delle singole probabilità*.

Si è dovuto però precisare che gli eventi devono essere *incorrelati o stocasticamente indipendenti*, vale a dire che il verificarsi dell'uno non alteri la probabilità di verificarsi dell'altro. Se questo non è vero la (A.55) va adeguatamente modificata.

In statistica, purtroppo, non esistono soltanto variabili aleatorie stocasticamente indipendenti: esistono anche moltissime variabili che sono tra loro correlate, pur senza mostrare una interdipendenza funzionale.

È necessario avere pertanto gli strumenti anche per trattare questi casi.

Per farla breve, supponiamo quindi di avere due variabili aleatorie $\{x'_i\}$ e $\{y'_i\}$ distribuite normalmente attorno ai valori medi $\overline{x'}$ e $\overline{y'}$ con varianze $\sigma^2_{x'}$ e $\sigma^2_{y'}$. Le probabilità marginali si scrivono:

$$P(x') = \frac{1}{\sigma_{x'}\sqrt{2\pi}} e^{-\frac{(x'-\overline{x'})^2}{2\sigma^2_{x'}}} \quad ; \qquad P(y') = \frac{1}{\sigma_{y'}\sqrt{2\pi}} e^{-\frac{(y'-\overline{y'})^2}{2\sigma^2_{y'}}} .$$

Se le variabili $\{x'_i\}$ e $\{y'_i\}$ sono stocasticamente indipendenti e perciò completamente scorrelate, la distribuzione aleatoria congiunta dei punti (x'_i, y'_j) nello spazio bidimensionale è il semplice prodotto delle due probabilità marginali:

$$P(x', y') = \frac{1}{2\pi\sigma_{x'}\sigma_{y'}} e^{-\frac{1}{2}\left[\frac{(x'-\overline{x'})^2}{2\sigma^2_{x'}} + \frac{(y'-\overline{y'})^2}{2\sigma^2_{y'}}\right]} \tag{A.56}$$

ovverosia, usando le variabili ridotte $x = \frac{x'-\overline{x'}}{\sigma_{x'}}$ e $y = \frac{y'-\overline{y'}}{\sigma_{y'}}$:

$$P(x,y) = \frac{1}{2\pi} e^{-\frac{1}{2}(x^2+y^2)} . \tag{A.57}$$

Se invece le variabili *non* sono stocasticamente indipendenti, non necessariamente legate da una relazione funzionale, bensì statisticamente interdipendenti, come ad

Statura (pollici) delle figlie	del padri																		Totale
	58,5	59,5	60,5	61,5	62,5	63,5	64,5	65,5	66,5	67,5	68,5	69,5	70,5	71,5	72,5	73,5	74,5	75,5	
52,5	—	—	—	—	0,25	0,25	—	—	—	—	—	—	—	—	—	—	—	—	0,5
53,5	—	—	—	—	0,25	0,25	—	—	—	—	—	—	—	—	—	—	—	—	0,5
54,5	—	—	—	—	—	—	—	—	—	—	—	—	—	—	—	—	—	—	—
55,5	—	—	—	—	—	—	—	1	—	—	—	—	—	—	—	—	—	—	1
56,5	0,25	0,25,	—	0,25	1,25	0,5	—	1	0,5	0,5	—	—	—	—	—	—	—	—	4,5
57,5	0,25	0,25	0,5	1,5	4,5	1	1,5	1,5	2,5	—	0,5	0,5	—	—	—	—	—	—	14,5
58,5	0,25	0,75	0,5	0,75	0,75	1	1,75	1,25	5	2,75	0,5	0,25	—	—	—	—	—	—	15,5
59,5	0,5	1	2	—	6	4,75	5	6.25	11,75	3,5	3,5	2	1,75	0,5	—	—	—	—	48,5
60,5	0,75	0,75	—	2,5	8	6,25	12,5	18,25	20,25	11	9	4,75	2,5	1,25	1,25	—	—	—	99
61,5	—	0,5	1,75	2	9,75	11,5	13	23,75	23,75	20,25	16,5	10.25	4,25	3	1,25	—	—	—	141,5
62,5	—	1	2,25	2	4,5	12	22,75	26	33	28,25	24,75	14,25	13,75	4,75	0,75	0,5	—	—	190,5
63,5	—	—	0,25	2	6	8,25	11	27,25	35,75	37,25	31,5	26,25	16,25	7,75	1,5	0,75	0,25	—	212
64,5	—	—	0,25	2,5	1,75	3,25	9,25	23	18,75	28,5	33	34,25	24,5	11,75	5,5	1	0,25	1	198,5
65,5	—	—	—	0,5	1	0,5	11	12,25	9,25	19,75	30	26,5	22,25	15	4,75	3,75	2	1	159,5
66,5	—	—	—	0,5	0,5	1,5	3,25	7,25	8,75	16	26,25	26,75	20,5	18,5	7,75	4,25	0,25	0,5	142,5
67,5	—	—	—	—	—	—	1	3,75	7	4	14.25	13,25	12	11,25	4,5	3,75	0,75	—	77,5
68,5	—	—	—	—	0,25	0,25	0,25	0,25	1,5	3	5,5	4,25	5,75	5,25	3,75	2,5	1,5	2	36
69,5	—	—	—	—	0,25	0,25	0,25	0,25	0,25	0,25	1	2,5	6,5	2,25	2,75	2	1	—	19,5
70,5	—	—	—	—	—	—	—	—	—	—	1,75	0,25	4,5	0,75	1,25	0,75	0,25	—	9,5
71,5	—	—	—	—	—	—	—	—	—	—	0,5	—	0,5	0,5	1,5	0,75	0,25	—	4
72,5	—	—	—	—	—	—	—	—	—	—	1	—	—	—	—	—	—	—	1
Totale	2	4,5	7,5	14,5	45	51,5	92,5	155	178	175	199,5	166	135	82,5	36,5	20	6,5	4,5	1376

Fig. A.2 Frequenze di correlazione e di regressione

esempio la altezza dei genitori e la altezza dei figli – cresciuti senza particolare ausilio di vitamine o di... coadiuvanti chimici speciali – illustrata in Fig. A.2, (nella figura è indicato il confine della regione di maggiore concentrazione dei valori di altezza attorno ai valori medi), la (A.57) si scrive:

$$P(x,y) = \frac{1}{2\pi} e^{-\frac{1}{2}\xi^2} \qquad (A.58)$$

dove però ora ξ è una forma quadratica generica del tipo:

$$\xi^2 = ax^2 + 2bxy + cy^2.$$

È utile introdurre il cambiamento di variabile:

$$z = c(y - rx); \qquad \xi^2 = x^2 + z^2. \qquad (A.59)$$

Con questa ultima assunzione, la prima delle (A.59) definisce la *curva di regressione* delle variabili y e x per le quali esistono n punti nel piano (x,y). La curva di regressione ed il valore di r si possono determinare sperimentalmente.

Detto ρ il valor medio di r, esso è definito come:

$$\rho = \overline{xy} = \sum_{i,j=1}^{n} x_i y_j. \qquad (A.60)$$

La varianza di z risulta allora:

$$\sigma_z^2 = (1 - \rho^2).$$

La distribuzione marginale di z diventa scorrelata da x ed è data da:

$$P(z) = \frac{1}{\sqrt{2\pi}\sqrt{1-\rho^2}} e^{-\frac{z^2}{2(1-\rho^2)}} = \frac{1}{\sqrt{2\pi}\sqrt{1-\rho^2}} e^{-\frac{(y-\rho x)^2}{2(1-\rho^2)}} = P(x,y)$$

per cui la distribuzione (A.58) diventa il prodotto delle due distribuzioni marginali scorrelate:

$$P(x,y) = p(x)p(z) = \frac{1}{2\pi\sqrt{1-\rho^2}} e^{-\frac{1}{2}\frac{x^2 - 2\rho xy + y^2}{1-\rho^2}}. \qquad (A.61)$$

Partendo da x' e y', la determinazione di ρ si ottiene mediante una estensione della (A.60):

$$\rho = \frac{\overline{x'y'}}{\sigma_{x'} \sigma_{y'}} = \frac{\sum_{i,j=1}^{n} x'y'}{\sigma_{x'} \sigma_{y'}}. \qquad (A.62)$$

Per n misure, il valore di ρ è distribuito *quasi* gaussianamente con varianza:

$$\sigma_\rho = \frac{1-\rho^2}{n-1}. \qquad (A.63)$$

A.6 Distribuzioni bivariate gaussiane

Il significato delle bivariate gaussiane qui considerato si mette bene in evidenza graficamente. Per una gaussiana ridotta monodimensionale, le fluttuazioni attorno allo zero hanno varianza $\sigma^2 = 1$. La probabilità che un evento della distribuzione cada nell'intervallo $(-1,+1)$ è del 68.3%. L'intervallo $(0,1)$ rappresenta, per convenzione, l'incertezza con cui si determina il valore $p(x) = 0$ che è il valore di aspettazione della media di $x' - \overline{x'}$.

Per il caso della distribuzione congiunta bivariata di (x,y), con x e y non correlate tra loro, il 68.3% è la probabilità che un punto (x,y) cada entro un cerchio di centro $(0,0)$ e di raggio $(x^2 + y^2) \leq 1$. Tale cerchio rappresenta la incertezza con cui si determina il punto $(0,0)$ e si chiama *cerchio di concentrazione*.

La situazione è illustrata nella Fig. A.3a.

Nel caso, invece, della distribuzione congiunta bivariata di x e y con coefficiente di correlazione ρ, il valore 68.3% rappresenta la probabilità che un punto (x,y) cada entro l'ellisse di centro $(0,0)$ definito dalla disequazione:

$$\frac{x^2 - 2\rho xy + y^2}{1 - \rho^2} \leq 1. \tag{A.64}$$

L'ellisse è compreso in un quadrato di lato $l = 2$ e si chiama *ellisse di concentrazione*. La regione di indeterminazione non è ricavabile dalla sola conoscenza delle distribuzioni marginali. Infatti, se si integra la (A.61) in x o in y, il coefficiente di correlazione ρ scompare. Esistono punti (x,y) appartenenti all'ellisse di concentrazione che distano più di 1 dal centro. La situazione è illustrata nella Fig. A.3b.

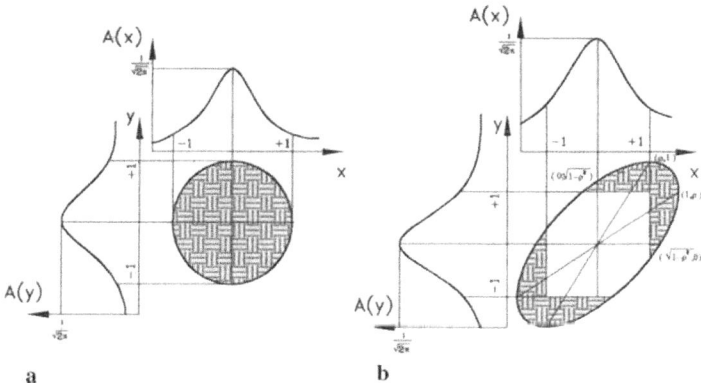

Fig. A.3 (a) Cerchio di concentrazione di una distribuzione bivariata senza correlazione; (b) ellisse di concentrazione di una distribuzione bivariata in presenza di un coefficiente di correlazione ρ

A.7 Funzioni e integrali di correlazione

Pensiamo di eseguire l'analisi statistica di m variabili aleatorie $\{y_i\}$, $i = 1, 2, \cdots, m$ (per esempio gli impulsi di m particelle prodotte in una interazione nucleare di alta energia; oppure le energie di m fotoni emessi da una superficie). Assumiamo che la variabile y possa assumere valori nell'intervallo $\Delta = y_{\max} - y_{\min}$ e che questo dominio venga suddiviso in intervallini di ampiezza: $\delta = \frac{\Delta}{n}$.

Per comodità prendiamo come esempio una interazione $a + b \to \sum c_i$ e chiamiamo *rapidità* la variabile y_i. Ogni particella ha quindi rapidità y_i. Oltre alle $N_1 = m$ particelle prodotte, possiamo costruire N_2 "coppie" di particelle prodotte; N_3 "terne" di particelle prodotte, $\cdots N_q$ "q-pletti" di particelle prodotte (è più che chiaro che esiste *un solo* "m-pletto" di particelle).

Possiamo pertanto costruire la distribuzione di densità di probabilità di "particella singola" nello spazio delle rapidità (detta semplicemente "distribuzione di particella singola") ρ_1, definita come:

$$\rho_1 = \frac{1}{m}\frac{dN}{dy_1} = \sum_{i=1}^{m}\delta(y - y_i) \tag{A.65}$$

ovvero la "percentuale media" di particelle che cadono nell'intervallo di rapidità compreso tra y_i e $y_i + \delta$. Nella (A.65), y_i indica una qualsiasi posizione all'interno dell'intervallino $\delta_i(y)$ (cfr. la distribuzione rettangolare del § A.2.1).

Si può costruire la "densità a due particelle" ρ_2, definita come:

$$\rho_2 = \rho_2(y_i, y_j) = \frac{1}{m}\frac{d^2N}{dy_1 dy_2} = \sum_{i,j}\delta(y - y_i)\delta(y - y_j). \tag{A.66}$$

In generale si può costruire la densità a q particelle definita come:

$$\rho_q = \rho_q(y_i, y_j, \cdots, y_q) = \frac{1}{m}\frac{d^q N}{dy_1 dy_2 \cdots dy_q} = $$
$$= \sum_{i,j}\left(\prod_{p=1}^{q}\delta(y - y_p)\right). \tag{A.67}$$

Dalle relazioni che definiscono le densità di probabilità si ricavano i coefficienti di correlazione o, meglio, indicatori più appropriati che si chiamano *cumulanti*. Per esempio:

$$C_2(y_1, y_2) = \rho_2(y_1, y_2) - \rho_1(y_1)\rho_1(y_2). \tag{A.68}$$

La loro utilità si vede immediatamente in quanto, se *non* c'è correlazione, le distribuzioni si possono fattorizzare per cui è $\rho(y_1, y_2) = \rho_1(y_1)\rho_1(y_2)$, da cui $C_2 = 0$. Rimandando i dettagli a referenze specializzate [148] scriviamo semplicemente le espressioni di C_3 e C_4, ponendo $y_i = i$ per semplicità di scrittura:

$$C_3(y_1, y_2, y_3) = \rho_3(1,2,3) - \rho_2(1,2)\rho_1(3) - \rho_2(1,3)\rho_1(2) + \\ - \rho_2(2,3)\rho_1(1) + 2\rho_1(1)\rho_1(2)\rho_1(3) \quad \text{(A.69)}$$

$$C_4(y_1, y_2, y_3, y_4) = \rho_4(1,2,3,4) - \sum_j \rho_3(a,b,c)\rho_1(j) + \\ - \sum_{i,j} \rho_2(a,b)\rho_2(i,j) + 2\sum_{i,j}\rho_2(a,b)\rho_1(i)\rho_1(j) - 6\prod_{i=1}^{4}\rho_1(i) \quad \text{(A.70)}$$

dove $i, j = 1, 2, 3, 4$ e a, b, c, d sono gli indici $1, 2, 3, 4$ *non* usati nella sommatoria. Dalle (A.68), (A.69), (A.70), si ricavano les seguenti espressioni:

$$\rho_2(y_1, y_2) = C_2(1,2) + \rho_1(1)\rho_1(2) \quad \text{(A.71)}$$

$$\rho_3(y_1, y_2, y_3) = C_3(1,2,3) - 2\prod_{i=1}^{3}\rho_1(i) + \sum_{i=1}^{3}\rho_2(a,b)\rho_1(i) \quad \text{(A.72)}$$

$$\rho_4(y_1, y_2, y_3, y_4) = C_4(1,2,3,4) + 6\prod_{i=1}^{4}\rho_1(i) + \\ + \sum_j \rho_3(a,b,c)\rho_1(j) + \sum_{i,j}\rho_2(a,b)\rho_2(i,j) + \\ - 2\sum_{i,j}\rho_2(a,b)\rho_1(i)\rho_1(j). \quad \text{(A.73)}$$

Molto spesso si usano le *grandezze normalizzate*:

$$r_q(1, 2, \cdots, q) = \frac{\rho_q(1, 2, \cdots, q)}{\prod_{i=1}^{q}\rho_1(i)} \qquad R_q = \frac{C_q(1, 2, \cdots, q)}{\prod_{i=1}^{q}\rho_1(i)}. \quad \text{(A.74)}$$

Queste le definizioni. Veniamo ora al *come* questi indicatori statistici vengono costruiti. Cominciamo da ρ_2: abbiamo N_s eventi (spari) di un campione statistico, ciascuno con m sferette, $c_1, c_2, \cdots, c_m$. Ciascun evento è rappresentato quindi da un vettore $\{y_i\} = \{y_1, y_2, \cdots, y_m\}$.

- Prepariamo una matrice vuota $\rho_2(y_1, y_2)$ destinata a generare la correlazione.
- Prendiamo il primo evento: scegliamo una coppia generica (y_i, y_j) ed aggiungiamo una unità alla matrice $\rho_2(y_1, y_2)$, nella casella $[y_i, y_j]$. Quante volte possiamo fare tale operazione? La eseguiamo $m(m-1)$ volte. Infatti, possiamo scegliere la rapidità della prima particella in m modi diversi e la rapidità della seconda particella in $m-1$ modi diversi (così facendo, ogni coppia è stata contata due volte – *double counting* – ma questo è un difetto facilmente riparabile dividendo per 2)[4].

---

[4] Qualora si trattasse di particelle con carica elettrica di segno diverso – diciamo m^+ positive e m^- negative, la costruzione di $\rho_2(+, -)$ si farebbe con $m^+ m^-$ contributi per evento.

- Ripetiamo il procedimento N_s volte, per quanti sono gli eventi del campione [a rigore m potrebbe cambiare da evento ad evento].
- Infine facciamo la media di quanto ottenuto dividendo ogni contenuto delle caselle $[y_i, y_j]$ per N_s (per $2N_s$ se vogliamo tener conto del *double counting*).
Fatto questo eserciziotto, sappiamo come costruire $\rho_q(1,2,\cdots,q)$ a q particelle.
- Dal primo evento di m particelle con vettore rapidità $\{y_i\}$ prendiamo un insieme ordinato di q valori $(y_1, y_2, \cdots, y_q)$ ed aggiungiamo "uno" alla matrice $\rho_q(y_1, y_2, \cdots, y_q)$, nella cella $[y_1, y_2, \cdots, y_q]$. Quante volte possiamo fare questa operazione? La possiamo fare $[m(m-1)(m-2)\cdots(m-q+1)]$ volte. Infatti possiamo scegliere la rapidità della prima particella in m modi diversi; la rapidità della seconda particella in $(m-1)$ modi diversi, fino ad avere $(m-q+1)$ rapidità rimaste non ancora scelte (a rigore ogni scelta può essere fatta q volte se si permettono tutte le permutazioni delle q particelle senza "ordinarle" come da noi suggerito).
- Ripetiamo il procedimento N_s volte, per quanti sono gli eventi del campione (ancora una volta, a rigore, m potrebbe cambiare da evento ad evento, consci che gli eventi con $m \leq q-1$ particelle *non* possono contribuire a ρ_q!).
- Infine facciamo la media di quanto ottenuto dividendo ogni contenuto delle caselle $[y_i, y_j, \cdots, y_q]$ per $N_{s,q}$ (per $qN_{s,q}$ se vogliamo tener conto del *conteggio multiplo*).

Interessiamoci ora di un aspetto puramente numerologico: non preoccupiamoci, cioè, degli indicatori di correlazione a $2, 3, \cdots, q$ particelle, bensì preoccupiamoci soltanto di *contare* il numero di tutte le coppie possibili, di tutte le terne possibili,..., di tutti i q-pletti possibili.

L'estimatore statistico di questi conteggi si chiama *momento (statistico) binomiale* (o momento fattoriale non normalizzato) F_Q.

Infatti i conteggi delle coppie si possono ricondurre ai seguenti integrali fatti su un dominio di integrazione che è un ipercubo nello spazio delle fasi, di spigolo Δ_i e quindi di volume Ω_2, per le coppie, Ω_3 per le terne,..., Ω_q per i q-pletti:

$$\int_{\Omega_2} dy_1 dy_2 \rho_2(y_1, y_2) = \overline{m(m-1)} = F_2 \qquad (A.75)$$

$$\int_{\Omega_3} dy_1 dy_2 dy_3 \rho_3(y_1, y_2, y_3) = \overline{m(m-1)(m-2)} = F_3 \qquad (A.76)$$

$$\int_{\Omega_q} dy_1 \cdots dy_q \rho_q(y_1, \cdots, y_q) = \overline{m(m-1)(m-2)\cdots(m-q+1)} = F_q. \qquad (A.77)$$

Ovviamente è:

$$\int_{\Omega} dy = \overline{m} = F_1.$$

Se ricordiamo che, all'inizio del paragrafo dalle densità a più particelle abbiamo ricavato i cumulanti statistici, altrettanto, con formule analoghe alle (A.68), (A.69), (A.70), si definiscono i *momenti cumulanti binomiali* ovvero *momenti cumulanti*

A.7 Funzioni e integrali di correlazione

fattoriali non normalizzati K_q:

$$K_2 = \overline{m(m-1)} - \overline{m}^2 \tag{A.78}$$

$$K_3 = \overline{m(m-1)(m-2)} - 3\overline{m} \cdot \overline{m(m-1)} - \overline{m}^3 \tag{A.79}$$

$$\begin{aligned} K_4 = &\overline{m(m-1)(m-2)(m-3)} + \\ &- 4\overline{m} \cdot \overline{m(m-1)(m-2)} + \\ &- 3\overline{m(m-1)}^2 + \\ &- 6\overline{m(m-1)}\,\overline{m}^2 - \overline{m}^4 \end{aligned} \tag{A.80}$$

o, per il caso generale [149]:

$$\begin{aligned} K_q = q! &\left[(-1)^{(m_1-1)} (m_1-1)! \delta\left(q - \sum_{j=1}^{q} m_j\right) \right] \cdot \\ &\cdot \prod_{j=1}^{m} \frac{1}{(m_j - m_{j+1})!} \left(\frac{\overline{F_q}}{q!} \right)^{(m_j - m_{j-1})}. \end{aligned} \tag{A.81}$$

Va specificato che la sommatoria $\sum_{j=1}^{q}$ corre su tutti i valori (ricordiamo "ordinati") $m_j \geq m_{j+1}$. Per esempio, per m_1, $j = 1, 2, \cdots, q$; per m_2, $j = 2, 3, \cdots, q$; per m_j, $j = j+1, j+2, \cdots, q$.

I momenti cumulanti binomiali K_q misurano il discostarsi da una statistica di variabili casuali stocasticamente indipendenti. Per variabili *non* correlate, i momenti cumulanti binomiali si annullano.

Vale la pena di sottolineare che, invertendo la (A.81), i momenti binomiali (non normalizzati) F_q si possono scomporre in termini di momenti cumulanti binomiali ottenendo:

$$\begin{aligned} F_q = q! &\left[\delta\left(q - \sum_{j=1}^{q} m_j\right) \right] \cdot \\ &\cdot \prod_{j=1}^{m} \frac{1}{(m_j - m_{j+1})!} \left(\frac{K_q}{q!} \right)^{(m_j - m_{j-1})} \end{aligned} \tag{A.82}$$

con le stesse specificazioni fatte per la (A.81).

A.8 Funzioni generatrici

La relazione tra momenti binomiali e momenti cumulanti binomiali si semplificano e diventano più evidenti introducendo le funzioni generatrici $Q(z)$ definite come:

$$Q(z) = \sum_{q=0}^{\infty} \frac{(-z)^q}{q!} F_q \tag{A.83}$$

$$\log Q(z) = \sum_{q=1}^{\infty} \frac{(-z)^q}{q!} K_q \tag{A.84}$$

(si noti che nella (A.83) la sommatoria parte da $q = 0$ mentre nella (A.84) la sommatoria parte da $q = 1$).

Qualche semplice esempio illustra l'utilità delle (A.83) e (A.84).

Prendiamo una distribuzione di Poisson (A.7), scritta per la osservazione di m eventi che fluttuano attorno al valore $\overline{m}$:

$$P_m(\overline{m}) = \frac{\overline{m}^m}{m!} e^{-\overline{m}}.$$

Per essa la funzione generatrice è:

$$Q(z) = e^{-z\overline{m}}; \qquad \log Q(z) = -z\overline{m}$$

da cui:

$$F_1 = \overline{m}; \qquad K_1 = \overline{m}$$
$$F_2 = F_3 = \cdots = F_q = 0; \qquad K_2 = K_3 = \cdots = K_q = 0.$$

La distribuzione di Poisson descrive una distribuzione a *fluttuazione minima*. Si noti infatti che, dalla (A.78), per m grande e pertanto per $m \sim m - 1$. K_2 diventa la dispersione:

$$K_2 = D \sim \overline{m^2} - \overline{m}^2.$$

Un secondo esempio è fornito dalla distribuzione binomiale negativa [151]:

$$P_m^k = \frac{(m+k-1)! \left(\frac{\overline{m}}{k}\right)^m}{m!(k-1)! \left(1+\frac{\overline{m}}{k}\right)^{m+k}} \tag{A.85}$$

la cui funzione generatrice è:

$$Q_k(z) = \left(1 + \frac{z\overline{m}}{k}\right)^k.$$

I momenti binomiali F_q sono semplicemente:

$$F_1 = 1; F_2 = 1 + \frac{1}{k}; F_3 = 1 + \frac{3}{k} + \frac{2}{k^2}; F_4 = 1 + \frac{11}{k^2} + \frac{6}{k^3};$$
$$F_5 = 1 + \frac{10}{k} + \frac{35}{k^2} + \frac{50}{k^3} + \frac{24}{k^4}$$

e i momenti cumulanti binomiali sono semplicemente:

$$K_q = \frac{(q-1)!}{k^{q-1}}$$

cioè:

$$K_1 = 1; K_2 = \frac{1}{k}; K_3 = \frac{1}{k^2}; \cdots$$

A.9 Conclusioni

Gli argomenti di statistica possono facilmente riempire grossi volumi ma qui si è voluto raccogliere gli elementi essenziali ed indispensabili per affrontare i problemi e soprattutto per giustificare il metodo usato per la loro trattazione.

Per i lettori che vogliono approfondire gli aspetti statistici e probabilistici degli svariati problemi che si possono incontrare nella vita di tutti i giorni e nella ricerca scientifica, da un punto rigorosamente matematico di livello avanzato si suggerisce [42].

Bibliografia

1. B.B. Mandelbrot: *The Fractal Geometry of Nature* (W.H. Freeman and Co., 1983)
2. J. Perrin: *La discontinuitè de la Matiere*: Revue du Mois **1**, 323 (1906)
3. (a) J. Feder, A. Aharony: *Fractals in Physics: in honor of B.B. Mandelbrot* (North-Holland, 1989); (b) L. Pietronero: *Theoretical Concepts for Fractal Growth*: in *Fractals in Physics*, ibidem p. 279
4. (a) E. Ising: Z. Phys bf 31, 253 (1925); (b) L. Onsager: Phys. Rev. **65**, 177 (1944); (c) R.J. Baxter *Exactly solved models in Statistical Mechanics* (Academic Press, 1982)
5. M.V. Berry: *The New Scientist*, 27 gennaio 1983
6. M. Davis, P.J.E. Peebles: Astron. Journ. **267**, 465 (1983)
7. S. Weinberg: *Gravitation and Cosmology* (Wiley, 1972)
8. Y. Barishev, P. Teerikorpi *Discovery of Cosmic Fractals* (World Scientific, 2002)
9. L. Pietronero: Physica **A144**, 257 (1987)
10. J. Feder: *Fractals* (Plenum Press, New York, 1988)
11. (a) F. Hausdorff: Mathematische Annalen **LXXIX**, 157 (1919); (b) A.S. Besicovitch: Journ. London Math. Soc. **IX**, 126 (1934); (c) A.S. Besicovitch: Mathematische Annalen **CX**, 321 (1935)
12. B.B. Mandelbrot: *Fractals: Form, Chance and Dimension* (W.H. Freeman, 1977). Questa edizione è diversa da quella originale francese *Les Objects Fractals* (nel consultare una traduzione italiana bisogna fare attenzione a quale delle due edizioni ci si riferisca)
13. B.B. Mandelbrot: *The Fractal Geometry of Nature*, (W.H. Freeman, 1982)
14. Y. Gefen, B.B. Mandelbrot, A. Aharony: Phys. Rev. Lett. **50**, 77 (1980)
15. J.M. Gordon et al.: Phys. Rev. Lett. **56**, 2280 (1986)
16. M.V. Berry, Z.V. Lewis: Proc. R. Soc. London **A370**, 459 (1980)
17. R.D. Mauldin: *Dimension and Entropies in Chaotic Systems* (Springer, 1986), p. 28
18. R.F. Voss: *Scaling Phenomena in Disordered Systems* (Plenum Press, 1985), p. 1
19. (a) M. Matsushita, M. Sano, Y. Hayakawa, H. Honjio, Y. Sawada: Phys. Rev. Lett. **53**, 286 (1984); (b) Phys Rev. **A32**, 3814 (1985); vedi anche L. Pietronero, E. Tosatti *Fractals in Physics* (Ed. North Holland, 1985)
20. H. Poincaré: *Calcul des probabilité* (Gauthiers-Villars, 2^a ed., 1912)
21. F. Gassmann, R. Kotz, A. Wokaun: Europhyiscnews **34/5**, 176 (2003)
22. R. Dawkins: *The Blind Watchmaker* (Norton, 1996)
23. M. Mitchell: *Introduction to Genetic Algorithms* (M.I.T. Press, 1996); R. Haupt, S.E. Haupt: *Practical Gneteic Algorithms* (Wiley, 1998)
24. H. Titchmarsh: *The Theory of Functions* (Oxford University Press, 1958), p. 351
25. A. Einstein: *Investigation on the Theory of Brownian Movement* (Dover, 1926). Gli articoli originali sono: (a) A. Einstein: Annalen der Phys. **17**, 548 (1905); (b) ibidem **19**, 371; (c) 289 (1906); (d) Zeit. f. Elektrochemie **13**, 41 (1907); (e) ibidem **14**, 235 (1908)

26. H.E. Hurst, R.P. Black Y.M. Simaika: *Long-term Storage: an experimental Study* (Constable, 1965)
27. B.B. Mandelbrot and Van Ness: SIAM Rev. **10**, 422 (1968)
28. B.B. Mandelbrot: Water Resour. Res. **7**, 543 (1971)
29. H. Hentschel, I. Procaccia: (a) Phys. Rev. A **29**, 1461 (1986); (b) vedi anche: Phys. Rev. **A27**, 1266 (1983)
30. B.B. Mandelbrot: *Statistical Models and Turbolence*, Lectures Notes in Physics **12**, 333 (1972)
31. P. Bak: Physics Today **39**, 38 (1986)
32. C. Meneveau, K. Sreenivasan: Phys. Rev. Lett. **59**, 1424 (1987)
33. G. Boca, G. Corti, G. Gianini, S.P. Ratti, G. Salvadori et al.: Il Nuovo Cimento **A105**, 865 (1992)
34. B.B. Mandelbrot: Journ. Fluid Mech. **62**, 331 (1974)
35. P. Billingsley: *Ergodic Theory and Information* (Wiley, 1965)
36. P. Grassberger: Phys Lett. A **97**, 227 (1983)
37. U. Frisch, G. Parisi: *Turbolence and Predictability in Geophysics Fluid Dynamics and Climate Dynamics* (North Holland, 1985), p. 88, p. 88
38. D. Katzen, I. Procaccia: Phys. Rev. Lett. **58**, 1169 (1987)
39. M.J. Sewell: *Maximum and Minimum Principles* (Cambridge University Press, 1990)
40. B.B. Mandelbrot, J.W.Van Ness: S.I.A.M. Rev. **10**, 422 (1968)
41. S. Lovejoy: (a) Proc. XXth Conf. on Radar Met., American Meteorological Society, Boston (1986), p. 476; (b) Science **216**, 186 (1982); (c) Hanille Blanche **516**, 413 (1983)
42. W. Feller: *Introducion to Probability Theory and its applications*, vol. II (Wiley, 1971)
43. (a) B.B. Mandelbrot, J.R. Wallis: Water Resour. Res. **4**, 909 (1968); (b) H.B. Prosper: Phy. Rev. **D37**, 1153 (1997); (c) ibidem **D38**, 3584 (1988)
44. S. Lovejoy, B.B. Mandelbrot: Tellus **374**, 209 (1985)
45. W. Paul, J. Baschnagel: *Stochastic Processes From Physics to Finance* (Springer, 1999)
46. G.F. Salvadori: *Multifrattali Stocastici: Teoria e Applicazioni*, Tesi di Dottorato in Matematica Applicata ed Operativa, Università di Pavia (1993)
47. A.G. Svesnikov, A.N. Tichinov: *Teoria delle Funzioni di Variablile Complessa* (Riuniti, 1984)
48. H. Callen: *Thermodynamics* (Wiley, 1960)
49. M. Ghil, O. Berni, G. Parisi: *Turbulence and Predictability in Geophysical Fields* (North Holland, 1985), p. 84
50. (a) D. Schertzer, S. Lovejoy, R. Visvanathan, D. Lavalle, J. Wilson: Universal Multifractals in Turbulence, in: *Fractal Aspects in Materials: Disordered Systems* (Eds. D.A. Weitz, L.M. Sanders, B.B. Mandelbrot, MRS, Pittsburg, 1988), p. 267; (b) D. Schertzer, S. Lovejoy, D. Lavalle, F. Schmitt: Universal Hard Multifractals, Theory and Observations: in *Nonlinear Dynamics of Structures* (Eds. R.Z. Sagdeev, U. Frisch, F. Hussain, S.S. Moiseev, N.S. Erokhin, World Scientific, Singapore, 1994), p. 213; (c) S. Lovejoy and D. Schertzer: in *New Uncertainty Concepts in Hydrology and Hydrological Modeling*, (Ed. A.W Kundzewicz Cambridge University Press, 1995), p. 62; (d) S. Lovejoy, D. Schertzer: J. Geophys. Res. **95**, 2021(1990)
51. T.C. Hasley, M.H. Jensen, L.P. Kadanoff, I. Procaccia, B.I. Shraimian: Phys. Rev. **A33**, 1141 (1986)
52. S. P. Ratti et al., Z. Phys. **C61**, 229 (1994)
53. S. Lovejoy, D. Schertzer: comunicazione privata
54. H.G. Schuster: *Deterministic chaos* (Physik Verlag Weinheim, 1984)
55. M.W. Hirsh, S. Smale : *Differential Equations, Dynamic Systems and Linear Algebra* (Accademic Press, 1965)
56. V.I. Arnold, A. Avez: *Ergodic Problems of Classical Mechanics* (W.A. Benjamin, 1968)
57. H. Goldstein: *Meccanica Classica* (Zanichelli, 1991)
58. D. Ruelle: Math. Intelligence **2**, 126, (1980)
59. D. Ruelle : *Chaotic Evolution and Strange Attractors* (Cambridge University Press, 1989)

60. D. Ruelle, J-P. Eckmann: Rev. Mod. Phy. **57**, 3, Part 1 (1985)
61. W.H. Press et al.: *Numerical recipes* (Cambridge University Press, 1986)
62. K.S. Kunz: *Numerical Analysis* (McGrawHill, 1957)
63. P.S. Laplace : *Essai Philosophique sur les Probabilitès* (Coucier, Paris, 1814)
64. Videocassetta: *I frattali* prodotta da Scientific American e pubblicata da Mondadori (mostrata agli studenti del corso)
65. H. Poincaré: *Science and Method* (Thoemmes Press, 1914)
66. J. Ford: Physics Today, april 1983
67. Barry Saltzman: *Finite Amplitude Free Convection as an Initial Value Problem-I*, Journal of the Atmospheric Sciences, **19**, 329 (1962)
68. Edward N. Lorenz: *Maximum Simplification of the Dynamic Equations*, Tellus, **12**, 243 (1960)
69. C. Sparrow: *The Lorenz Equations: Bifurcation, Chaos and Strange Attractors* (Springer, 1988)
70. E.N. Lorenz: Jou. Atm. Sciences **20**, 130 (1963)
71. Edward N. Lorenz: *Deterministic Nonperiodic Flow*, Journal of the Atmospheric Sciences, **20**, 130 (1963)
72. Steven H. Strogatz: *Nonlinear Dynamics and Chaos*, Addison-Wesley Publishing Co. (1994)
73. S. Eubank, D. Farmer: *An Introduction to Chaos and Randomness*, Lectures in Complex systems, SFI Studies in the Sciences of Complexity, Lect. Vol.II (Erica Jen, Addison-Wesley, 1990)
74. Si veda ad esempio: A.I. Khinchin, A. Gamow: *Mathematical Foundations of Statistical Mechanics* (Dover, 1999)
75. A.J. Lichtenberg, M.A. Lieberman: *Regular and Stocastic Motion* (Springer, 1983)
76. G. Benettin, L. Galgani, J.M. Strelcyn: Phys. Rev. **A14**, 2338 (1976)
77. J. Kaplan J. Yorke: Springer Lect. Notes in Math. **730**, 204 (1979)
78. P. Bak, C. Tang, K. Weisenfeld Phys. Rev. Lett. **59**, 381 (1987)
79. (a) T. Kohonen: *Self-Organization and Associative Memories* (Springer, 1984); (b) Biological Cybernetic **43**, 59 (1982); J. Blackmore, R. Miikkulainen: *Visualizing high dimensional structures with incremental grid growing neural network*, in A. Prieditis and S. Russel (Eds.) Machine learning Proc. 12th Int. Conf. (1995)
80. I. Stewart: *The Lorenz attractor exists*, Nature, **406**, 948 (2000)
81. W. Tucker: *The Lorenz attractor exists*, C.R. Acad. Sci. Paris, **328**, Serie I, 1197 (1999)
82. Per una panoramica introduttiva su vari aspetti di cosmologia e di astronomia si può fare riferimento a: B. Bertotti: *Introduzione a ... la cosmologia* (Le Monnier, 1980)
83. E. Mach: *La meccanica nel suo sviluppo storico-critico* (Boringhieri, 1968)
84. P.J.E. Peebles: *Large scale structure of the Universe* (Princeton University Press, 1980)
85. M. Davis, P.J.E. Peebles: *Survey of Galaxy Redshift* , Astrophysical Journal **267**, 465 (1983)
86. L. Pietronero: *The Fractal Structure of The Universe*, Physica A **144**, 257 (1987)
87. G.J. Baln, E.D. Feigelson: *Astrostatistics* (Chapman and Hall, London, 1996)
88. T.A. Agekjan: *Stelle Galassie Metagalassia* (Edizioni Mir, 1985)
89. E. Hubble: *The Realm of Nebulae* (Oxford University Press, 1936)
90. J. Hucra, M. Davis, D. Latham, J. Tonry: Astrophysical Journal Supp. **52**, 89 (1983)
91. P.H. Coleman, L. Pietronero: *The Fractal Structure of The Universe*, Physics Reports **213**, 311 (1992)
92. A. Blanchard, J.M. Alimi: Astronomy and Astrophysics **203**, L1-L4 (1988)
93. H.E. Stanley: *Introduction to Phase Transition and Critical Phenomena* (Oxford University Press, 1971)
94. F. Sylos Labini: *Scale-invariance of Galaxy Clustering*, Physics Reports **293** 61-226 (1998)
95. De Vaucouleurs: Science **167** 1203 (1970)
96. S.M. Feber, J.S. Gallagher: Astronomy and Astrophysics Annual Review **17**, 135 (1979)
97. V. de Lapparent et al.: Astrophys. Journ. **343**, 1 (1989)

98. B.B. Mandelbrot: (a) *Fractals and scaling in finance: discontinuity, concentration, risk* (Springer, 1997); (b) Scientific American, February (1999); (c) *Multifractals and 1/F Noise: Wild Self-Affinity in Physics* (Springer, 1999); (d) B.B. Mandelbrot, L. Calvet, A. Fisher: Discussion Papers of the Cowles Foundation of Economics (Cowles Foundation, Yale University, 1997), p. 1164
99. H. Levy, M. Sarnat: a-*Portfolio and Investment Selection: Theory and Practice* (Prentice Hall, 1984); b-W. Paul, J. Baschnagel: *Stochastic Processes From Physics to Finance* (Springer, 1999)
100. F. Moriconi: *Matematica Finanziaria* (Il Mulino, 1994)
101. L. Torosantucci: *XIII Seminario Nazionale di Fisica Nucleare e Subnucleare*, Otranto, Settembre 2000 (unpublished)
102. R.N. Mantegna, H.E. Stanley: *An introduction to Econophysics* (Cambridge University Press, 2000)
103. A. Papoulis: *Probabilità, variabili aleatorie e processi stocastici* (Boringhieri, 1973)
104. Autori Vari: *Come si legge il Sole24Ore* (Il Sole24Ore, 2000)
105. M. Gabrielli, S. De Bruno: *Capire la Finanza: Guida pratica agli Strumenti Finanziari* (Il Sole24Ore, 2002); *Capire la finanza* (Il Sole24Ore)
106. J. C. Hull: *Opzioni, Futures ed altri derivati* (Il Sole24Ore, 1999)
107. R. Pring: *Analisi tecnica dei mercati finanziari* (McGrawHill, 1996)
108. W. Feller: *An Introduction to Probability and Its Applications* (Wiley, 1968)
109. B.V. Gnedenko: *The Theory of Probability* (Mir Publishers, Moscow, 1975)
110. M.G. Bruno, P. Allegrini, P. Grigolini: Appl. Stoch. Mod. in Bus. and Ind. **15**, 1 (1999)
111. M.G. Bruno, G. Olivieri: Economia Società e Istituzioni, Anno XI, n. 3 (1999)
112. Ya. A. Smorodinsky, J. Taqqu: *Stable non-gaussian random processes* (Chapman and Hall, 1980)
113. *Seveso vent'anni dopo. Dall'incidente al Bosco delle Querce*, a cura di M. Ramondetta, A. Repossi, Fondazione Lombardia per l'Ambiente, Milano (1998)
114. (a) G. Belli, G. Bressi, S. Cerlesi, S.P. Ratti: Chemosphere, **12**, 517, (1983); (b) S. Cerlesi, G. Belli, S.P. Ratti: in Proc. Int. Conf. *Energia e Ambiente* (Soc. Ital. di Merceologia, 1984), p. 217; (c) G. Belli, S. Cerlesi, S.P. Ratti: in *Technological Response to Chemical Pollution* (Lith Gamas, Milano, 1985), p. 121 e 129; (d) S.P. Ratti, G. Belli, A. Lanza, S. Cerlesi: in *Chlorinated Dioxins and Dibenzofurans in Perspective* (C. Rappe, G. Choudoury, L.H. Keith, Lewis Publ., 1986), p. 467; (e) S.P. Ratti, G. Belli, A. Lanza, S. Cerlesi, G.U. Fortunati: Chemosphere, **15**, 1549 (1986); (f) S. Cerlesi, A. di Domanico, S.P. Ratti: ibidem **18**, 898, (1986); (g) ibidem 855, (1986); (h) A. di Domenico, S. Cerlesi, S.P. Ratti: Chemosphere **20**, 1559 (1989)
115. F. Argentesi, L. Bollini, S. Facchetti, G. Nobile, W. Tumiatti, G. Belli, S.P. Ratti, S. Cerlesi, G.U. Fortunati, V. La Porta: in Proc. World Conf. on Chemical Accidents. (CEP Consultant Ltd, 1987), p. 227
116. S.P. Ratti: *Gli incidenti di Seveso e di Chernobyl. Presentazione per il XXVII Congresso Nazionale della Società Italiana di Fisica*, Sassari, 30 Settembre 2002
117. G. Belli, G. Bressi, E. Callegarich, S. Cerlesi, S.P. Ratti: in *Chlorinated Dioxin and Related Compounds: Impact on Environment* (O. Hutzinger, Pergamon Press, 1982), p. 137
118. G. Belli, S. Cerlesi, E. Milani, S.P. Ratti: Tox. Environ. Chem. **22**, 101 (1989)
119. G. Belli, S. Cerlesi, A. Lanza, S.P. Ratti: in *Chlorinated Dioxins and Dibenzofurans in Perspective* (C. Rappe, G. Choudhary, L.H. Keith, Lewis publishers Inc., 1985), p. 467
120. (a) S.P. Ratti: *The role of statistical analysis in the management of chemicalk accidents*, in: Proc. Ecoinforma (O. Hutzinger, Ecoinforma Press, 1989), p. 1; (b) G. Belli, S. Cerlesi, S. Kapila, S.P. Ratti, A.F. Yanders: Chemosphere, **18**, 1251 (1989)
121. G. Belli, G. Bressi, L. Carrioli, S. Cerlesi, M. Diani, S.P. Ratti, G. Salvadori: Chemosphere **20**, 1567 (1990)
122. (a) G. Belli, S.P. Ratti, G. Salvadori: Tox. and Environ. Chem.: **33**, 201 (1991); (b) G. Salvadori, S.P. Ratti, G. Belli, S. Lovejoy, D. Schertzer: *Improvement of the multifractal analysis of the Seveso TCDD pollution*: Ann. Geophys. **10**, C343 (1992); (c) G. Salvadori, S.P. Ratti, G. Belli, S. Lovejoy, D. Schertzer: *Seveso pollution as a hard multifractal process*, E. O. S. **73**, 57 (1992)

123. Y. Chiriginskaya, D. Schertzer: private communication
124. S.P. Ratti, G. Belli, G. Bressi, M. Cambiaghi, A. Lanza, G. Salvadori, D. Scannicchio: *Analysis of radiological measurements in the R.E.M. data base*, in: Improvement of reliable long distance atmospheric transport models (Report EUR-12549, 1990), vol. 1, p. 1
125. S.P. Ratti, G. Belli, G. Bressi, M. Cambiaghi, A. Lanza, G. Salvadori, D. Scanmnicchio: *Analysis of air radioctivity in Italy and France and a hint into a fractal model. Code for assessing off-site consequences of nuclear accidents* (Report EUR-13013, 1990), vol. 2, p. 1183
126. S.P. Ratti, G. Belli, G. Salvadori: *Analisi e descrizione frattale della radioattività in aria in Italia ed in Francia dopo l'incidente di Chernobyl*. Modellistica dei sistemi complessi e radiprotezione (ENEA, 1991), p. 37
127. G. Salvadori, D. Schertzer, S. Lovejoy, S.P. Ratti, G. Belli: Ann. Geophys. **11**, C310 (1992)
128. G. Salvadori, S.P. Ratti, G. Belli, E. Quinto, G. Graziani, M. de Cort: *Fractal modelling of Chernobyl radioactive fallour over Europe*, Proc. Fractals in Geoscience and remote sensing (G.G. Wilkinson, I. Kanellopoulos, J. Merger, Report EUR-16092, 1994), p. 237
129. D. Schertzer, S.P. Ratti, G. Salvadori, G. Belli: *Multifractal analysis of Chernobyl fallout self organized criticality and hot spots*, Reactor Phys. and Environ. Anal. (Am. Nucl. Soc., 1995), p. 743
130. S. Lovejoy: *The statistical Characterization of Rain Areas in terms of Fractals*, Conference on Radar Meteorology, Toronto (1981)
131. E. Quinto: *Modelli mono e multifrattali per lo studio della distribuzione di inquinanti in aria e al suolo*, Tesi di Laurea, Università di Pavia, 1993/94
132. G. Salvadori: *Modelli matematici per lo studio della distribuzione della radioattività in Italia indotta dall'incidente nucleare di Chernobyl*, Tesi di Laurea, Università di Pavia, 1987/88
133. G. Salvadori, S.P. Ratti, G. Belli, F. Missineo, E. Giroletti, I. Kobal, J. Vaupotic: *Analisi multifrattale della distribuzione spaziale di* ^{222}Rd *indoor in Slovenia*, Proc. ARIA (P. Orlando, G. Sciocchetti, R.R. Trevisi, LITO, Roma, 1993), p. 329
134. S.P. Ratti, G. Salvadori, G. Belli, E. Quinto: *A monofractal model of air radioactivity pollution*, Congr. Naz. A.I.R.P. (AIRP, 1995), p. 353
135. G. Salvadori, S.P. Ratti, G. Belli: Health Physics **72**, 60 (1997)
136. B.H. Kaye: *A Random walk through fractal dimensions* (VCH, Weinheim, 1989)
137. A. Benjamin: *Probability, Statistic and Decision for Civil Engineering*, (McGrawHill, 1978)
138. N. Cressie: *Statistics for spatial data* (Wiley, 1992)
139. U. Maione, U. Moiselo: *Elementi di statistica per l'idrologia* (La Goliardica Pavese, 1990)
140. B.D. Rypley: *Spatial statistics* (Wiley, 1981)
141. S. Ratti e L. Tallone: *Elementi introduttivi all'analisi delle osservazioni* (Quattri, Milano, 1964)
142. A. Rotondi, P. Pedroni, A. Pievatolo: *Probabilità Statistica e Simulazione* (Springer, 2005)
143. V. Smirnov: Cours de Matematique Superieur (MIR, Mosca, 1970), vol. I, p. 413
144. B.H. Prosper: Phys. Rev **D38**, 3584 (1988); **D37**, 1153 (1988); **D36**, 2087 (1987); **D38**, 854 (1988)
145. A. Rotondi: Nucl. Instr, Meth. in Phys. Res. bf A416, 106-118 (2010)
146. (a) F. Mandl: *Statistical Physics* (Wiley, 1988); (b) E. Fermi *Thermodynamics* (Dover, 1937)
147. Per una descrizione più dettagliata si veda S. Ratti: *Appunti di Fisica Generale* (La Goliardica Pavese 1974)
148. E.A. DeWolf, I.M. Dremin, W. Kittel: Phyics Reports **270**, n.1; (1996) (si rimanda anche alla vasta bibliografia ivi contenuta)
149. A.H. Muller: Phys. Rev. **D4**, 150 (1971)
150. G.B. Falland: *Fourier Analysis and its applications* (Wadsworth and Brooks, 1987), p. 227: (si veda l'Appendice A)
151. A. Giovannini, L. Van Hove: Acta Physica Polonica **B19**, 917 (1988)

Indice analitico

affinità, 24
antitrasformata di Fourier, 282
approssimazione
   di Boussinesq-Oberbeck, 175
attrattore, 162, 163, 191, 192, 196, 199, 202
   caotico, 196
   del sistema, 198
   di Lorenz, 187, 202
   puntiforme, 199
   strano, 156, 196, 198, 199
   strano di Lorenz, 196, 200, 203
   universale, 185, 187, 198

Bernoulli
   distribuzione di, 262
   shift di, 168–171
box counting
   dimensione frattale di, 16
broccolo minareto, 7
Brown Robert, 59

Cantor
   barra di, 79
caos deterministico, 156
caoticità, 189
cascate, 119
cataloghi astronomici, 206, 209, 215, 217, 223
   angolari, 210
   caratteri multifrattali dei, 227
   di galassie, 211, 218
   tridimensionali, 208, 227
Clarkia pulchella, 5
codimensione
   duale dei momenti, 133
   frattale, 19, 116
   funzione, 127
   proprietà della, 124

complessità, 2, 156
correlazione
   coefficienti di, 290
   funzioni e integrali di, 290
cosmologia, 205
   di base, 228
   standard, 205
cumulanti, 290
curdling, 23, 79
curva
   triadica di Koch, 20

Dawkins Richard, 41
DeMoivre-Gauss
   distribuzione di, 264
dimensione
   dell'attrattore, 200
   dell'attrattore strano, 200
   frattale, 16
      di cluster, 27
      di massa, 28
      di similarità, 24
   frattale del campione, 118
   funzione, 127
   Hausdorff e Besicovitch, 13, 16
   intera, 6
   non intera, 16
   stocastica del campione, 128
   topologica, 13
distribuzione
   aleatoria, 265, 279, 281, 287
   binomiale, 262
   binomiale negativa, 294
   di Boltzmann, 269
   di Bose-Einstein, 272, 275
   di Breit-Wigner, 277
   di Cauchy, 277

di Fermi-Dirac, 274
di Gauss normalizzata, 267
esponenziale, 275
gaussiana, 264
iperbolica, 279
log-normale, 281
multinomiale, 265
normale, 267, 268
poissoniana, 262
rettangolare, 268
distribuzioni
  bivariate, 286
DTM
  momenti a doppia traccia, 152

econofisica, 11
effetto farfalla, 189
Einstein
  coefficiente di diffusione di, 63
  legge di, 66
  moto browniano di, 60
Einstein A., 59–63, 75, 205, 228
esponente
  di Hurst, 69
  di Liapunov, 170, 171, 192, 193
  di Liapunov di ordine p, 195
  di Lipschitz-Hölder, 79
  di massa, 91
  di ordine p, 193
  di singolarità, 79
  massimo di Liapunov, 191, 195–199, 203
esponenti
  di Liapunov, 190, 192, 193, 195, 200, 203
Euclide, 1, 16
evoluzione, 41

figura
  discontinua, 13
  frammentata, 13
flusso, 137
fluttuazioni
  classificazione di, 139
Fokker Planck
  equazione di, 237
forma, 13
fractus, 2
frattale, 13
  aleatorio, 59
  autoinverso, 32
  cosmico, 9
  dimensione di una linea, 46
  forma, 2
  naturale, 2, 7
  simulazione, 41

sottoinsieme, 85
stocastico, 6
supercondensatore, 38
frattali e caos, 155
frequenze di correlazione e di regressione, 287
FSP: Fractal Sum of Pulses, 106
funzione
  di Liapunov, 183
  generatrice, 294
  multifrattale, 19
funzione caratteristica, 282

geometria, 1
  frattale, 2
grado di singolarità, 121

Harvard-Smithsonian Center for Astrophysics, 208
Hubble E., 207
  costante di, 207
  legge di, 207, 223, 227
Hurst
  parametro di, 59, 97

insieme, 13
  copertura di, 13
  di Mandelbrot-Given, 33
  di Sierpinski, 33
  generalizzato
    di Cantor, 30
    di Koch, 30
  triadico di Cantor, 22
  triadico di Koch, 22
insiemi
  multifrattali, 78
Ito
  lemma di, 241
  processi di, 239–241

Lévy
  classi di, 280
  distribuzione di, 245
  funzione caratteristica di, 245
  parametro di, 106
  voli di, 106
Lévy H., 245
legge di scala, 121
legge di scaling
  dei momenti di traccia, 139
  dei multifrattali stocastici, 123
  multiplo, 123
  per i momenti statistici, 129
  per monofrattale, 124

Lorenz
    attrattore di, 186, 188
    attrattore strano di, 200
    dimensione frattale dell'attrattore, 201
    equazioni di, 156, 172, 178, 181
    prima equazione di, 180
    seconda e terza equazione di, 181
    sistema di, 165, 178, 189, 197, 203
Lorenz Edward Norton, 172, 175, 177, 178, 197
Lovejoy e Mandelbrot, 110, 114
Lovejoy Shaun, 99, 105, 146–148, 151

Mandelbrot B., 2, 3, 6, 8, 13, 21, 23, 24, 30, 33, 51, 52, 59, 64, 69, 73, 77–79, 91, 97, 98, 104, 105, 107, 109–111, 121, 124, 146, 229–231, 246
Mandelbrot e Van Ness, 68, 70–72, 97, 102
Mandelbrot e Wallis, 72, 73, 75
materia nell'Universo, 8
misura utile, 15
modelli moltiplicativi
    modello α, 121
    modello α e momenti statistici, 141
    modello β, 119
momenti di traccia, 138
momenti a doppia traccia, 152
morfologia, 2
moto
    caotico, 155, 168, 187, 190, 195, 198, 203
moto browniano, 3
    frazionale, 68, 70
        simulazione, 72
multifrattali, 78
    classificazione, 134
    universali, 145, 151
multifrattali universali
    conservativi, 147
    non conservativi, 151

Navier-Stokes
    equazioni di, 175

ordine di singolarità, 121

PDMS
    probability distribution multiple scaling, 122
Peano
    curva di, 15
    paradosso di, 15
Peebles
    funzione di correlazione a due punti di, 211
Peebles P.J.E., 206, 218, 223
Perrin, 3

Pietronero, 8
Poisson
    distribuzione di, 262
portafoglio
    modello del, 234
portfolio theory, 229, 230, 238, 246
    tradizionale, 230
Principio cosmologico, 205, 210, 223, 227
    condizionato, 227
processi
    classificazione di, 139
processo moltiplicativo
    binomiale, 81
processo stocastico, 59

quantità bare e dressed, 137

random walk, 59, 236
    mono-dimensionali, 64
recessione
    delle galassie, 207
Richardson, 6

scala
    esponente di, 77
    invarianza di, 77
scale diaboliche, 79
scaling, 2, 6, 77
    di funzioni frattali, 50
    dei momenti statistici, 129
    evidenza dello, 99
    funzione K(q) dei momenti statistici, 129
    multiplo delle distribuzioni, 122
    proprietà, 65
    proprietà della funzione $K(q)$, 130
Schertzer, 151
Schertzer Daniel, 146–148, 151
Schwarz
    paradosso di, 47
Seveso
    fantasma di, 248
    incidente di, 247
sistema
    dissipativo, 182
sistemi
    caotici, 155, 156, 168, 170, 171, 189
stabilità
    statistica, 189
stima, 285
    affidabilità, 285

tecniche multifrattali, 224
teorema
    del limite centrale, 264

del limite centrale generalizzato, 284
di De Moivre, 264
trasformata di Fourier, 282
trasformazione affine, 83
trema, 23

universalità, 145
universo, 205, 214, 221, 227
   materia nel, 205, 206, 220, 223
   metrica del, 228
   omogeneo, 227
   struttura del, 227
universo visibile
   dimensione del, 223
   materia nel, 224, 227

variabile aleatoria, 268
variabile casuale, 261
variabile log-normale, 281
variabile stocastica, 285
volatilità, 240

Weierstrass
   funzione di, 51
Weierstrass-Mandelbrot, 53, 58
   funzione di, 52
   funzioni deterministiche, 53, 57
   funzioni stocastiche, 57, 58
   serie di, 57
Weiner, 59
whey, 23
Wiener
   processi di, 235, 236
   processi limite di, 236
   processo generalizzato di, 239, 240, 242

UNITEXT – Collana di Fisica e Astronomia

A cura di:
Michele Cini
Stefano Forte
Massimo Inguscio
Guida Montagna
Oreste Nicrosini
Franco Pacini
Luca Peliti
Alberto Rotondi

Editor in Spinger:
Marina Forlizzi
marina.forlizzi@springer.com

Atomi, Molecole e Solidi
Esercizi Risolti
Adalberto Balzarotti, Michele Cini, Massimo Fanfoni
2004, VIII, 304 pp, ISBN 978-88-470-0270-8

Elaborazione dei dati sperimentali
Maurizio Dapor, Monica Ropele
2005, X, 170 pp., ISBN 978-88470-0271-5

An Introduction to Relativistic Processes and the Standard Model of Electroweak Interactions
Carlo M. Becchi, Giovanni Ridolfi
2006, VIII, 139 pp., ISBN 978-88-470-0420-7

Elementi di Fisica Teorica
Michele Cini
2005, ristampa corretta 2006, XIV, 260 pp., ISBN 978-88-470-0424-5

Esercizi di Fisica: Meccanica e Termodinamica
Giuseppe Dalba, Paolo Fornasini
2006, ristampa 2011, X, 361 pp., ISBN 978-88-470-0404-7

Structure of Matter
An Introductory Corse with Problems and Solutions
Attilio Rigamonti, Pietro Carretta
2nd ed. 2009, XVII, 490 pp., ISBN 978-88-470-1128-1

Introduction to the Basic Concepts of Modern Physics
Special Relativity, Quantum and Statistical Physics
Carlo M. Becchi, Massimo D'Elia
2007, 2nd ed. 2010, X, 190 pp., ISBN 978-88-470-1615-6

Introduzione alla Teoria della elasticità
Meccanica dei solidi continui in regime lineare elastico
Luciano Colombo, Stefano Giordano
2007, XII, 292 pp., ISBN 978-88-470-0697-3

Fisica Solare
Egidio Landi Degl'Innocenti
2008, X, 294 pp., inserto a colori, ISBN 978-88-470-0677-5

Meccanica quantistica: problemi scelti
100 problemi risolti di meccanica quantistica
Leonardo Angelini
2008, X, 134 pp., ISBN 978-88-470-0744-4

Fenomeni radioattivi
Dai nuclei alle stelle
Giorgio Bendiscioli
2008, XVI, 464 pp., ISBN 978-88-470-0803-8

Problemi di Fisica
Michelangelo Fazio
2008, XII, 212 pp., con CD Rom, ISBN 978-88-470-0795-6

Metodi matematici della Fisica
Giampaolo Cicogna
2008, ristampa 2009, X, 242 pp., ISBN 978-88-470-0833-5

Spettroscopia atomica e processi radiativi
Egidio Landi Degl'Innocenti
2009, XII, 496 pp., ISBN 978-88-470-1158-8

Particelle e interazioni fondamentali
Il mondo delle particelle
Sylvie Braibant, Giorgio Giacomelli, Maurizio Spurio
2009, ristampa 2010, XIV, 504 pp. 150 figg., ISBN 978-88-470-1160-1

I capricci del caso
Introduzione alla statistica, al calcolo della probabilità e alla teoria degli errori
Roberto Piazza
2009, XII, 254 pp.50 figg., ISBN 978-88-470-1115-1

Relatività Generale e Teoria della Gravitazione
Maurizio Gasperini
2010, XVIII, 294 pp., ISBN 978-88-470-1420-6

Manuale di Relatività Ristretta
Maurizio Gasperini
2010, XVI, 158 pp., ISBN 978-88-470-1604-0

Metodi matematici per la teoria dell'evoluzione
Armando Bazzani, Marcello Buiatti, Paolo Freguglia
2011, X, 192 pp., ISBN 978-88-470-0857-1

Esercizi di metodi matematici della fisica
Con complementi di teoria
G. G. N. Angilella
2011, XII, 294 pp., ISBN 978-88-470-1952-2

Il rumore elettrico
Dalla fisica alla progettazione
Giovanni Vittorio Pallottino
2011, XII, 148 pp., ISBN 978-88-470-1985-0

Note di fisica statistica
(con qualche accordo)
Roberto Piazza
2011, XII, 306 pp., ISBN 978-88-470-1964-5

Stelle, galassie e universo
Fondamenti di astrofisica
Attilio Ferrari
2011, XVIII, 558 pp., ISBN 978-88-470-1832-7

Introduzione ai frattali in fisica
Sergio Peppino Ratti
2011, XIV, 306 pp., ISBN 978-88-470-1961-4

The manufacturer's authorised representative in the EU is Springer Nature Customer Service Centre GmbH, Europaplatz 3, 69115 Heidelberg, Germany. If you have any concerns regarding our products, please contact ProductSafety@springernature.com

Printed and bound by CPI Group (UK) Ltd, Croydon, CR0 4YY

25/03/2026

02078222-0004